应用型本科院校规划教材/土木工程类



主 编 曹剑平 郜连河
副主编 王春红 李雪莹 郭光玲 孙绪杰

# 钢筋混凝土及砌体结构

## 下册

Reinforced Concrete and Masonry Structure

哈尔滨工業大學出版社

## 内容简介

本书依据我国现行的规程规范，结合应用型本科院校学生实际能力和就业特点，根据高等院校土木工程专业的培养目标和教学大纲编写而成。基本理论讲授以应用为目的，教学内容以必需够用为度，力求体现应用型本科教育注重职业能力培养的特点。

本书共分上、下两册共14章，内容包括钢筋混凝土结构材料的物理力学性能，建筑结构设计的基本原则，受弯、受压、受拉、受扭构件截面承载力，钢筋混凝土构件变形、裂缝及耐久性，预应力混凝土构件，钢筋混凝土现浇楼盖、单层厂房结构、多层框架结构、砌体结构设计等。每章后都设有思考题和练习题，以帮助学生学习及巩固、提高。

本书可作为应用型本科院校土木工程专来抟 业课教材使用，也可供从事混凝土结构与砌体结构设计、施工技术人员参考。

图书在版编目(CIP)数据

钢筋混凝土及砌体结构．下册/曹剑平，郜连河主编．—哈尔滨：哈尔滨工业大学出版社，2010.8(2013.7重印)
应用型本科院校规划教材
ISBN 978-7-5603-3079-2

Ⅰ.①钢…　Ⅱ.①曹…②郜…　Ⅲ.①钢筋混凝土结构-高等学校-教材②砌体结构-高等学校-教材　Ⅳ.①TU375②TU36

中国版本图书馆CIP数据核字(2010)第158127号

策划编辑　赵文斌　杜　燕
责任编辑　张　瑞
出版发行　哈尔滨工业大学出版社
社　　址　哈尔滨市南岗区复华四道街10号　邮编150006
传　　真　0451-86414749
网　　址　http://hitpress.hit.edu.cn
印　　刷　哈尔滨工业大学印刷厂
开　　本　787mm×1092mm　1/16　印张19.25　字数456千字
版　　次　2010年12月第1版　2013年7月第2次印刷
书　　号　ISBN 978-7-5603-3079-2
定　　价　50.00元(上、下册)

# 序

哈尔滨工业大学出版社策划的“应用型本科院校规划教材”即将付梓，诚可贺也。

该系列教材卷帙浩繁，凡百余种，涉及众多学科门类，定位准确，内容新颖，体系完整，实用性强，突出实践能力培养。不仅便于教师教学和学生学习，而且满足就业市场对应用型人才的迫切需求。

应用型本科院校的人才培养目标是面对现代社会生产、建设、管理、服务等一线岗位，培养能直接从事实际工作、解决具体问题、维持工作有效运行的高等应用型人才。应用型本科与研究型本科和高职高专院校在人才培养上有着明显的区别，其培养的人才特征是：①就业导向与社会需求高度吻合；②扎实的理论基础和过硬的实践能力紧密结合；③具备良好的人文素质和科学技术素质；④富于面对职业应用的创新精神。因此，应用型本科院校只有着力培养“进入角色快、业务水平高、动手能力强、综合素质好”的人才，才能在激烈的就业市场竞争中站稳脚跟。

目前国内应用型本科院校所采用的教材往往只是对理论性较强的本科院校教材的简单删减，针对性、应用性不够突出，因材施教的目的难以达到。因此亟须既有一定的理论深度又注重实践能力培养的系列教材，以满足应用型本科院校教学目标、培养方向和办学特色的需要。

哈尔滨工业大学出版社出版的“应用型本科院校规划教材”，在选题设计思路上认真贯彻教育部关于培养适应地方、区域经济和社会发展需要的“本科应用型高级专门人才”精神，根据黑龙江省委书记吉炳轩同志提出的关于加强应用型本科院校建设的意见，在应用型本科试点院校成功经验总结的基础上，特邀请黑龙江省9所知名的应用型本科院校的专家、学者联合编写。

本系列教材突出与办学定位、教学目标的一致性和适应性，既严格遵照学科体系的知识构成和教材编写的一般规律，又针对应用型本科人才培养目标及与之相适应的教学特点，精心设计写作体例，科学安排知识内容，围绕应用讲授理论，做到"基础知识够用、实践技能实用、专业理论管用"。同时注意适当融入新理论、新技术、新工艺、新成果，并且制作了与本书配套的PPT多媒体教学课件，形成立体化教材，供教师参考使用。

"应用型本科院校规划教材"的编辑出版，是适应"科教兴国"战略对复合型、应用型人才的需求，是推动相对滞后的应用型本科院校教材建设的一种有益尝试，在应用型创新人才培养方面是一件具有开创意义的工作，为应用型人才的培养提供了及时、可靠、坚实的保证。

希望本系列教材在使用过程中，通过编者、作者和读者的共同努力，厚积薄发、推陈出新、细上加细、精益求精，不断丰富、不断完善、不断创新，力争成为同类教材中的精品。

黑龙江省教育厅厅长

2010年元月于哈尔滨

# 前　言

本书是根据土木工程专业的教学大纲和最新修订的《混凝土结构设计规范》(GB 50010—2002)、《建筑结构荷载规范》(GB 50009—2001)、《建筑地基基础设计规范》(GB 50007—2002)和《砌体结构设计规范》(GB 50003—2001)编写而成的。

本书的编写力求内容充实简练，知识体系以基础理论够用、实用为度，突出工程实践能力的培养，强调学以致用和创新意识的激发，以适应于应用型本科院校的特点及国家高等教育事业发展的需要。全书分上、下两册共 14 章。本册(下册)共 4 章，第 11 章钢筋混凝土现浇楼盖，第 12 章单层厂房结构，第 13 章多层框架结构，第 14 章砌体结构。每章前有学习要点，后有小结，并有思考题和练习题，以帮助学生学习、巩固及提高。

参加本书下册编写的单位和人员有：黑龙江工程学院曹剑平(第 11 章第 1、2、3 节)、孙绪杰(第 11 章第 4 节、本章小结、思考题、练习题及附表)；大庆石油学院华瑞学院郜连河(第 14 章第 1、2 节、本章小结、思考题、练习题)、李雪莹(第 14 章第 3、4、5 节)；合肥学院王春红(第 12 章)；陕西理工学院郭光玲(第 13 章)。本书由曹剑平、郜连河任主编，王春红、李雪莹、郭光玲、孙绪杰任副主编。全书由曹剑平、郜连河统稿。

本书在编写过程中参阅、借鉴了一些优秀教材、专著和文献资料内容，在此一并向相关作者致谢。

由于编者水平有限，书中难免有不妥之处，还望广大读者及同行专家不吝赐教，以便修改完善。

编　者

2010 年 10 月

# 目　录

# 第 11 章

# 钢筋混凝土现浇楼盖

**【学习要点】**

本章主要讨论钢筋混凝土连续梁、板和楼梯、雨篷等的设计计算方法。讲述现浇楼盖的结构布置特点、受力变形特征以及各种类型楼盖的适用范围；重点介绍了现浇整体式单向板肋梁楼盖的内力按弹性理论及考虑塑性内力重分布的计算方法，以及现浇双向板肋梁楼盖内力按弹性理论计算的近似方法。对简化梁板结构的计算简图、确定可变荷载的最不利布置和内力包络图、折算荷载等给出了具体的方法。介绍了现浇钢筋混凝土楼盖中连续梁、板的截面设计特点及配筋构造的基本要求。

## 11.1 概 述

钢筋混凝土楼盖是建筑结构中的重要组成部分，由梁、板、柱组成的梁板结构体系（或由板、柱组成的板柱结构体系），是工业与民用建筑中的屋盖、楼盖、阳台、雨篷、楼梯等构件广泛采用的一种结构形式。此外，建筑结构中其他属于梁板结构体系的结构物还很多，如板式基础（图11.1），水池的顶板和底板、挡土墙、桥梁的桥面结构等。由此可见，楼盖结构选型和布置的合理性以及结构计算和构造的正确性，对于建筑的安全使用和经济指标有着非常重要的意义。

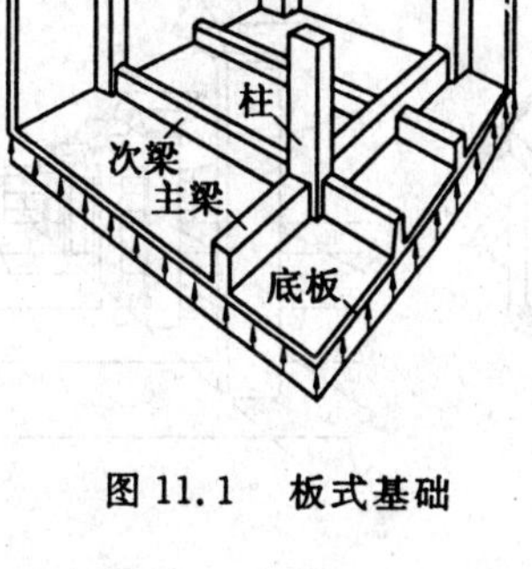


图 11.1　板式基础

### 11.1.1 钢筋混凝土楼盖的结构类型

**1. 钢筋混凝土楼盖按结构形式分**

(1) 肋梁楼盖

肋梁楼盖由相交的梁和板组成(图 11.2),它是楼盖中最常见的结构形式。其特点是构造简单,结构布置灵活,用钢量较低;缺点是支模比较复杂。

(2) 井式楼盖

井式楼盖中两个方向的柱网及梁的截面尺寸相同,而且正交。由于是两个方向共同受力,因而梁的截面高度较肋梁楼盖小,故宜用于跨度较大且柱网呈方形的结构,如图 11.3 所示。

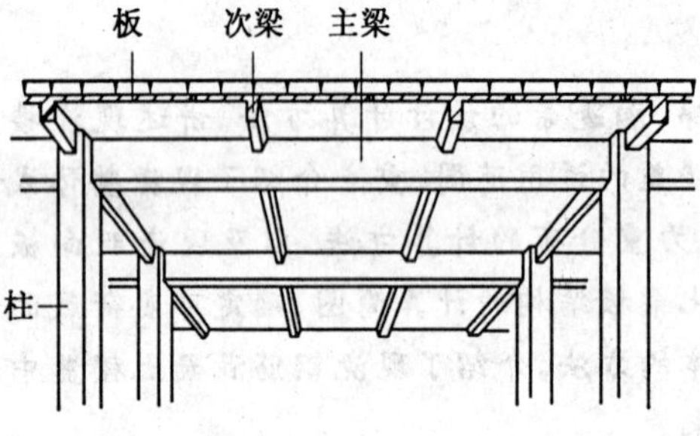


图 11.2 肋梁楼盖

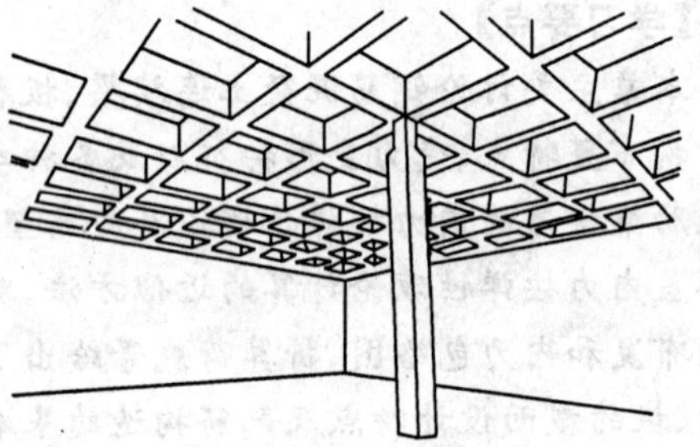

图 11.3 井式楼盖

(3) 密肋楼盖

密肋楼盖采用密铺小梁(肋),其间距约为 0.5 ～ 2.0 m,一般采用实心平板搁置在梁肋上,或放置在倒 T 形梁下翼缘上,或在梁肋间填以空心砖或轻质砌块。密肋楼盖由于肋的间距小,板厚很小,梁高也较肋梁楼盖小,结构自重较轻,如图 11.4 所示。

(4) 无梁楼盖

无梁楼盖不设梁,而将板直接支撑在带有柱帽(或无柱帽)的柱上,如图 11.5 所示。无梁楼盖顶棚平整,通常用于书库、仓库、商场等工程中,有时也用于水池的顶板、底板和筏板基础等处。

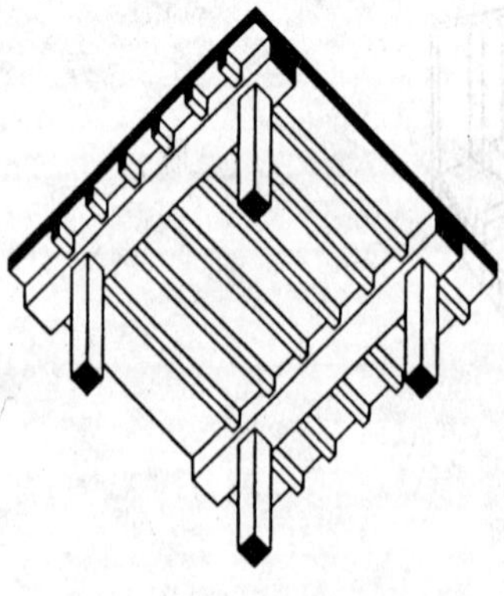

图 11.4 密肋楼盖

图 11.5 无梁楼盖

**2. 钢筋混凝土楼盖按施工方法分**

(1) 现浇整体式楼盖

混凝土为现场浇筑，其优点是刚度大，整体性好，抗震抗冲击性能好，防水性好，结构布置灵活。缺点是模板用量大，现场作业量大，工期较长，施工受季节性影响比较大。因此，在多层工业建筑的楼盖承受某些特殊设备荷载，或楼面有较复杂孔洞时可采用此形式。在中小型民用建筑中，一般只在门厅或建筑平面布置不规则的局部楼面以及卫生间等处采用。随着商品混凝土、泵送混凝土以及工具式模板的广泛使用，整体式楼盖在多高层建筑中的应用日益增多。

(2) 装配式楼盖

装配式楼盖是由预制梁板构件在现场装配而成。其优点是施工速度快，省工省材，符合建筑工业化的要求。缺点是结构的刚度和整体性不如现浇整体式楼盖，因而不宜用于高层建筑。目前，我国装配式楼盖主要用于多层砌体房屋，特别是多层住宅中。

(3) 装配整体式楼盖

装配整体式混凝土楼盖由预制板(梁)上现浇一叠合层而成为一个整体，它的特点介于前两种结构之间。其最常见的做法是在板面上做 40 mm 厚的配筋现浇层。装配整体式楼盖仅适用于荷载较大的多层工业厂房、高层民用建筑及有抗震设防要求的建筑。

### 11.1.2　单向板与双向板

整体式钢筋混凝土楼盖，按板的支承和受力条件不同，可分为单向板和双向板两类。现以图 11.6 所示的四边简支矩形板为例予以说明。

设板上承受的均布荷载为 $q$，$l_1$、$l_2$ 分别为其短、长跨方向的计算跨度。设想把整块板在两个方向上分别划分成一系列相互垂直的板带，则板上的荷载将分别由两个方向的板带传递给各自的支座。取出跨度中点上两个相互垂直单位宽度的板带，设沿短跨方向传递的荷载为 $q_1$，沿长跨方向传递的荷载为 $q_2$，则 $q = q_1 + q_2$。当忽略相邻板带对它们的影响时，这两条板带的受力如同简支梁，由跨度中点 $A$ 处挠度相等的条件可求出，当 $l_2/l_1 = 2$ 时，$q_1 = 0.94q$ 和 $q_2 = 0.06q$。可以证明，当 $l_2/l_1 > 2$ 时，荷载主要沿短跨方向传递，故可忽略荷载沿长跨方向的传递，称为“单向板”。而当 $l_2/l_1 \leqslant 2$ 时，在两个跨度方向弯曲相差不多，故荷载沿两个方向传递，称为“双向板”。

只要板的四边都有支承，单向板与双向板之间就没有一个明显的界限，为了设计上的方便，《混凝土结构设计规范》(GB 50010—2002) 规定：

(1) 两对边支承的板应按单向板计算；

(2) 四边支承的板应按下列规定计算：

① 当 $l_2/l_1 \geqslant 3$ 时，可按沿短边方向受力的单向板计算。

② 当 $2 < l_2/l_1 < 3$ 时，宜按双向板设计；若按沿短边方向受力的单向板计算时，应沿长边方向布置足够数量的构造钢筋。

③ 当 $l_2/l_1 \leqslant 2$ 时，应按双向板计算。

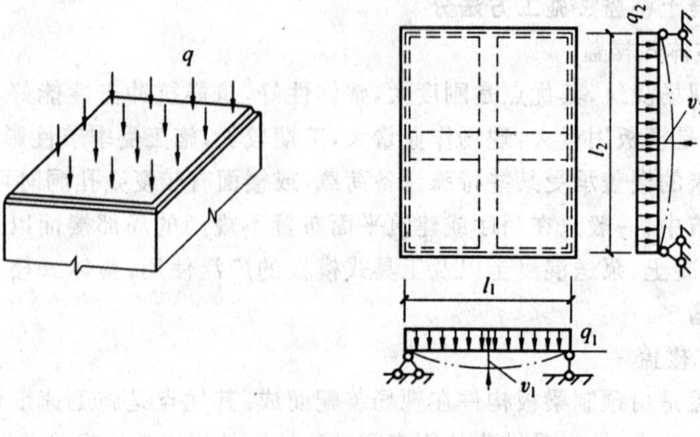


图 11.6　四边简支板受力状态

## 11.2　整体式单向板肋梁楼盖

整体式单向板肋梁楼盖,是一种普遍采用的结构形式,它一般由板、次梁和主梁组成。其荷载的传递路线是荷载 → 板 → 次梁 → 主梁 → 柱或墙,即板的支座为次梁,次梁的支座为主梁,主梁的支座为柱或墙。

整体式单向板肋梁楼盖的设计步骤一般为:

① 结构平面布置,并初步拟定板厚和主、次梁的截面尺寸;

② 确定梁、板的计算简图;

③ 梁、板的内力分析;

④ 截面配筋及构造要求;

⑤ 绘制楼盖施工图。

### 11.2.1　结构平面布置

平面楼盖结构布置的主要任务是要合理地确定柱网和梁格,它通常是在建筑设计初步方案提出的柱网和承重墙布置基础上进行的。

**1. 柱网布置**

柱网布置应与梁格布置统一考虑。柱网尺寸(即梁的跨度)过大,将使梁的截面过大而增加材料用量和工程造价;反之柱网尺寸过小,会使柱和基础的数量增多,有时也会使造价增加,并将影响房屋的使用。因此,柱网布置应综合考虑房屋的使用要求和梁的合理跨度。通常次梁的跨度取 4 ～ 6 m,主梁的跨度取 5 ～ 8 m 为宜。

**2. 梁格布置**

梁格布置除需确定梁的跨度外,还应考虑主、次梁的方向和次梁的间距,并与柱网布置相协调。

主梁可沿房屋横向布置,它与柱构成横向刚度较强的框架体系,但因次梁平行侧窗,而使顶棚上形成次梁的阴影;主梁也可沿房屋纵向布置,便于通风等管道通过,并且因次梁垂直侧窗而使顶棚明亮，但横向刚度较差。在布置时应根据工程具体情况选用。

次梁间距（即板的跨度）增大，可使次梁数量减少，但会增大板厚而增加整个楼盖的混凝土用量。因此，在确定次梁间距时，应使板厚较小为宜，常用的次梁间距为 1.7 ～ 2.7 m。

此外，在主梁跨度内以布置 2 根及 2 根以上次梁为宜，因其弯矩变化较为平缓，有利于主梁的受力；当楼板上开有较大洞口，必要时应沿洞口周围布置小梁；主梁和次梁应力求布置在承重的窗间墙上，避免搁置在门窗洞口上，否则过梁应另行设计。

**3. 柱网与梁格布置**

在满足房屋使用要求的基础上，柱网与梁格的布置应力求简单、规整，以使结构受力合理、节约材料、降低造价。同时板厚和梁的截面尺寸也应尽可能统一，以便于设计、施工及满足经济美观要求。

单向板肋梁楼盖结构平面布置方案主要有以下 3 种：

(1) 主梁横向布置，次梁纵向布置（图 11.7(a)）

其优点是主梁和柱可形成横向框架，横向抗侧移刚度大，各榀横向框架由纵向次梁相连，房屋整体性好。

(2) 主梁纵向布置，次梁横向布置（图 11.7(b)）

这种布置适用于横向柱距比纵向柱距大得多的情况。它的优点是减小了主梁的截面高度，可增加室内净高。

(3) 只布置次梁，不设置主梁（图 11.7(c)）

它仅适用于有中间走道的砌体墙承重混合结构房屋。

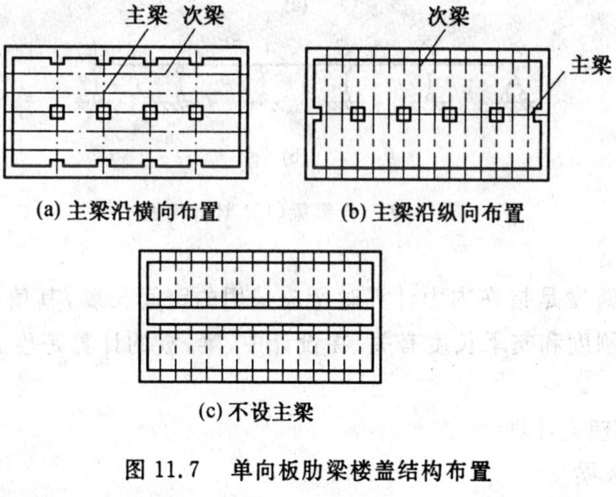


(a) 主梁沿横向布置　(b) 主梁沿纵向布置

(c) 不设主梁

图 11.7　单向板肋梁楼盖结构布置

## 11.2.2　计算简图

单向板肋梁楼盖的板、次梁、主梁和柱均整体整浇在一起，形成一个复杂体系，但由于板的刚度很小，次梁的刚度又比主梁的刚度小很多，因此可以将板看做被简单支承在次梁上的结构部分，将次梁看做被简单支承在主梁上的结构部分，则整个楼盖体系即可以分解为板、次梁和主梁几类构件单独进行计算。作用在板面上的荷载传递路线则为：荷载 →

板 → 次梁 → 主梁 → 柱或墙，它们均为多跨连续梁，其计算简图应表示出梁(板)的跨数、计算跨度、支座的特点以及荷载形式、位置及大小等。

**1. 支座特点**

在肋梁楼盖中，当板或梁支承在砖墙(或砖柱)上时，由于其嵌固作用较小，可假定为铰支座，其嵌固的影响可在构造设计中加以考虑。

当板的支座是次梁，次梁的支座是主梁，则次梁对板、主梁对次梁将有一定的嵌固作用，为简化计算通常亦假定为铰支座，由此引起的误差将在内力计算时加以调整。

若主梁的支座是柱，其计算简图应根据梁柱抗弯刚度比而定，如果梁的抗弯刚度比柱的抗弯刚度大很多时(通常认为主梁与柱的线刚度比大于3～4)，可将主梁视为铰支于柱上的连续梁进行计算，否则应按框架梁进行设计。

**2. 计算跨数**

连续梁任何一个截面的内力值与其跨数、各跨跨度、刚度以及荷载等因素有关，但对某一跨来说，相隔两跨以上的上述因素对该跨内力的影响很小。因此，为了简化计算，对于跨数多于五跨的等跨度(或跨度相差不超过10%)、等刚度、等荷载的连续梁板，可近似地按五跨计算。从图11.8中可知，实际结构1、2、3跨的内力按五跨连续梁(板)计算简图采用，其余中间各跨(第4跨)内力均按五跨连续梁(板)的第3跨采用。

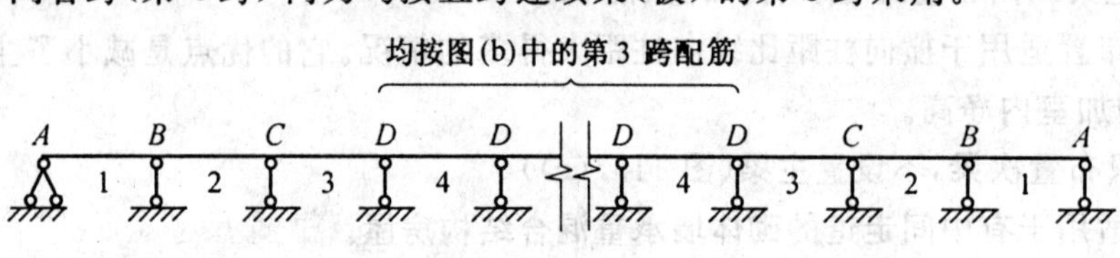

(a)

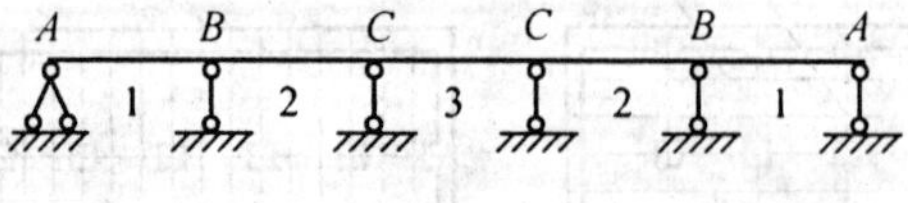

(b)

图 11.8　连续梁(板)计算简图

**3. 计算跨度**

梁、板的计算跨度是指在内力计算时所应采用的跨间长度，其值与支座反力分布有关，即与构件本身刚度和支承长度有关。在设计中，梁、板的计算跨度 $l_0$ 一般按下列规定取用。

(1) 当按弹性理论计算

① 对单跨板和梁

两端支承在墙体上的板

$$l_0 = l_n + a \leqslant l_n + h$$

两端与梁整体连接的板

$$l_0 = l_n$$

单跨梁

$$l_0 = l_n + a \leqslant 1.05 l_n$$

② 对多跨连续板和梁

边跨

$$l_0 = l_n + \frac{a}{2} + \frac{b}{2}$$

且

$$l_0 \leqslant l_n + \frac{h}{2} + \frac{b}{2}(\text{板})$$

$$l_0 \leqslant l_n + 0.025l_n + \frac{b}{2} = 1.025l_n + \frac{b}{2}(\text{梁})$$

中间跨

$$l_0 = l_n + b = l_c$$

且(当板、梁支承在墙体上)

$$l_0 \leqslant 1.1l_n(\text{对板当 } b > 0.1l_c \text{ 时})$$

$$l_0 \leqslant 1.05l_n(\text{对梁当 } b > 0.06l_c \text{ 时})$$

(2) 当按塑性理论计算

① 边跨

$$l_0 = l_n + \frac{a}{2}$$

且

$$l_0 \leqslant l_n + \frac{h}{2}(\text{板})$$

$$l_0 \leqslant l_n + 0.025l_n = 1.025l_n(\text{梁})$$

② 中间跨

$$l_0 = l_n$$

式中　$l_c$—— 支座中心线间距离；

$l_0$—— 板、梁的计算跨度；

$l_n$—— 板、梁的净跨；

$h$—— 板厚；

$a$—— 板、梁端支承长度；

$b$—— 中间支座宽度。

**4.荷载取值**

楼盖上的荷载有恒荷载和活荷载两种。恒荷载一般为均布荷载，它主要包括结构自重、各构造层自重、永久设备自重等。活荷载的分布通常是不规则的，一般均折合成等效均布荷载计算，主要包括楼面活荷载(如使用人群、家具及一般设备的重量)、屋面活荷载和雪荷载等。

楼盖恒荷载的标准值按结构实际构造情况通过计算来确定，楼盖的活荷载标准值按《建筑结构荷载规范》(GB 50009—2001) 来确定。在设计民用房屋楼盖时，应注意楼面活荷载的折减问题，因为当梁的负荷面积较大时，全部满载的可能性较小，故应对活荷载标准值进行折减，其折减系数依据房屋类别和楼面梁的负荷范围大小，取 0.6 ～ 1.0 不等。

当楼面板承受均布荷载时，通常取宽度为 1 m 的板带进行计算，如图 11.9(a) 所示。在确定板传递给次梁的荷载和次梁传递给主梁的荷载时，一般均忽略结构的连续性而按简单支承进行计算。所以，对次梁取相邻板跨中线所分割出来的面积作为它的受荷面积；次梁所承受荷载为次梁自重及其受荷面积上板传来的荷载；对于主梁，则承受主梁自重以及由次梁传来的集中荷载，但由于主梁自重与次梁传来的荷载相比较一般较小，故为了简化计算，一般可将主梁的均布自重荷载折算为若干集中荷载一并计算。板、次梁、主梁的计算简图如图 11.9(b)、(c)、(d) 所示。

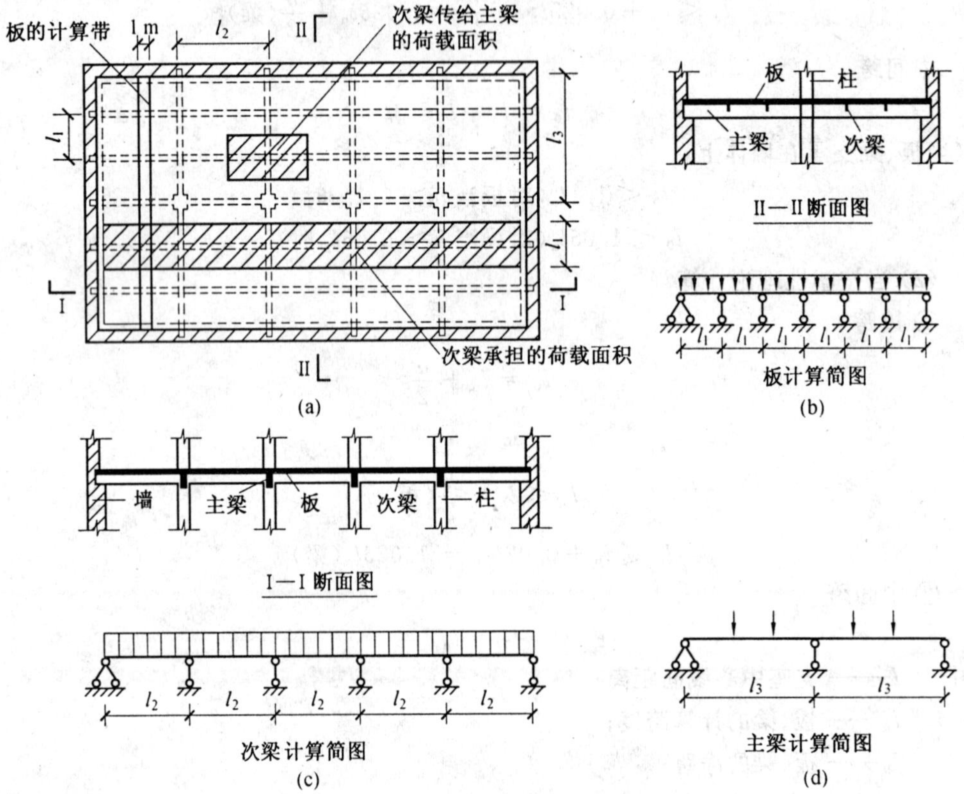


图 11.9　单向板肋梁楼盖计算简图

如前所述，在计算梁板内力时，假设梁板的支座为铰接，这对于等跨连续板(或梁)，当活荷载沿各跨均为满布时是可行的，因为此时板(或梁)在中间支座发生的转角很小，按简支计算与实际情况相差甚微。但是，当活荷载隔跨布置时情况则不同。现以图 11.10 所示支承在次梁上的连续板为例予以说明，当按铰支座计算时，板绕支座的转角 $\theta$ 值较大。而实际上，由于板与次梁整体现浇在一起，当板受荷载弯曲在支座发生转动时，将带动次梁(支座)一同转动。同时，次梁因具有一定的抗扭刚度且两端又受主梁的约束，将阻止板的自由转动，最终只能产生两者变形协调的约束转角 $\theta'$(图 11.10(b))，其值小于前述自由转角 $\theta$，使板的跨中弯矩有所降低，支座负弯矩也相应地有所增加，但不会超过两相邻跨布满活荷载时的支座负弯矩。类似的情况也发生在次梁与主梁及主梁与柱之间，这种由于支承构件的抗扭刚度，使被支承构件跨中弯矩相对于按简支计算有所减小的有利影响，

在设计中一般通过采用增大恒荷载和减小活荷载的办法来考虑，由此引起的误差将在计算荷载和内力时加以调整，即

对于板

$$g' = g + \frac{q}{2}, \qquad q' = \frac{q}{2} \tag{11.1}$$

对于次梁

$$g' = g + \frac{q}{4}, \qquad q' = \frac{3q}{4} \tag{11.2}$$

式中　$g', q'$—— 调整后的折算恒荷载、活荷载设计值；

$g, q$—— 实际的恒荷载、活荷载设计值。

对于主梁，因转动影响很小，一般不予考虑。

当板（或梁）搁置在砌体或钢结构上时，荷载不做调整。

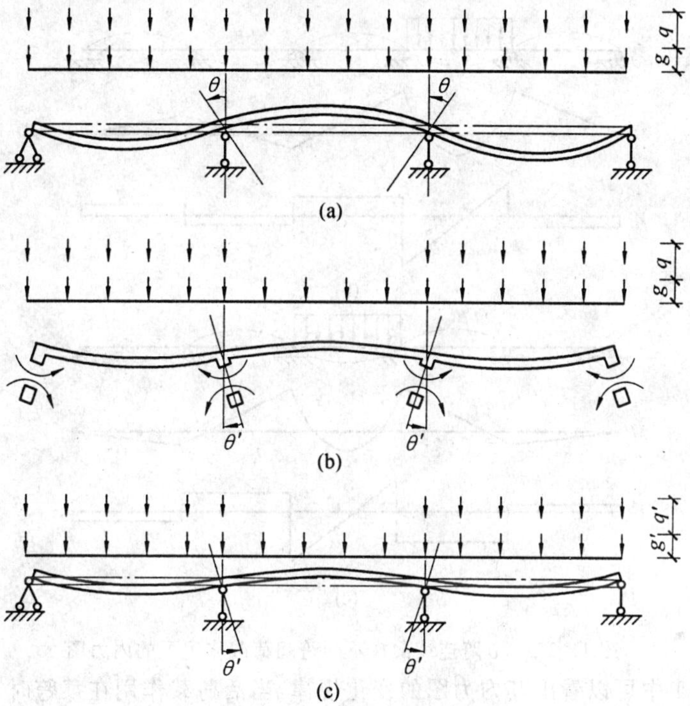


图 11.10　连续板（或梁）的折算荷载

### 11.2.3　按弹性理论方法的结构内力计算

钢筋混凝土连续梁、板的内力按弹性理论方法计算，是假定梁板为理想弹性体系，因而其内力计算可按结构力学中所述的方法进行。

钢筋混凝土连续梁、板所受恒荷载是保持不变的，而活荷载在各跨的分布则是变化的。由于结构设计必须使构件在各种可能的荷载布置下都能可靠使用，所以在计算内力时，应研究活荷载如何布置将使梁、板内各截面可能产生的内力绝对值最大，即要考虑荷载的最不利组合和截面的内力包络图。

**1.活荷载的最不利组合**

对于单跨梁,显然是当全部恒载和活荷载同时作用时将产生最大的内力。但对于多跨连续梁某一指定截面往往并不是所有荷载同时布满梁上各跨时引起的内力为最大。

图 11.11 所示为五跨连续梁,当活荷载单跨布置时梁的弯矩图和剪力图。

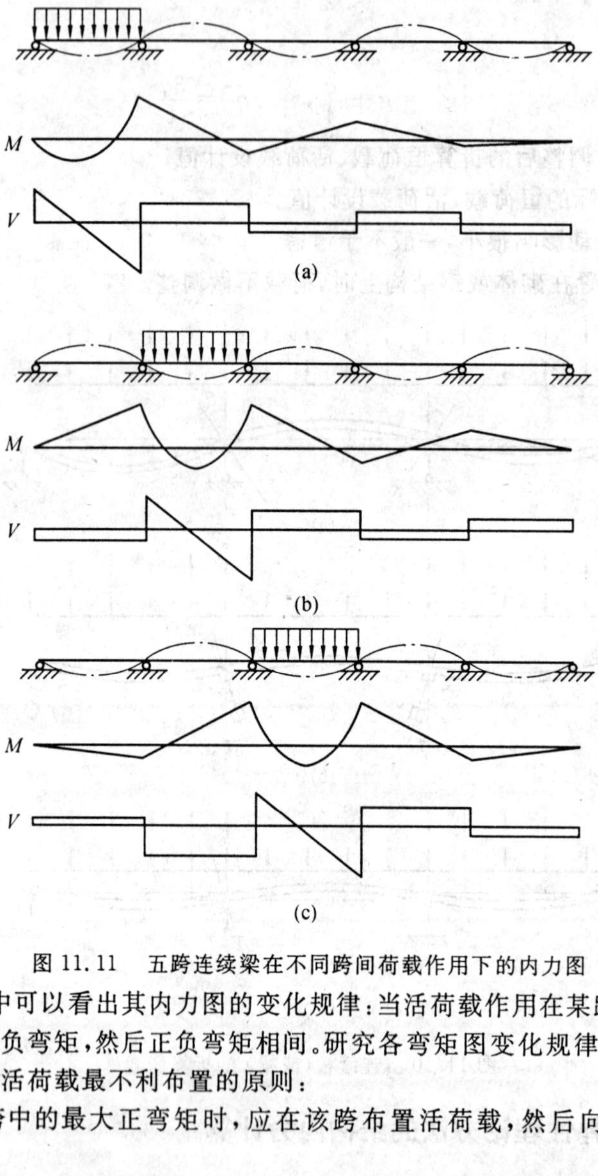


图 11.11　五跨连续梁在不同跨间荷载作用下的内力图

从图 11.11 中可以看出其内力图的变化规律:当活荷载作用在某跨时,该跨跨中为正弯矩,邻跨跨中为负弯矩,然后正负弯矩相间。研究各弯矩图变化规律和不同组合后的结果,可以确定截面活荷载最不利布置的原则:

(1) 求某跨跨中的最大正弯矩时,应在该跨布置活荷载,然后向两侧隔跨布置(图 11.12(a)、(b))。

(2) 求某跨跨中最大负弯矩时,该跨不布置活荷载,而在其左右邻跨布置,然后向两侧隔跨布置(图 11.12(a)、(b))。

(3) 求某支座截面最大负弯矩时,应在该支座相邻两跨布置活荷载,然后向两侧隔跨布置(图 11.12(c)、(d))。

(4) 求某支座截面最大剪力时,其活荷载布置与求该截面最大负弯矩时的布置相同(图 11.12(c)、(d))。

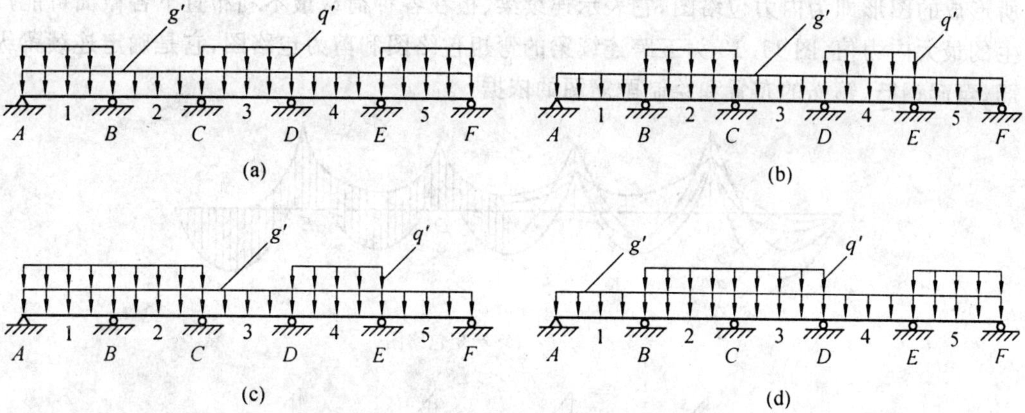


图 11.12　五跨连续梁最不利荷载组合

(a) 恒＋活 1＋活 3＋活 5(产生 $M_{1\max}$、$M_{3\max}$、$M_{5\max}$、$M_{2\min}$、$M_{4\min}$、$M_{A右\max}$、$M_{F左\max}$)；

(b) 恒＋活 2＋活 4(产生 $M_{2\max}$、$M_{4\max}$、$M_{1\min}$、$M_{3\min}$、$M_{5\min}$)；

(c) 恒＋活 1＋活 2＋活 4(产生 $M_{B\max}$、$V_{B左\max}$、$V_{B右\max}$)；

(d) 恒＋活 2＋活 3＋活 5(产生 $M_{C\max}$、$V_{C左\max}$、$V_{C右\max}$)。

梁上恒荷载应按实际情况布置。

活荷载布置确定后即可按结构力学的方法进行连续梁、板的内力计算。

**2. 内力计算**

明确活荷载的不利布置后，即可按结构力学中所述的方法求出弯矩和剪力。为了减轻计算工作量，对于等跨连续梁、板在各种不同布置的荷载作用内力系数，已制成计算表格，详见附表 12。设计时可直接从表中查得内力系数后，即可按下式计算各截面的弯矩和剪力值，作为截面设计的依据。

在均布及三角形荷载作用下：

$$M = 表中系数 \times ql^2 \tag{11.3}$$

$$V = 表中系数 \times ql \tag{11.4}$$

在集中荷载作用下：

$$M = 表中系数 \times Ql \tag{11.5}$$

$$V = 表中系数 \times Q \tag{11.6}$$

式中　$q$—— 均布荷载设计值，kN/m；

　　　$Q$—— 集中荷载设计值，kN。

若连续板、梁的各跨跨度不相等但相差不超过 10% 时，仍可近似地按等跨内力系数表进行计算。但当求支座负弯矩时，计算跨度可取相邻两跨的平均值(或取其中较大值)；而求跨中弯矩时，则取相应跨的计算跨度。若各跨板厚、梁截面尺寸不同，但其惯性矩之比不大于 1.5 时，可不考虑构件刚度的变化对内力的影响，仍可用上述内力系数表计算内力。

**3. 内力包络图**

根据各种最不利荷载组合，按一般结构力学方法或利用前述表格进行计算，即可求出各种荷载组合作用下的内力图(弯矩图和剪力图)，把它们叠画在同一坐标图上，其外包线所形成的图形即为内力包络图，它表示连续梁、板在各种荷载最不利布置下各截面可能产生的最大内力值。图 11.13 为五跨连续梁的弯矩包络图和剪力包络图，它是确定连续梁纵筋、弯起钢筋、箍筋的布置和绘制配筋图的依据。

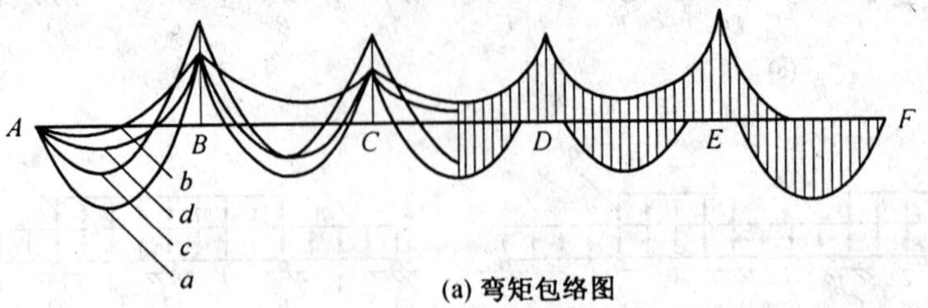


(a) 弯矩包络图

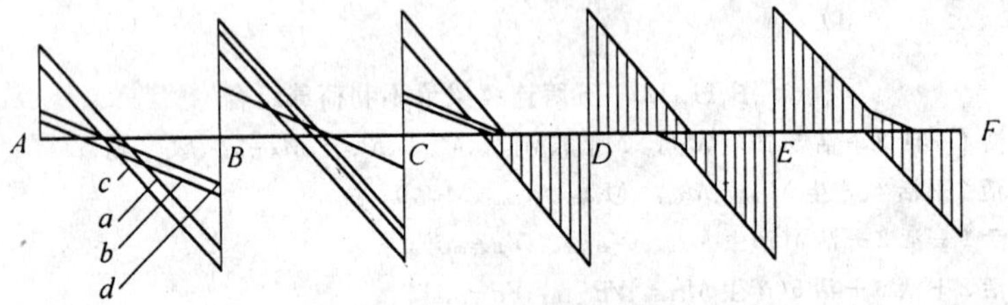


(b) 剪力包络图

图 11.13　五跨连续梁均布荷载内力包络图

4. **支座截面内力的计算**

在按弹性理论计算连续梁的内力时，其计算跨度取支座中心线间的距离，即按计算简图求得的支座截面内力为支座中心线处的最大内力。若梁与支座非整体连接或支撑宽度很小时，计算简图与实际情况基本相符。然而对于整体连接的支座，中心处梁的截面高度将会由于支撑梁(柱)的存在而明显增大。实践证明，该截面内力虽为最大，但并非最危险截面，破坏都出现在支撑梁(柱)的边缘处，如图 11.14 所示。因此，可取支座边缘截面作为计算控制截面，其弯矩和剪力的计算值，可近似地按下式求得

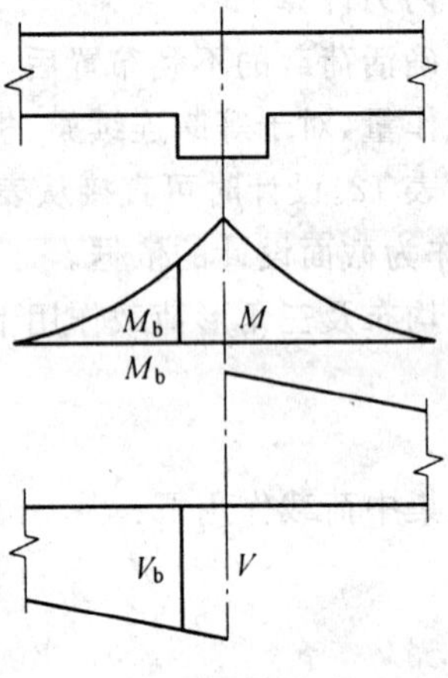


图 11.14　支座处的弯矩、剪力图

$$M_b = M - V_0 \frac{b}{2} \tag{11.7}$$

$$V_b = V - (g + q)\frac{b}{2} \tag{11.8}$$

式中　$M,V$—— 支座中心线处截面的弯矩和剪力；

$V_0$—— 按简支梁计算的支座剪力；

$g,q$—— 均布恒荷载和活荷载；

$b$—— 支座宽度。

### 11.2.4　按塑性理论方法的结构内力计算

如第 4 章所述，钢筋混凝土梁正截面受弯的应力状态经历了 3 个阶段：弹性阶段、带裂缝工作阶段和破坏阶段。在弹性阶段，应力沿截面高度的分布近似为直线，而到了带裂缝工作阶段和破坏阶段，材料表现出明显的塑性性能。截面在按受弯承载力计算时，已考虑了这一因素，但是当按弹性理论计算连续梁板时，却忽视了钢筋混凝土材料的构件在工作中存在着的非弹性性质，假定结构的刚度不随荷载的大小而改变，而实际上结构中某截面发生塑性变形后，其内力和变形与不变刚度的弹性体系分析的结果是不一致的，即在结构中产生了内力重分布现象。

钢筋混凝土结构的内力重分布现象，在裂缝出现前即已产生，但不明显，在裂缝出现后内力重分布程度不断扩大，而受拉钢筋屈服后的塑性变形，则使内力重分布现象进一步加剧。在进行钢筋混凝土连续梁、板设计时，如果按照上述弹性理论的活荷载的最不利布置所求得内力包络图来选择截面及配筋，认为构件任一截面上的内力达到极限承载力时，整个构件达到承载力极限状态，这对静定结构是基本符合的。但对于具有一定塑性性能的超静定结构来说，构件的任一截面达到极限承载力时并不会导致整个结构的破坏，因此按弹性理论方法计算求得的内力不能正确反映结构的实际内力。

为解决上述问题，充分考虑钢筋混凝土构件的塑性性能，挖掘结构潜在的承载力，达到节省材料和改善配筋的目的，提出了按塑性内力重分布的计算方法。理论及实验表明，钢筋混凝土连续梁内塑性铰的形成是结构破坏阶段塑性内力重分布的主要原因。

**1. 塑性铰的概念**

图 11.15 所示钢筋混凝土简支梁，在集中荷载 $\boldsymbol{P}$ 作用下，跨中截面内力从加荷至破坏经历了 3 个阶段。当进入第 Ⅲ 阶段时，受拉钢筋开始屈服（$B$ 点）并产生塑流，混凝土垂直裂缝迅速发展，受压区高度不断缩小，截面绕中和轴转动，最后其受压区混凝土边缘压应变达到 $\varepsilon_{cu}$ 而被压碎（$C$ 点），致使构件破坏。从该图中截面的弯矩与曲率关系曲线（图 11.15(f)）可以看出，自钢筋开始屈服至构件破坏（$BC$ 段），其 $M-\varphi$ 曲线变化平缓，说明在截面所承受的弯矩仅有微小增长的情况下，而曲率激增，亦即截面相对转角急剧增大（图11.15(e)），从而构件在塑性变形集中产生的区域（图 11.15(a) 中 $ab$ 段，相应于图 11.15(b) 中 $M > M_y$ 的部分），犹如形成了一个能够转动的“铰”，一般称之为塑性铰（图 11.15(d)）。

与结构力学中的理想铰相比，塑性铰具有下列特点：

(1) 理想铰不能承受弯矩，而塑性铰则能承受基本不变的弯矩（$M_y \sim M_u$）。

(2) 理想铰集中于一点，而塑性铰则有一定的长度。

(3) 理想铰可以沿任意方向转动，而塑性铰只能沿弯矩作用的方向，绕不断上升的中和轴发生单向转动。

塑性铰是构件塑性变形发展的结果。塑性铰出现后，对静定结构简支梁形成三铰在一条直线上的破坏机构，标志着构件进入破坏状态，如图 11.15(d) 所示。

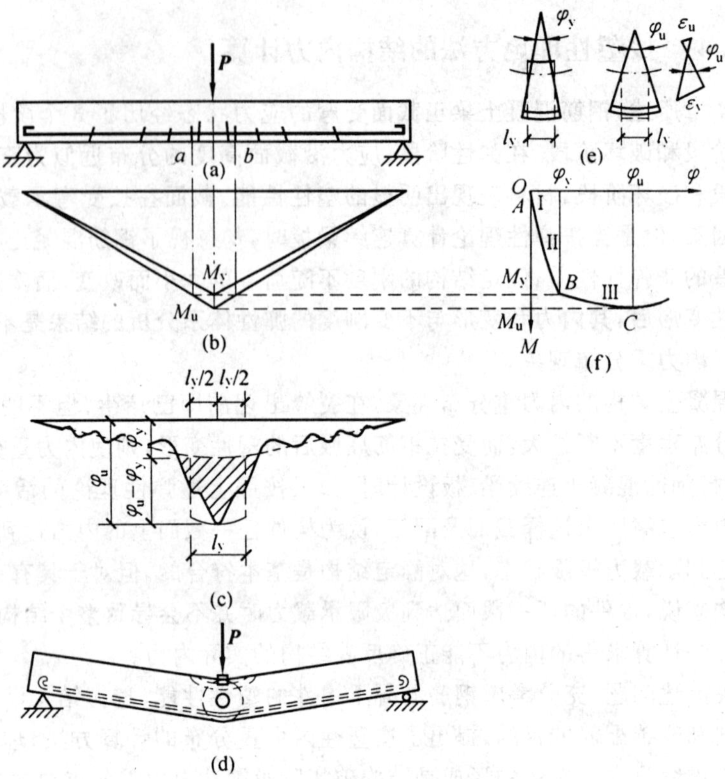


图 11.15 塑性铰的形成

2. **超静定结构的塑性内力重分布**

显然,对于静定结构,任一截面出现塑性铰后,即可使其形成几何可变体系而丧失承载力。但对于超静定结构,由于存在多余联系,构件某截面出现塑性铰,并不能使其立即成为几何可变体系,构件仍能继续承受增加的荷载,直到其他截面也出现塑性铰,使结构成为几何可变体系,才丧失承载力。它的破坏过程是:首先在一个截面出现塑性铰,随着荷载的增加,塑性铰陆续出现,每出现一个塑性铰,相当于超静定结构减少一次约束,直到最后一个塑性铰出现,整个结构形成破坏机构为止。在形成破坏机构的过程中,结构的内力分布和塑性铰出现前的弹性分布规律完全不同。在塑性铰出现后的加载过程中,结构的内力经历了一个重新分布的过程,这个过程称为塑性内力重分布。

现以各跨内作用有两个集中荷载 $\boldsymbol{P}$ 的两跨连续梁(图 11.16)为例说明如下。

连续梁在承载过程中实际的内力状态为:在加载初期混凝土开裂前,整个处于第 Ⅰ 阶段接近弹性体工作;随着荷载的增加,梁进入第 Ⅱ 阶段工作,中间支座混凝土出现裂缝,刚度降低,使其弯矩增加减慢,而跨中弯矩增长加快;当继续加载至跨中混凝土出现裂缝时,跨中截面刚度降低,弯矩增长减慢,而支座弯矩增长较快。以上这一变化过程是由于混凝土裂缝引起各截面刚度的相对变化导致梁的内力重分布,但在钢筋尚未屈服前,其刚度变化不显著,因而内力重分布幅度很小。随着荷载的增加,中间支座截面 $B$ 受拉钢筋屈服,梁进入第 Ⅲ 阶段工作,形成塑性铰,发生塑性转动和产生明显的内力重分布。

当按弹性理论计算，集中荷载为$\boldsymbol{P}$时，中间支座$B$截面的负弯矩$M_B=-0.33Pl$，跨中最大正弯矩$M_1=0.22Pl$（图11.16(b)）。

在设计时，若梁按图11.16(b)所示的弯矩值进行配筋，其中间支座截面的受拉钢筋配筋量为$A_s$，则跨中截面受拉钢筋配筋量相应地应为$\frac{2}{3}A_s$，设计结果可满足其承载力的要求。但实际设计时，当考虑活荷载的最不利布置而按内力包络图跨中截面$M_{1\max}$所需的受拉钢筋配筋量要大于$\frac{2}{3}A_s$值。经计算，若其所需的受拉钢筋量如图11.16(a)所示的$A_s$值，则两个截面所能承担的极限弯矩均为$M_u=0.33Pl$，$P$即为按弹性理论计算时该梁所能承受的最大集中荷载。

实际上，梁在荷载$\boldsymbol{P}$作用下，当$M_B=-0.33Pl$时，结构仅仅是在支座$B$截面发生“屈服”，形成塑性铰，跨中截面实际产生的$M$值小于$M_u$值，结构并未丧失承载力，仍能继续承载。但当荷载继续增加超过弹性极限时，支座所承受的$M_{Bu}$值不再增加，而跨中截面弯矩$M_1$值继续增加，直至达到$M_{1u}=0.33Pl$的极限值时，跨中截面亦形成塑性铰，整个结构变成几何可变体系而达到了极限承载力，其相应弯矩的增加量$\Delta M=0.33Pl-0.22Pl=0.11Pl$。此时，对产生$\Delta M$的相应荷载$\Delta P$可将支座$B$视作一个铰，即由两跨连续梁变成两个简支梁工作，因$\Delta M=\frac{P}{3}\times\frac{l}{3}=0.11Pl$，故可求出相应的荷载增量为$\Delta P=\frac{P}{3}$（图11.16(c)）。

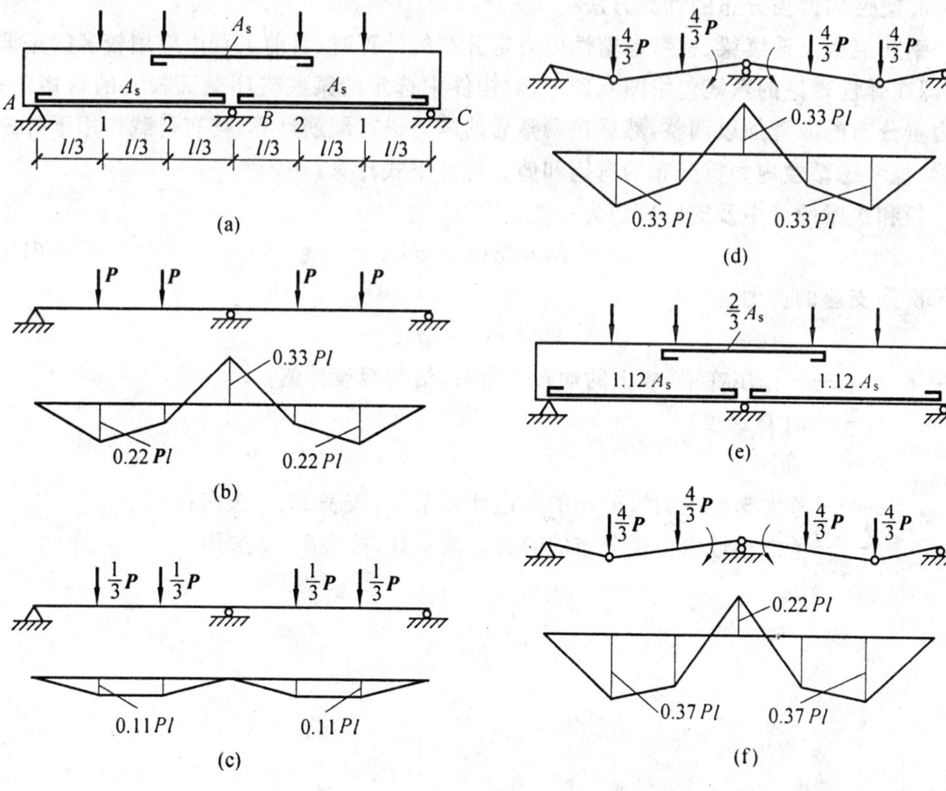


图11.16　两跨连续梁在荷载$\boldsymbol{P}$作用下的弯矩图

因此,该连续梁所能承受的集中荷载应为$P+\frac{P}{3}=\frac{4}{3}P$,较按弹性理论计算的承载力$P$有所提高。梁的最后弯矩图如图11.16(d)所示。

由上述可见,塑性内力重分布需考虑以下因素:

(1)塑性铰应具有足够的转动能力,以保证结构加载后各截面中能先后出现足够数目的塑性铰,最后形成破坏机构,即内力的完全重分布。若最初形成的塑性铰转动能力不足,在其塑性铰尚未全部形成之前,已因某些截面受压区混凝土过早被压坏而导致构件破坏,就不能达到完全内力重分布的目的。

(2)结构构件应具有足够的斜截面承载能力。国内外的试验研究表明,支座出现塑性铰后,连续梁的受剪承载力比不出现塑性铰的梁低。加载过程中,连续梁首先在支座和跨内出现垂直裂缝,随后在中间两侧出现斜裂缝。一些破坏前支座已形成塑性铰的梁,在中间支座两侧的剪跨段,纵筋和混凝土的黏接有明显破坏,有的甚至还出现沿纵筋的劈裂裂缝。构件的剪跨比越小,这种现象越明显。因此,为了保证连续梁内力重分布能充分发展,结构构件必须要有足够的受剪承载能力。

(3)满足正常使用条件。如果最初出现的塑性铰转动幅度过大,塑性铰附近截面的裂缝就可能开展过宽,结构的挠度过大,不能满足正常使用的要求。因此,在考虑塑性内力重分布时,应对塑性铰的允许转动量予以控制,即控制内力重分布的幅度。一般要求在正常使用阶段不应出现塑性铰。

### 3.塑性内力重分布的计算方法

钢筋混凝土连续梁、板考虑塑性内力重分布的计算时,目前工程中应用较多的是调幅法,即在弹性理论的弯矩包络图基础上,对构件中选定的某些支座截面较大的弯矩值,按内力重分布的原理加以调整,然后按调整后的内力进行配筋计算。均布荷载作用下等跨连续梁、板考虑塑性内力重分布的弯矩和剪力可按下式计算。

板和次梁的跨中及支座弯矩为

$$M=\alpha(g+q)l_0^2 \tag{11.9}$$

次梁支座的剪力为

$$V=\beta(g+q)l_n \tag{11.10}$$

式中 $g$,$q$—— 作用在梁、板上的均布恒荷载、活荷载设计值;

$l_0$—— 计算跨度;

$l_n$—— 净跨度;

$\alpha$—— 考虑塑性内力重分布的弯矩计算系数,按表11.1选用;

$\beta$—— 考虑塑性内力重分布的剪力计算系数,按表11.2选用。

表 11.1　连续梁和连续单向板考虑塑性内力重分布的弯矩计算系数 $\alpha$

<table>
<tr><th colspan="2" rowspan="3">支承情况</th><th colspan="6">截　面　位　置</th></tr>
<tr><th>端支座</th><th>边跨跨中</th><th>离端第二支座</th><th>离端第二跨跨中</th><th>中间支座</th><th>中间跨跨中</th></tr>
<tr><th>$A$</th><th>Ⅰ</th><th>$B$</th><th>Ⅱ</th><th>$C$</th><th>Ⅲ</th></tr>
<tr><td colspan="2">梁、板搁置在墙上</td><td>0</td><td>$\frac{1}{11}$</td><td rowspan="4">两跨连续:<br>$-\frac{1}{10}$<br>三跨连续:<br>$-\frac{1}{11}$</td><td rowspan="4">$\frac{1}{16}$</td><td rowspan="4">$-\frac{1}{14}$</td><td rowspan="4">$\frac{1}{16}$</td></tr>
<tr><td>板</td><td rowspan="2">与梁整浇连接</td><td>$-\frac{1}{16}$</td><td rowspan="2">$\frac{1}{14}$</td></tr>
<tr><td>梁</td><td>$-\frac{1}{24}$</td></tr>
<tr><td colspan="2">梁与柱整浇连接</td><td>$-\frac{1}{16}$</td><td>$\frac{1}{14}$</td></tr>
</table>

表 11.2　连续梁和连续单向板考虑塑性内力重分布的剪力计算系数 $\beta$

<table>
<tr><th rowspan="3">支承情况</th><th colspan="5">截　面　位　置</th></tr>
<tr><th rowspan="2">端支座<br>内侧 $A_{in}$</th><th colspan="2">离端第二支座</th><th colspan="2">中间支座</th></tr>
<tr><th>外侧 $B_{ex}$</th><th>内侧 $B_{in}$</th><th>外侧 $C_{ex}$</th><th>内侧 $C_{in}$</th></tr>
<tr><td>搁置在墙上</td><td>0.45</td><td>0.60</td><td>0.55</td><td>0.55</td><td>0.55</td></tr>
<tr><td>与梁或柱整浇连接</td><td>0.50</td><td>0.55</td><td></td><td></td><td></td></tr>
</table>

### 4. 考虑塑性内力重分布计算的一般原则

根据理论分析及试验结果，连续梁板按塑性内力重分布计算应遵循以下原则：

(1) 通过控制支座和跨中截面的配筋率可以控制连续梁中塑性铰出现的顺序和位置，控制调幅的大小和方向。为了保证塑性铰具有足够的转动能力，避免受压区混凝土“过早”被压坏，以实现完全的内力重分布，必须控制受力钢筋用量，即应满足 $\xi \leqslant 0.35$ 的限制条件要求，同时钢筋宜采用塑性较好的 HPB235 级、HRB335 级、HRB400 级钢筋，混凝土强度等级宜为 C20 ～ C45。

(2) 弯矩调幅不宜过大，应控制在弹性理论计算弯矩的 20% 以内。

(3) 为了尽可能地节省钢材，应使调整后的跨中截面弯矩尽量接近原包络图的弯矩值，以及使调幅后仍能满足平衡条件，则梁板的跨中截面弯矩值应取按弹性理论方法计算的弯矩包络图所示的弯矩值和按下式计算值中的较大者，如图 11.17 所示。

$$M = M_0 - \frac{1}{2}(M^l + M^r) \tag{11.11}$$

式中　$M_0$—— 按简支梁计算的跨中弯矩设计值；

$M^l, M^r$—— 连续梁板的左、右支座截面调幅后的弯矩设计值。

(4) 调幅后，支座及跨中控制截面的弯矩值均不宜小于 $\frac{1}{3}M_0$。

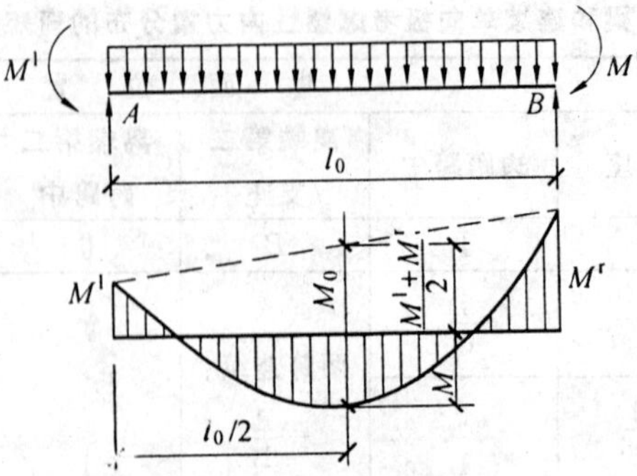


图 11.17　计算简图

5. **按塑性内力重分布方法计算的适用范围**

按塑性内力重分布理论计算超静定结构虽然可以节约钢材，但在使用阶段钢筋应力较高，构件裂缝和变形均较大。通常在下列情况下，不能采用塑性理论计算方法，而应按弹性理论方法进行设计：

(1) 使用阶段不允许开裂的结构；

(2) 处于重要部位而又要求可靠度较高的结构(如肋梁楼盖中的主梁)；

(3) 受动力和疲劳荷载作用的结构；

(4) 处于有腐蚀环境中的结构。

## 11.2.5　截面计算和构造要求

**1. 板的计算要点和构造要求**

(1) 板的计算要点

① 板的内力可按塑性理论方法计算。

② 在求得单向板的内力后，可根据正截面抗弯承载力计算，确定各跨跨中及各支座截面的配筋。

③ 板在一般情况下均能满足斜截面受剪承载力要求，设计时可不进行受剪承载力计算。

④ 连续板跨中由于正弯矩作用引起截面下部开裂，支座由于负弯矩作用引起截面上部开裂，这就使板的实际轴线成拱形(图 11.18)。如果板的四周存在有足够刚度的梁，即板的支座不能自由移动时，则作用于板上的一部分荷载将通过拱的作用直接传给边梁，而使板的最终弯矩降低。考虑到这一有利作用，则可对周边与梁整体连接的单向板中间跨跨中截面及中间支座截面的计算弯矩折减 20% 取用。但对于边跨的跨中截面及离板端第二支座截面，由于边梁侧向刚度不大(或无边梁)，难以提供足够的水平推力，因此其计算弯矩不予降低。

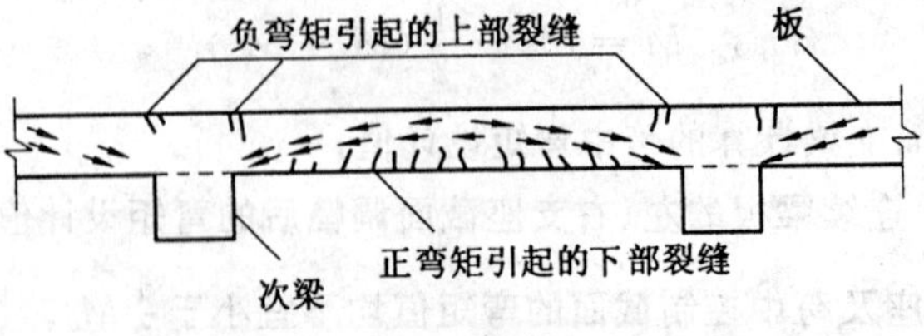


图 11.18　钢筋混凝土连续板的拱作用

(2) 板的构造要求

① 板的厚度

现浇钢筋混凝土单向板的厚度除应满足建筑功能的要求外，主要与板的跨度及其所受的荷载有关。从刚度要求出发，根据设计经验，单向板的最小厚度不应小于跨度的1/40(连续板)、1/35(简支板)以及1/12(悬臂板)。同时，单向板的最小厚度还不应小于表11.3规定的数值。板的配筋率一般为0.3% ～ 0.8%。

表 11.3　现浇钢筋混凝土板的最小厚度(mm)

| 板的类别 | | 最小厚度 |
|---|---|---|
| 单向板 | 屋面板 | 60 |
| | 民用建筑楼板 | 60 |
| | 工业建筑楼板 | 70 |
| | 行车道下的楼板 | 80 |
| 双向板 | | 80 |
| 密肋板 | 肋间距小于或等于 700 mm | 40 |
| | 肋间距大于 700 mm | 50 |
| 悬臂板 | 板的悬臂长度小于或等于 500 mm | 60 |
| | 板的悬臂长度大于 500 mm | 80 |
| 无梁楼板 | | 150 |

② 板的钢筋布置

现浇钢筋混凝土单向板中通常布置受力钢筋和构造钢筋两种钢筋。

受力钢筋沿板的短跨方向在截面受拉一侧布置，其截面面积由计算确定。板中受力钢筋一般采用HPB235级钢筋，常用直径为ϕ6、ϕ8、ϕ10、ϕ12等。对于支座负钢筋，为便于施工，其直径一般不小于ϕ8。对于绑扎钢筋，当板厚 $h \leqslant 150$ mm时，间距不宜大于200 mm；当板厚 $h > 150$ mm时，间距不宜大于1.5 $h$，且不宜大于250 mm。简支板或连续板下部纵向受力钢筋伸入支座的锚固长度不应小于 $5d$($d$ 为下部纵向受力钢筋直径)。当连续板内温度、收缩应力较大时，伸入支座的锚固长度宜适当增加。

连续板受力钢筋的配筋方式有弯起式和分离式两种。前者是将跨中正弯矩钢筋在支座附近弯起一部分以承受支座负弯矩(图 11.19(a))。这种配筋方式锚固好，并可节省钢筋，但施工较复杂；后者是将跨中正弯矩钢筋和支座负弯矩钢筋分别设置(图 11.19(b))。这种方式配筋施工方便，但钢筋用量较大且锚固较差，故不宜用于承受动荷载的板中。当板厚 $h \leqslant 120$ mm，且所受动荷载不大时，可采用分离式配筋。

跨中正弯矩钢筋，当采用分离式配筋时，宜全部伸入支座，支座负弯矩钢筋向跨内的延伸长度应满足覆盖负弯矩图和钢筋锚固的要求；当采用弯起式配筋时，可先按跨中正弯矩确定其钢筋直径和间距，然后在支座附近将跨中钢筋按需要弯起1/2(隔一弯一)以承受负弯矩，但最多不超过2/3(隔一弯二)。如弯起钢筋的截面面积不够，可另加直钢筋。弯起钢筋弯起的角度一般采用30°，当板厚 $h > 120$ mm 时，可采用45°。

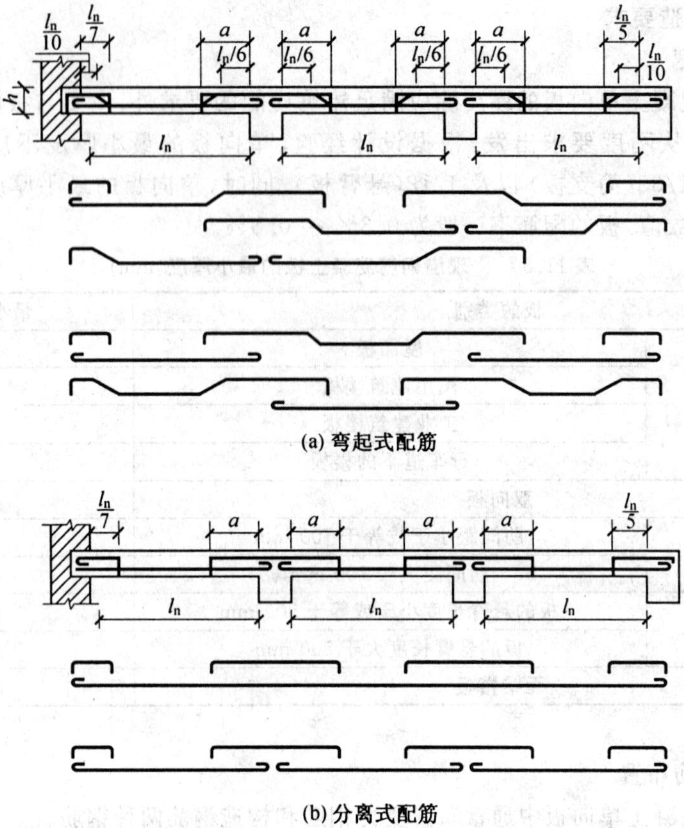


(a) 弯起式配筋

(b) 分离式配筋

图 11.19　单向板的配筋方式

单向板除了按计算配置受力钢筋外，通常还应布置以下 4 种构造钢筋：

a. 分布钢筋：垂直与板的受力钢筋方向，并在受力钢筋内侧按构造要求配置。其作用除固定受力钢筋位置、承受混凝土收缩和温度变化以及分布荷载的作用所产生的应力外，还要承受在计算中未计及但实际存在的长跨方向的弯矩。分布钢筋的截面面积应不小于受力钢筋的10%，且每米宽度内不少于3根。分布钢筋间距不宜大于200 mm，直径不宜小于 6 mm。在受力钢筋的弯折处亦应设置分布钢筋。

b. 与主梁垂直的上部构造钢筋：单向板上荷载将主要沿短边方向传到次梁，此时板的受力钢筋与主梁平行，由于板和主梁整体连接，在靠近主梁两侧一定宽度范围内，板内仍将产生一定大小与主梁方向垂直的负弯矩，为承受这一弯矩和防止产生过宽的裂缝，应配置与主梁垂直的上部构造钢筋(图 11.20)。其数量不宜少于板中受力钢筋的 1/3，且不少于每米 5 φ 8，伸出主梁边缘的长度不宜小于 $l_0/4$。

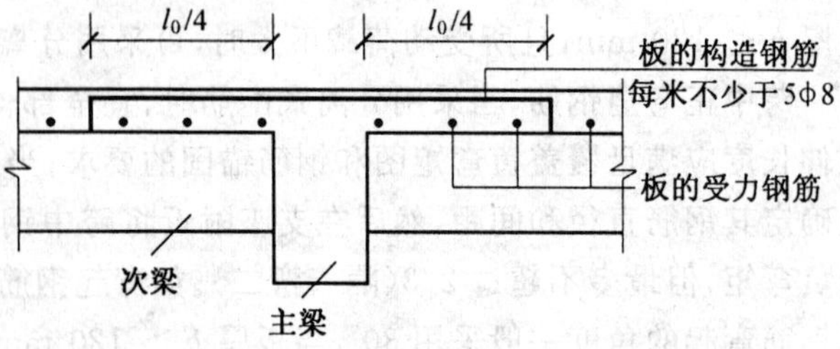


图 11.20　与主梁垂直的上部构造钢筋

c. 嵌固在墙内或与钢筋混凝土梁整体连接的板端上部构造钢筋：嵌固在承重砖墙内的单向板，计算时按简支考虑，但实际上由于墙的约束有部分嵌固作用，而将产生局部负弯矩，因此对嵌固在承重砖墙内的现浇板，在板的上部应设置与板垂直的不少于每米 5ϕ8 的构造钢筋，其伸出墙边的长度不宜小于 $l_0/7$（$l_0$ 为板短跨计算跨度）；当现浇板的周边与混凝土梁或混凝土墙整体连接时，亦应在板边上部设置与其垂直的构造钢筋，其数量不宜小于相应方向跨中纵筋截面面积的 1/3；其伸出梁边或墙边的长度不宜小于 $l_0/5$；对于双向不宜小于 $l_0/4$，如图 11.21 所示。

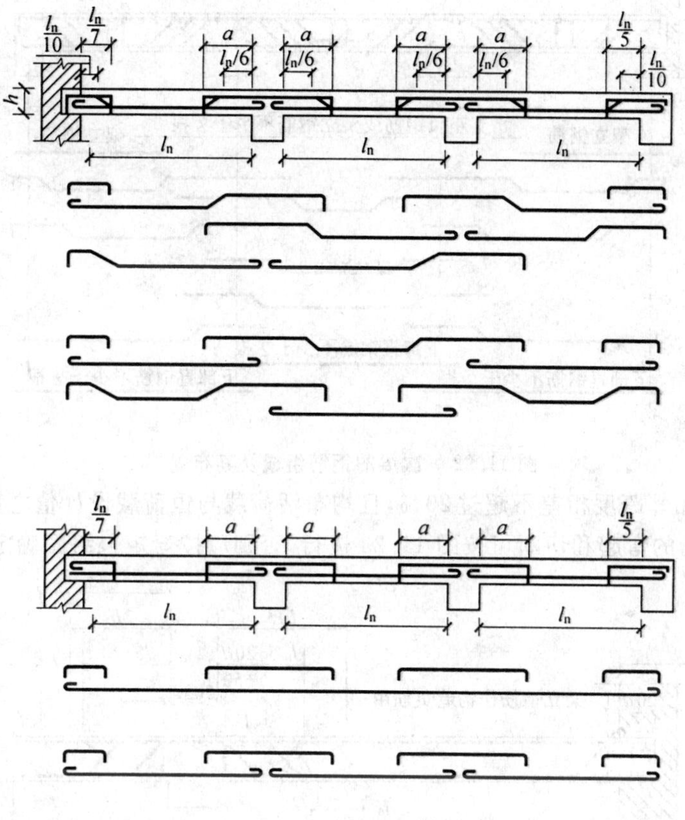


图 11.21　板的构造钢筋

d. 板角构造钢筋：对两边均嵌固在墙内的板角部分，当受到墙体约束时，亦将产生负弯矩，在板顶引起圆弧形裂缝，因此应在板的上部双向配置构造钢筋，以承受负弯矩和防止裂缝的扩展，其数量不宜小于该方向跨中受力钢筋的 1/3。其伸出墙边的长度不宜小于 $l_0/4$。

**2. 次梁的计算要点和构造要求**

(1) 次梁的计算要点

① 连续次梁在进行正截面承载力计算时，由于板与次梁整体连接，板可作为梁的翼缘参加工作，因此在跨中正弯矩作用区段，板处在次梁的受压区，次梁应按 T 形截面计算，其翼缘计算宽度 $b'_f$ 可按第 4 章有关规定确定。在支座附近（或跨中）的负弯矩作用区段，由于板处在次梁的受拉区，此时次梁应按矩形截面计算。

② 次梁的跨度一般为4～6 m,梁高为跨度的1/18～1/12,梁宽为梁高的1/3～1/2。纵向钢筋的配筋率为0.6%～1.5%。

③ 次梁的内力可按塑性理论方法计算。

(2) 次梁的构造要求

① 次梁的钢筋组成及其布置可参考图11.22。次梁伸入墙内的长度一般应不小于240 mm。

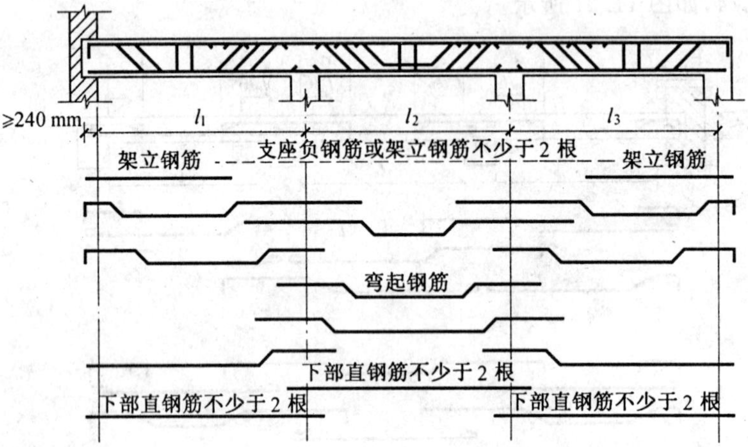


图11.22 次梁的钢筋组成及其布置

② 当次梁相邻跨度相差不超过20%,且均布活荷载与恒荷载设计值之比$q/g \leqslant 3$时,其纵向受力钢筋的弯起和切断可按图11.23进行,否则应按弯矩包络图确定。

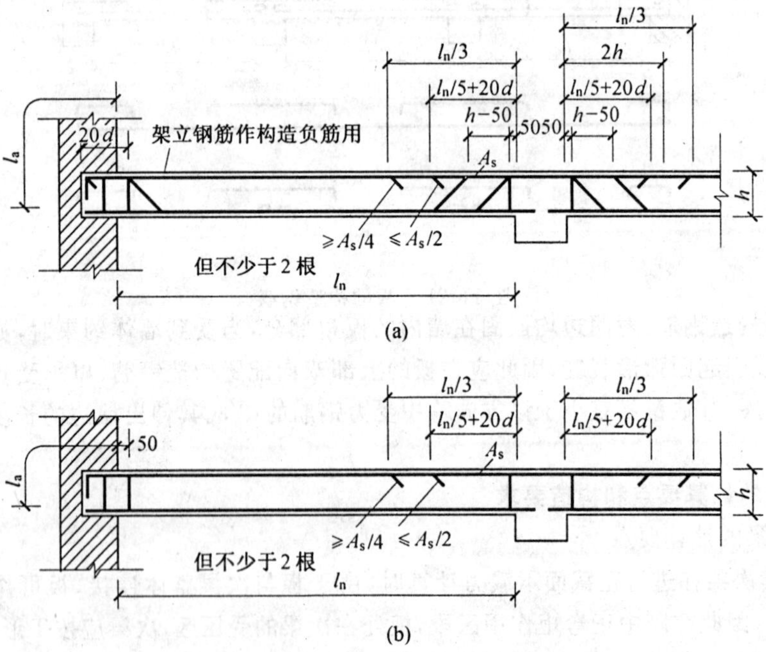


图11.23 次梁配筋的构造要求

### 3. 主梁的计算要点和构造要求

(1) 主梁的计算要点

① 主梁的正截面抗弯承载力计算与次梁相同，通常跨中按 T 形截面计算，支座按矩形截面计算。当跨中出现负弯矩时，跨中亦应按矩形截面计算。

② 主梁的跨度一般在 5 ～ 8 m 为宜，梁高为跨度的 1/14 ～ 1/8，梁宽为梁高的 1/3 ～ 1/2。

③ 主梁除承受自重和直接作用在主梁上的荷载外，主要是承受次梁传来的集中荷载。为简化计算，可将主梁的自重等效成若干集中荷载，其作用点与次梁位置相同。

④ 由于在主梁支座处，次梁与主梁负弯矩钢筋相互交叉重叠，而主梁负筋位于次梁和板的负筋之下(图 11.24)，故截面有效高度在支座处有所减小。具体为(对一类环境)：

当钢筋单排布置时，$h_0 = h - (50 \sim 60)$mm；

当钢筋双排布置时，$h_0 = h - (70 \sim 80)$mm。

⑤ 主梁的内力通常按弹性理论方法计算，不考虑塑性内力重分布。

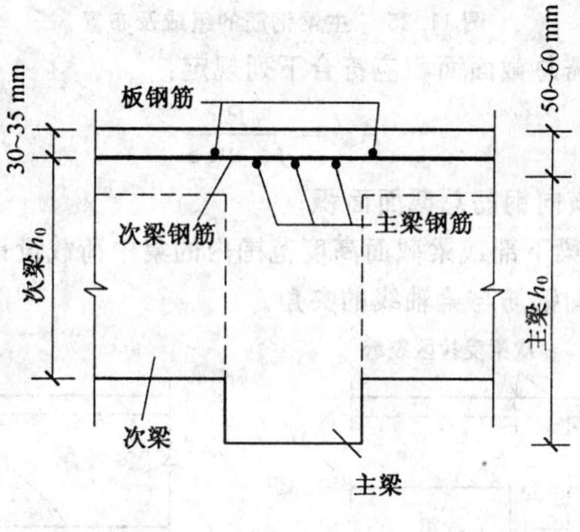


图 11.24　主梁支座处截面的有效高度

(2) 主梁的构造要求

① 主梁钢筋的组成及布置可参考图 11.25，主梁伸入墙内的长度一般应不小于 370 mm。

② 对于主梁及其他不等跨次梁，其纵向受力钢筋的弯起与切断，应在弯矩包络图上作材料图，来确定纵向钢筋的切断和弯起位置，并应满足有关构造要求。

③ 在次梁与主梁相交处，次梁顶部在负弯矩作用下将产生裂缝(图 11.26(a))。因此，次梁传来的集中荷载将通过其受压区的剪切面传至主梁截面高度的中、下部，使其下部混凝土可能产生斜裂缝而引起局部破坏。为此，需设置附加的横向钢筋(吊筋或箍筋)，以使次梁传来的集中力传至主梁上部的受压区。附加横向钢筋宜采用箍筋，并应布置在长度为 $s$ 的范围内，此处 $s = 2h_1 + 3b$(图 11.26(b))；当采用吊筋时，其弯起段应伸至梁上边缘，且末端水平段长度在受拉区不应小于 $20d$，受压区不应小于 $10d$($d$ 为弯起钢筋的直径)。

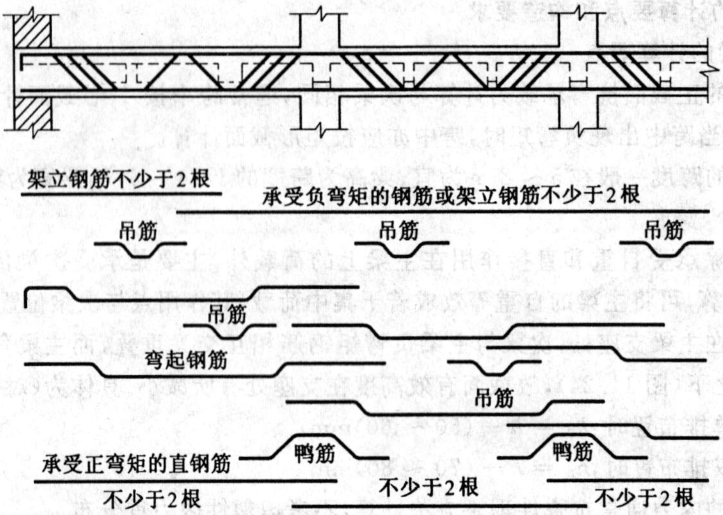


图 11.25　主梁钢筋的组成及布置

附加横向钢筋所需总截面面积应符合下列规定：

$$A_{sv}=\frac{P}{f_{yv}\sin\alpha} \tag{11.12}$$

式中　$A_{sv}$—— 附加横向钢筋总截面面积；

$P$—— 作用在梁下部或梁截面高度范围内的集中荷载设计值；

$\alpha$—— 附加横向钢筋与梁轴线的夹角。

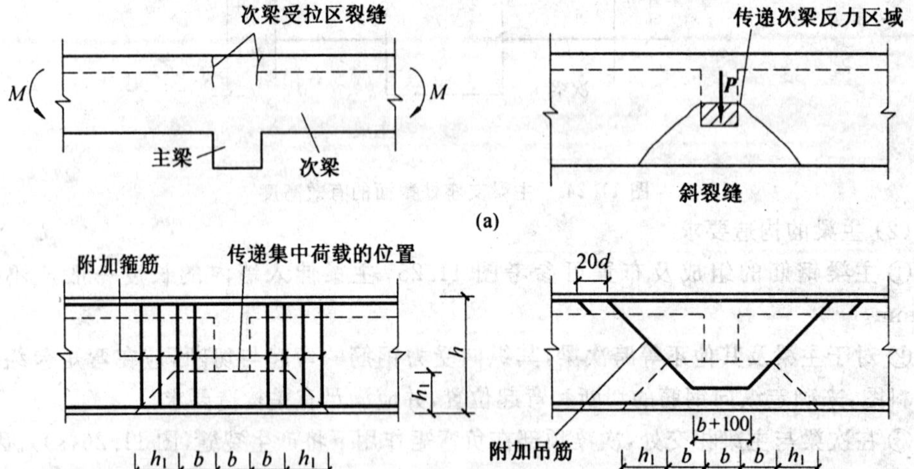


图 11.26　附加横向钢筋的布置

### 11.2.6　整体式单向板肋梁楼盖设计

**1. 设计资料**

某设计基准期为 50 年的多层工业建筑楼盖，采用整体式钢筋混凝土结构，楼盖梁格布置如图 11.27 所示。

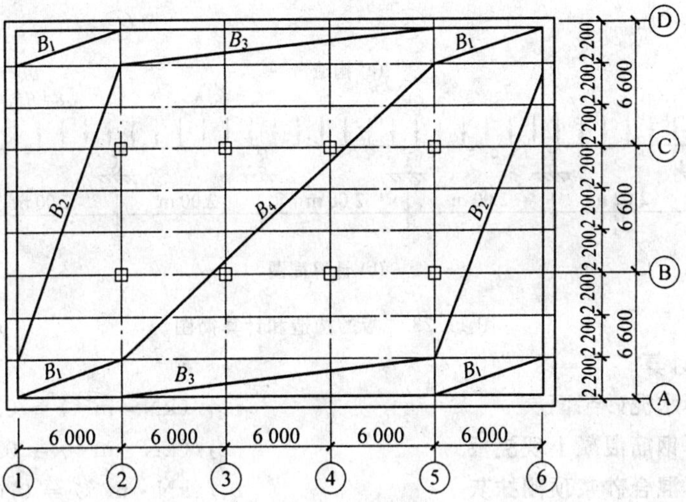


图 11.27　楼盖结构平面布置图

(1) 楼面构造层做法：20 mm 厚水泥砂浆面层，20 mm 厚混合砂浆顶棚抹灰。

(2) 楼面活荷载：标准值为 6 kN/m$^2$。

(3) 恒载分项系数为 1.2；活荷载分项系数为 1.3(因楼面活荷载标准值大于 4 kN/m$^2$)。

(4) 材料选用：

混凝土：采用 C25($f_c = 11.9$ N/mm$^2$，$f_t = 1.27$ N/mm$^2$)。

钢　筋：梁中受力纵筋采用 HRB335 级($f_y = 300$ N/mm$^2$)，其余采用 HPB235 级($f_y = 210$ N/mm$^2$)。

**2. 板的计算**

板按考虑塑性内力重分布方法计算。

板厚：$h/\text{mm} \geqslant \dfrac{l}{40} = \dfrac{2\ 200}{40} = 55$，对工业建筑楼盖，要求 $h \geqslant 80$ mm，故取板厚 $h =$ 80 mm。

次梁截面高度应满足 $h/\text{mm} = (\dfrac{1}{18} \sim \dfrac{1}{12})l = (\dfrac{1}{18} \sim \dfrac{1}{12}) \times 6\ 000 = 334 \sim 500$，考虑到楼面活荷载比较大，故取次梁截面高度 $h = 450$ mm。梁宽 $b = (\dfrac{1}{3} \sim \dfrac{1}{2})h = 150 \sim 225$ mm，取 $b = 200$ mm。板的尺寸及支承情况如图 11.28(a) 所示。

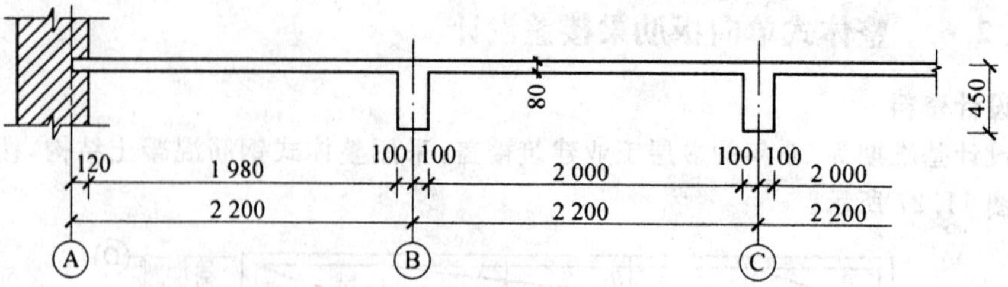


(a) 构造

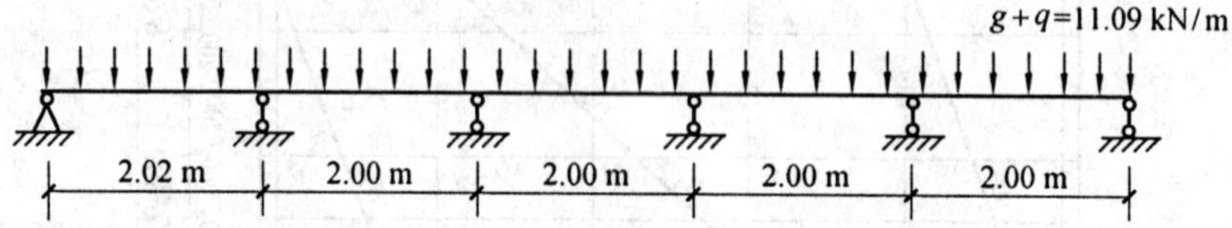


(b) 计算简图

图 11.28　板的构造和计算简图

(1) 荷载计算

| | |
|---|---|
| 20 mm 厚水泥砂浆面层 | $q_1/(\mathrm{kN\cdot m^{-2}}) = 0.02\times 20 = 0.4$ |
| 80 mm 厚钢筋混凝土现浇板 | $q_2/(\mathrm{kN\cdot m^{-2}}) = 0.08\times 25 = 2.0$ |
| 20 mm 厚混合砂浆顶棚抹灰 | $q_3/(\mathrm{kN\cdot m^{-2}}) = 0.02\times 17 = 0.34$ |
| 恒荷载标准值 | $g_k/(\mathrm{kN\cdot m^{-2}}) = 2.74$ |
| 恒荷载设计值 | $g/(\mathrm{kN\cdot m^{-2}}) = 1.2\times 2.74 = 3.29$ |
| 活荷载设计值 | $q/(\mathrm{kN\cdot m^{-2}}) = 1.3\times 6.0 = 7.8$ |
| 合计 | $(g+q)/(\mathrm{kN\cdot m^{-2}}) = 11.09$ |

(2) 计算简图

板的计算跨度：

① 边跨

$$l_n/\mathrm{m} = 2.2 - 0.12 - \frac{0.2}{2} = 1.98$$

$$l_0/\mathrm{m} = l_n + \frac{a}{2} = 1.98 + \frac{0.12}{2} = 2.04$$

因$(l_n + \frac{h}{2})/\mathrm{m} = 1.98 + \frac{0.08}{2} = 2.02 < 2.04$,故取 $l_0 = 2.02\ \mathrm{m}$

② 中间跨

$$l_0/\mathrm{m} = l_n = 2.2 - 0.2 = 2.0$$

③ 跨度差

$\frac{2.02-2.0}{2.0} = 1\% < 10\%$,可按等跨连续板计算内力。取 1 m 宽板带作为计算单元，计算简图如图 11.28(b) 所示。

(3) 弯矩设计值

连续板各截面弯矩设计值见表 11.4。

表 11.4　连续板各截面弯矩计算

| 截面 | 弯矩计算系数 $\alpha$ | $M=\alpha(g+q)l_0^2$ /(kN·m) |
|---|---|---|
| 边跨跨中 | $\frac{1}{11}$ | $\frac{1}{11}\times 11.09\times 2.02^2=4.11$ |
| 离端第二支座 | $-\frac{1}{11}$ | $-\frac{1}{11}\times 11.09\times 2.02^2=-4.11$ |
| 离端第二跨跨中<br>中间跨跨中 | $\frac{1}{16}$ | $\frac{1}{16}\times 11.09\times 2.0^2=2.77$ |
| 中间支座 | $-\frac{1}{14}$ | $-\frac{1}{14}\times 11.09\times 2.0^2=-3.17$ |

(4) 承载力计算

$b=1\ 000$ mm，$h=80$ mm，$h_0$/mm $=80-20=60$。钢筋采用 HPB235 级($f_y=210$ N/mm²)，混凝土采用 C25($f_c=11.9$ N/mm²)，$\alpha_1=1.0$。各截面配筋见表 11.5。

表 11.5　板的配筋计算

| 板带部位 | 边区板带(①～②、⑤～⑥ 轴线间) | | | | 中间区板带(②～⑤ 轴线间) | | | |
|---|---|---|---|---|---|---|---|---|
| 板带部位截面 | 边跨跨中 | 离端第二支座 | 离端第二跨跨中、中间跨跨中 | 中间支座 | 边跨跨中 | 离端第二支座 | 离端第二跨跨中、中间跨跨中 | 中间支座 |
| $M$/(kN·m) | 4.11 | −4.11 | 2.77 | −3.17 | 4.11 | −4.11 | $2.77\times 0.8=2.22$ | $-3.17\times 0.8=-2.54$ |
| $\alpha_s=\frac{M}{\alpha_1 f_c b h_0^2}$ | 0.096 | 0.096 | 0.065 | 0.074 | 0.096 | 0.096 | 0.052 | 0.059 |
| $\gamma_s$ | 0.949 | 0.949 | 0.966 | 0.962 | 0.949 | 0.949 | 0.973 | 0.969 |
| $A_s=\frac{M}{f_y\gamma_s h_0}$ /mm² | 344 | 344 | 228 | 262 | 344 | 344 | 181 | 208 |
| 选配钢筋 | ϕ8/10 @180 | ϕ8/10 @180 | ϕ8 @180 | ϕ8 @180 | ϕ10 @200 | ϕ8/10 @200 | ϕ10 @200 | ϕ8 @200 |
| 实配钢筋面积/mm² | 358 | 358 | 279 | 279 | 393 | 322 | 251 | 251 |

注：中间区板带(②～⑤ 轴线间)，其各内区格板的四周与梁整体连接，故中间跨跨中和中间支座考虑板的内拱作用，其计算弯矩折减 20%。

板的配筋如图 11.29 所示。

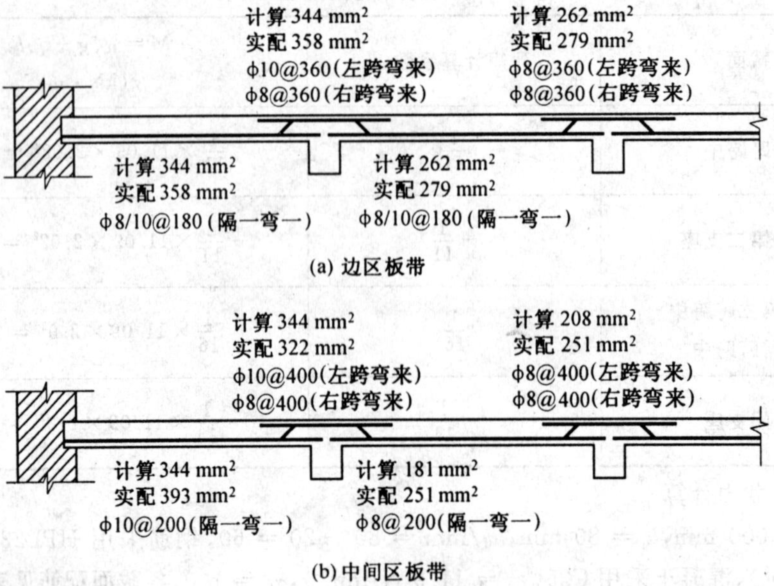


(a) 边区板带

(b) 中间区板带

图 11.29　板的配筋

3. **次梁计算**

次梁按考虑塑性内力重分布方法计算。

主梁截面高度 $h/\text{mm}=(\frac{1}{14}\sim\frac{1}{8})l=(\frac{1}{14}\sim\frac{1}{8})\times 6\,600=472\sim 825$，取主梁截面高度 $h=650$ mm。梁宽 $b/\text{mm}=(\frac{1}{3}\sim\frac{1}{2})h=217\sim 325$，取 $b=250$ mm。次梁的尺寸及支承情况如图 11.30(a) 所示。

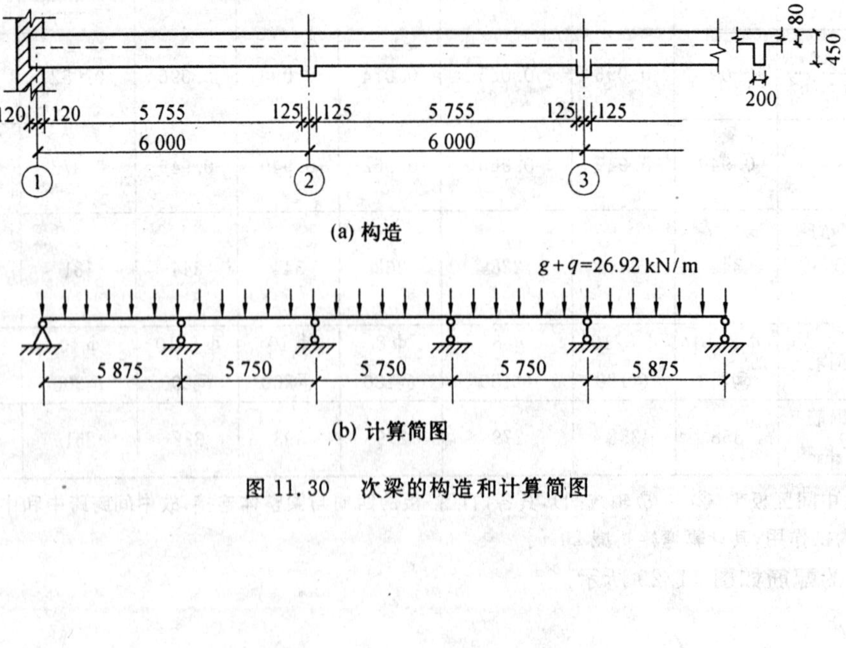


(a) 构造

(b) 计算简图

图 11.30　次梁的构造和计算简图

(1) 荷载计算

板传来恒荷载　$q_1/(\mathrm{kN\cdot m^{-1}}) = 3.29\times 2.2 = 7.24$

次梁自重　$q_2/(\mathrm{kN\cdot m^{-1}}) = 1.2\times 25\times 0.2\times (0.45-0.08) = 2.22$

梁侧抹灰　$q_3/(\mathrm{kN\cdot m^{-1}}) = 1.2\times 17\times 0.02\times (0.45-0.08)\times 2 = 0.30$

恒荷载设计值　$g/(\mathrm{kN\cdot m^{-1}}) = 9.76$

活荷载设计值(由板传来)　$q/(\mathrm{kN\cdot m^{-1}}) = 7.8\times 2.2 = 17.16$

合计　$(g+q)/(\mathrm{kN\cdot m^{-1}}) = 26.92$

(2) 计算简图

次梁的计算跨度:

① 边跨

$$l_n/\mathrm{m} = 6.0-0.12-\frac{0.25}{2} = 5.755$$

$$l_0/\mathrm{m} = l_n+\frac{a}{2} = 5.755+\frac{0.24}{2} = 5.875 < 1.025l_n = 5.899\text{,取 } l_0 = 5.875\ \mathrm{m}$$

② 中间跨

$$l_0/\mathrm{m} = l_n = 6.0-0.25 = 5.75$$

③ 跨度差

$\frac{5.875-5.75}{5.75} = 2.2\% < 10\%$,可按等跨连续梁计算内力,其计算简图如图11.30(b)所示。

(3) 弯矩设计值

次梁各截面弯矩、剪力设计值见表 11.6、表 11.7。

**表 11.6　次梁各截面弯矩计算**

| 截面 | 弯矩计算系数 $\alpha_m$ | $M=\alpha_m(g+q)l_0^2$ /(kN·m) |
|---|---|---|
| 边跨跨中 | $\frac{1}{11}$ | $\frac{1}{11}\times 26.92\times 5.875^2 = 84.47$ |
| 离端第二支座 | $-\frac{1}{11}$ | $-\frac{1}{11}\times 26.92\times 5.875^2 = -84.47$ |
| 离端第二跨跨中、中间跨跨中 | $\frac{1}{16}$ | $\frac{1}{16}\times 26.92\times 5.75^2 = 55.63$ |
| 中间支座 | $-\frac{1}{14}$ | $-\frac{1}{14}\times 26.92\times 5.75^2 = -63.58$ |

表 11.7　次梁各截面剪力计算

| 截面 | 剪力计算系数 $\alpha_v$ | $V=\alpha_v(g+q)l_n$ /kN |
|---|---|---|
| 端支座右侧 | 0.45 | $0.45\times 26.92\times 5.755=69.72$ |
| 离端第二支座左侧 | 0.6 | $0.6\times 26.92\times 5.755=92.96$ |
| 离端第二支座右侧 | 0.55 | $0.55\times 26.92\times 5.75=85.14$ |
| 中间支座左侧、右侧 | 0.55 | $0.55\times 26.92\times 5.75=85.14$ |

(4) 承载力计算

次梁正截面受弯承载力计算时，支座截面按矩形截面计算，跨中截面按 T 形截面计算，其翼缘计算宽度为：

边跨：

$$b_f/\text{mm}=\frac{1}{3}l_0=\frac{1}{3}\times 5\,875=1\,960<(b+s_0)/\text{mm}=200+2\,000=2\,200$$

离端第二跨、中间跨：

$$b_f/\text{mm}=\frac{1}{3}l_0=\frac{1}{3}\times 5\,750=1\,920$$

梁高 $h=450$ mm，翼缘厚度 $h'_f=80$ mm。除离端第二支座纵向钢筋按两排布置($h_0/\text{mm}=450-60=390$)外，其余截面均按一排纵筋考虑，$h_0/\text{mm}=450-35=415$。纵向钢筋采用 HRB335 级($f_y=300\ \text{N/mm}^2$)，箍筋采用 HPB235 级($f_{yv}=210\ \text{N/mm}^2$)，混凝土采用采用 C25($f_c=11.9\ \text{N/mm}^2$，$f_t=1.27\ \text{N/mm}^2$)，$\alpha_1=1.0$。经判断各跨中截面均属于第一类 T 形截面。

次梁正截面及斜截面承载力计算分别见表 11.8、表 11.9。

表 11.8　次梁正截面承载力计算

| 截面 | 边跨跨中 | 离端第二支座 | 离端第二跨跨中、中间跨跨中 | 中间支座 |
|---|---|---|---|---|
| $M/(\text{kN}\cdot\text{m})$ | 84.47 | $-84.47$ | 55.63 | $-63.58$ |
| $\alpha_s=\dfrac{M}{\alpha_1 f_c b h_0^2}$ | 0.021 | 0.233 | 0.014 | 0.155 |
| $\xi$ | 0.021 | 0.269 | 0.014 | 0.17 |
| $\gamma_s$ | 0.989 | 0.866 | 0.993 | 0.915 |
| $A_s=\dfrac{M}{f_y\gamma_s h_0}$ /mm² | 686 | 834 | 450 | 558 |
| 选配钢筋 | 2Φ18+1Φ16 | 2Φ18+2Φ16 | 2Φ14+1Φ16 | 2Φ12+2Φ16 |
| 实配钢筋面积 /mm² | 710 | 911 | 509 | 628 |

表 11.9　次梁斜截面承载力计算

| 截面 | 端支座右侧 | 离端第二支座左侧 | 离端第二支座右侧 | 中间支座左侧、右侧 |
|---|---|---|---|---|
| $V$/kN | 69.72 | 92.96 | 85.14 | 85.14 |
| $0.25\beta_c f_c b h_0$/kN | $246.9 > V$ | $232 > V$ | $232 > V$ | $246.9 > V$ |
| $0.7 f_t b h_0$/kN | $73.8 > V$ | $69.3 < V$ | $69.3 < V$ | $73.8 < V$ |
| 选用箍筋 | 双肢ϕ 8 | 双肢ϕ 8 | 双肢ϕ 8 | 双肢ϕ 8 |
| $A_{sv} = nA_{sv1}$/mm² | 101 | 101 | 101 | 101 |
| $s = \dfrac{1.25 f_{yv} A_{sv} h_0}{V - 0.7 f_t b h_0}$ /mm | 按构造配箍 | 437 | 653 | 970 |
| 实配箍筋间距 /mm | 200 | 200 | 200 | 200 |

次梁的配筋如图 11.31 所示。

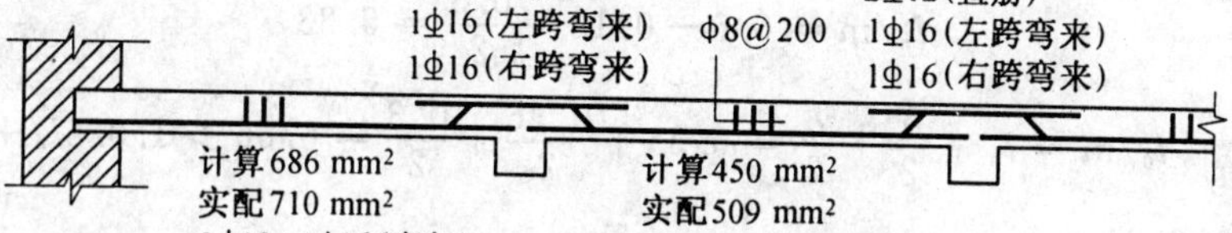


图 11.31　次梁的配筋

4. **主梁计算**

主梁按弹性理论方法计算。

设柱截面尺寸为 300 mm × 300 mm，柱高 $H = 4.5$ m。主梁的尺寸及支承情况如图 11.32(a) 所示。

(1) 荷载

次梁传来恒荷载

$$q_1/\text{kN} = 9.76 \times 6.0 = 58.56$$

主梁自重(折算为集中荷载)

$$q_2/\text{kN} = 1.2 \times 25 \times 0.25 \times (0.65 - 0.08) \times 2.2 = 9.41$$

梁侧抹灰(折算为集中荷载)

$$q_3/\text{kN} = 1.2 \times 17 \times 0.02 \times (0.65 - 0.08) \times 2 \times 2.2 = 1.02$$

恒荷载设计值

$$G/\text{kN} = 69.0$$

活荷载设计值(由次梁传来)

$$Q/\text{kN} = 17.16 \times 6.0 = 103.0$$

合计　$$(G + Q)/\text{kN} = 172.0$$

(2) 计算简图

主梁的计算跨度：

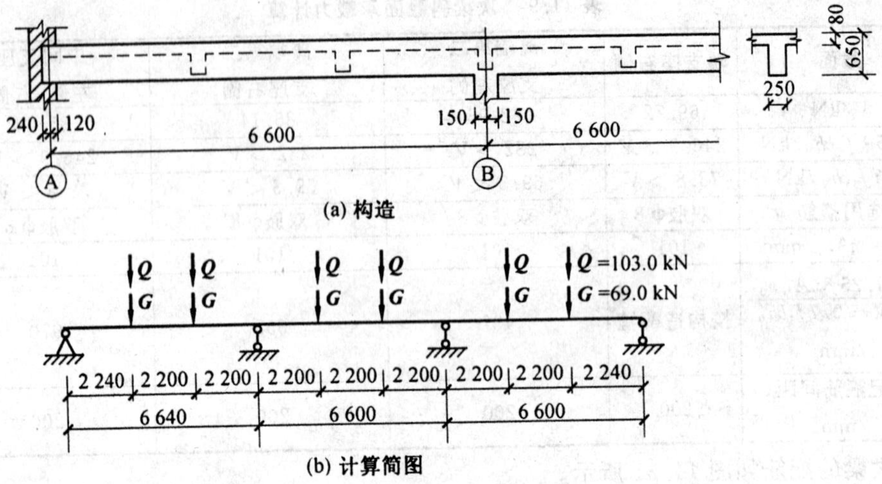


图 11.32　主梁的构造和计算简图

① 边跨

$$l_n/\mathrm{m} = 6.6 - 0.12 - \frac{0.3}{2} = 6.33$$

$$l_0/\mathrm{m} = l_n + \frac{a}{2} + \frac{b}{2} = 6.33 + \frac{0.36}{2} + \frac{0.3}{2} = 6.66 > 1.025l_n + \frac{b}{2} = 6.64$$

取 $l_0 = 6.64$ m。

② 中间跨

$$l_n/\mathrm{m} = 6.60 - 0.3 = 6.30$$

$$l_0/\mathrm{m} = l_n + b = 6.30 + 0.3 = 6.60$$

③ 平均跨度

$$\frac{6.64 + 6.60}{2}\mathrm{m} = 6.62\ \mathrm{m}(\text{计算支座弯矩用})$$

④ 跨度差

$\dfrac{6.64 - 6.60}{6.60} = 0.61\% < 10\%$，可按等跨连续梁计算内力，其计算简图如图11.32(b)所示。

(3) 弯矩设计值

主梁在不同荷载作用下的内力计算可采用等跨连续梁的内力系数表进行，其弯矩和剪力设计值的具体计算结果见表 11.10、表 11.11。

表 11.10　主梁各截面弯矩计算(kN·m)

| 序号 | 荷载简图及弯矩图 | 边跨跨中 $\frac{K}{M_1}$ | 中间支座 $\frac{K}{M_B(M_C)}$ | 中间跨跨中 $\frac{K}{M_2}$ |
|---|---|---|---|---|
| ① | 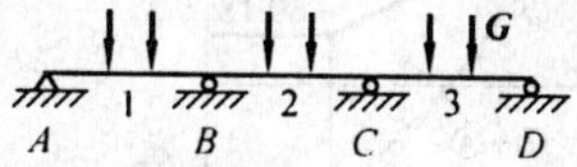 | $\frac{0.244}{111.79}$ | $\frac{-0.267}{-121.96}$ | $\frac{0.067}{30.51}$ |
| ② | 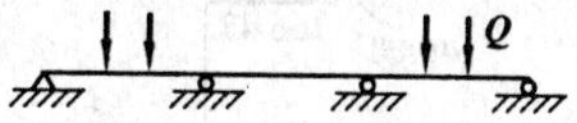 | $\frac{0.289}{197.65}$ | $\frac{-0.133}{-90.69}$ | $\frac{-0.133}{-90.69}$ |
| ③ | 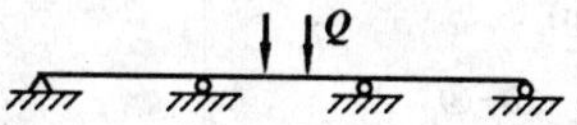 | $\approx \frac{1}{3}M_B = -30.23$ | $\frac{-0.133}{-90.69}$ | $\frac{0.200}{135.96}$ |
| ④ | 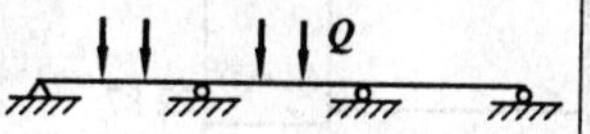 | $\frac{0.229}{156.62}$ | $\frac{-0.311(-0.089)}{-212.06(-60.69)}$ | $\frac{0.170}{115.57}$ |
| 最不利内力组合 | ①＋② | 309.44 | −212.65 | −60.18 |
| | ①＋③ | 81.56 | −212.65 | 166.47 |
| | ①＋④ | 268.1 | −344.0(−182.65) | 146.08 |

表 11.11　主梁各截面剪力计算(kN)

| 序号 | 荷载简图及弯矩图 | 端支座 $\frac{K}{V_A^r}$ | 中间支座 $\frac{K}{V_B^l(V_C^l)}$ | 中间支座 $\frac{K}{V_B^r(V_C^r)}$ |
|---|---|---|---|---|
| ① | 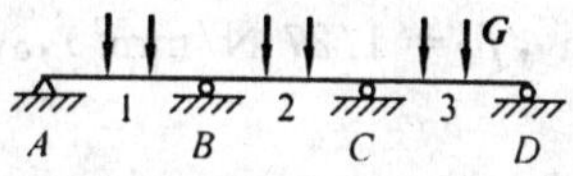 | $\frac{0.773}{50.58}$ | $\frac{-1.267(-1.000)}{-87.42(-69.0)}$ | $\frac{1.000(1.267)}{69.0(87.42)}$ |
| ② | 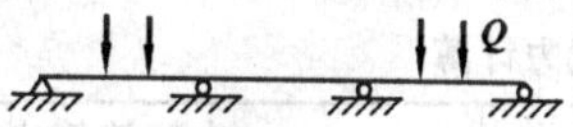 | $\frac{0.866}{89.2}$ | $\frac{-1.134}{116.8}$ | 0 |
| ④ | 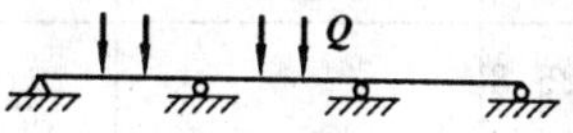 | $\frac{0.689}{70.97}$ | $\frac{-1.311(-0.778)}{-135.03(-80.13)}$ | $\frac{1.222(0.089)}{125.87(9.17)}$ |
| 最不利内力组合 | ①＋② | 139.78 | −204.22 | 69.0 |
| | ①＋④ | 121.55 | −222.45(−149.13) | 194.87(96.59) |

将以上最不利内力组合下的弯矩图和剪力图分别叠画在同一坐标图上，即可得到主梁的弯矩包络图及剪力包络图，如图 11.33 所示。

(4) 承载力计算

主梁正截面受弯承载力计算时，支座截面按矩形截面计算（因支座弯矩较大，取 $h_0/\text{mm} = 650 - 80 = 570$），跨中截面按 T 形截面计算（$h'_f = 80$ mm，$h_0/\text{mm} = 650 - 35 = 615$），其翼缘计算宽度为

$$b_f/\text{mm} = \frac{1}{3}l_0 = \frac{1}{3} \times 6\ 600 = 2\ 200 < (b + s_0)/\text{mm} = 6\ 000$$

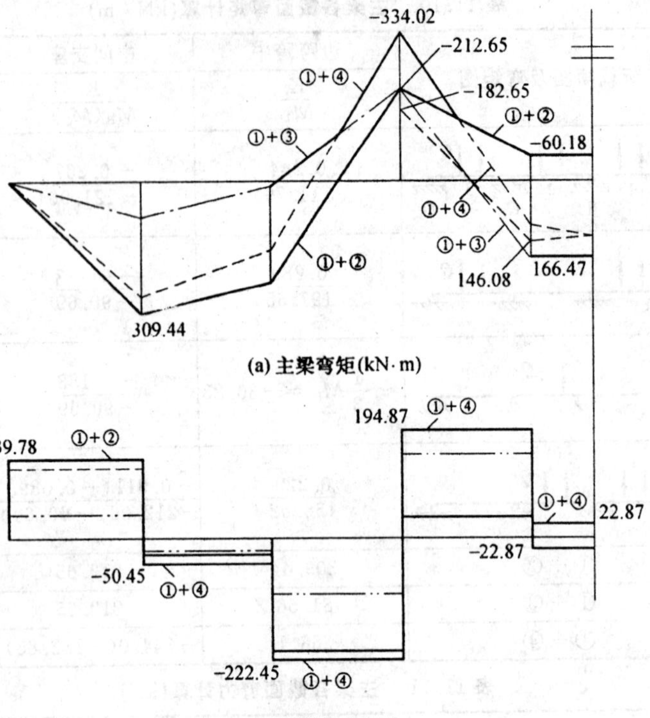


(a) 主梁弯矩(kN·m)

(b) 主梁剪力(kN)

图 11.33　主梁的弯矩包络图及剪力包络图

纵向钢筋采用 HRB335 级($f_y = 300\ \text{N/mm}^2$)，箍筋采用 HPB235 级($f_{yv} = 210\ \text{N/mm}^2$)，混凝土采用采用 C25($f_c = 11.9\ \text{N/mm}^2$，$f_t = 1.27\ \text{N/mm}^2$)，$\alpha_1 = 1.0$。经判别各跨中截面均属于第一类 T 形截面。

主梁正截面及斜截面承载力计算分别见表 11.12、表 11.13。

表 11.12　主梁正截面承载力计算

| 截面 | 边跨跨中 | 中间支座 | 中间跨跨中 | |
|---|---|---|---|---|
| $M/(\text{kN}\cdot\text{m})$ | 309.44 | −344.02 | 166.47 | −60.18 |
| $V_0\dfrac{b}{2}/(\text{kN}\cdot\text{m})$ | | $(69+103)\times\dfrac{0.3}{2}=25.8$ | | |
| $M-V_0\dfrac{b}{2}/(\text{kN}\cdot\text{m})$ | | 308.22 | | |
| $\alpha_s=\dfrac{M}{\alpha_1 f_c b h_0^2}$ | 0.031 | 0.319 | 0.017 | 0.058 |
| $\xi$ | 0.031 | 0.398 | 0.017 | 0.060 |
| $\gamma_s$ | 0.984 | 0.801 | 0.992 | 0.970 |
| $A_s=\dfrac{M}{f_y\gamma_s h_0}/\text{mm}^2$ | 1 705 | 2 250 | 910 | 351 |
| 选配钢筋 | 2Φ22+2Φ25 | 2Φ25+2Φ18+2Φ22 | 2Φ16+1Φ18 | 2Φ22 |
| 实配钢筋面积/$\text{mm}^2$ | 1 742 | 2 251 | 911 | 760 |

注：$h_0/\text{mm} = 650 - 60 = 590$。

表 11.13　主梁斜截面承载力计算

| 截面 | 支座 $A$ | 支座 $B^l$(左) | 支座 $B^r$(右) |
| --- | --- | --- | --- |
| $V$/kN | 139.78 | 222.45 | 194.87 |
| $0.25\beta_c f_c b h_0$/kN | $457.41 > V$ | $423.94 > V$ | $423.94 > V$ |
| $0.7 f_t b h_0$/kN | $136.68 < V$ | $126.68 < V$ | $126.68 < V$ |
| 选用箍筋 | 双肢Φ 8 | 双肢Φ 8 | 双肢Φ 8 |
| $A_{sv} = nA_{sv1}$/mm² | 101 | 101 | 101 |
| $s = \dfrac{1.25 f_{yv} A_{sv} h_0}{V - 0.7 f_t b h_0}$ /mm | $\dfrac{1.25 \times 210 \times 101 \times 615}{139\ 780 - 136\ 680} = 5\ 260$ | | |
| 实配箍筋间距 /mm | 250 | 250 | 250 |
| $V_{cs} = 0.7 f_t b h_0 + 1.25 f_{yv} \dfrac{A_{sv}}{s} h_0$/kN | | $126.68 + 1.25 \times 210 \times \dfrac{101}{250} \times 570 \times 10^{-3} = 187.13$ | $126.68 + 1.25 \times 210 \times \dfrac{101}{250} \times 570 \times 10^{-3} = 187.13$ |
| $A_{sb} = \dfrac{V - V_{cs}}{0.8 f_y \sin\alpha}$/mm² | | $\dfrac{222\ 450 - 187\ 130}{0.8 \times 300 \times \sin 45^\circ} = 208$ | $\dfrac{222\ 450 - 187\ 130}{0.8 \times 300 \times \sin 45^\circ} = 208$ |
| 选配弯起钢筋 | | 1 Φ 25 | 1 Φ 18 |
| 实配弯起钢筋面积 /mm² | | 490.9 | 254.5 |

注：弯起钢筋的弯起角度为 45°。

(5) 主梁吊筋计算

由次梁传至主梁的全部集中荷载为

$$(G + Q)/\text{kN} = 58.56 + 103.0 = 161.56$$

吊筋采用 HRB335 级钢筋，弯起角度为 45°，则

$$A_s/\text{mm}^2 = \frac{G + Q}{2 f_y \sin\alpha} = \frac{16.156 \times 10^3}{2 \times 300 \times \sin 45^\circ} = 380.8$$

主梁的配筋如图 11.34 所示。

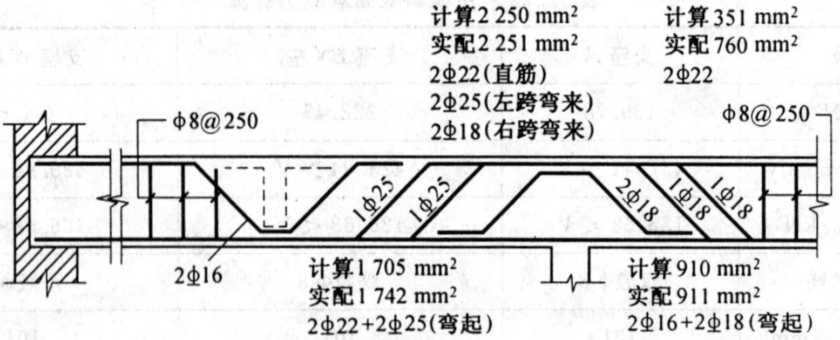


图 11.34　主梁的配筋

5. **梁板结构施工图**

板、次梁配筋图和主梁配筋及材料图见图 11.35、图 11.36、图 11.37。

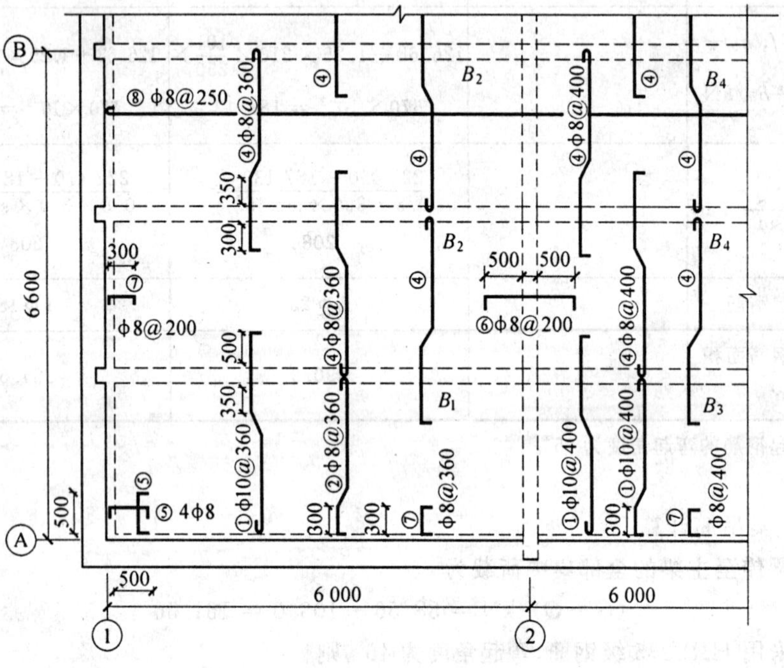


图 11.35　板的配筋图

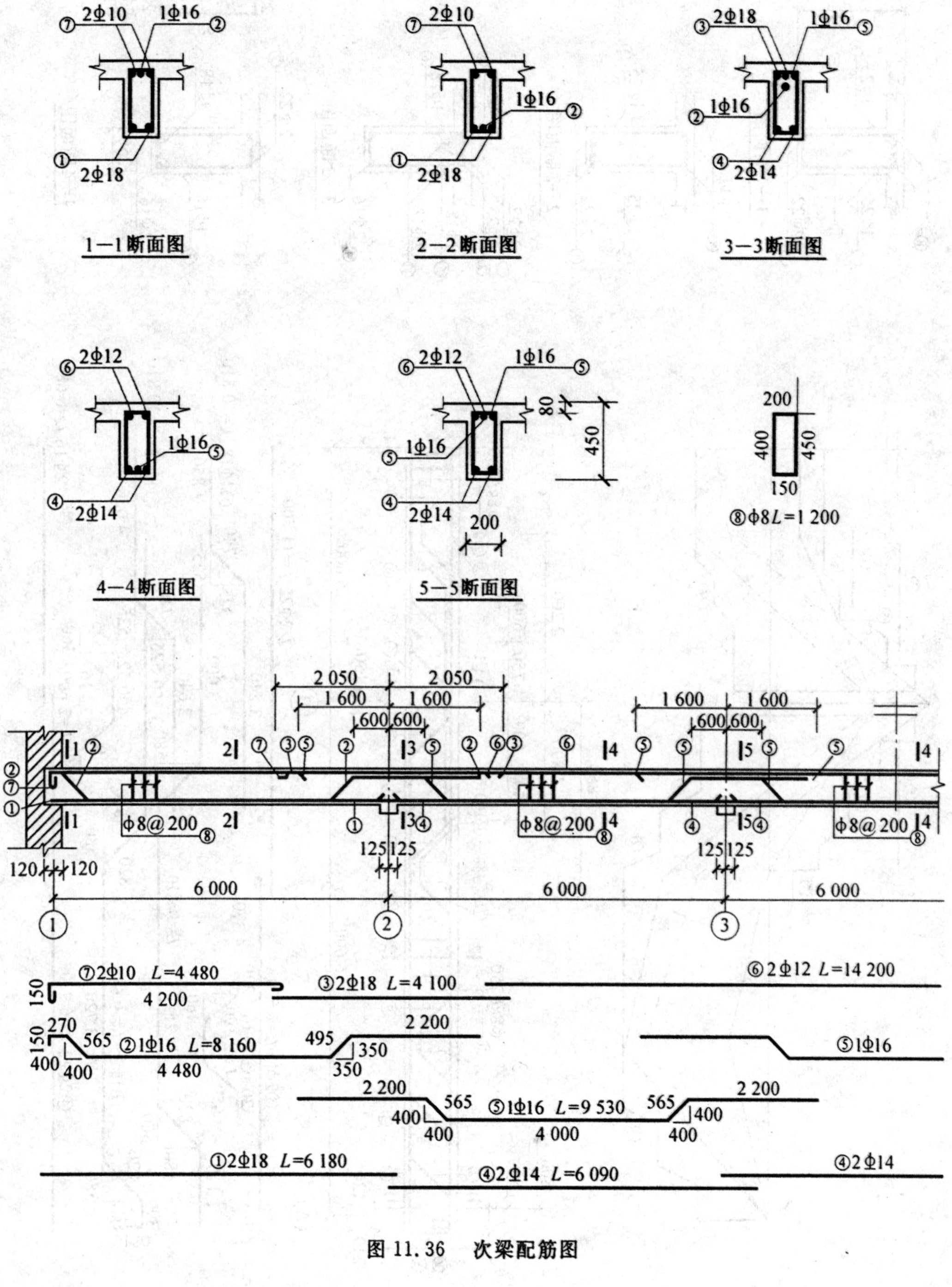
⑦2Φ10
1Φ16②
①2Φ18
1—1断面图
⑦2Φ10
1Φ16②
①2Φ18
2—2断面图
③2Φ18
1Φ16⑤
②1Φ16
④2Φ14
3—3断面图
⑥2Φ12
1Φ16⑤
④2Φ14
4—4断面图
⑥2Φ12
1Φ16⑤
⑤1Φ16
④2Φ14
200
80
450
5—5断面图
200
400
450
150
⑧Φ8L=1 200
2 050
2 050
1 600
1 600
600
600
1 600
1 600
600
600
Φ8@200⑧
Φ8@200⑧
Φ8@200⑧
120
120
125
125
125
125
6 000
6 000
6 000
①
②
③
⑦2Φ10 L=4 480
150
4 200
③2Φ18 L=4 100
⑥2Φ12 L=14 200
270
150
565
②1Φ16 L=8 160
495
2 200
350
400
400
4 480
350
⑤1Φ16
2 200
565
⑤1Φ16 L=9 530
565
2 200
400
400
4 000
400
400
①2Φ18 L=6 180
④2Φ14 L=6 090
④2Φ14

图 11.36　次梁配筋图

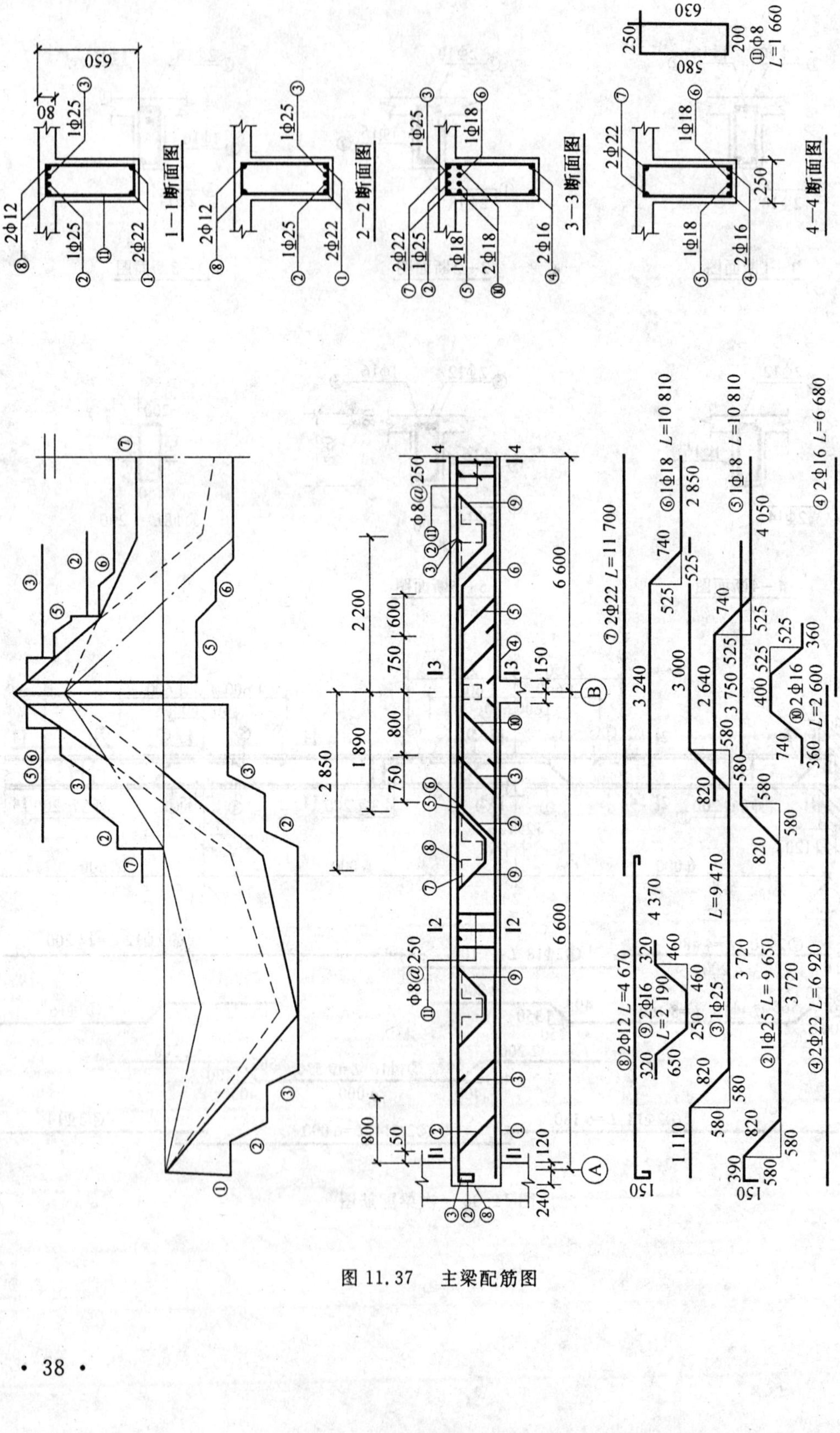
1—1断面图
2—2断面图
3—3断面图
4—4断面图
⑦2Φ22 L=11 700
⑧2Φ12 L=4 670
②1Φ25 L=9 650
④2Φ22 L=6 920
④2Φ16 L=6 680
⑪Φ8 L=1 660

图 11.37　主梁配筋图

# 11.3　整体式双向板肋梁楼盖

在肋梁楼盖中，如果梁格布置使各区格板的长边与短边之比 $l_2/l_1 \leqslant 2$，应按双向板设计；当 $2 < l_2/l_1 < 3$ 时，宜按双向板设计。

双向板肋梁楼盖受力性能较好，可以跨越较大跨度，梁格布置使顶棚整齐美观，常用于民用房屋跨度较大的房间以及门厅等处。当梁格尺寸及使用荷载较大时，双向板肋梁楼盖比单向板肋梁楼盖经济，所以也常用于工业建筑楼盖中。

## 11.3.1　双向板的受力特征及试验结果

双向板的受力特征不同于单向板，它在两个方向的横截面上都作用有弯矩和剪力，另外还有扭矩；而单向板则只是在一个方向上作用有弯矩和剪力，另一方向不传递荷载。双向板中因有扭矩的存在，使板的四角有翘起的趋势，受到墙的约束后，使板的跨中弯矩减少，刚度较大，因此双向板的受力性能比单向板更优越。

双向板的受力情况较为复杂，其内力的分布取决于双向板四边的支承条件（简支、嵌固、自由等）、几何条件（板边长的比值）以及作用于板上荷载的性质（集中力、均布荷载）等因素。试验研究表明：

在承受均布荷载作用的四边简支正方形板中，随着荷载的增加，第一批裂缝首先出现在板底中央，随后沿对角线成 45° 向四角扩展（图 11.38(a)）。在接近破坏时，在板的顶面四角附近出现了垂直于对角线方向的圆弧形裂缝（图 11.38(b)），它促使板底对角线方向裂缝进一步扩展，最终由于跨中钢筋屈服导致板的破坏。

在承受均布荷载的四边简支矩形板中，第一批裂缝出现在板底中央且平行长边方向（图 11.38(c)）；当荷载继续增加时，这些裂缝逐渐延伸，并沿 45° 方向向四角扩展，然后板顶四角亦出现圆弧形裂缝（图 11.38(d)），最后导致板的破坏。

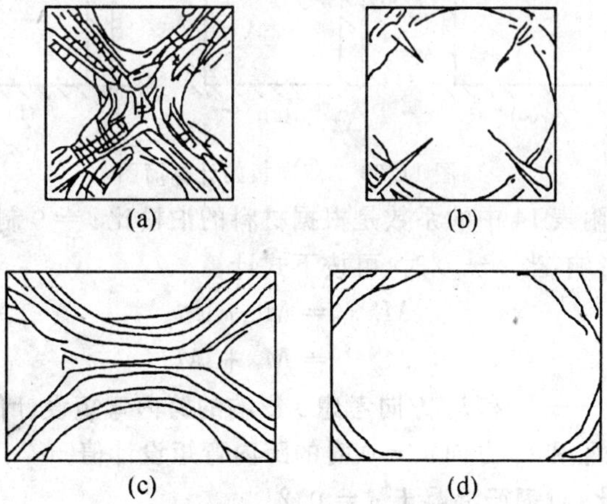


图 11.38　双向板的破坏裂缝

## 11.3.2 双向板按弹性理论方法计算

与单向连续板一样,双向板在荷载作用下的内力分析亦有弹性理论和塑性理论两种方法,本章仅介绍弹性理论计算方法。

**1. 单跨双向板的计算**

双向板按弹性理论方法计算,属于弹性理论小挠度薄板的弯曲问题,由于这种方法需考虑边界条件,内力分析比较复杂,为了便于工程设计和计算,可采用简化的计算方法,通常是直接应用根据弹性理论编制的计算用表(见附表 13)进行内力计算。在该附表中,按边界条件选列了 6 种计算简图(图 11.39),分别给出了在均布荷载作用下的跨内弯矩和支座弯矩系数,则

$$M = \text{表中弯矩系数} \times (g+q)l^2 \tag{11.13}$$

式中 $M$—— 跨内或支座弯矩设计值;

$g,q$—— 均布恒荷载和活荷载设计值;

$l$—— 取用 $l_x$ 和 $l_y$ 中之较小者。

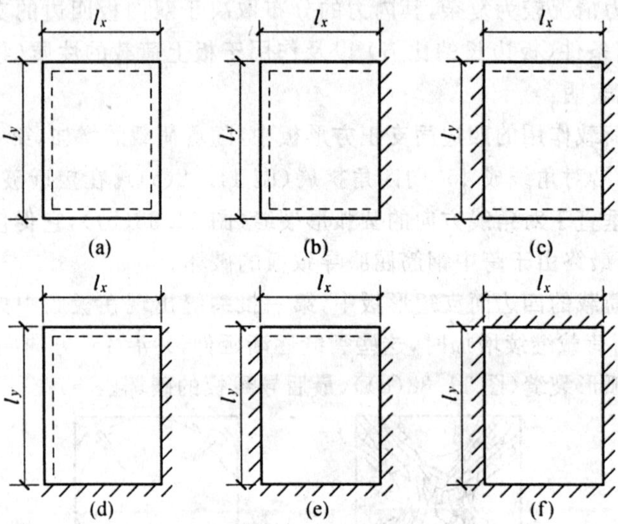


图 11.39 双向板的计算简图

需要说明的是,附表 14 中的系数是根据材料的泊松比 $\nu = 0$ 制定的。对于跨内弯矩尚需考虑横向变形的影响,当 $\nu \neq 0$ 时,可按下式计算

$$M_x^{(\nu)} = M_x + \nu M_y \tag{11.14}$$

$$M_y^{(\nu)} = M_y + \nu M_x \tag{11.15}$$

式中 $M_x^{(\nu)}, M_y^{(\nu)}$ —— $l_x$ 和 $l_y$ 方向考虑 $\nu$ 影响的跨内弯矩设计值;

$M_x, M_y$ —— $l_x$ 和 $l_y$ 方向 $\nu = 0$ 时的跨内弯矩设计值;

$\nu$—— 泊松比,对钢筋混凝土 $\nu = 0.2$。

**2. 多跨连续板的计算**

多跨连续板内力的精确计算更为复杂,在设计中一般采用实用计算方法,即通过对双向板上活荷载的最不利布置以及支承情况等的合理简化,将多跨连续板转化为单跨双向

板进行计算。该方法假定其支承梁抗弯刚度很大，梁的竖向变形可忽略不计且不受扭。同时规定，当在同一方向的相邻最大与最小跨度之差小于 20% 时可按下述方法计算。

(1) 跨中最大正弯矩

在计算多跨连续双向板某跨跨中的最大弯矩时，与多跨连续单向板类似，也需要考虑活荷载的最不利布置。其活荷载的布置方式如图 11.40(a) 所示，亦即当求某区格板跨中最大弯矩时，应在该区格布置活荷载，然后在其左右前后分别隔跨布置活荷载(棋盘式布置)。此时在活荷载作用的区格内，将产生跨中最大弯矩。

在图 11.40(b) 所示的荷载作用下，任一区格板的边界条件为既非完全固定又非理想简支的情况。为了能利用单跨双向板的内力计算系数表来计算连续双向板，可以采用下列近似方法：把棋盘式布置的荷载分解为各跨满布的对称荷载和各跨向上、向下相间作用的反对称荷载(图 11.40(c)、(d))。此时

对称荷载

$$g' = g + \frac{q}{2} \tag{11.16}$$

反对称荷载

$$q' = \pm \frac{q}{2} \tag{11.17}$$

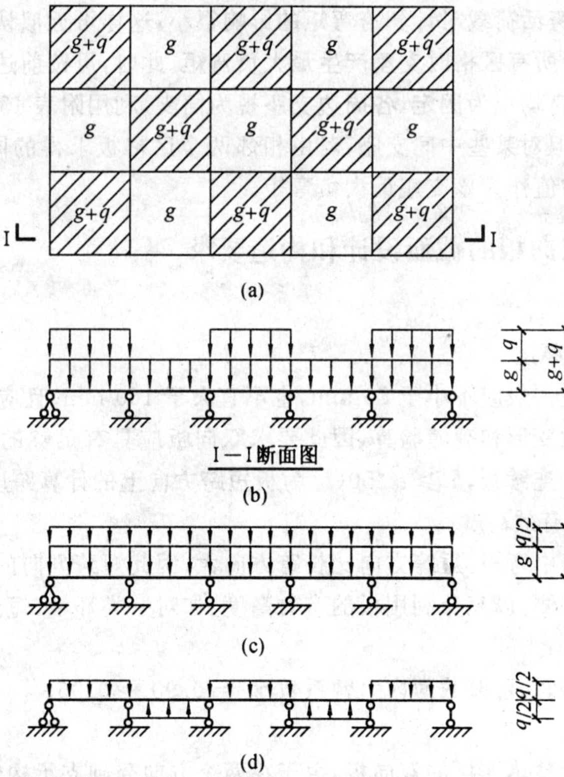


图 11.40　双向板活荷载的最不利布置

在对称荷载 $g' = g + \frac{q}{2}$ 作用下，所有中间支座两侧荷载相同，若忽略远跨荷载的影响，由于各支座的转动变形很小，可以近似地认为支座截面处转角为零，这样可将所有中间支座均视为固定支座，从而所有中间区格板均可视为四边固定双向板；对于其他的边、角区格板，可根据其外边界条件按实际情况确定，可分为三边固定、一边简支，两边固定、两边简支等。这样，根据各区格板的四边支承情况，即可分别求出在对称荷载 $g' = g + \frac{q}{2}$ 作用下的跨中弯矩。

在反对称荷载 $q' = \pm \frac{q}{2}$ 作用下，在中间支座处相邻区格板的转角方向是一致的，大小基本相同，即相互没有约束影响。若忽略梁的扭转作用，则可近似地认为支座截面弯矩为零，即将所有中间支座均可视为简支支座。因而在反对称荷载 $q' = \pm \frac{q}{2}$ 作用下，各区格板的跨中弯矩可按单跨四边简支双向板来计算。

最后将各区格板在上述两种荷载作用下的跨中弯矩相叠加，即得到各区格板的跨中最大弯矩。

(2) 支座最大负弯矩

求支座最大负弯矩时，其活荷载的布置方式与求跨中最大弯矩时的活荷载布置恰好相反，但考虑到隔跨活荷载对计算跨弯矩的影响很小，这样可近似认为恒荷载和活荷载皆满布在连续双向板所有区格时支座产生最大负弯矩。此时，可按前述在对称荷载作用下的原则，即各中间支座均视为固定，各周边支座视为简支，利用附表 13 求得各区格板中各固定边的支座弯矩。但对某些中间支座，若由相邻两个区格板求得的同一支座弯矩不相等，则近似地取其平均值作为该支座最大负弯矩。

### 11.3.3 双向板的截面设计和构造要求

**1. 截面设计**

(1) 双向板的厚度

双向板的厚度一般应不小于 80 mm，也不宜大于 160 mm，且应满足表 11.4 的规定。双向板一般可不做变形和裂缝验算，因此要求双向板应具有足够的刚度。对于简支板，板厚 $h \geqslant l_0/45$；对于连续板，$h \geqslant l_0/50$（$l_0$ 为板短跨方向上的计算跨度）。

(2) 板的截面有效高度

由于双向板跨中弯矩，短跨方向比长跨方向大，因此短跨方向的受力钢筋应放在长跨方向受力钢筋的外侧，以充分利用板的有效高度。如对一类环境，短向 $h_0 = h - 20$ mm，长向 $h_0 = h - 30$ mm。

在求截面配筋时，可取截面内力臂系数 $\gamma_s = 0.90 \sim 0.95$。

(3) 弯矩折减

对于周边与梁整体连接的双向板，由于在两个方向受到支承构件的变形约束，整块板内存在着穹顶作用，使板内弯矩大大减小。鉴于这一有利因素，对四边与梁整体连接的双向板，其计算弯矩可根据下列情况予以折减：

① 中间区格的跨中截面及中间支座减少 20%。

② 边区格的跨中截面及从楼板边缘算起的第二支座截面，当 $l_b/l < 1.5$ 时，减少 20%；当 $1.5 \leqslant l_b/l \leqslant 2.0$ 时，减少 10%。其中，$l$ 为垂直于板边缘方向的计算跨度，$l_b$ 为沿板边缘方向的计算跨度，如图 11.41 所示。

③ 角区格不折减。

**2. 构造要求**

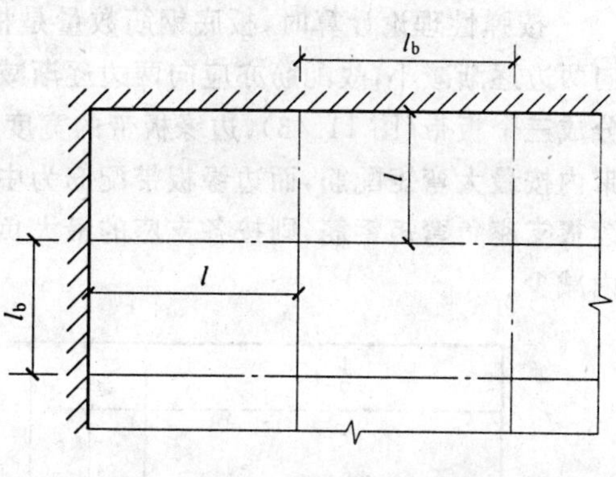


图 11.41　双向板的计算跨度

双向板宜采用 HPB235 和 HRB335 级钢筋，其配筋方式类似于单向板，有弯起式配筋和分离式配筋两种(图 11.42)。为方便施工，实际工程中多采用分离式配筋。

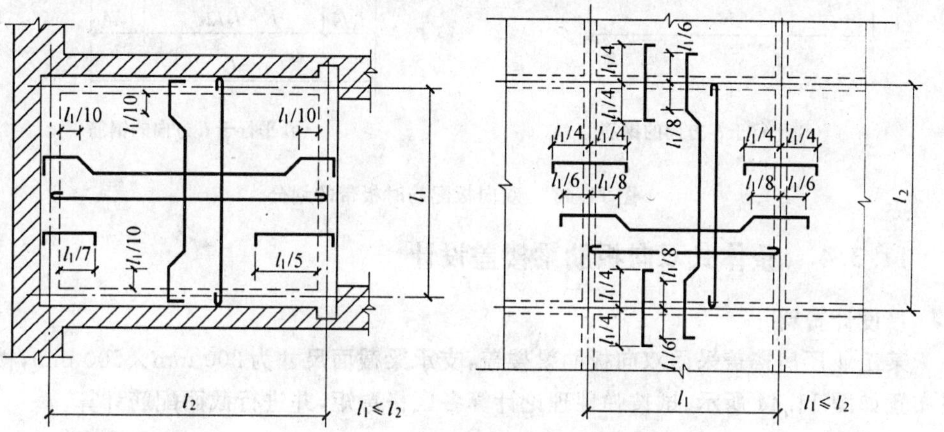


(a) 弯起式配筋

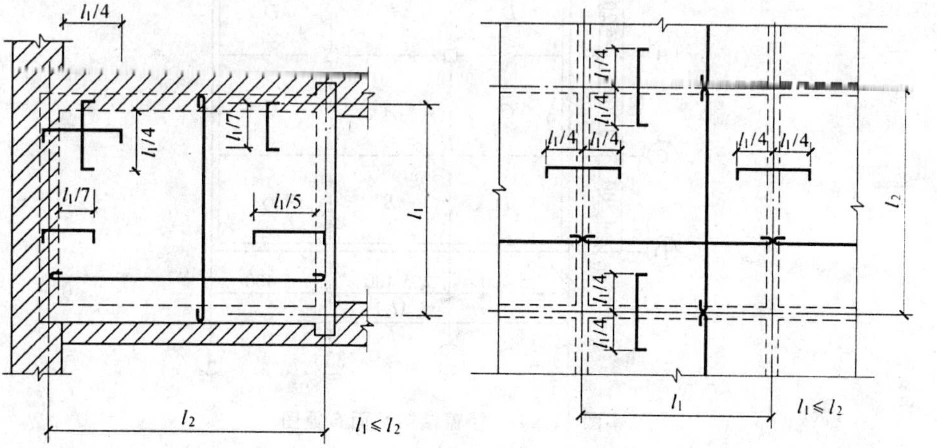


(b) 分离式配筋

图 11.42　双向板的配筋方式

按弹性理论计算时，板底钢筋数量是根据跨中最大弯矩求得的，而跨中弯矩沿板宽向两边逐渐减小，故配筋亦应向两边逐渐减少。考虑到施工方便，可将板在两个方向各划分成三个板带(图 11.43)，边缘板带的宽度为较小跨度的 1/4，其余为中间板带。在中间板带内按最大弯矩配筋，而边缘板带配筋为中间板带的 1/2，但每米宽度内不得少于 3 根。连续板支座负弯矩钢筋，则按各支座的最大负弯矩求得，沿全支座均匀布置而不在边缘板带内减少。

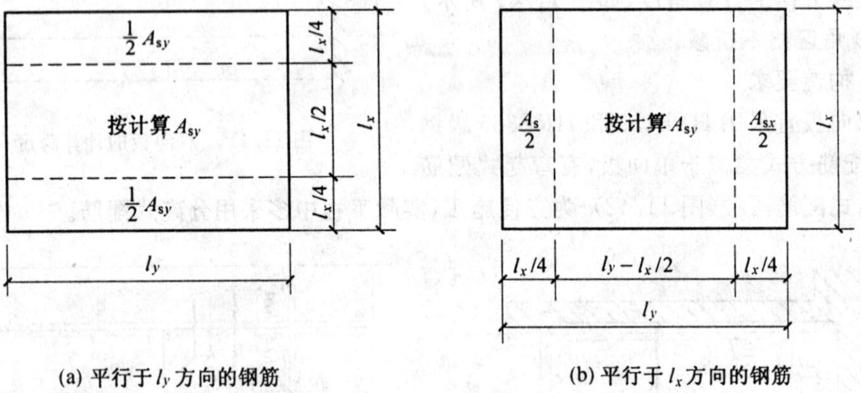


图 11.43　双向板配筋时板带的划分

## 11.3.4　整体式双向板肋梁楼盖设计

### 1. 设计资料

某工业厂房楼盖采用双向板肋梁楼盖，支承梁截面尺寸为 200 mm×500 mm，楼盖梁格布置如图 11.44 所示。试按弹性理论计算各区格弯矩，并进行截面配筋计算。

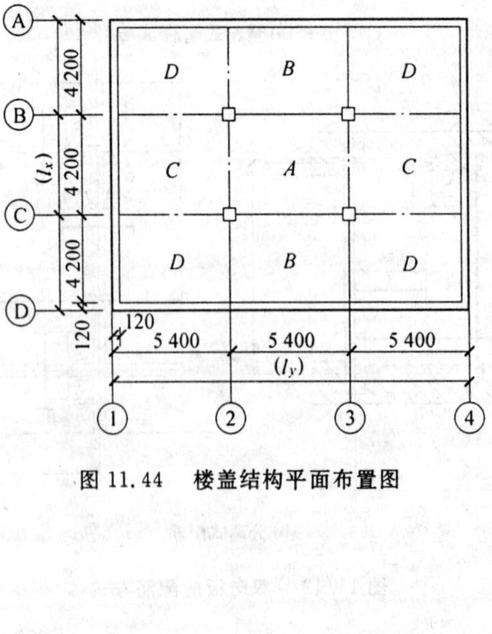


图 11.44　楼盖结构平面布置图

(1) 楼面构造层做法：20 mm 厚水泥砂浆面层，100 mm 厚现浇钢筋混凝土板，15 mm 厚混合砂浆顶棚抹灰。

(2) 楼面活荷载：标准值为 5 $kN/m^2$。

(3) 恒载分项系数为 1.2；活荷载分项系数为 1.3(因楼面活荷载标准值大于 4 $kN/m^2$)。

(4) 材料选用

混凝土：采用 C20($f_c = 9.6\ N/mm^2$)。

钢　筋：采用 HPB235 级($f_y = 210\ N/mm^2$)。

**2. 荷载计算**

| | |
|---|---|
| 20 mm 厚水泥砂浆面层 | $q_1/(kN \cdot m^{-2}) = 0.02 \times 20 = 0.4$ |
| 100 mm 厚钢筋混凝土现浇板 | $q_2/(kN \cdot m^{-2}) = 0.10 \times 25 = 2.5$ |
| 15 mm 厚混合砂浆顶棚抹灰 | $q_3/(kN \cdot m^{-2}) = 0.015 \times 17 = 0.26$ |
| 恒荷载标准值 | $g_k/(kN \cdot m^{-2}) = 3.16$ |
| 恒荷载设计值 | $g/(kN \cdot m^{-2}) = 1.2 \times 3.16 = 3.8$ |
| 活荷载设计值 | $q/(kN \cdot m^{-2}) = 1.3 \times 5.0 = 6.5$ |
| 合计 | $(g+q)/(kN \cdot m^{-2}) = 10.3$ |

**3. 计算跨度**

根据板的支承条件和几何尺寸，将楼盖分为 $A$、$B$、$C$、$D$ 等区格，如图 9.44 所示。板的计算跨度为：

内跨：$l_0 = l_c$($l_c$ 为轴线间的距离)；边跨：$l_0/mm = l_c - 120 + 100/2$

各区格的计算跨度列于表 11.14。

**4. 按弹性理论计算弯矩**

在求各区格板跨内最大正弯矩时，按恒载满布及活荷载棋盘式布置计算，取荷载：

$$g'/(kN \cdot m^{-2}) = \left(g + \frac{q}{2}\right) = 3.8 + \frac{6.5}{2} = 7.05$$

$$q'/(kN \cdot m^{-2}) = \frac{q}{2} = \frac{6.5}{2} = 3.25$$

在求各中间支座最大负弯矩时，按恒载及活荷载均满布计算，取荷载：

$$p/(kN \cdot m^{-2}) = (g + q) = 10.3$$

各区格的弯矩计算结果列于表 11.14。

**表 11.14　弯矩计算(kN·m)**

| 区格 | | | $A$ | $B$ |
|---|---|---|---|---|
| $l_x/l_y$ | | | $4.2/5.4 = 0.78$ | $4.13/5.4 = 0.77$ |
| 跨内 | 计算简图 | | 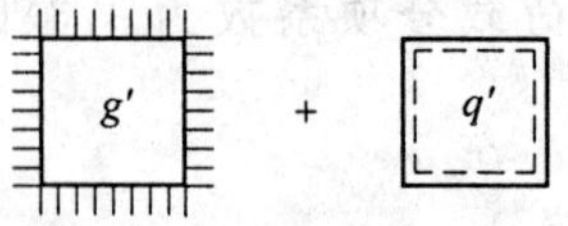 | 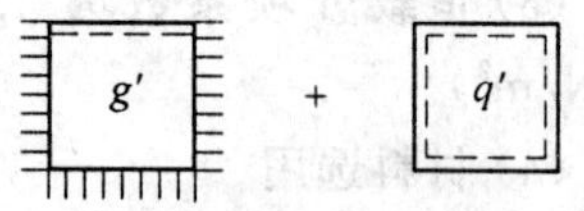 |
| | $\nu = 0$ | $M_x$ | $(0.0281 \times 7.05 + 0.0585 \times 3.25) \times 4.2^2 = 6.85$ | $(0.0337 \times 7.05 + 0.0596 \times 3.25) \times 4.13^2 = 7.36$ |
| | | $M_y$ | $(0.0138 \times 7.05 + 0.0327 \times 3.25) \times 4.2^2 = 3.59$ | $(0.0218 \times 7.05 + 0.0324 \times 3.25) \times 4.13^2 = 4.42$ |
| | $\nu = 0.2$ | $M_x^{(\nu)}$ | $6.85 + 0.2 \times 3.59 = 7.57$ | $7.36 + 0.2 \times 4.42 = 8.24$ |
| | | $M_y^{(\nu)}$ | $3.59 + 0.2 \times 6.85 = 4.96$ | $4.42 + 0.2 \times 7.36 = 5.89$ |
| 支座 | 计算简图 | | 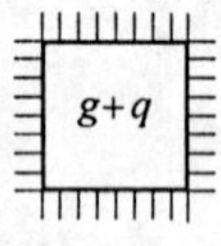 | 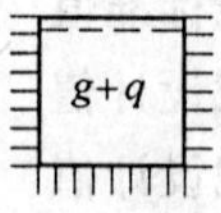 |
| | $M'_x$ | | $0.0679 \times 10.3 \times 4.2^2 = 12.34$ | $0.0811 \times 10.3 \times 4.13^2 = 14.25$ |
| | $M'_y$ | | $0.0561 \times 10.3 \times 4.2^2 = 10.19$ | $0.0720 \times 10.3 \times 4.13^2 = 12.65$ |
| 区格 | | | $C$ | $D$ |
| $l_x/l_y$ | | | $4.2/5.4 = 0.78$ | $4.13/5.4 = 0.77$ |
| 跨内 | 计算简图 | | 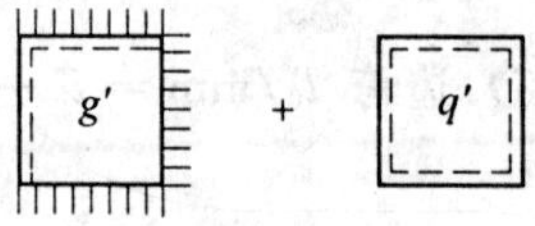 | 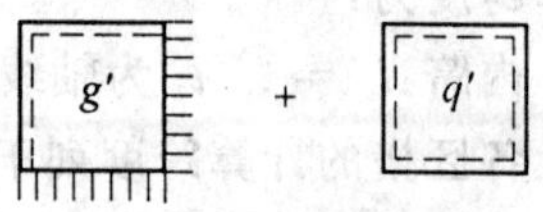 |
| | $\nu = 0$ | $M_x$ | $(0.0318 \times 7.05 + 0.0573 \times 3.25) \times 4.2^2 = 7.24$ | $(0.0375 \times 7.05 + 0.0585 \times 3.25) \times 4.13^2 = 7.75$ |
| | | $M_y$ | $(0.0145 \times 7.05 + 0.0331 \times 3.25) \times 4.2^2 = 3.70$ | $(0.0213 \times 7.05 + 0.0327 \times 3.25) \times 4.13^2 = 4.37$ |
| | $\nu = 0.2$ | $M_x^{(\nu)}$ | $7.24 + 0.2 \times 3.70 = 7.98$ | $7.75 + 0.2 \times 4.37 = 8.62$ |
| | | $M_y^{(\nu)}$ | $3.70 + 0.2 \times 7.24 = 5.15$ | $4.37 + 0.2 \times 7.75 = 5.92$ |
| 支座 | 计算简图 | | 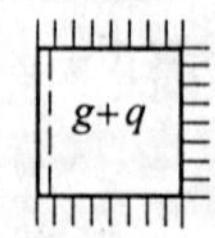 | 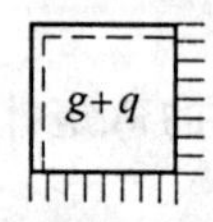 |
| | $M'_x$ | | $0.0728 \times 10.3 \times 4.2^2 = 13.23$ | $0.0905 \times 10.3 \times 4.13^2 = 15.90$ |
| | $M'_y$ | | $0.0570 \times 10.3 \times 4.2^2 = 10.36$ | $0.0753 \times 10.3 \times 4.13^2 = 13.23$ |

由该表可见,板间支座弯矩是不平衡的,实际应用时可近似取相邻两区格板支座弯矩的平均值,即

$$A-B\ 支座\qquad M_x/(\mathrm{kN \cdot m \cdot m^{-1}}) = \frac{1}{2}(-12.34 - 14.25) = -13.30$$

$A-C$ 支座　　$M_x/(\mathrm{kN \cdot m \cdot m^{-1}}) = \frac{1}{2}(-10.19-10.36) = -10.28$

$B-D$ 支座　　$M_x/(\mathrm{kN \cdot m \cdot m^{-1}}) = \frac{1}{2}(-12.65-13.23) = -12.94$

$C-D$ 支座　　$M_x/(\mathrm{kN \cdot m \cdot m^{-1}}) = \frac{1}{2}(-13.23-15.90) = -14.57$

**5. 配筋计算**

各区格板跨中及支座截面弯矩既已求得(考虑 $A$ 区格板四周与梁整体连接,乘以折减系数 0.8),即可近似按 $A_s = \frac{M}{0.95 f_y h_0}$ 进行截面配筋计算。取截面有效高度为

$$h_{0x}/\mathrm{mm} = h - 20 = 100 - 20 = 80, \quad h_{0y}/\mathrm{mm} = h - 30 = 100 - 30 = 70$$

截面配筋计算结果及实际配筋列于表 11.15。

表 11.15　双向板配筋计算

| 截面 | | | $M/(\mathrm{kN \cdot m})$ | $h_0/\mathrm{mm}$ | $A_s/\mathrm{mm^2}$ | 选配钢筋 | 实配钢筋面积 $/\mathrm{mm^2}$ |
|---|---|---|---|---|---|---|---|
| 跨中 | $A$ 区格 | $l_x$ 方向 | 7.57×0.8 = 5.48 | 80 | 344 | ϕ8@140 | 359 |
| | | $l_y$ 方向 | 4.96×0.8 = 3.97 | 70 | 285 | ϕ8@170 | 296 |
| | $B$ 区格 | $l_x$ 方向 | 8.24 | 80 | 517 | ϕ10@150 | 523 |
| | | $l_y$ 方向 | 5.89 | 70 | 422 | ϕ8/10@150 | 429 |
| | $C$ 区格 | $l_x$ 方向 | 7.98 | 80 | 500 | ϕ10@150 | 523 |
| | | $l_y$ 方向 | 5.15 | 70 | 369 | ϕ8@130 | 387 |
| | $D$ 区格 | $l_x$ 方向 | 8.62 | 80 | 541 | ϕ8/10@120 | 537 |
| | | $l_y$ 方向 | 5.92 | 70 | 424 | ϕ8/10@150 | 429 |
| 支座 | $A-B$ | | 13.30 | 80 | 834 | ϕ10@90 | 872 |
| | $A-C$ | | 10.28 | 80 | 645 | ϕ8/10@100 | 644 |
| | $B-D$ | | 12.94 | 80 | 811 | ϕ8/10@80 | 805 |
| | $C-D$ | | 14.57 | 80 | 913 | ϕ8/10@70 | 920 |

**6. 配筋图**

略。

## 11.4　楼　　梯

钢筋混凝土梁板结构应用非常广泛,除大量用于前述各种类型的楼盖、屋盖外,楼梯、雨篷、阳台、挑梁等也属于梁板结构的范畴。这些结构构件工作条件不同,外形比较特殊,因而在计算中各具特点。本节主要介绍楼梯、雨篷的计算及构造特点。

### 11.4.1 楼梯

楼梯作为楼层间相互联系的垂直交通设施，是多层及高层房屋中的重要组成部分。钢筋混凝土楼梯由于具有较好的结构刚度和耐久、耐火性能，并且在施工、造型和造价等方面也有较多优点，故在实际工程中应用最为普遍。

**1. 楼梯的类型和组成**

楼梯的平面布置、踏步尺寸、栏杆形式等由建筑设计确定。目前楼梯的类型较多，按施工方法不同，可分为现浇整体式和预制装配式。现浇钢筋混凝土楼梯的整体性好，刚度大，有利于抗震。按梯段的结构形式不同，楼梯又可分为板式楼梯和梁式楼梯两种。

板式楼梯由梯段板、平台板和平台梁组成(图 11.45)。梯段板是一块带有踏步的斜板，两端支承在上、下平台梁上。板式楼梯的梯段底面平整，外形简洁，便于支模施工。但是，当梯段跨度较大时，梯段板较厚，自重较大，钢材和混凝土用量较多，不经济。因此，当活荷载较小，梯段跨度不大于 3 m 时，宜采用板式楼梯。

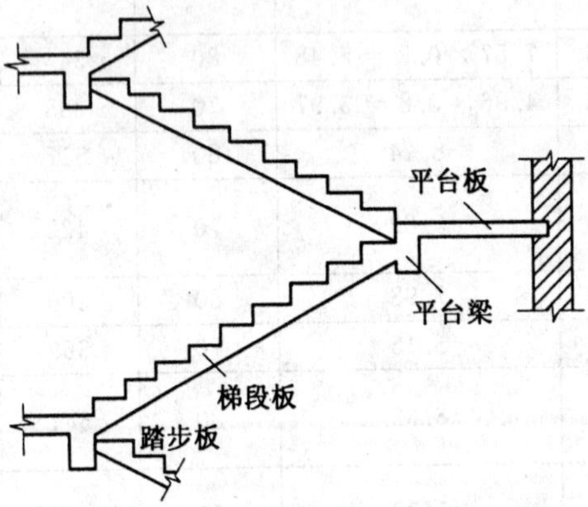


图 11.45　板式楼梯

梁式楼梯由踏步板、梯段斜梁、平台板和平台梁组成(图 11.46)。斜梁通常设两根，分别布置在踏步板的两端。斜梁也可只设一根，通常有两种形式，一种是踏步板的一端设斜梁，另一端搁置在墙上；另一种是用单梁悬挑踏步板，即斜梁布置在踏步板中部或一端，踏步板悬挑。与板式楼梯相比，梁式楼梯的钢材和混凝土用量少、自重轻，但支模和施工较复杂。因此，当梯段跨度大于 3 m 时，采用梁式楼梯较为经济。

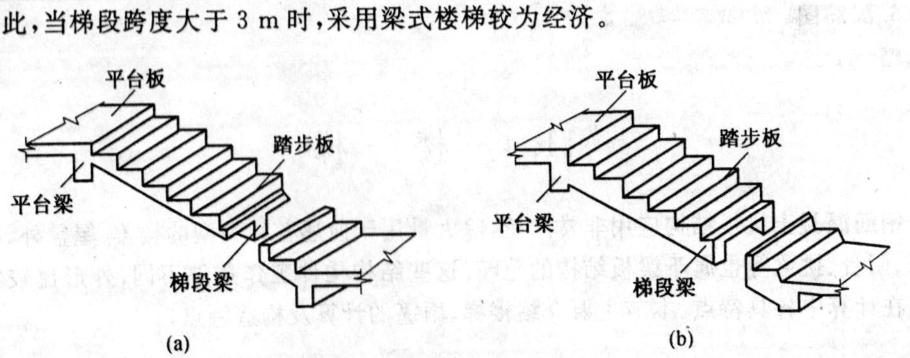


图 11.46　梁式楼梯

板式和梁式楼梯是最常见的楼梯形式。除上述两种基本形式外，在宾馆、商场等公共建筑和复式住宅中，还可采用螺旋式楼梯和悬挑式楼梯等(图 11.47)。

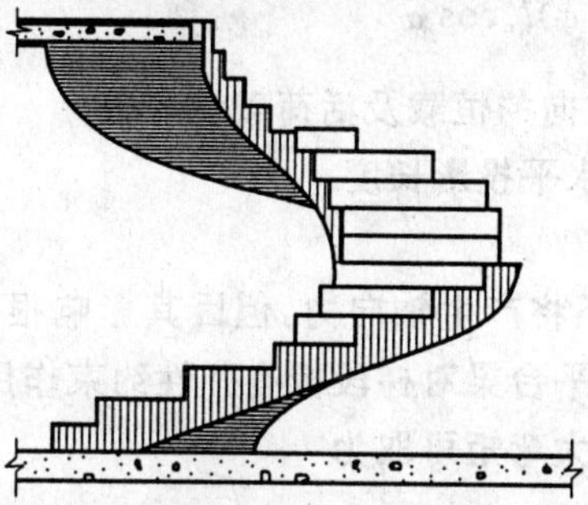

(a) 螺旋式楼梯

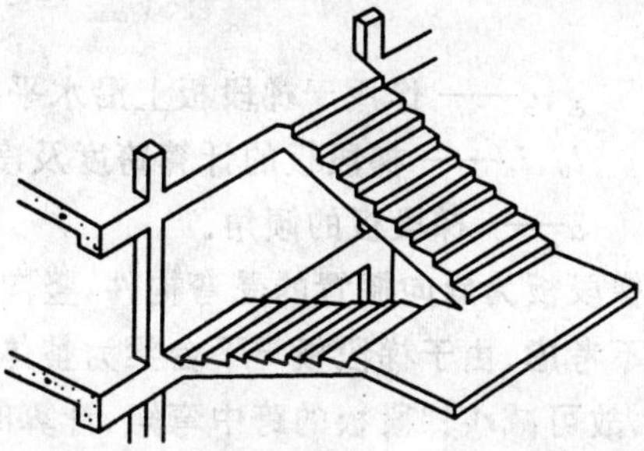

(b) 悬挑式楼梯

图 11.47　其他类型楼梯

2. 现浇板式楼梯的计算与构造

(1) 梯段板

梯段板为两端支承在平台梁上的斜板。计算梯段板时，可取出 1 m 宽板带或以整个梯段板作为计算单元。内力计算时，可以简化为简支斜板，计算简图如图 11.48(b) 所示。斜板又可化作水平板计算(图 11.48(c))，计算跨度按斜板的水平投影长度取值，但荷载亦应同时转换为沿斜板投影长度上的均布荷载。

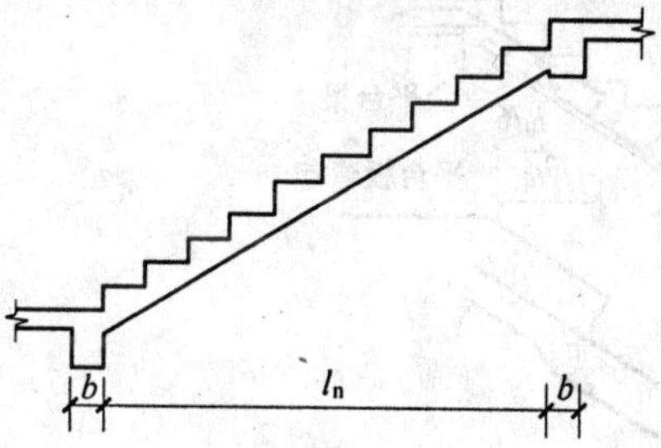


(a) 构造简图

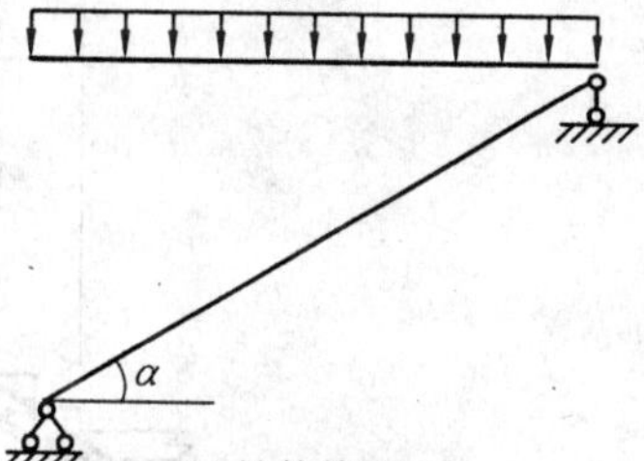


(b) 计算简图

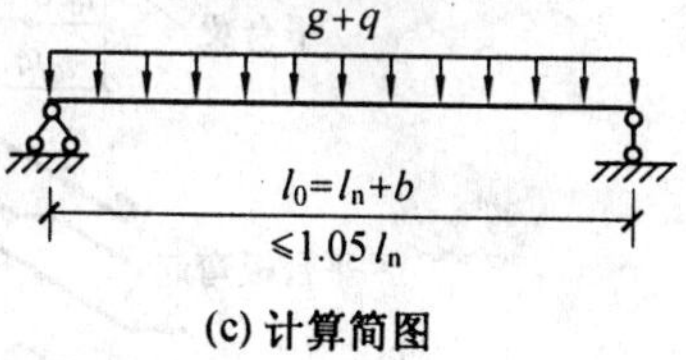


(c) 计算简图

图 11.48　板式楼梯的梯段板

由材料力学知，简支斜板在竖向均布荷载作用下(沿水平投影长度) 的最大弯矩与相应的简支水平板(荷载相同、水平跨度相同) 的最大弯矩相等，即

$$M_{max} = \frac{1}{8}(g+q)l_0^2 \tag{11.18}$$

而简支斜板在竖向均布荷载作用下的最大剪力与相应的简支水平板的剪力亦有如下关系

$$V_{\max} = \frac{1}{2}(g+q)l_n\cos\alpha \tag{11.19}$$

式中　$g$,$q$—— 作用于梯段板上沿水平投影方向的恒载及活荷载设计值；

$l_0$,$l_n$—— 梯段板的计算跨度及净跨的水平投影长度；

$\alpha$—— 梯段板的倾角。

梯段板为斜向搁置的受弯构件,竖向荷载还将产生轴向力,但因其影响很小,故设计时可不考虑。由于梯段板与平台梁为整体连接,平台梁对梯段板有弹性约束作用这一有利因素,故可减小梯段板的跨中弯矩,计算时其最大弯矩可取为

$$M_{\max} = \frac{1}{10}(g+q)l_0^2 \tag{11.20}$$

梯段板中受力钢筋按跨中弯矩计算求得,配筋可采用弯起式或分离式。采用弯起式时,一半钢筋伸入支座,一半靠近支座处弯起。如考虑到平台梁对梯段板的弹性约束作用,在板的支座应配置一定数量的构造负筋,以承受实际存在的负弯矩和防止产生过宽的裂缝,一般可取ϕ 8 @200,长度为 $l_0/4$。受力钢筋的弯起点位置如图 11.49 所示。在垂直受力钢筋方向仍应按构造配置分布钢筋,其钢筋直径为 6 mm 或 8 mm,布置在受力钢筋的内侧,并要求每个踏步板内不少于 1 根。

梯段板和一般平板的计算一样,可不必进行斜截面受剪承载力验算。梯段板厚度不应小于(1/25 ～ 1/30)$l_0$。

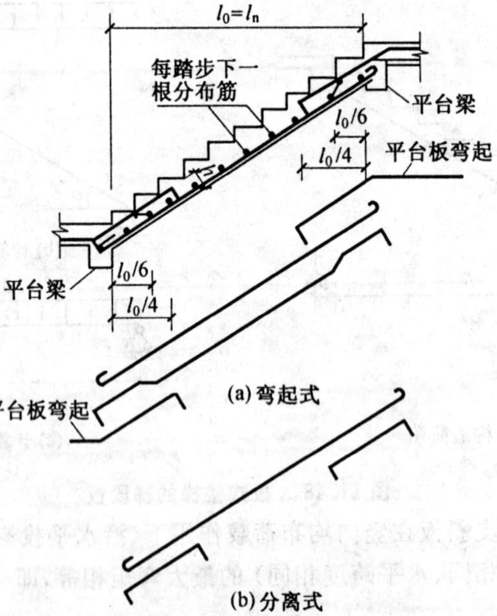


图 11.49　板式楼梯梯段板的配筋示意图

(2) 平台板

平台板一般情况下为单向板,当板的两边均与梁整体连接时,考虑到梁对板的弹性约

束作用，板的跨中弯矩也可按 $M=\frac{1}{10}(g+q)l_0^2$ 计算。当板的一边与梁整体连接而另一边支承在墙上时，板的跨中弯矩则应按 $M=\frac{1}{8}(g+q)l_0^2$ 计算，式中 $l_0$ 为平台板的计算跨度。

(3) 平台梁

平台梁两端一般支承在楼梯间承重墙上，承受梯段板、平台板传来的均布荷载和自重，可按简支的L形梁计算。平台梁的截面高度，一般可取 $h \geqslant l_0/12$（$l_0$ 为平台梁的计算跨度）。

平台梁的设计和构造要求同一般梁。

**3. 现浇梁式楼梯的计算与构造**

(1) 踏步板

梁式楼梯的踏步板两端支承在梯段斜梁上，可按简支的单向板计算，一般取一个踏步作为计算单元，如图 11.50(b) 所示。踏步板为梯形截面，可按截面等效原则简化为同宽度的矩形截面简支梁计算，计算简图如图 11.50(c) 所示。

踏步板的厚度一般不小于 30 ～ 40 mm。踏步板配筋除按计算确定外，要求每个踏步一般需配置不少于 2φ6 的受力钢筋，位置在踏步下面斜板中，而沿斜向布置的分布钢筋直径不小于 6 mm，间距不大于 300 mm，如图 11.51 所示。

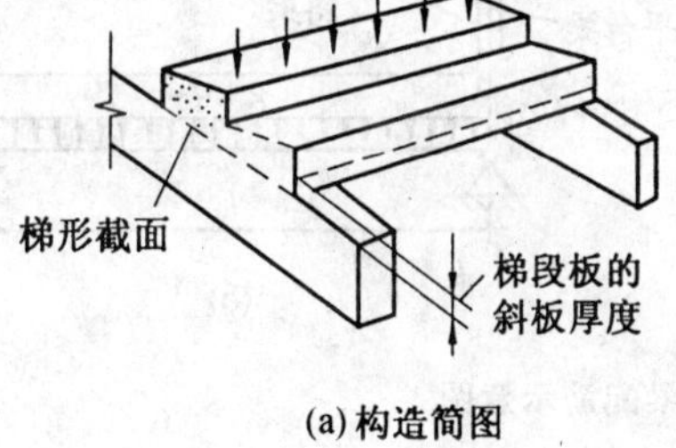


(a) 构造简图

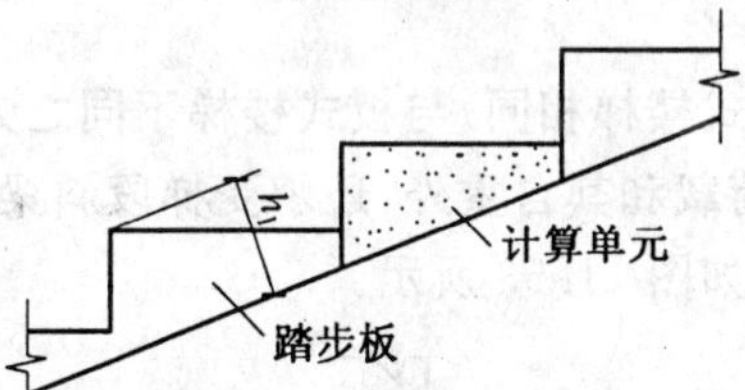


(b) 计算单元

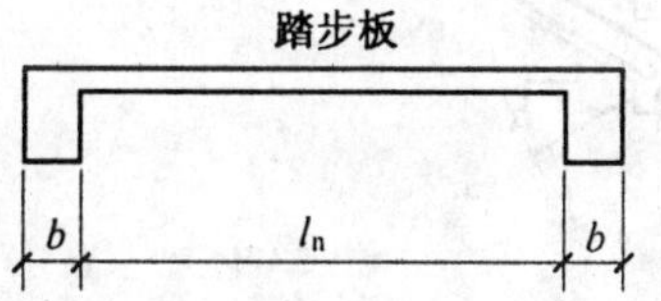


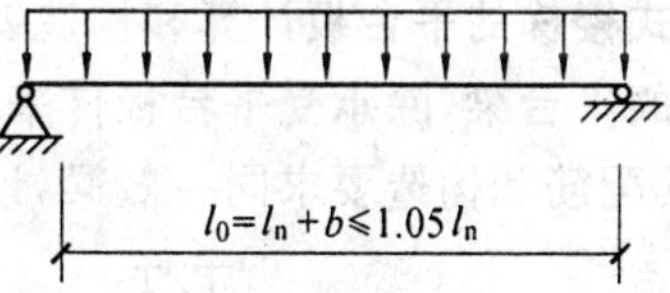


(c) 计算简图

图 11.50　梁式楼梯的踏步板

(2) 梯段斜梁

梯段斜梁两端支承在平台梁上，承受踏步板传来的荷载和自重。梯段斜梁的内力计算与板式楼梯中梯段板相同，其计算简图如图 11.52(b) 所示。梯段斜梁的内力可按下式计算（轴向力亦不予考虑）：

$$M_{max}=\frac{1}{8}(g+q)l_0^2 \tag{11.21}$$

$$V_{\max}=\frac{1}{2}(g+q)l_n\cos\alpha \tag{11.22}$$

式中　$g,q$—— 作用于梯段斜梁上沿水平投影方向的恒载及活荷载设计值；

$l_0,l_n$—— 梯段斜梁的计算跨度及净跨的水平投影长度；

$\alpha$—— 梯段斜梁的倾角。

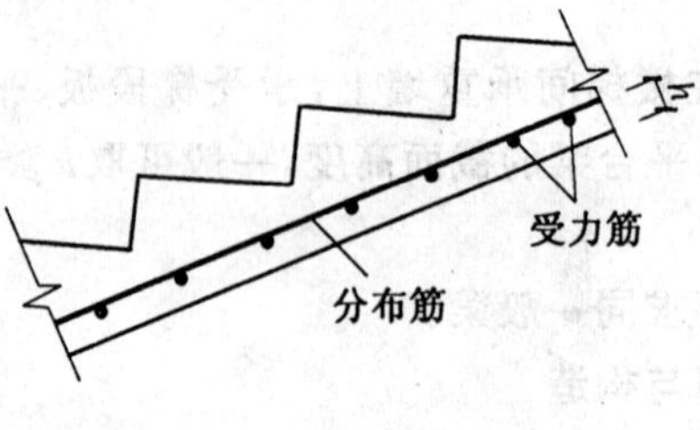


图 11.51　踏步板配筋示意图

梯段斜梁按倒L形截面计算，踏步板下斜板为其受压翼缘。梯段梁的截面高度一般取 $h\geqslant l_0/20$。梯段梁的配筋与一般梁相同，如图 11.52 所示。

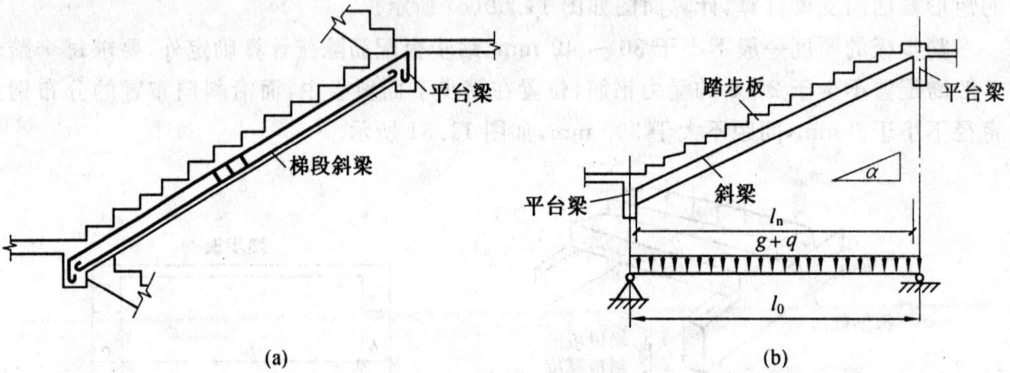


图 11.52　梯段斜梁配筋示意图

(3) 平台梁与平台板

梁式楼梯的平台板计算和构造要求与板式楼梯相同。与板式楼梯不同之处在于，梁式楼梯中的平台梁，除承受平台板传来的均布荷载和其自重外，还承受梯段斜梁传来的集中荷载，其配筋和构造要求同一般梁，计算简图如图 11.53 所示。

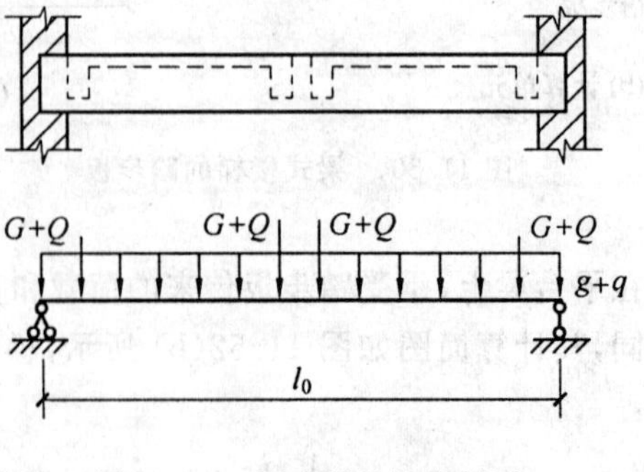


图 11.53　平台梁的计算简图

## 11.4.2　钢筋混凝土楼梯设计

**1. 设计资料**

某公共建筑现浇板式楼梯，其平面布置如图 11.54 所示。层高 3.6 m，踏步尺寸为 150 mm×300 mm。

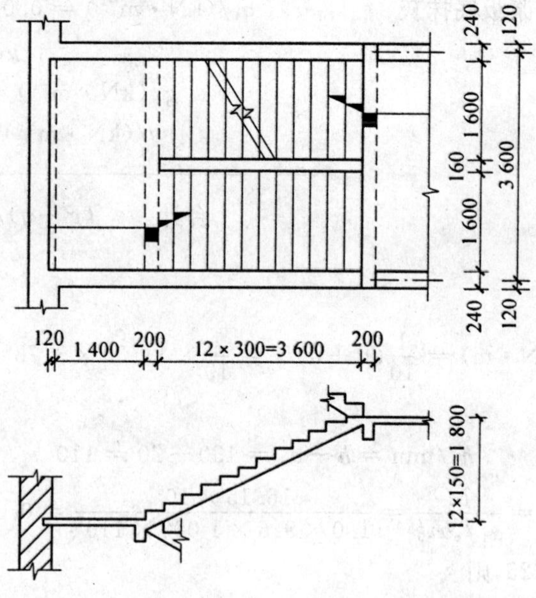


图 11.54　楼梯结构布置图

(1) 梯段板及平台板构造层做法：20 mm 厚水泥砂浆面层，20 mm 厚混合砂浆板底抹灰。

(2) 楼梯上均布活荷载：标准值为 2.5 kN/m²。

(3) 恒载分项系数为 1.2；活荷载分项系数为 1.4。

(4) 材料选用

混凝土：采用 C20（$f_c = 9.6\ \text{N/mm}^2$）。

钢　筋：采用 HPB235 级（$f_y = 210\ \text{N/mm}^2$）

**2. 梯段板设计**

板水平投影计算跨度：

$$l_0/\text{m} = l_n + b = 3.6 + 0.2 = 3.8 > 1.05 l_n/\text{m} = 3.78\text{，取 } l_0 = 3.78\ \text{m}$$

$$\text{板厚 } h/\text{mm} = \frac{l_0}{30} = \frac{3\,780}{30} = 126\text{，取 } h = 130\ \text{mm}$$

板倾斜角　　$\tan\alpha = \dfrac{150}{300} = 0.5,\ \cos\alpha = 0.894$

取 1 m 宽板带作为计算单元。

(1) 荷载计算

20 mm 厚水泥砂浆面层

$$q_1/(\mathrm{kN\cdot m^{-1}}) = (0.3 + 0.15) \times 0.02 \times 20/0.3 = 0.60$$

三角形踏步 $q_2/(\mathrm{kN\cdot m^{-1}}) = 0.5 \times 0.3 \times 0.15 \times 25/0.3 = 1.88$

120 mm 厚钢筋混凝土现浇板 $q_3/(\mathrm{kN\cdot m^{-1}}) = 0.13 \times 25/0.894 = 3.64$

20 mm 厚混合砂浆板底抹灰 $q_4/(\mathrm{kN\cdot m^{-1}}) = 0.02 \times 17/0.894 = 0.38$

恒荷载标准值 $g_k/(\mathrm{kN\cdot m^{-1}}) = 6.50$

恒荷载设计值 $g/(\mathrm{kN\cdot m^{-1}}) = 1.2 \times 6.50 = 7.80$

活荷载设计值 $q/(\mathrm{kN\cdot m^{-1}}) = 1.4 \times 2.5 = 3.50$

合计 $(g+q)/(\mathrm{kN\cdot m^{-1}}) = 11.30$

(2) 内力计算

跨中最大弯矩

$$M_{\max}/(\mathrm{kN\cdot m}) = \frac{1}{10}(g+q)l_0^2 = \frac{1}{10} \times 11.30 \times 3.78^2 = 16.15$$

(3) 截面设计

$$h_0/\mathrm{mm} = h - a_s = 130 - 20 = 110$$

$$\alpha_s = \frac{M}{\alpha_1 f_c b h_0^2} = \frac{16.15 \times 10^6}{1.0 \times 9.6 \times 1\,000 \times 110^2} = 0.139$$

查表得 $\gamma_s = 0.925$,则

$$A_s/\mathrm{mm^2} = \frac{M}{f_y \gamma_s h_0} = \frac{16.15 \times 10^6}{210 \times 0.925 \times 110} = 756$$

选配ϕ 12 @140($A_s = 808\ \mathrm{mm^2}$)。

**3. 平台板设计**

设平台板厚 $h = 60$ mm,取 1 m 宽板带作为计算单元。

(1) 荷载计算

20 mm 厚水泥砂浆面层 $q_1/(\mathrm{kN\cdot m^{-1}}) = 0.02 \times 20 = 0.40$

60 mm 厚平台板自重 $q_2/(\mathrm{kN\cdot m^{-1}}) = 0.06 \times 25 = 1.50$

20 mm 厚混合砂浆板底抹灰 $q_3/(\mathrm{kN\cdot m^{-1}}) = 0.02 \times 17 = 0.34$

恒荷载标准值 $g_k/(\mathrm{kN\cdot m^{-1}}) = 2.24$

恒荷载设计值 $g/(\mathrm{kN\cdot m^{-1}}) = 1.2 \times 2.24 = 2.69$

活荷载设计值 $q/(\mathrm{kN\cdot m^{-1}}) = 1.4 \times 2.5 = 3.50$

合计 $(g+q)/(\mathrm{kN\cdot m^{-1}}) = 6.19$

(2) 内力计算

计算跨度

$$l_0/\mathrm{m} = l_n + \frac{h}{2} + \frac{b}{2} = 1.4 + \frac{0.06}{2} + \frac{0.2}{2} = 1.53$$

跨中最大弯矩

$$M_{max}/(\mathrm{kN\cdot m})=\frac{1}{8}(g+q)l_0^2=\frac{1}{8}\times 6.19\times 1.53^2=1.81$$

(3) 截面设计

$$h_0/\mathrm{mm}=h-a_s=60-20=40$$

$$\alpha_s=\frac{M}{\alpha_1 f_c b h_0^2}=\frac{1.81\times 10^6}{1.0\times 9.6\times 1\,000\times 40^2}=0.118$$

查表得 $\gamma_s=0.937$，则

$$A_s/\mathrm{mm}^2=\frac{M}{f_y\gamma_s h_0}=\frac{1.81\times 10^6}{210\times 0.937\times 40}=230$$

选配ϕ 8 @200($A_s=251\ \mathrm{mm}^2$)。梯段板、平台板配筋图如图 11.55 所示。

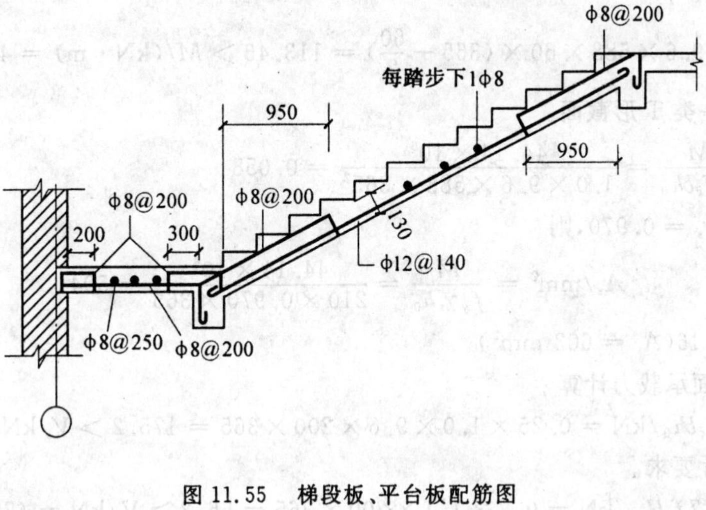


图 11.55　梯段板、平台板配筋图

4. 平台梁设计

计算跨度

$$l_0/\mathrm{m}=l_n+a=3.36+0.24=3.60>1.05l_n/\mathrm{m}=3.53，取\ l_0=3.53\ \mathrm{m}$$

梁高　$h/\mathrm{mm}=\frac{l_0}{12}=\frac{3\,530}{12}=294$，取 $b\times h=200\ \mathrm{mm}\times 400\ \mathrm{mm}$

(1) 荷载计算

梯段板传来荷载　$q_1/(\mathrm{kN\cdot m^{-1}})=11.36\times 3.6/2=20.45$

平台板传来荷载　$q_2/(\mathrm{kN\cdot m^{-1}})=6.19\times(1.4/2+0.2)=5.57$

平台梁自重　$q_3/(\mathrm{kN\cdot m^{-1}})=1.2\times 0.2\times(0.4-0.06)\times 25=2.040$

平台梁侧抹灰　$q_4/(\mathrm{kN\cdot m^{-1}})=1.2\times 2\times(0.4-0.06)\times 0.02\times 17=0.28$

合计　$(g+q)/(\mathrm{kN\cdot m^{-1}})=28.34$

(2) 内力计算

跨中最大弯矩

$$M_{max}/(\mathrm{kN\cdot m})=\frac{1}{8}(g+q)l_0^2=\frac{1}{8}\times 28.34\times 3.53^2=44.14$$

支座最大剪力

$$V_{max}/\mathrm{kN} = \frac{1}{2}(g+q)l_n = \frac{1}{2} \times 28.34 \times 3.36 = 47.61$$

(3) 截面设计

① 正截面承载力计算

按倒 L 形截面计算，受压翼缘计算宽度为

$$b_f/\mathrm{mm} = \frac{1}{6}l_0 = \frac{1}{6} \times 3\,530 = 588 < \left(b + \frac{s_0}{2}\right)/\mathrm{mm} = 200 + \frac{1\,400}{2} = 900$$

故取 $b'_f = 588\ \mathrm{mm}, h_0/\mathrm{mm} = h - a_s = 400 - 35 = 365$

因 $\alpha_1 f_c b'_f h'_f (h_0 - \frac{h'_f}{2})/(\mathrm{kN \cdot m}) =$

$$1.0 \times 9.6 \times 588 \times 60 \times (365 - \frac{60}{2}) = 113.46 > M/(\mathrm{kN \cdot m}) = 44.14$$

截面属于第一类 T 形截面。

$$\alpha_s = \frac{M}{\alpha_1 f_c b h_0^2} = \frac{44.14 \times 10^6}{1.0 \times 9.6 \times 588 \times 365^2} = 0.058$$

查表得 $\gamma_s = 0.970$，则

$$A_s/\mathrm{mm}^2 = \frac{M}{f_y \gamma_s h_0} = \frac{44.14 \times 10^6}{210 \times 0.970 \times 365} = 594$$

选用 3 φ 16($A_s$ = 603 mm$^2$)。

② 斜截面承载力计算

$$0.25\beta_c f_c b h_0/\mathrm{kN} = 0.25 \times 1.0 \times 9.6 \times 200 \times 365 = 175.2 > V/\mathrm{kN} = 47.61$$

满足截面尺寸要求。

$$0.7 f_t b h_0/\mathrm{kN} = 0.7 \times 1.1 \times 200 \times 365 = 56.2 > V/\mathrm{kN} = 47.61$$

说明仅需按构造要求配筋，选用双肢φ 8 @300。平台梁配筋图如图 11.56 所示。

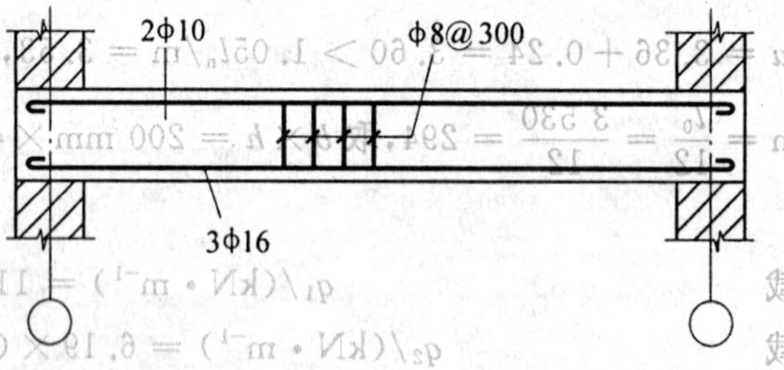


图 11.56 平台梁配筋示意图

## 11.5 雨 篷

雨篷是设置在建筑物外墙出入口上方用以挡雨并有一定装饰作用的水平构件。按结构形式不同，雨篷有板式和梁板式两种。雨篷一般由雨篷板和雨篷梁组成(图 11.57)，雨篷梁既是雨篷板的支承，又兼有过梁的作用。雨篷的设计除了与一般的梁板结构的相同内容外，还应进行抗倾覆验算，下面简要介绍其设计及构造要点。

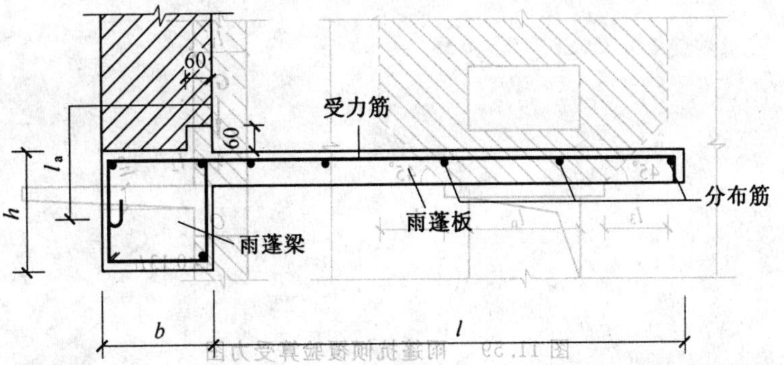


图 11.57　雨篷的构造

**1. 雨篷板的设计**

雨篷板是悬挑板，按受弯构件设计。一般雨篷板的挑出长度为 0.6 ～ 1.2 m 或更长，视建筑设计要求而定。现浇雨篷板多做成变厚度的，一般根部板厚约为 1/10 挑出长度，但不小于 70 mm，板端不小于 50 mm。

雨篷板承受的荷载除永久荷载和均布活荷载外，还应考虑施工荷载或检修的集中荷载（沿板宽每隔 1.0 m 考虑一个 1.0 kN 的集中荷载），它作用于板的端部，雨篷板的受力如图 11.58 所示。

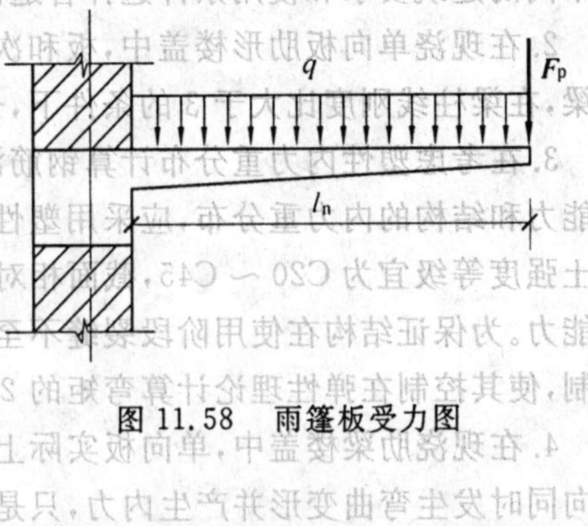


图 11.58　雨篷板受力图

雨篷板的内力分析，当无边梁时与一般悬臂板相同；当有边梁时，与一般梁板结构相同。雨篷板的配筋计算与普通板相同。

**2. 雨篷梁的设计**

雨篷梁除承受作用在板上的均布荷载和集中荷载外，还承受雨篷梁上砌体传来的荷载。雨篷梁在自重、梁上砌体重量等荷载作用下产生弯矩和剪力；在雨篷板传来的荷载作用下不仅产生弯矩和剪力，还将产生扭矩。因而，雨篷梁是弯、剪、扭复合受力构件。

雨篷梁的宽度一般取与墙厚相同，梁的高度应按承载力确定。梁两端伸进砌体的长度应考虑雨篷抗倾覆因素。

**3. 雨篷抗倾覆验算**

由于雨篷为悬挑结构，因而雨篷板上的荷载将绕如图 11.59 所示的 $O$ 点产生倾覆力矩 $M_{倾}$，而抗倾覆力矩 $M_{抗}$ 则由梁自重以及墙重的合力 $G_r$ 产生。雨篷的抗倾覆验算要求：

$$M_{倾} \leqslant M_{抗} \tag{11.23}$$

式中　$M_{抗}$—— 雨篷抗倾覆力矩设计值，此时荷载分项系数取为 0.8，即 $M_{抗} = 0.8G_r l_2$；

$G_r$—— 雨篷的抗倾覆荷载，可取雨篷梁尾端上部 45° 扩散角范围（其水平长度为 $l_3 = l_n/2$）内的墙体恒荷载标准值，如图 11.59 所示；

$l_2$——$G_r$ 距墙边的距离，$l_2 = l_1/2$（$l_1$ 为雨篷梁上墙体的厚度）。

若不满足式（11.23）要求，则应采取加固措施，如适当增加雨篷的支承长度，以增加压在梁上的恒荷载值，或增强雨篷梁与周围结构的连接等。

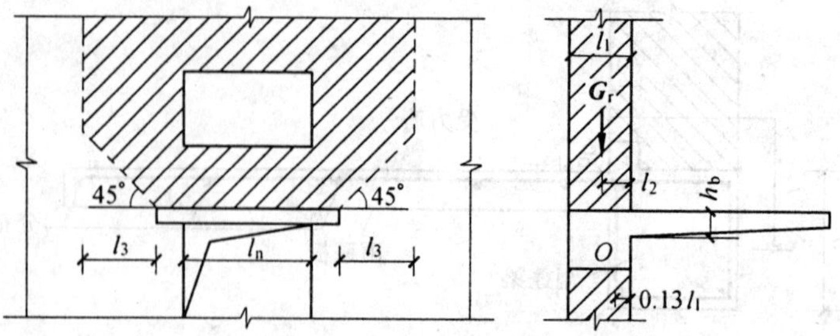


图 11.59 雨篷抗倾覆验算受力图

## 本章小结

1. 结构的选型和布置对其可靠性和经济性有重要意义。因此,应熟悉各种结构,如现浇单向板肋梁楼盖、双向板肋梁楼盖和装配式楼盖等结构的受力特点及适用范围,以便根据不同的建筑要求和使用条件选择合适的结构类型。

2. 在现浇单向板肋形楼盖中,板和次梁均可按连续梁并采用折算荷载进行计算。对于主梁,在梁柱线刚度比大于 3 的条件下,也可按连续梁计算,忽略柱对梁的约束作用。

3. 在考虑塑性内力重分布计算钢筋混凝土连续梁、板时,为保证塑性铰具有足够的转动能力和结构的内力重分布,应采用塑性好的 HPB235、HRB335 、HRB400 级等钢筋,混凝土强度等级宜为 C20 ~ C45,截面相对受压区高度 $\xi \leqslant 0.35$,且斜截面应具有足够的抗剪能力。为保证结构在使用阶段裂缝不至出现过早和开展过宽,设计中应对弯矩调幅予以控制,使其控制在弹性理论计算弯矩的 20% 以内。

4. 在现浇肋梁楼盖中,单向板实际上四边支承在主梁和次梁或墙上,故单向板也将在双向同时发生弯曲变形并产生内力,只是弹性弯曲变形和内力主要发生在短跨方向,而长跨方向的内力很小,故可不必计算,只按构造要求配置钢筋。

5. 双向板的内力也有按弹性理论与按塑性理论两种计算方法,本章仅介绍了按弹性理论的设计方法,其按塑性理论的设计方法可参考其他相关专业书籍及规范。

6. 梁式楼梯和板式楼梯的主要区别在于楼梯梯段是采用梁承重还是板承重。前者受力较合理,用材较省,但施工较麻烦且欠美观,宜用于梯段较长的楼梯;后者反之。雨篷、阳台等悬臂结构,除控制截面承载力计算外,尚应作整体抗倾覆的验算。

7. 梁板结构构件的截面尺寸,通常由跨高比的刚度要求初定,其截面配筋按承载力确定并应满足有关构造要求。一般情况下,梁板结构构件可不进行变形和裂缝宽度验算。

## 练习题

1. 钢筋混凝土梁板结构设计的一般步骤是怎样的?

2. 钢筋混凝土楼盖结构有哪几种类型?说明它们各自的受力特点和适用范围。

3. 现浇梁板结构中,单向板和双向板是如何划分的?

4. 现浇单向板肋形楼盖中的板、次梁和主梁的计算简图如何确定?为什么主梁只能用弹性理论计算,而不能采用塑性理论计算?

5. 现浇单向板肋形楼盖中的板、次梁和主梁，当其内力按弹性理论计算时，如何确定其计算简图？当按塑性理论计算时，其计算简图又如何确定？如何绘制主梁的弯矩包络图？

6. 什么叫“塑性铰”？混凝土结构中的“塑性铰”与力学中的“理想铰”有何异同？

7. 什么叫“塑性内力重分布”？“塑性铰”与“塑性内力重分布”有何关系？

8. 什么叫“弯矩调幅”？连续梁进行“弯矩调幅”时要考虑哪些因素？

9. 考虑塑性内力重分布计算钢筋混凝土连续梁时，为什么要限制截面受压区高度？

10. 什么叫内力包络图？为什么要作内力包络图？

11. 在主次梁交接处，主梁中为什么要设置吊筋或附加箍筋？

12. 利用单区格双向板弹性弯矩系数计算多区格双向板跨中最大正弯矩和支座最大负弯矩时，采用了一些什么假定？

13. 钢筋混凝土现浇肋梁楼盖板、次梁和主梁的配筋计算和构造各有哪些要点？

14. 常用楼梯有哪几种类型？它们的优缺点及适用范围有何不同？如何确定楼梯各组成构件的计算简图？

15. 雨篷板和雨篷梁有哪些计算要点和构造要求？

16. 某钢筋混凝土连续梁（图 11.60），截面尺寸 $b \times h = 300\ \text{mm} \times 500\ \text{mm}$。承受恒荷载标准值 $G = 20\ \text{kN}$（荷载分项系数为 1.2），活荷载标准值 $V = 40\ \text{kN}$（荷载分项系数为 1.4）。混凝土强度等级为 C25，钢筋采用 HRB335 级。试按弹性理论计算内力，绘出此梁的弯矩包络图和剪力包络图，并对其进行截面配筋计算。

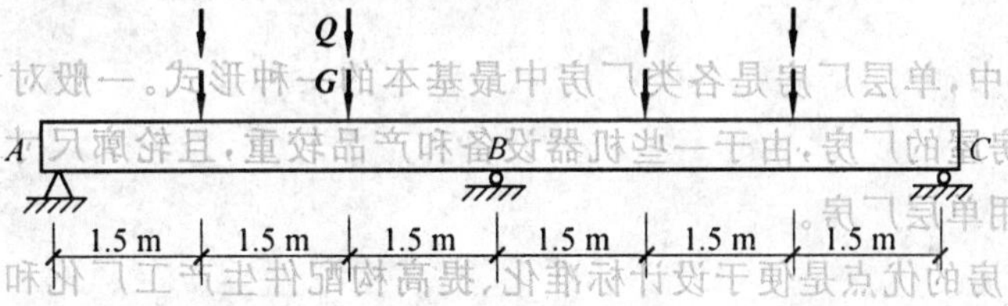


图 11.60　习题 16 图

17. 某现浇钢筋混凝土肋梁楼盖次梁（图 11.61），截面尺寸 $b \times h = 200\ \text{mm} \times 400\ \text{mm}$。承受均布恒荷载标准值 $g_k = 8.0\ \text{kN/m}$（荷载分项系数为 1.2），活荷载标准值 $q_k = 10.0\ \text{kN/m}$（荷载分项系数为 1.3）。混凝土强度等级为 C20，钢筋采用 HRB335 级。试按塑性理论计算内力，并对其进行截面配筋计算。

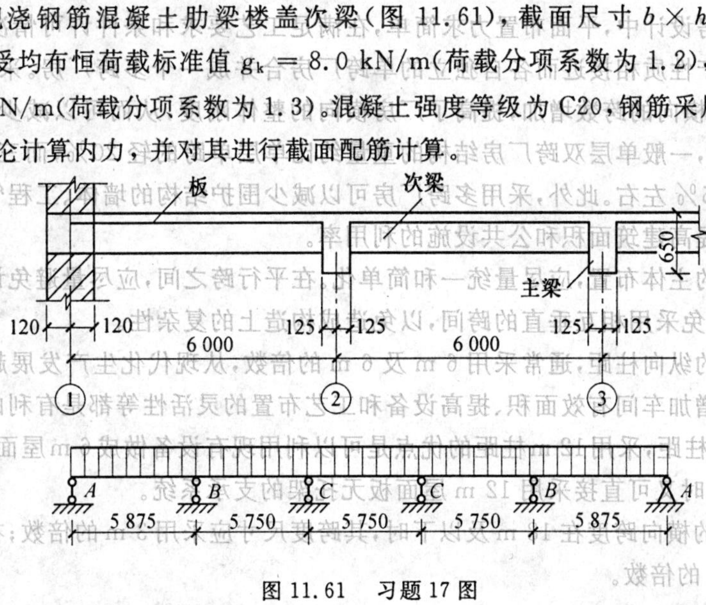


图 11.61　习题 17 图

# 第12章 单层厂房结构

**【学习要点】**

**1. 熟悉单层工业厂房结构的组成、结构选型及结构布置的特点。**

**2. 掌握钢筋混凝土排架结构的荷载与内力计算方法、内力组合的原则，掌握柱截面设计方法。**

**3. 熟悉排架柱的配筋构造要求，熟悉杯口基础的构造要求。**

## 12.1 概　述

在建筑工程中，单层厂房是各类厂房中最基本的一种形式。一般对于冶金、机械、纺织、化工等工业房屋的厂房，由于一些机器设备和产品较重，且轮廓尺寸较大而难于上楼时，较普遍地采用单层厂房。

采用单层厂房的优点是便于设计标准化、提高构配件生产工厂化和施工机械化的程度，同时可以缩短设计和施工期限，保证施工质量。

在进行厂房设计中，平面布置力求简单，在满足工艺要求和条件许可情况下，应尽可能地把一些生产性质相接近而各自独立的单跨厂房合并成一个多跨厂房。采用多跨厂房的优点是：由于横向的跨数增加，提高了厂房横向的整体刚度，从而可以减少柱子的截面尺寸。根据调查，一般单层双跨厂房结构的重量约比单层单跨的轻 20%，而三跨又比双跨的轻 10% ～ 15% 左右。此外，采用多跨厂房可以减少围护结构的墙体、工程管线、道路的长度以及可以提高建筑面积和公共设施的利用率。

单层厂房的主体布置，应尽量统一和简单化。在平行跨之间，应尽量避免设置高度差，同时，应尽量避免采用相互垂直的跨间，以免造成构造上的复杂性。

单层厂房的纵向柱距，通常采用 6 m 及 6 m 的倍数，从现代化生产发展趋势来看，采用扩大柱距对增加车间有效面积、提高设备和工艺布置的灵活性等都是有利的。目前常用的是 12 m 扩大柱距，采用 12 m 柱距的优点是可以利用现有设备做成 6 m 屋面板设有托架的支承系统；同时又可直接采用 12 m 屋面板无托架的支承系统。

单层厂房的横向跨度在 18 m 及以下时，其跨度尺寸应采用 3 m 的倍数；在 18 m 以上时，宜采用 6 m 的倍数。

单层厂房承重结构按其所用材料的不同可以分为混合结构、钢筋混凝土结构和钢结构。对于无吊车或吊车起重量不超过 5 t、跨度小于 15 m、柱顶标高不超过 8 m 的小型厂房,可以采用混合结构(砖柱、各种类型的屋架)。对于吊车起重量超过 150 t、跨度大于 36 m 的大型厂房,或有特殊工艺要求的厂房(如设有 5 t 以上锻锤的车间或高温车间等),则应采用钢屋架、钢筋混凝土柱或采用全钢结构。对上述两种情况以外的大部分厂房,均可采用钢筋混凝土结构。近几年来,由于钢材在我国市场上供应较为充足,当跨度为 24 m 及以上的厂房,亦有采用钢屋架的。

钢筋混凝土单层工业厂房结构有两种基本类型:排架结构与刚架结构。

(1) 排架结构

排架结构由屋架或屋面梁、柱和基础组成。通常,排架柱与屋架或屋面梁为铰接,而与其下基础为刚接。按照厂房的生产工艺和使用要求不同,排架结构可设计为单跨或多跨、等高或不等高等多种形式,如图 12.1 所示。此类结构能承担较大的荷载,在冶金和机械工业厂房中应用广泛,其跨度可达 30 m,高度 20～30 m,吊车吨位可达 150 t 或 150 t 以上。

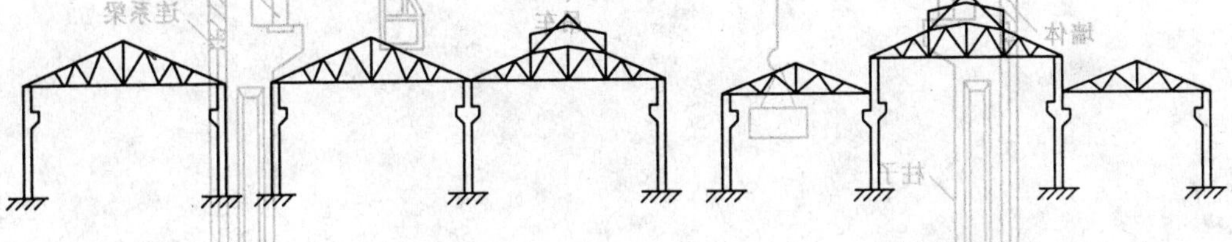

(a) 单跨　(b) 等高多跨　(c) 不等高多跨

图 12.1　排架结构的形式

(2) 刚架结构

刚架结构通常由钢筋混凝土的横梁、柱和基础组成。刚架柱与横梁为刚接,与基础常为铰接。刚架结构按横梁形式的不同,分为折线形门式刚架,如图 12.2(a) 所示,以及拱形门式刚架,如图 12.2(b) 所示。因梁、柱整体结合,故受荷载后,在刚架的转折处将产生较大的弯矩,容易开裂;另外,柱顶在横梁推力的作用下,将产生相对位移,使厂房的跨度发生变化,故此类结构的刚度较差,仅适用于屋盖较轻的厂房或吊车吨位不超过 10 t、跨度不超过 10 m 的轻型厂房或仓库等。

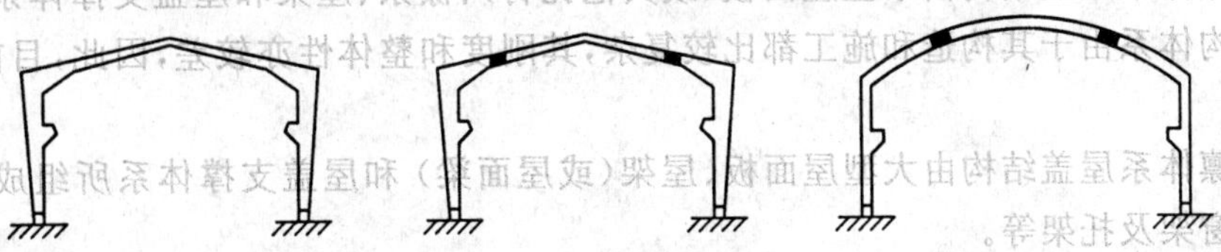

(a) 折线形　(b) 拱形

图 12.2　刚架结构的形式

本章主要介绍单层装配式钢筋混凝土排架结构厂房。

## 12.2 单层厂房结构的组成和布置

### 12.2.1 结构组成

单层厂房结构通常是由下列各种结构构件所组成并连成一个整体,如图 12.3 所示。

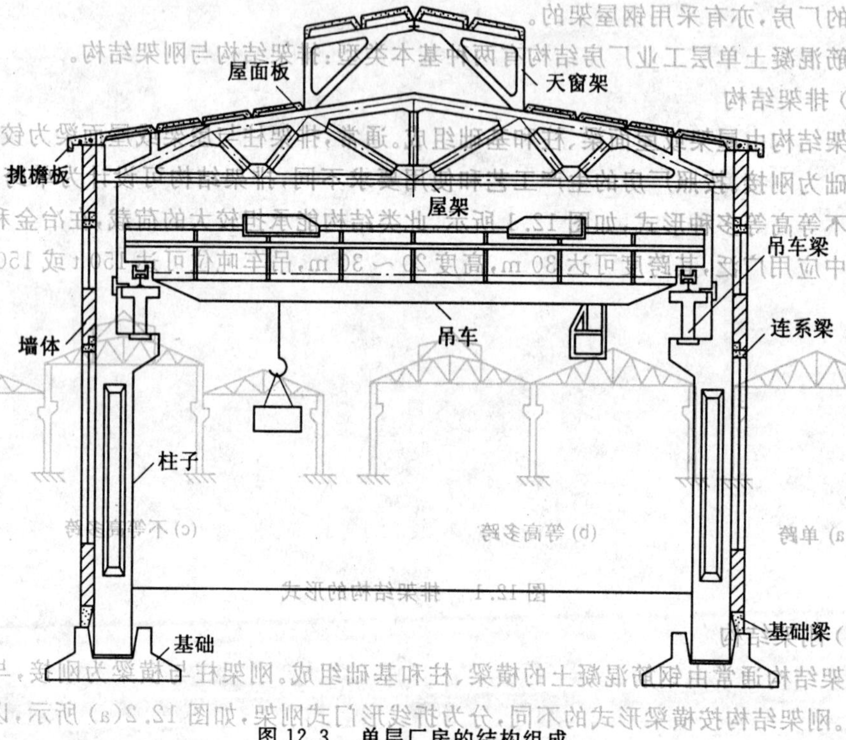


图 12.3 单层厂房的结构组成

1. 屋盖结构

屋盖结构和厂房柱组成排架承受作用于厂房结构的各种荷载,分为有檩体系屋盖结构和无檩体系屋盖结构两种。

有檩体系屋盖结构由小型屋面板(或其他瓦材)、檩条、屋架和屋盖支撑体系所组成。这种结构体系由于其构造和施工都比较复杂,其刚度和整体性亦较差,因此,目前较少采用。

无檩体系屋盖结构由大型屋面板、屋架(或屋面梁)和屋盖支撑体系所组成,有时还设有天窗架及托架等。

屋面板直接承受屋面上的荷载(包括自重、雪荷载、积灰荷载及施工荷载等),并把它传给屋架或天窗架。

天窗架其下端支承在屋架上,用以承受天窗上的荷载(包括天窗架自重、屋面板传来的荷载及风荷载等),并把它传给屋架。

屋架承受屋架上的全部荷载(包括屋架自重、屋面板及天窗架传来的荷载,以及风荷载和悬挂吊车重等)，并把它传给柱子或托架。

当柱子间距比屋架间距大时，用托架支承两个柱子之间的屋架，该屋架荷载通过托架再传给柱子。

**2. 吊车梁**

承受吊车荷载(包括吊车梁自重、吊车桥架重、吊车运载重物时所产生的垂直轮压以及启动或制动时所产生的纵向及横向水平力等)，并把它传给柱子。

**3. 柱子**

承受屋架、吊车梁、外墙和支撑传来的荷载等，并把它传给基础，是厂房的主要承重结构构件。

**4. 支撑**

其作用是加强厂房结构的空间刚度，保证结构构件安装和使用时的稳定和安全，同时起到把山墙荷载、吊车纵向水平荷载等的作用传递到排架上的作用。

**5. 基础**

承受柱子和基础梁传来的荷载，并将它们传至地基。

**6. 围护结构(包括墙体)**

外纵墙和山墙承受风荷载，并把它传给柱子。

抗风柱(有时还有抗风梁或抗风桁架)承受山墙传来的风荷载，并把它传给屋盖和基础。

连系梁和基础梁承受外墙重量，并把它传给柱子及基础。

## 12.2.2　支撑的布置

在装配式钢筋混凝土单层厂房结构中，支撑虽非主要的构件，但却是连系主要结构构件和构成整体的重要组成部分。实践证明，如果支撑布置不当，不仅会影响厂房的正常使用，甚至可能引起工程事故，所以应予以足够的重视。

下面主要讲述各类支撑的作用和布置原则。

**1. 屋盖支撑**

屋盖支撑包括屋架上弦、下弦横向水平支撑；纵向水平支撑；垂直支撑与纵向水平系杆；天窗架支撑等。

(1) 屋架上弦横向水平支撑

上弦横向支撑的作用是：增强屋盖整体刚度，保证屋架上弦或屋面梁上翼缘的侧向稳定，同时可将山墙风荷载传至厂房的纵向排架柱列上，为抗风柱上端提供不动的侧向支点，改善抗风柱的受力状态。

当屋面采用大型屋面板，屋面板与屋面梁或屋架有三点焊接连接、并且屋面板纵肋间的空隙用细石混凝土灌实、能保证屋盖平面的稳定并能传递山墙风力时，则认为屋面板可起到上弦横向支撑的作用，这时不必再设置上弦横向支撑。

凡屋面为有檩体系或虽为无檩体系，但屋架与屋面板的连接质量不能保证，且山墙抗风柱将风荷载传至屋架上弦时，则应在屋架上弦平面伸缩缝区段内的第一或第二柱间距内各设一道上弦横向支撑。当天窗通过伸缩缝时，应在伸缩缝处的天窗缺口下设置上弦横向支撑。

当厂房有天窗架时，应沿屋脊设置一道通长的钢筋混凝土受压水平系杆，如图 12.4 所示。

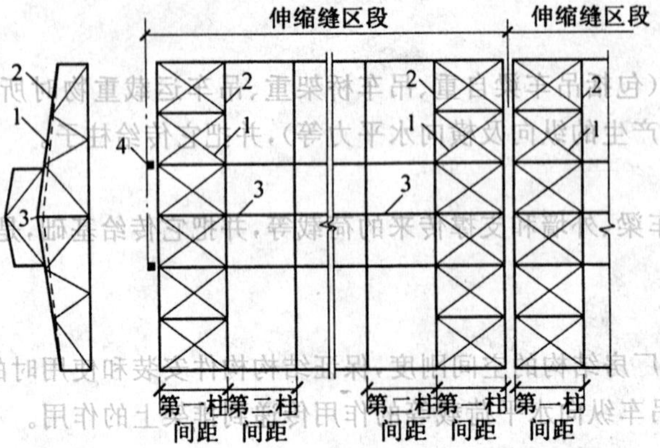


图 12.4　屋盖上弦横向水平支撑

1— 上弦支撑；2— 屋架上弦；3— 水平刚性系杆；4— 抗风柱

(2) 屋架下弦横向水平支撑

下弦横向水平支撑的作用是：与屋架下弦结合在一起，形成水平桁架，将山墙风荷载及纵向水平荷载传至纵向排架柱顶，同时防止下弦侧向颤动。

当厂房跨度 $l \geqslant 18$ m，或者当屋架下弦设有悬挂吊车或厂房内有较大的振动以及山墙风荷载通过抗风柱传至屋架下弦时，应在每一伸缩缝区段端部设置下弦横向水平支撑，如图 12.5 所示，并应与上弦横向水平支撑设置在同一柱间，以形成空间桁架体系。

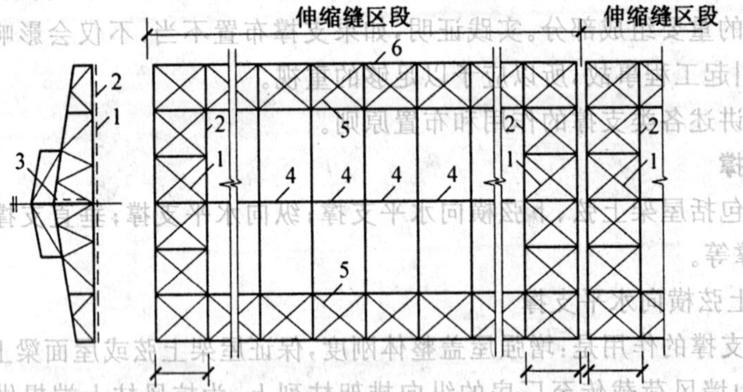


图 12.5　屋盖下弦横向及纵向水平支撑

1— 下弦横向水平支撑；2— 屋架下弦；3— 垂直支撑；4— 水平系杆；

5— 屋架下弦纵向水平支撑；6— 托架

(3) 屋架下弦纵向水平支撑

屋架下弦纵向水平支撑是为了提高屋盖结构刚度，保证横向水平力的纵向分布，增强排架的空间工作性能而设置的。

当厂房中设有托架以支撑屋盖时，或当采用有檩体系屋盖而吊车吨位较大时，应在屋架下弦端节点，沿纵向设置通长的下弦纵向水平支撑。如厂房设有横向水平支撑时，则纵向支撑应尽可能同横向支撑形成封闭支撑体系，如图 12.5 所示。

(4) 屋架间的垂直支撑及水平系杆

垂直支撑和下弦水平系杆是用以保证屋架的整体稳定（抗倾覆）以及防止在吊车工作时（或有其他振动）屋架下弦的侧向颤动。上弦水平系杆则用以保证屋架上弦或屋面梁受压翼缘的侧向稳定（防止局部失稳）。

当屋架下弦设有悬挂吊车时，应在吊车节点处设置屋架间垂直支撑。当屋架的跨度 $l \geqslant 18$ m 时，应在伸缩缝区段两端第一或第二柱间的跨中设置一道屋架间垂直支撑，并在各跨跨中下弦处设置一道通长水平系杆；当跨度 $l > 30$ m 时，则必须增设一道屋架间垂直支撑和下弦水平系杆；当为梯形屋架时，除按上述要求处理外，必须在伸缩缝区段两端第一或第二柱间内，在屋架支座处设置端部垂直支撑和下弦通长水平系杆，如图 12.6 所示。当 $l \leqslant 18$ m，且无天窗时，可不设垂直支撑和水平系杆，仅对梁支座进行抗倾覆验算即可。

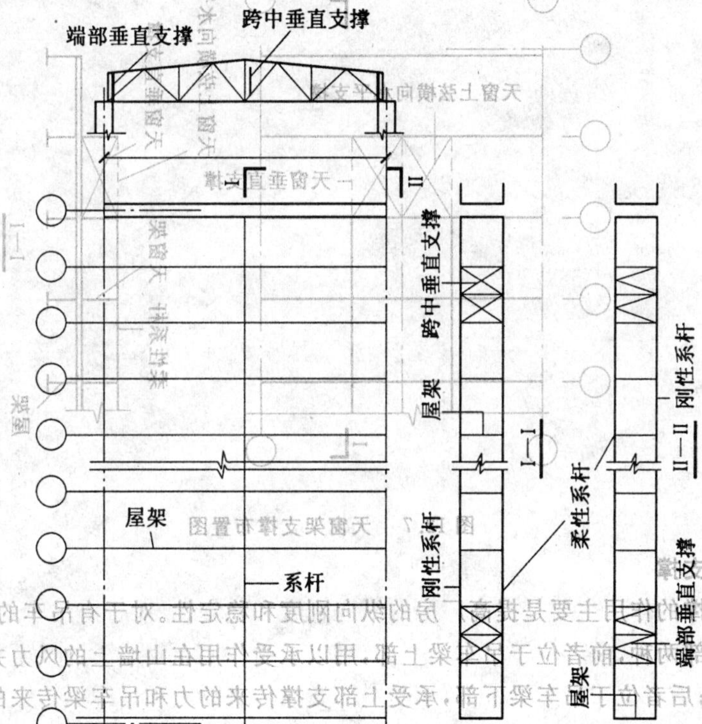


图 12.6　垂直支撑和水平系杆

当屋盖设置垂直支撑时，应在未设置垂直支撑的屋架间，在相应于垂直支撑平面内的屋架上弦和下弦节点处，设置通长的水平系杆。凡设在屋架端部柱顶处和屋架上弦屋脊节点处的通长水平系杆，均应采用刚性系杆，其余均可采用柔性系杆。

(5) 天窗架支撑

天窗架支撑包括天窗架上弦横向水平支撑和天窗架间的垂直支撑，用以保证天窗架上弦的侧向稳定和将天窗端壁上的风荷载传给屋架。

天窗架上弦横向水平支撑和垂直支撑一般均设置在天窗端部第一柱间内。当天窗区段较长，还应在区段中部设有柱间支撑的柱间内设置垂直支撑。垂直支撑一般设置在天窗的两侧，当天窗架跨度 $l \geqslant 12$ m 时，还应在天窗中间竖杆平面内设置一道垂直支撑。天窗有挡风板时，在挡风板立柱平面内也应设置垂直支撑。在未设置上弦横向水平支撑的天窗架间，应在上弦节点处设置柔性系杆。天窗架支撑如图 12.7 所示。

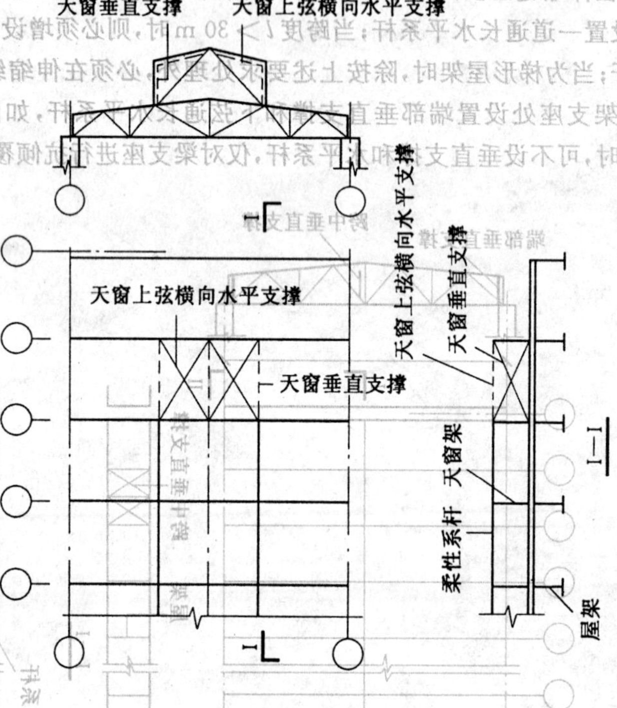


图 12.7　天窗架支撑布置图

2. 柱间支撑

柱间支撑的作用主要是提高厂房的纵向刚度和稳定性。对于有吊车的厂房，柱间支撑分上部和下部两种，前者位于吊车梁上部，用以承受作用在山墙上的风力并保证厂房上部的纵向刚度；后者位于吊车梁下部，承受上部支撑传来的力和吊车梁传来的吊车纵向制动力，并把它们传至基础，如图 12.8 所示。

一般单层厂房，凡属下列情况之一者，应设置柱间支撑：

(1) 设有臂式吊车或 3 t 及大于 3 t 的悬挂式吊车时；

(2) 吊车工作级别为 A6 ~ A8 或吊车工作级别为 A1 ~ A5 且在 10 t 或大于 10 t 时；

(3) 厂房跨度在 $l \geqslant 18$ m 或柱高 $h \geqslant 8$ m 时；

(4) 纵向柱的总数在 7 根以下时；

(5) 露天吊车栈桥的柱列。

当柱间内设有强度和稳定性足够的墙体，且其与柱连接紧密能起整体作用，同时吊车起重量较小(≤5 t)时，可不设柱间支撑。

柱间支撑应设在伸缩缝区段的中央或临近中央的柱间。这样有利于在温度变化或混凝土收缩时，厂房可自由变形，而不致发生较大的温度或收缩应力，如图 12.8(a) 所示。

当柱顶纵向水平力没有简捷途径传递时，则必须设置一道通长的纵向受压水平系杆(如连系梁)。柱间支撑杆件应与吊车梁分离，以免受吊车梁竖向变形的影响。

柱间支撑宜用交叉形式，交叉倾角通常在 35°～55°间。当柱间因交通、设备布置或柱距较大而不宜或不能采用交叉式支撑时，可采用图 12.8(b) 所示的门架式支撑。

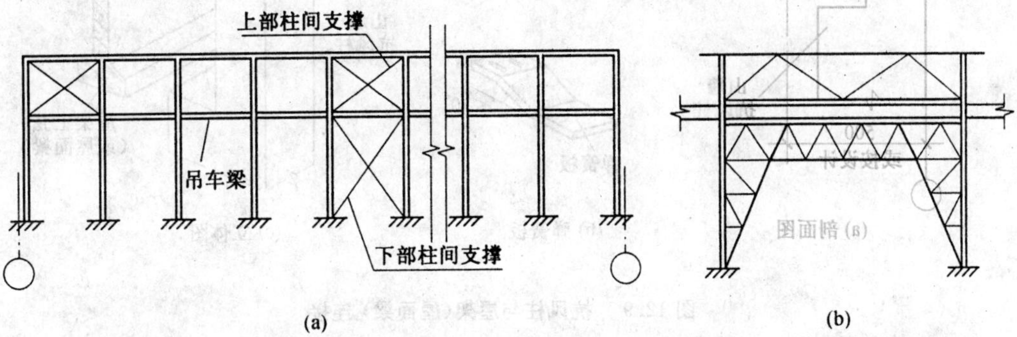


图 12.8　柱间支撑的布置

柱间支撑一般采用钢结构，杆件截面尺寸应经强度和稳定性验算。

## 12.2.3　围护结构的布置

1. 抗风柱

当单层厂房的端横墙(山墙)受风面积较大时，就需设置抗风柱将山墙分为若干个区格。这样墙面受到的风荷载，一部分直接传给纵向柱列，另一部分则通过抗风柱与屋架上弦或下弦的连接传给纵向柱列和抗风柱下基础。

当厂房的跨度为 9～12 m，抗风柱高度在 8 m 以下时，可采用与山墙同时砌筑的砖壁柱作为抗风柱。当厂房的跨度和高度较大时，应在山墙内侧设置钢筋混凝土抗风柱，并用钢筋与山墙拉接。抗风柱与屋架既要可靠的连接，以保证把风荷载有效地传给屋架直至纵向柱列，又要允许两者之间具有一定竖向位移的可能性，以防厂房与抗风柱沉降不均匀时产生不利的影响。在实际工程中，抗风柱与屋架常采用横向有较大刚度，而竖向又可移动的钢质弹簧板连接，如图 12.9 所示。

钢筋混凝土抗风柱的上柱宜采用不小于 350 mm×350 mm 的矩形截面；下柱可采用矩形截面或工字形截面，其截面宽度 $b \geqslant 350$ mm，截面高度 $h \geqslant 600$ mm，且 $h \geqslant H/25$($H$ 为抗风柱基础顶至与屋架连接处的高度)。

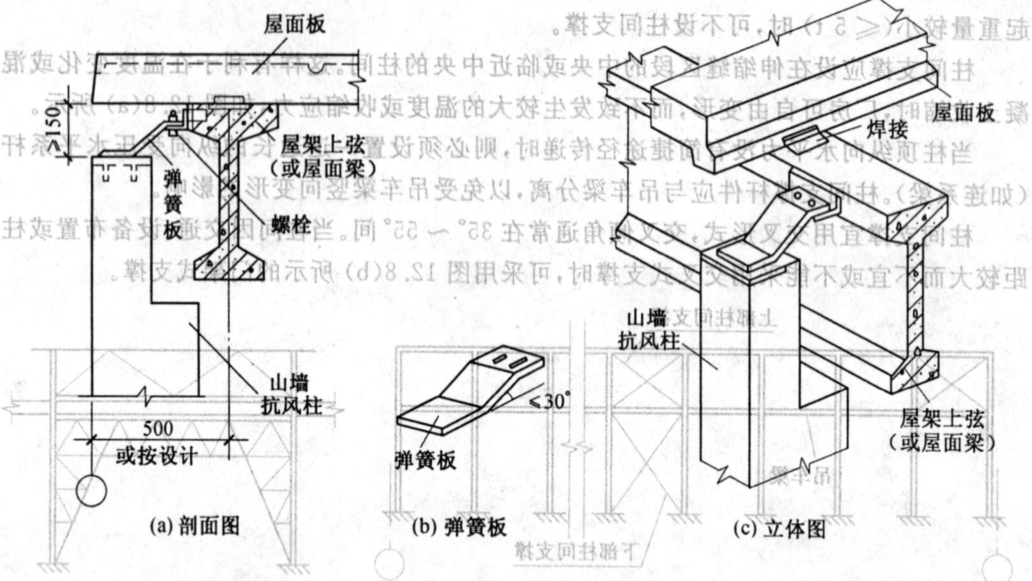


图 12.9　抗风柱与屋架(屋面梁)连接

**2. 圈梁、连系梁及基础梁**

单层厂房采用砌体围护墙时,一般需设置圈梁、连系梁和基础梁。

(1) 圈梁

圈梁为非承重的现浇钢筋混凝土构件,在墙体的同一水平面上连续设置,构成封闭状,并和柱中伸出的预埋拉筋连接。圈梁的作用是将厂房的墙体和柱等箍束在一起,增强厂房结构的整体刚度,防止因地基不均匀沉降或较大振动作用等对厂房产生的不利影响。圈梁的设置与墙体高度、设备有无振动及地基情况等有关。

一般情况下,单层厂房可按下列原则设置圈梁:

无吊车的砖砌围护墙厂房,当檐口标高为 5 ～ 8 m 时,应在檐口标高处设置圈梁一道;当檐口标高大于 8 m 时,应增加设置数量。当檐口标高为 4 ～ 5 m 时,应在檐口标高处设置圈梁一道;当檐口标高大于 5 m 时,应增加设置数量。设有吊车或较大振动设备的单层厂房,除在檐口或窗顶标高处设置圈梁外,尚应增加设置数量。

圈梁的截面宽度宜与墙厚相同,当墙厚大于 240 mm 时,其宽度不宜小于 2/3 墙厚。圈梁的截面高度不应小于 120 mm。圈梁中的纵向钢筋不应少于 4$\phi$10,绑扎接头的搭接长度按受拉钢筋考虑,箍筋间距不应大于 300 mm。圈梁兼作过梁时,过梁部分的钢筋按计算另行增配。

(2) 连系梁

连系梁一般为预制钢筋混凝土构件,两端支承在柱牛腿上,用预埋件或螺栓与牛腿连接。连系梁的作用是承受其上墙体及窗重,并传给排架柱;同时起连系纵向柱列增强厂房纵向刚度的作用。

(3) 基础梁

在单层厂房中,一般用基础梁来支承围护墙,并将围护墙的重力传给基础。基础梁通常为预制钢筋混凝土简支梁，两端直接支承在基础顶部，如图 12.10(a) 所示；如果基础埋深较大，可将基础梁支承在基础顶部的混凝土垫块上，如图 12.10(b) 所示。施工时，基础梁支承处应坐浆。基础梁的顶面一般位于室内地坪以下 50 mm 处；基础梁的底面以下应预留 100 mm 的空隙，以保证基础梁可随基础一起沉降。

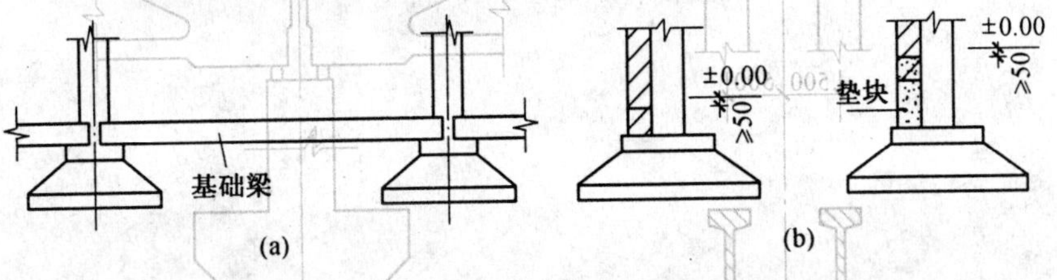


图 12.10　基础梁的布置

当基础梁上围护墙较高(15 m 以上)时，墙体不能满足承载力要求，或基础梁不能承担其上墙重时，可设置连系梁。当厂房的围护墙不高，柱基础埋深较小，且地基较好时，可不设置基础梁，采用墙下条形基础。

## 12.2.4　变形缝

变形缝包括伸缩缝、沉降缝和防震缝 3 种。

如果厂房长度和宽度过大，当气温变化时，将使结构内部产生较大的温度应力，严重的可将墙面、屋面等拉裂，影响使用。为减小厂房结构中的温度应力，可设置伸缩缝，将厂房结构分成几个温度区段。伸缩缝应从基础顶面开始，将两个温度区段的上部结构构件完全分开，并留出一定宽度的缝隙，使上部结构在气温变化时，水平方向可以自由地发生变形。温度区段的形状，应力求简单，并应使伸缩缝的数量最少。温度区段的长度(伸缩缝之间的距离)，取决于结构类型和温度变化情况。《规范》规定，对于排架结构，当有墙体封闭的室内结构时，其伸缩缝最大间距不得超过 100 m；而对于无墙体封闭的露天结构，则不得超过 70 m。

厂房的横向伸缩缝处采用双柱、双屋架(屋面梁)，纵墙和各构件间留出一定宽度的缝隙，如图 12.11(a) 所示，以使上部结构在温度变化时，沿纵向可自由地变形，不致引起厂房开裂。对厂房的纵向伸缩缝，一般做法是将伸缩缝一侧的屋架或屋面梁用滚轴式支座与柱相连，如图 12.11(b) 所示。

在一般单层厂房中可不做沉降缝，只有在特殊情况下才考虑设置，如厂房相邻两部分高度相差很大(≥ 10 m)，两跨间吊车起重量相差悬殊，地基承载力或下卧层土质有较大差别，或厂房各部分的施工时间先后相差很长，土壤压缩程度不同等情况。沉降缝应将建筑物从屋顶到基础全部分开，以使在缝两边发生不同沉降时不致损坏整个建筑物。沉降缝可兼作伸缩缝。

防震缝是为了减轻厂房地震灾害而采取的有效措施之一。当厂房平、立面布置复杂或结构高度、刚度相差很大，以及在厂房侧边贴建生活间、变电所、炉子间等附属建筑时，应设置防震缝将相邻部分分开。地震区的厂房，其伸缩缝和沉降缝均应符合防震缝的要求。

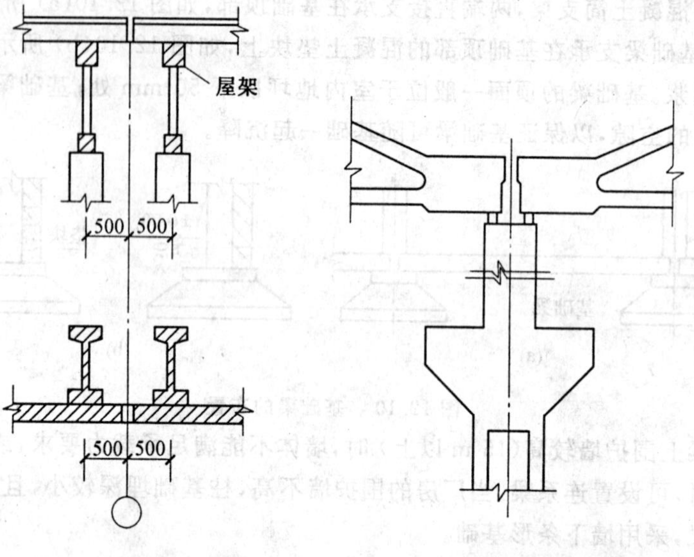


(a) 采用双排柱的横向伸缩缝　　(b) 采用滚动铰支座的纵向伸缩缝

图 12.11　单层厂房伸缩缝做法

# 12.3　排架计算

## 12.3.1　排架计算简图

**1. 计算单元**

作用在厂房排架上的各种荷载,如结构自重、雪荷载、风荷载等(吊车荷载除外),沿厂房纵向都是均匀分布的;横向排架的间距一般都是相等的。在不考虑排架间的空间作用的情况下,每一中间的横向排架所承担的荷载及受力情况是完全相同的。计算时,可通过任意两相邻排架的中线,截取一部分厂房(图 12.12(a) 中阴影部分所示) 作为计算单元。

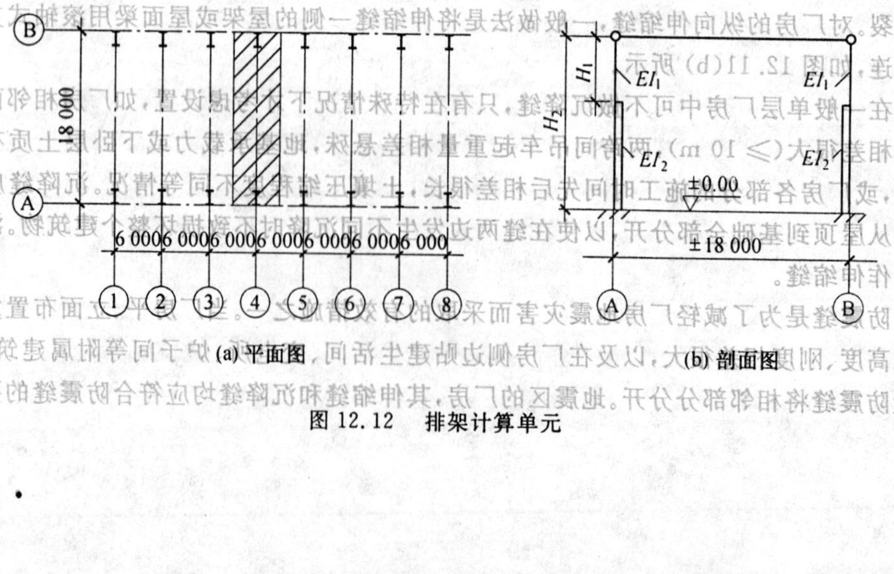


(a) 平面图　　(b) 剖面图

图 12.12　排架计算单元

**2. 基本假定**

为了简化计算，根据构造与实践经验，作如下假定：

(1) 柱下端固接于基础顶面

柱插入基础杯口有一定的深度，并用细石混凝土和基础紧密地浇捣成一体（对二次浇捣的细石混凝土应注意养护，不使其开裂），且地基变形是受控制的，基础的转动一般较小，因此假定通常是符合实际的，但有些情况，例如地基土质较差、变形较大或有比较大的荷载（如大面积堆料）等，则应考虑基础位移和转动对排架内力的影响。

(2) 柱顶端与屋架或横梁为铰接

由于屋架或横梁在柱顶，采用预埋钢板焊接或预埋螺栓连接，在构造上只能传递垂直压力和水平剪力的作用，故计算时按铰接考虑。

(3) 横梁为没有轴向变形的刚性杆件

横梁受力后长度变化很小，可以忽略不计，视两端柱顶处的水平位移相等。对于组合式屋架或两铰、三铰拱屋架应考虑其轴向变形对排架内力的影响。

(4) 排架之间相互无联系

不考虑排架之间的影响而按平面排架来考虑。

## 12.3.2　排架荷载计算

作用于厂房横向排架上的荷载有恒荷载和活荷载两类。恒荷载一般包括屋盖自重 $G_1$、上柱自重 $G_2$、下柱自重 $G_3$、吊车梁与轨道连接件等自重 $G_4$，以及由支承在柱牛腿上的连系梁传来的围护结构等自重。活荷载一般包括屋面活荷载 $Q_1$、吊车竖向荷载 $D_{max}$、吊车横向水平荷载 $T_{max}$、横向的均布风荷载 $q$ 及作用于排架柱顶的集中风荷载 $F_w$ 等，如图12.13 所示。

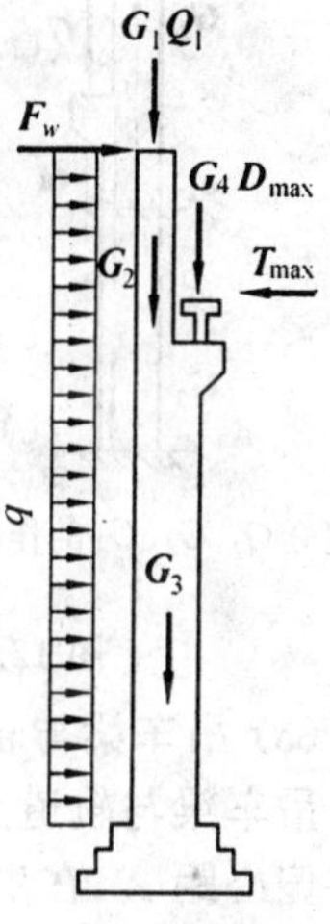


图 12.13　作用于柱子上的荷载

**1. 恒荷载**

恒载包括屋盖、吊车梁和柱的自重、轨道连接件、围护结构自重等，其值可根据构件的设计尺寸和材料的重力密度进行计算；对于标准构件，可从标准图集上查出。各类常用材料的自重标准值可查《荷载规范》。

(1) 屋盖荷载

屋盖自重为计算单元范围内的屋面构造层、屋面板、天窗架、屋架或屋面梁、屋盖支撑等自重。屋盖自重以集中力 $G_1$ 的形式作用于柱顶。$G_1$ 的作用线通过屋架上、下弦中心线的交点，一般距厂房纵向定位轴线 150 mm，如图 12.14(a) 所示。$G_1$ 对上柱截面几何中心存在偏心距 $e_1$，力矩为 $M_1 = G_1e_1$，对下柱截面几何中心又增加一个偏心距 $e_2$，对下柱截面中心线又有附加力矩为 $M'_1 = G_1e_2$，如图 12.14(b) 所示。

(2) 柱子自重

上、下柱的自重 $G_2$，$G_3$（下柱包括牛腿）分别按各自的截面尺寸和高度计算。$G_2$ 作用于上柱底部截面中心线处，$G_3$ 作用于下柱底部，且与下柱截面中心线重合，如图 12.15 所示。

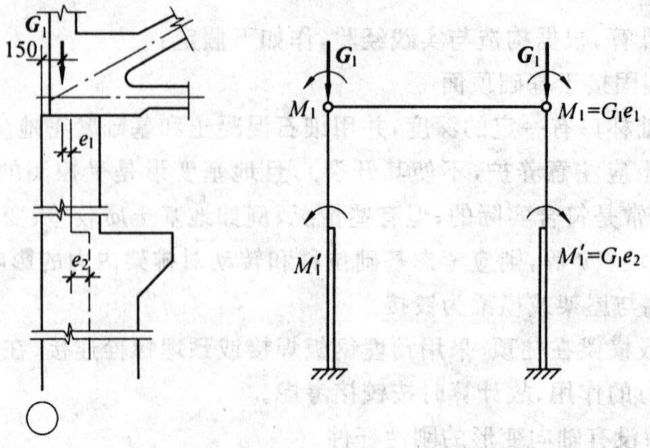


(a) $G_1$ 的作用位置　　(b) $G_1$ 作用的计算简图

图 12.14　屋盖自重的作用位置及计算简图

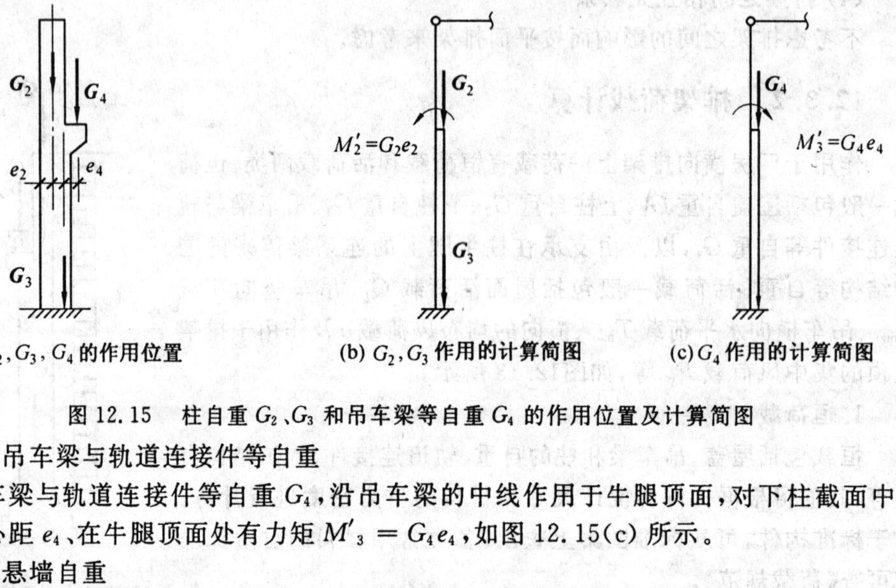


(a) $G_2, G_3, G_4$ 的作用位置　　(b) $G_2, G_3$ 作用的计算简图　　(c) $G_4$ 作用的计算简图

图 12.15　柱自重 $G_2$、$G_3$ 和吊车梁等自重 $G_4$ 的作用位置及计算简图

(3) 吊车梁与轨道连接件等自重

吊车梁与轨道连接件等自重 $G_4$，沿吊车梁的中线作用于牛腿顶面，对下柱截面中心线有偏心距 $e_4$、在牛腿顶面处有力矩 $M'_3 = G_4 e_4$，如图 12.15(c) 所示。

(4) 悬墙自重

当设有连系梁支承围护墙体时，计算单元范围内的悬墙重力荷载以集中力的形式通过连系梁传给支承连系梁的柱牛腿面。

2. 屋面活荷载

屋面活荷载包括屋面均布活荷载、雪荷载和积灰荷载 3 种，均按屋面的水平投影面积计算。

屋面均布活荷载按《荷载规范》的规定采用，当施工荷载较大时，则按实际情况采用。

屋面水平投影面上的雪荷载标准值 $s_k$(kN/m²) 可按下式计算

$$s_k = \mu_r s_0 \tag{12.1}$$

式中　$s_k$—— 雪荷载标准值，kN/m²；

$s_0$—— 基本雪压，kN/m²，系以当地一般空旷平坦地面上统计所得的 50 年一遇的最大积雪的自重确定，可从《荷载规范》中查出全国各地的基本雪压值；

$\mu_r$—— 屋面积雪分布系数，可根据各类屋面的形状从《荷载规范》中查得。

对于在生产中有大量排尘的厂房及其邻近建筑，在设计时应考虑其屋面的积灰荷载，具体按《荷载规范》中规定采用。

屋面均布活荷载不与雪荷载同时考虑，设计时取两者中的较大值；当有积灰荷载时，积灰荷载与雪荷载或不上人的屋面均布活荷载中的较大者同时考虑。

**3. 吊车荷载**

按吊车在使用期内要求的总工作循环次数和吊车荷载达到其额定值的频繁程度，将吊车划分为 A1 ～ A8 共 8 个工作级别。吊车的工作级别与过去采用的吊车工作制的对应关系为：A1 ～ A3 相应于轻级工作制，在生产过程中不经常使用的吊车（吊车运行时间占全部生产时间不足 15% 者），例如用于检修设备的吊车；A4、A5 相应于中级工作制，运行为中等频繁程度的吊车，例如机械加工车间和装配车间的吊车等；A6、A7 相应于重级工作制，运行较为频繁的吊车（吊车运行时间占全部生产时间不少于 40% 者），例如轧钢厂房中的吊车；A8 相应于超重级工作制，运行极为频繁程度的吊车。

桥式吊车由大车和小车组成，大车在吊车梁的轨道上沿着厂房纵向运行，小车在大车的轨道上沿着厂房横向行驶，小车上设有滑轮和吊索用来起吊物件，如图 12.16 所示。

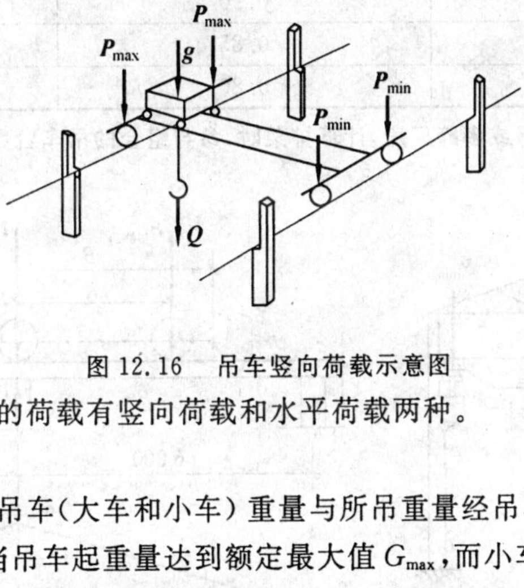


图 12.16　吊车竖向荷载示意图

吊车作用于排架上的荷载有竖向荷载和水平荷载两种。

(1) 吊车竖向荷载

吊车竖向荷载是指吊车（大车和小车）重量与所吊重量经吊车梁传给柱的竖向压力。

如图 12.17 所示，当吊车起重量达到额定最大值 $G_{max}$，而小车同时驶到大车桥一端的极限位置时，则作用在该柱列吊车梁轨道上的压力达到最大值，称为最大轮压 $P_{max}$；此时作用在对面柱列轨道上的轮压则为最小轮压 $P_{min}$。$P_{max}$ 与 $P_{min}$ 的标准值，可根据吊车的规格（吊车类型、起重量、跨度及工作级别）从《起重机设计规范》及产品样本中查出，见附表 15。对常用的四轮吊车，$P_{min}$ 也可按下式计算

$$P_{min} = \frac{1}{2}(G + g + Q) - P_{max} \tag{12.2}$$

式中　$G$—— 吊车的大车重，kN；

$g$—— 吊车的小车重，kN；

$Q$—— 吊车的额定最大起重量，kN。

当 $P_{\max}$ 与 $P_{\min}$ 确定后,即可根据吊车梁(按简支梁考虑)的支座反力影响线及吊车轮子的最不利位置(图 12.18),计算两台吊车由吊车梁传给柱子的最大吊车竖向荷载的设计值 $D_{\max}$ 与最小吊车竖向荷载设计值 $D_{\min}$,即

$$D_{\max} = \gamma_Q \psi_c P_{\max} \sum y_i \tag{12.3}$$

$$D_{\min} = \gamma_Q \psi_c P_{\min} \sum y_i = D_{\max} \frac{P_{\min}}{P_{\max}} \tag{12.4}$$

式中 $P_{\max}, P_{\min}$—— 吊车的最大及最小轮压;

$\sum y_i$—— 吊车最不利布置时,各轮子下影响线竖向坐标值之和,可根据吊车的宽度 $B$ 和轮距 $K$ 确定;

$\gamma_Q$—— 可变荷载超载系数;

$\psi_c$—— 多台吊车的荷载折减系数,见表 12.1;

$D_{\max}, D_{\min}$—— 吊车轮压对排架柱所产生的最大及最小竖向荷载设计值。

**表 12.1 多台吊车的荷载折减系数**

| 参与组合的吊车台数 | 吊车的工作级别 | |
|---|---|---|
| | A1 ~ A5 | A6 ~ A8 |
| 2 | 0.90 | 0.95 |
| 3 | 0.85 | 0.90 |
| 4 | 0.80 | 0.80 |

注:对于多层吊车的单跨或多跨厂房,计算排架时,参与组合的吊车台数及荷载的折减系数,应按实际情况考虑。

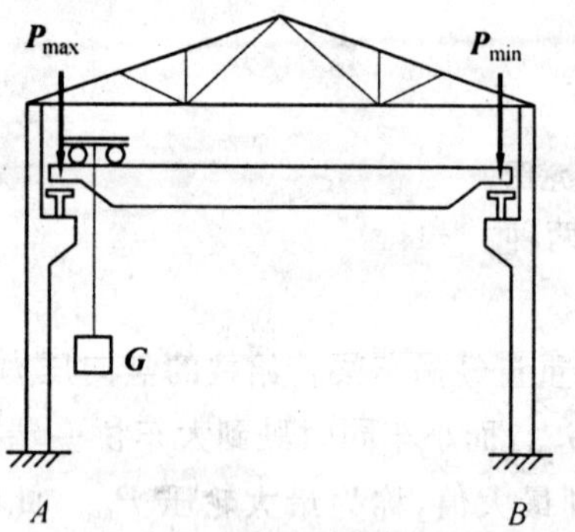


图 12.17 吊车的最大轮压与最小轮压

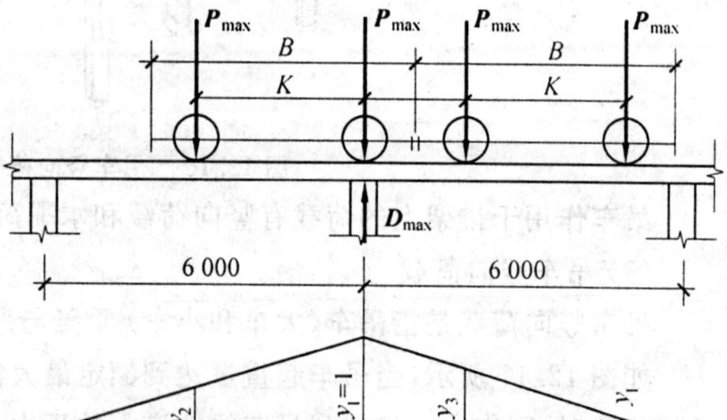


图 12.18 吊车梁的支座反力影响线及吊车轮子的最不利位置

$\sum y_i = y_1 + y_2 + y_3 + y_4$,为相应于吊车轮压处于最不利位置时,支座反力影响线的竖向坐标值之和。当车间内有多台吊车共同工作时,考虑到同时达到最不利荷载位置的概率很小,《荷载规范》规定:计算排架考虑多台吊车竖向荷载时,对一层吊车的单跨厂房的每个排架,参与组合的吊车台数不宜多于 2 台;对一层吊车的多跨厂房的每个排架,不宜多于 4 台。

吊车竖向荷载 $D_{max}$，$D_{min}$ 沿吊车梁的中心线作用在牛腿顶面，对下柱截面中心线的偏心距为 $e_4$，如图 12.19 所示，相应的力矩 $M_{Dmax}$，$M_{Dmin}$ 为

$$
\begin{aligned}
M_{Dmax} &= D_{max}e_4 \\
M_{Dmin} &= D_{min}e_4
\end{aligned}
\tag{12.5}
$$

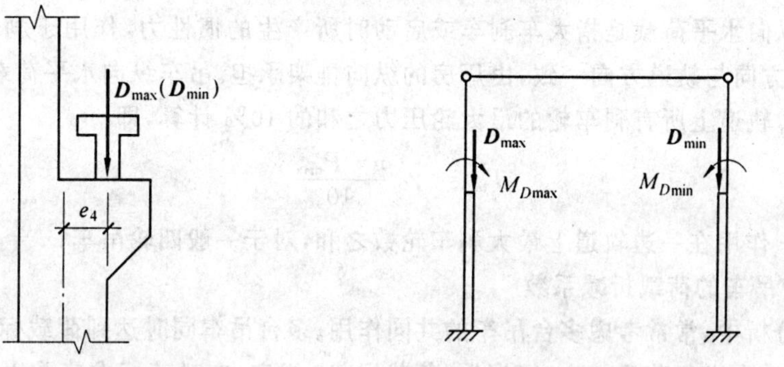


(a) 吊车竖向荷载的作用位置　　(b) 吊车竖向荷载作用的计算简图

图 12.19　吊车竖向荷载的作用位置及计算简图

(2) 吊车水平荷载

吊车水平荷载分为横向水平荷载和纵向水平荷载两种。吊车的横向水平荷载主要是指小车水平刹车或启动时产生的惯性力，其方向与轨道垂直，可由正、反两个方向作用在吊车梁的顶面与柱连接处，如图 12.20 所示。

吊车的横向水平荷载标准值按《荷载规范》规定，可取横行小车重量 $g$ 与额定最大起重量 $Q$ 之和的百分数，并允许近似地平均分配给大车的各轮。对常用的四轮吊车，每个大车轮引起的横向水平荷载标准值为

$$
T = \frac{1}{4}\alpha(Q + g) \tag{12.6}
$$

式中　$\alpha$——横向制动力系数，对软钩吊车，当 $Q \leqslant 10$ t 时，取 0.12；当 $Q = 16 \sim 50$ t 时，取 0.10；当 $Q \geqslant 75$ t 时，取 0.08。对硬钩吊车，取 0.20。

当吊车上面每个轮子的 $T$ 值确定后，可用计算吊车竖向荷载的办法，计算吊车的最大横向水平荷载设计值 $T_{max}$，如图 12.21 所示。

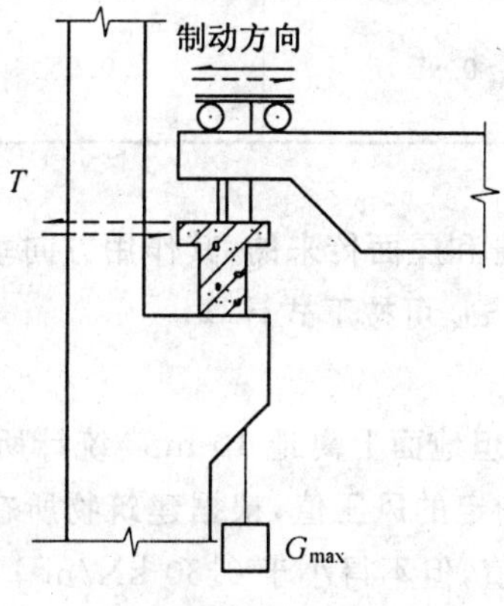


图 12.20　吊车的横向水平荷载

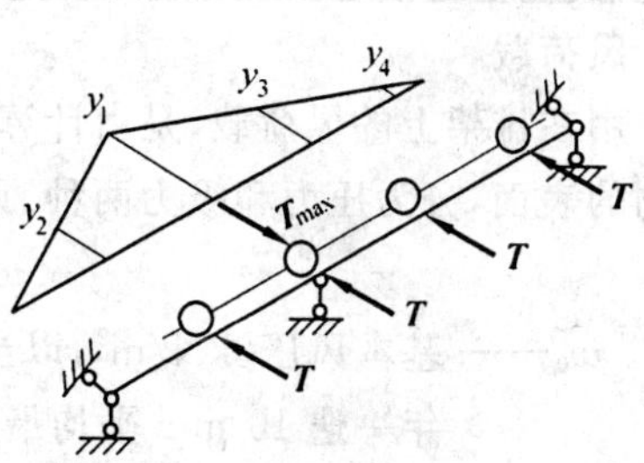


图 12.21　吊车最大横向水平荷载的计算图

$$T_{max} = \gamma_Q \psi_c T \sum y_i \tag{12.7}$$

注意 $T_{max}$ 是同时作用在吊车两边的柱列上。当计算吊车横向水平荷载引起的排架结构内力时,《荷载规范》规定:对单跨或多跨厂房的每个排架,参与组合的吊车台数不应多于两台。

吊车的纵向水平荷载是指大车刹车或启动时所产生的惯性力,作用于刹车轮与轨道的接触点上,方向与轨道方向一致,由厂房的纵向排架承担。吊车纵向水平荷载设计值,应按作用在一边轨道上所有刹车轮的最大轮压力之和的10% 计算,即

$$T_{h0} = \gamma_Q \frac{n \cdot P_{max}}{10} \tag{12.8}$$

式中 $n$—— 作用在一边轨道上最大刹车轮数之和,对于一般四轮吊车,$n = 1$。

(3) 多台吊车的荷载折减系数

在排架分析中,常常考虑多台吊车的共同作用。多台吊车同时达到荷载标准值的概率很小,故在设计中进行荷载组合时,根据《荷载规范》规定,应对其标准值乘以相应的折减系数,折减系数见表 12.1。

(4) 吊车的动力系数

当计算吊车梁及其连接的强度时,《荷载规范》规定吊车竖向荷载应乘以动力系数。对悬挂吊车(包括电动葫芦)及工作级别 A1 ~ A5 的软钩吊车,动力系数可取 1.05;对工作级别为 A6 ~ A8 的软钩吊车、硬钩吊车和其他特种吊车,动力系数可取为 1.1。

(5) 吊车荷载的组合值、频遇值及准永久值系数

吊车荷载的组合值、频遇值及准永久值系数可按表 12.2 中的规定采用。厂房排架设计时,在荷载准永久组合中不考虑吊车荷载。但在吊车梁按正常使用极限状态设计时,可采用吊车荷载的准永久值。

表 12.2　吊车荷载的组合值、频遇值及准永久值系数

| 吊车工作级别 | | 组合值系数 $\psi_c$ | 频遇值系数 $\psi_f$ | 准永久值系数 $\psi_q$ |
|---|---|---|---|---|
| 软钩吊车 | 工作级别 A1 ~ A3 | 0.7 | 0.6 | 0.5 |
| | 工作级别 A4、A5 | 0.7 | 0.7 | 0.6 |
| | 工作级别 A6、A7 | 0.7 | 0.7 | 0.7 |
| 硬钩吊车 | 工作级别 A8 的软钩吊车 | 0.95 | 0.95 | 0.95 |

**4. 风荷载**

作用在排架上的风荷载,是由计算单元这部分墙身和屋面传来的,其作用方向垂直于建筑物的表面,分为压力和吸力两种。风荷载的标准值 $w_k$ 可按下式计算

$$w_k = \beta_z \mu_s \mu_z w_0 \tag{12.9}$$

式中 $w_0$—— 基本风压,$kN/m^2$,以当地比较空旷平坦地面上离地 10 m 高统计所得 50 年一遇 10 mm 平均最大风速为标准确定的风压值,根据建筑物所在地区查《荷载规范》给出的 50 年一遇风压值,但不得小于 0.30 $kN/m^2$;

$\beta_z$—— 高度 $z$ 处的风振系数,对于高度小于 30 m 的单层厂房结构,可取 $\beta_z = 1$;

$\mu_s$—— 风荷载体型系数，主要与建筑物的体型有关，它是作用在建筑物表面的实际风压与理论风压的比值，可由《荷载规范》查得，其中“+”号表示压力，“—”表示吸力，如图 12.22 所示；

$\mu_z$—— 风压高度变化系数，应根据地面粗糙度类别，按《荷载规范》的规定确定。

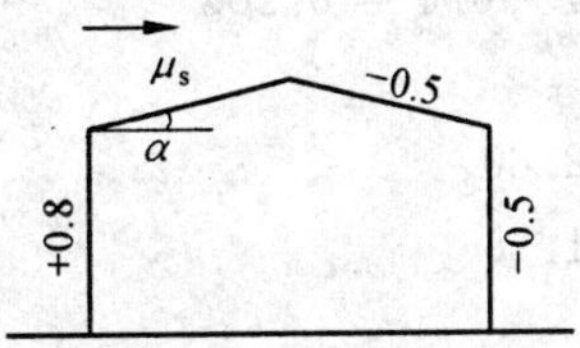


(a) 封闭式双坡屋面

| α | $\mu_s$ |
|---|---|
| 0° | 0 |
| 30° | +0.2 |
| ≥60° | +0.8 |

α 为中间值时按插入法计算

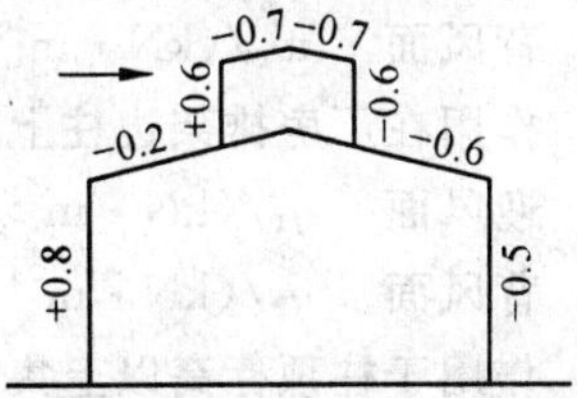


(b) 有天窗双坡屋面

图 12.22　风荷载体型系数

风荷载实际是以均布荷载的形式作用于屋面及外墙上。在计算排架时，柱顶以上的均布风荷载通过屋架，考虑以集中荷载 $F$ 的形式作用于柱顶。$F$ 值为屋面风荷载合力的水平分力和屋架高度范围内墙体迎风面和背风面风荷载的总和。对于柱顶以下外墙面上的风荷载，以均布荷载的形式通过外墙作用于排架边柱，按沿边柱高度均布风荷载考虑，其风压高度变化系数可按柱顶标高处取值，如图 12.23 所示。

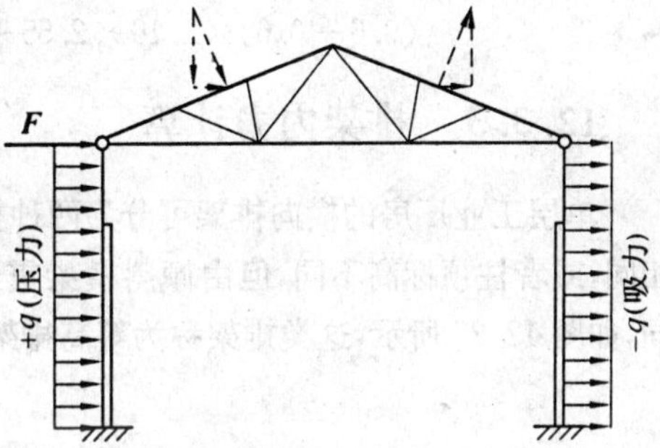


图 12.23　排架风荷载计算简图

在平面排架计算时，迎风面和背风面的荷载设计值 $q_1(+q)$ 和 $q_2(-q)$ 应按下式计算

$$q = \gamma_Q w_k B \tag{12.10}$$

式中　$w_k$—— 作用于厂房单位面积墙面上的风压标准值，按式(12.9) 确定；

$B$—— 计算单元宽度；

$\gamma_Q$—— 可变荷载分项系数，$\gamma_Q = 1.4$。

风荷载的组合值系数和准永久值系数可分别取 0.6 和 0。

【例 12.1】　某厂房排架各部分尺寸如图 12.24 所示，屋面坡度为 1∶10，排架的间距为 6 m，基本风压为 $w_0 = 0.04\ \text{kN/m}^2$。求：作用在排架上的风荷载设计值 $F_w$。

**解**　由《荷载规范》查得：风压高度变化系数，按 B 类底面粗糙度取值。

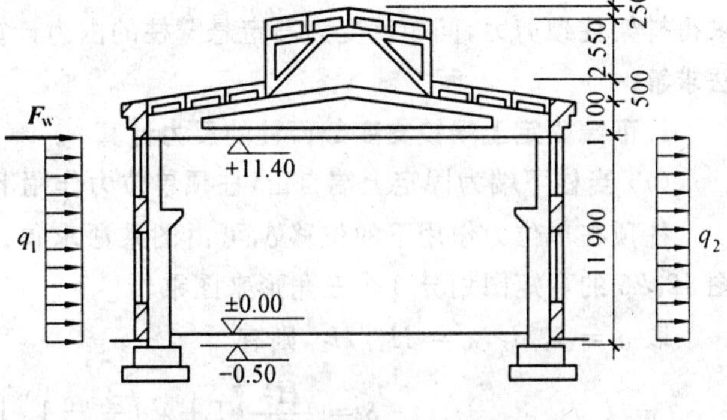


图 12.24　单跨厂房剖面尺寸

对柱顶（标高 11.4 m 处）

$\mu_z = 1.04$;对檐口(标高 12.5 m 处)$\mu_z = 1.07$;对屋顶(标高 13.0 m 处)$\mu_z = 1.08$;(对天窗屋顶)(标高 15.8 m 处) $\mu_z = 1.16$。

风荷载体型系数,由《荷载规范》查得,$\mu_{s1}$(迎风面) = 0.8;$\mu_{s2}$(背风面) = 0.5。

均布风荷载标准值:

迎风面 $w_1/(\text{kN}\cdot\text{m}^{-2}) = \beta_z\mu_{s1}\mu_z w_0 = 1.0\times0.8\times1.04\times0.4 = 0.333$

背风面 $w_2/(\text{kN}\cdot\text{m}^{-2}) = \beta_z\mu_{s2}\mu_z w_0 = 1.0\times0.5\times1.04\times0.4 = 0.208$

作用在厂房排架边柱上的均布风荷载设计值:

迎风面 $q_1/(\text{kN}\cdot\text{m}^{-1}) = \gamma_Q w_1 B = 1.4\times0.333\times6 = 2.80$

背风面 $q_2/(\text{kN}\cdot\text{m}^{-1}) = \gamma_Q w_2 B = 1.4\times0.208\times6 = 1.75$

作用于柱顶标高以上集中风荷载的设计值:

$$F_w/\text{kN} = \gamma_Q[(\mu_{s1}+\mu_{s2})\mu_z h_1 + (\mu_{s3}+\mu_{s4})\mu_z h_2 + (\mu_{s5}+\mu_{s6})\mu_z h_3 + (\mu_{s7}+\mu_{s8})\mu_z h_4]\times w_0 B/\text{kN} =$$

$$1.4[(0.8+0.5)\times1.07\times1.1+(-0.2+0.6)\times1.08\times0.5+(0.6+0.6)\times1.16\times2.55+(-0.7+0.7)\times1.16\times0.25]\times0.40\times6.0 = 17.8$$

### 12.3.3 排架内力计算

单层工业厂房的横向排架可分为两种类型:等高排架和不等高排架。如果排架各柱顶标高相同,或者柱顶标高不同,但由倾斜横梁贯通连接,当排架发生水平位移时,其柱顶的位移相同,如图 12.25 所示,这类排架称为等高排架;若柱顶位移不相等,则称为不等高排架。

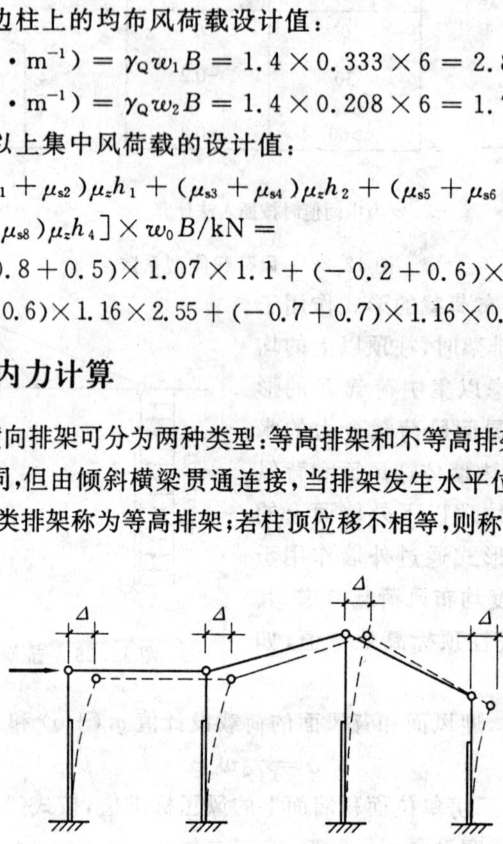


图 12.25 等高排架的形式

排架内力分析就是求排架结构在各种荷载作用下柱各截面的弯矩、剪力和轴力,只要求得排架柱顶剪力,问题就变为静定悬臂柱的内力计算。对于等高排架一般运用剪力分配法求解。

1. 下端固定上端铰支变截面柱的反力计算

(1) 当柱下端为固定上端自由,柱顶单位力作用下的位移如图 12.26 所示。

柱顶在单位力作用下的位移 $\delta$,可由图乘法求得。此时上下柱的惯性矩不同,故需将图 12.26 的弯矩图划分 3 个三角形来图乘。

取 $n = I_1/I_2, \lambda = H_1/H_2$,则有

$$\delta = \frac{H_2^3}{3EI_2}\left[1+\lambda^3\left(\frac{1}{n}-1\right)\right] = \frac{H_2^3}{C_0 EI_2} \tag{12.11}$$

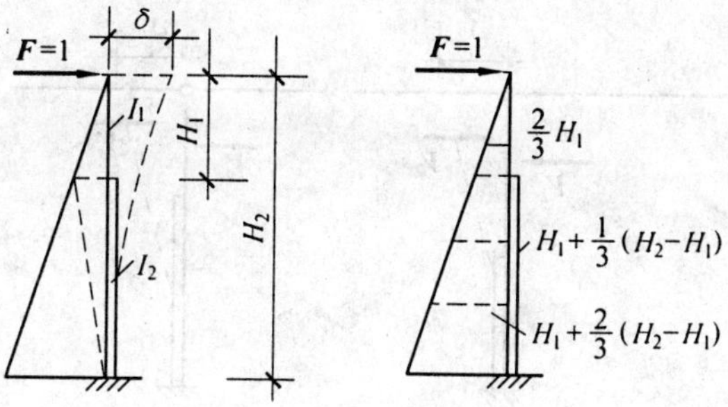


图 12.26 单阶柱位移计算

$$C_0 = \frac{3}{1+\lambda^3\left(\frac{1}{n}-1\right)} \tag{12.12}$$

式中 $I_1, I_2$—— 上柱及下柱惯性矩；

$H_1, H_2$—— 上柱及全柱高度；

$C_0$—— 系数，按式(12.12)计算，或由附表 14 中附图 14.1 查得。

当 $n=1$ 时，$C_0=3$，则 $\delta=\frac{H_2^3}{3EI_2}$，此时即为等截面悬臂梁在自由端作用一单位力时的挠度。

(2) 当柱下端为固定上端为不动铰支座时柱顶反力计算，按照基本结构，如图 12.27 所示。

则该柱顶的不动铰支座反力 $R$ 值，可按力法方程求得

$$-\delta \cdot R + \Delta = 0$$

$$R = \frac{\Delta}{\delta} \tag{12.13}$$

式中 $\Delta$—— 在荷载(以 $M$ 为例)作用下，上端为自由端时柱顶的位移。

实际设计时，可直接查用图表，见附录中附表 14。

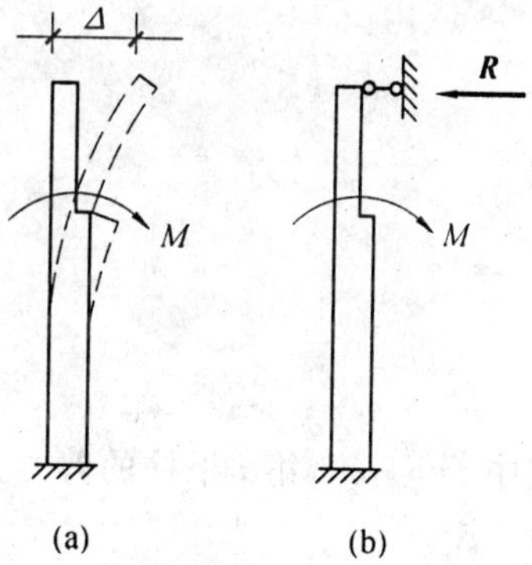


图 12.27 求柱上端为不动铰支座反力

2. 等高排架的计算

(1) 柱顶作用水平集中力 $F$

计算时假定排架横梁刚度为无限大(即 $EA=\infty$)，当排架发生侧移时，各柱顶位移相等。如图 12.28 所示，取各柱顶的侧移分别为 $\Delta_1, \Delta_2, \cdots, \Delta_i, \cdots, \Delta_n$，则其变形协调方程为

$$\Delta_1 = \Delta_2 = \cdots = \Delta_i = \cdots = \Delta_n = \Delta \tag{12.14}$$

在柱顶上部切开，在各柱的切口处的内力为一对相应的剪力(铰处无弯矩)$V_1$，$V_2, \cdots, V_i, \cdots, V_n$，如图 12.28 所示，并取上部为隔离体，由平衡条件得

$$F = V_1 + V_2 + \cdots + V_i + \cdots + V_n = \sum_{i=1}^{n} V_i \tag{12.15}$$

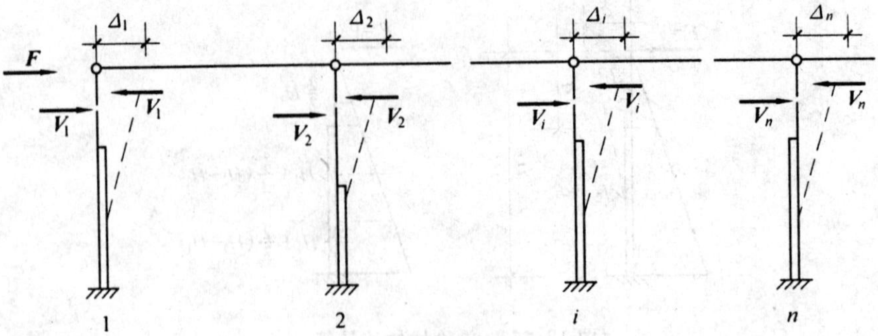


图 12.28　多跨等高排架计算简图

单阶柱的柱顶产生单位位移时所需剪力应为$\frac{1}{\delta}$,则得第 $i$ 柱的柱顶剪力为

$$V_i = \frac{1}{\delta_i} \cdot \Delta_i = \frac{1}{\delta_i}\Delta \tag{12.16}$$

式中　$\delta_i$—— 第 $i$ 根变阶柱在柱顶作用单位力时的侧移,按式(12.11)求得。

将式(12.16)代入式(12.15)可得

$$F = V_1 + V_2 + \cdots + V_i + \cdots + V_n =$$

$$\left(\frac{1}{\delta_1} + \frac{1}{\delta_2} \cdots + \frac{1}{\delta_i} \cdots + \frac{1}{\delta_n}\right)\Delta = \sum_{i=1}^{n} \frac{1}{\delta_i}$$

得

$$\Delta = \frac{1}{\sum_{i=1}^{n} \frac{1}{\delta_i}} F \tag{12.17}$$

则

$$V_i = \frac{\frac{1}{\delta_i}}{\sum_{i=1}^{n} \frac{1}{\delta_i}} F = \eta_i F \tag{12.18}$$

式中　$\eta_i$—— 第 $i$ 根柱的剪力分配系数。

$$\eta_i = \frac{\frac{1}{\delta_i}}{\sum_{i=1}^{n} \frac{1}{\delta_i}} \tag{12.19}$$

式中　$\frac{1}{\delta_i}$—— 第 $i$ 根柱的抗侧移能力,材料相同时,柱的截面越大,则所分配的剪力越大,$\frac{1}{\delta_i}$ 称为“抗剪刚度”。

$\eta_i$—— 该柱本身的抗剪刚度与所有柱总的抗剪刚度之比。

求得各柱的柱顶剪力后,各柱的内力便容易求得。

(2) 任意荷载作用于排架柱

为了能利用上述的剪力分配系数,对任意荷载就必须把计算过程分为两个步骤:先在排架柱顶附加不动铰支座以阻止水平侧移，求出其支座反力 $R$，如图 12.29(b) 所示，然后撤除附加不动铰支座且加反向作用的 $R$ 于排架柱顶，如图 12.29(c) 所示，以恢复到原受力状态。叠加上述两步骤中的内力，即为排架的实际内力，如图 12.29(a) 所示。

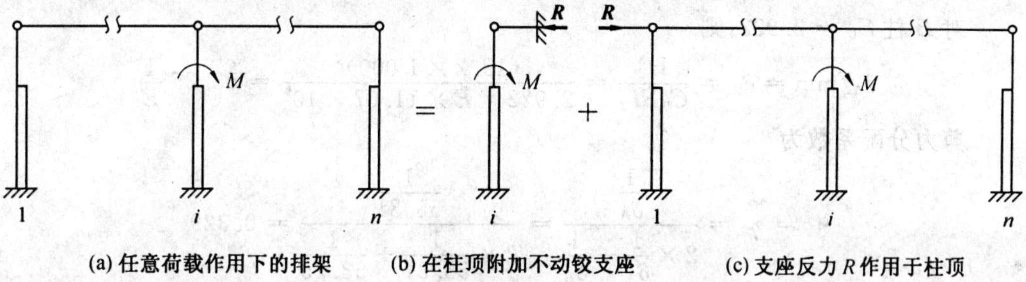


图 12.29　各种荷载作用时排架计算示意图

各种荷载作用下的不动铰支座支反力 $R$ 可从有关经验表格中查得。

**【例 12.2】**　用剪力分配法计算图 12.30(a) 所示的排架在风荷载作用下的内力。

已知：某双跨等高排架，作用其柱顶的风荷载集中力设计值为 $F_w = 3.88\ \text{kN}$，$q_1 = 3.21\ \text{kN/m}$，$q_2 = 1.60\ \text{kN/m}$。$A$ 柱与 $C$ 柱截面尺寸相同，$I_1 = 2.13\times10^9\ \text{mm}^4$，$I_2 = 11.67\times10^9\ \text{mm}^4$；$B$ 柱 $I_1 = 4.17\times10^9\ \text{mm}^4$，$I_2 = 11.67\times10^9\ \text{mm}^4$；上柱高均为 $H_1 = 3.0\ \text{m}$，柱总高均为 $H_2 = 12.2\ \text{m}$。试计算各排架柱内力。

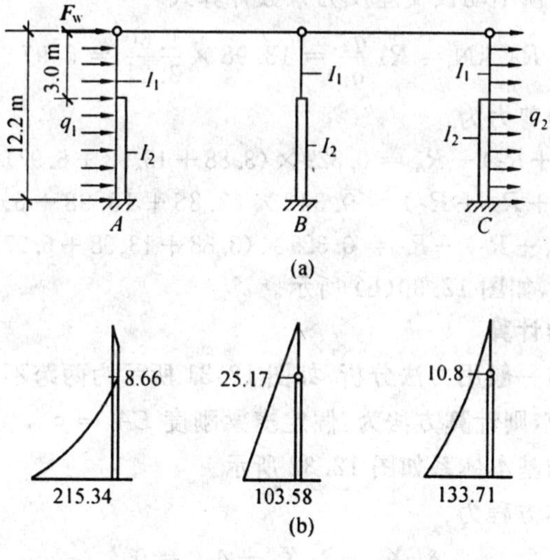


图 12.30　例题 12.2 图

解　(1) 计算剪力分配系数

$$\lambda = \frac{H_1}{H_2} = \frac{3.0}{12.2} = 0.246$$

对 $A$,$C$ 柱　　$$n = \frac{I_1}{I_2} = \frac{2.13\times10^9}{11.67\times10^9} = 0.138$$

对于 $B$ 柱　　$$n = \frac{I_1}{I_2} = \frac{4.17\times10^9}{11.67\times10^9} = 0.357$$

$C_0$ 值可按式(12.12)求得，也可由附表 14 求得。

则对 $A$、$C$ 柱 $C_0 = 2.813$，则

$$\delta_A/\text{mm} = \delta_C = \frac{H_2^3}{C_0 E I_2} = \frac{(12.2\times 1\ 000)^3}{2.813\times E\times 11.67\times 10^9} = 55.31\frac{1}{E}$$

对 $B$ 柱 $C_0 = 2.922$，则

$$\delta_A/\text{mm} = \delta_C = \frac{H_2^3}{C_0 E I_2} = \frac{(12.2\times 1\ 000)^3}{2.922\times E\times 11.67\times 10^9} = 53.25\frac{1}{E}$$

剪力分配系数为

$$\eta_A = \eta_C = \frac{\frac{1}{\delta_A}}{2\times\frac{1}{\delta_A}+\frac{1}{\delta_B}} = \frac{\frac{1}{55.31}}{2\times\frac{1}{55.31}+\frac{1}{53.25}} = 0.329$$

$$\eta_B = \frac{\frac{1}{\delta_B}}{2\times\frac{1}{\delta_A}+\frac{1}{\delta_B}} = \frac{\frac{1}{53.25}}{2\times\frac{1}{55.31}+\frac{1}{53.25}} = 0.342$$

(2) 计算各柱顶剪力

把风荷载分为 $F_w$、$q_1$、$q_2$ 三种情况，分别求出各柱顶所产生的剪力，然后叠加。

在 $q_1$ 的作用下，查附表 14 中附图 14.8，得柱顶不动铰支座反力系数计算式

$$R_A/\text{kN} = C_{11} q_1 H_2 = 0.357\times 3.21\times 12.2 = 13.98$$

在 $q_2$ 的作用下，柱顶不动铰支座反力系数计算式

$$R_C/\text{kN} = R_A\frac{q_2}{q_1} = 13.98\times\frac{1.60}{3.21} = 6.97$$

故各柱顶总的柱顶剪力为

$$V_A/\text{kN} = \eta_A(F_w + R_A + R_C) - R_A = 0.329\times(3.88+13.98+6.97) - 13.98 = -5.81(\leftarrow)$$

$$V_B/\text{kN} = \eta_B(F_w + R_A + R_C) = 0.342\times(3.88+13.98+6.97) = 8.49(\rightarrow)$$

$$V_C/\text{kN} = \eta_C(F_w + R_A + R_C) - R_C = 0.329\times(3.88+13.98+6.97) - 6.97 = 1.20(\rightarrow)$$

(3) 绘制柱弯矩图，如图 12.30(b) 所示。

**3. 不等高排架内力计算**

不等高排架的内力一般用力法分析。如图 12.31 所示为两跨不等高排架，在排架的柱顶作用一水平集中力 $F$，则计算方法为：假定横梁刚度 $EA=\infty$，切断横梁以未知力 $X_1$、$X_2$ 代替作用，则其结构基本体系如图 12.32 所示。

按力法列出其基本方程为

$$\left.\begin{aligned}\delta_{11}X_1+\delta_{12}X_2+\Delta_{1p}=0\\ \delta_{21}X_1+\delta_{22}X_2+\Delta_{2p}=0\end{aligned}\right\}\tag{12.20}$$

式中 $\delta_{11}$—— 基本体系在 $X_1 = 1$ 作用下，在 $X_1$ 作用点沿 $X_1$ 的方向所产生的位移；

$\delta_{22}$—— 基本体系在 $X_2 = 1$ 作用下，在 $X_2$ 作用点沿 $X_2$ 的方向所产生的位移；

$\delta_{12}$—— 基本体系在 $X_2 = 1$ 作用下，在 $X_1$ 作用点沿 $X_1$ 的方向所产生的位移 ($\delta_{12} = \delta_{21}$)；

$\Delta_{1p}$，$\Delta_{2p}$—— 基本结构体系在外荷载作用下，在 $X_1$(或 $X_2$) 作用点沿在 $X_1$(或 $X_2$) 的方向所产生的位移。

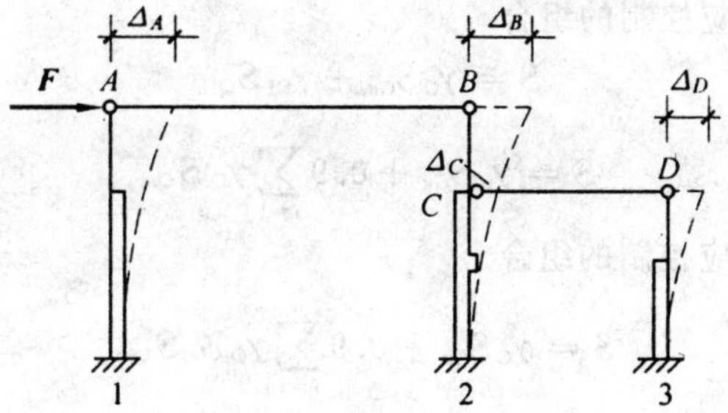


图 12.31　两跨不等高排架在外荷载作用下的变形

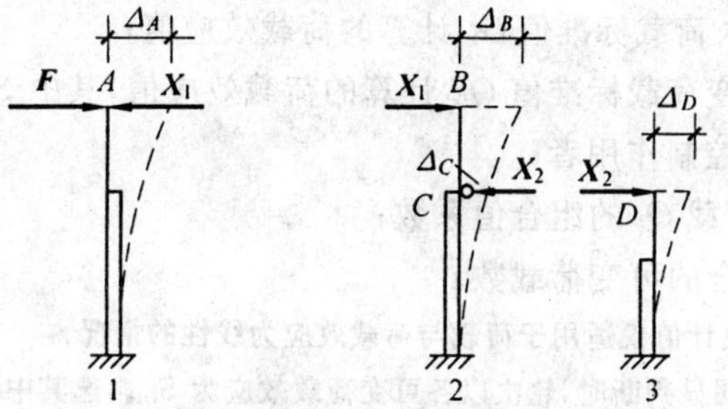


图 12.32　两跨不等高排架按力法计算时结构基本体系

上述位移 $\delta$、$\Delta$ 的下角标，第一个表示位移的方向，第二个表示位移的原因，位移 $\delta$、$\Delta$ 通过图乘或查表的方法得到。

解力法方程(12.20)，可以求得 $X_1$、$X_2$，从而可以作出各柱相应截面的内力图。

## 12.3.4　排架内力组合

内力组合的目的，是把作用在排架上各种可能同时出现的荷载，经过综合分析，求出在某些荷载作用下柱的控制截面处所产生的最不利内力，作为柱子及基础截面设计的依据。

**1.控制截面**

排架柱的控制截面是指对柱的各区段配筋起控制作用的截面。控制截面的位置如图 12.33 所示。

上柱：最大弯矩及轴力通常产生于上柱的底截面 Ⅰ－Ⅰ，此即上柱的控制截面。

下柱：在吊车竖向荷载作用下，牛腿顶面处Ⅱ－Ⅱ截面的弯矩最大；在风荷载或吊车横向水平力作用下，柱底截面 Ⅲ－Ⅲ 的弯矩最大，故常取此两截面为下柱的控制截面。对于一般中、小型厂房，吊车荷载不大，故往往是柱底截面 Ⅲ－Ⅲ 控制下柱的配筋；对吊车吨位大的重型厂房，则有可能是Ⅱ－Ⅱ截面。下柱底截面 Ⅲ－Ⅲ 的内力值也是设计柱基的依据，故必须对其进行内力组合。

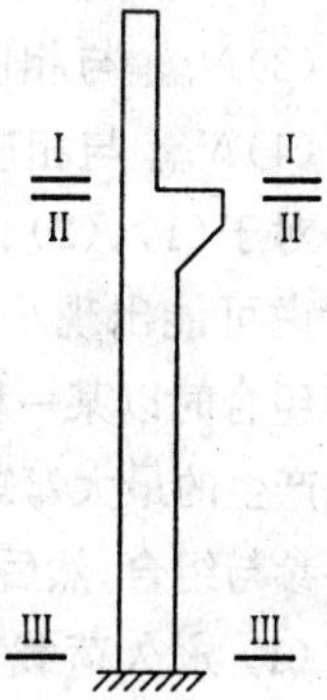


图 12.33　排架柱的控制截面

**2.荷载组合**

《荷载规范》中规定：对于一般排架、框架结构基本组合，可采用简化规则，并应按下列组合值中取最不利值确定。

(1) 由可变荷载效应控制的组合

$$S = \gamma_G S_{Gk} + \gamma_{Q1} S_{Q1k} \tag{12.21}$$

$$S = \gamma_G S_{Gk} + 0.9 \sum_{i=1}^{n} \gamma_{Qi} S_{Qik} \tag{12.22}$$

(2) 由永久荷载效应控制的组合

$$S = \gamma_G S_{Gk} + 0.9 \sum_{i=1}^{n} \gamma_{Qi} \psi_{ci} S_{Qik} \tag{12.23}$$

式中　$\gamma_G$—— 永久荷载的分项系数;

$\gamma_{Qi}$—— 第 $i$ 个可变荷载的分项系数,其中 $\gamma_{Q1}$ 为可变荷载 $Q_1$ 的分项系数;

$S_{Gk}$—— 按永久荷载标准值 $G_k$ 计算的荷载效应值;

$S_{Qik}$—— 按可变荷载标准值 $Q_{ik}$ 计算的荷载效应值,其中 $S_{Q1k}$ 为诸可变荷载效应中起控制作用者;

$\psi_{ci}$—— 可变荷载 $Q_i$ 的组合值系数;

$n$—— 参与组合的可变荷载数。

注:1. 基本组合中的设计值仅适用于荷载与荷载效应为线性的情况;

2. 当对 $S_{Q1k}$ 无法明显判断时,轮次以各可变荷载效应为 $S_{Q1k}$,选其中最不利的荷载效应组合;

3. 当考虑以竖向的永久荷载效应控制的组合时,参与组合的可变荷载仅限于竖向荷载。

**3. 内力组合**

单层排架柱是偏心受压构件,其截面内力有 $\pm M$、$N$、$\pm V$。因有异号弯矩,且为便于施工,柱截面常用对称配筋,即 $A_s = A'_s$。

对称配筋构件,当 $N$ 一定时,无论大、小偏压,$M$ 越大,则钢筋用量也越大。当 $M$ 一定时,对小偏压构件,$N$ 越大,则钢筋用量也越大;对大偏压构件,$N$ 越大,则钢筋用量反而减小。因此,在未能确定柱截面是大偏压还是小偏压之前,一般应进行下列 4 种内力组合:

(1) $+M_{max}$ 与相应的 $N$、$V$;

(2) $-M_{max}$ 与相应的 $N$、$V$;

(3) $N_{max}$ 与相应的 $\pm M$(取绝对值较大者)、$V$;

(4) $N_{min}$ 与相应的 $M_{max}$(取绝对值较大者)、$V$;

对于(1)、(2)、(3) 的组合主要考虑构件可能出现大偏心受压破坏的情况,(4) 的组合是考虑可能出现小偏心受压破坏的情况,从而使柱子能够避免任何一种形式的破坏。

组合时以某一种内力为目标进行组合,例如组合最大正弯矩时,其目的是为了求出某截面可能产生的最大弯矩值,所以,凡使该截面产生正弯矩的活荷载项,只要实际上是可能发生的,都要参与组合,然后将所选项的 $N$ 值分别相加。内力组合时,需要注意的事项有:

(1) 永久荷载是始终存在的,故无论何种组合均应参加;

(2) 在吊车竖向荷载中,对单跨厂房应在 $D_{max}$ 与 $D_{min}$ 中取一个,对多跨厂房,因一般按不多于四台吊车考虑,故只能在不同跨各取一项;

(3) 吊车的最大横向水平荷载 $T_{max}$ 同时作用于其左、右两边的柱上。其方向可左可右,不论单跨还是多跨厂房,因为只考虑两台吊车,故组合时只能选择向左或向右;

(4) 同一跨内的 $D_{max}$ 与 $T_{max}$ 不一定同时发生,但组合时不能仅选用 $T_{max}$,而不选 $D_{max}$

与 $D_{min}$，因为 $T_{max}$ 不能脱离吊车竖向荷载而独立存在；

(5) 左、右向风不可能同时发生；

(6) 在组合 $N_{max}$ 或 $N_{min}$ 时，应使相应的 $\pm M$ 也尽可能大些，这样更为不利。故凡使 $N=0$，但 $M\neq 0$ 的荷载项，只要有可能，应参与组合；

(7) 在组合 $+M_{max}$ 与 $-M_{max}$ 时应注意，有时 $\pm M$ 虽不为最大，但其相应的 $N$ 却比 $+M_{max}$ 时的 $N$ 大得多(小偏压时)或小得多(大偏压时)，则有可能更为不利。故在上述 4 种组合中，不一定包括了所有可能的最不利组合。

## 12.3.5　排架考虑厂房空间作用时的计算

**1. 单层厂房空间作用的概念**

用一平面排架来代替整个排架结构进行结构的内力分析，对图 12.34(a) 所示情况是适应的。因为各排架所产生的位移皆相等，排架之间无相互制约作用。但是对图 12.34(b，c，d) 三种情况，排架之间有相互制约作用，各排架的柱顶位移互不相同。此时，用平面排架来计算就显得保守。

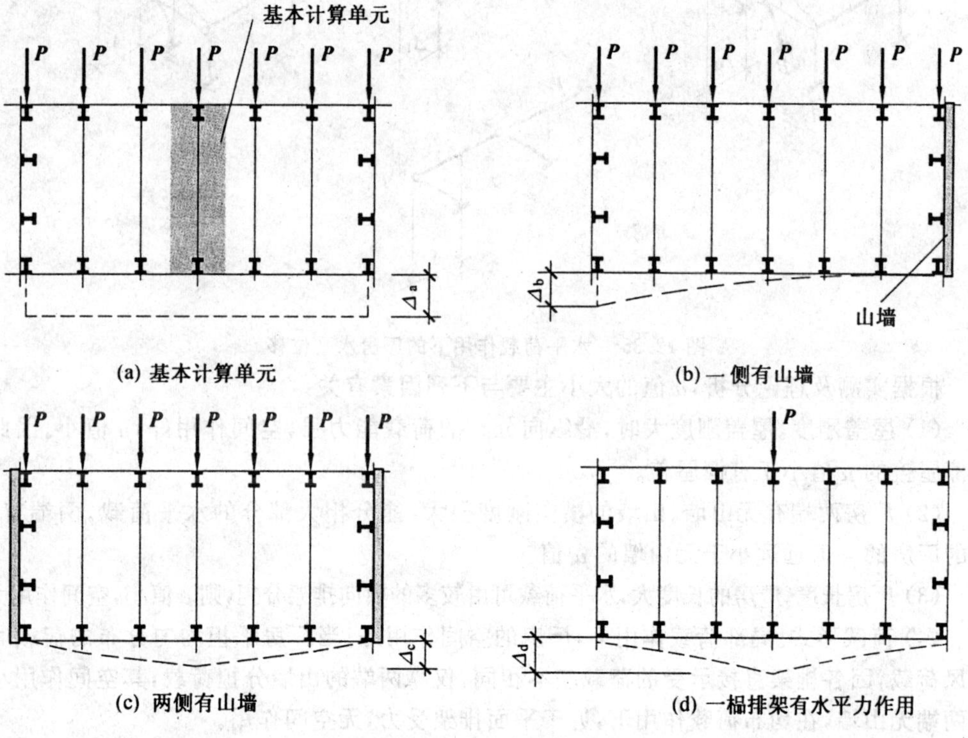


图 12.34　厂房排架的空间作用

当单层厂房各榀排架之间的刚度不同，或各榀排架所受的荷载不同时，它们各自在荷载作用下的位移就会受到其他排架的制约。这种排架之间相互制约的作用称为单层厂房结构的空间作用。

**2. 单层厂房结构空间分配系数**

如图 12.35 所示的排架结构在水平荷载 $P$ 的作用下，由于纵向构件的连接作用，各排架所产生的水平位移不相同,相互制约。排架 $C$ 所受的水平力为 $P_1$,另一部分荷载 $P_2$ 由其他排架承受,这里 $P=P_1+P_2$。

当排架 $C$ 按平面排架计算时,力 $P$ 完全由这一榀排架单独承担,将产生柱顶平面位移 $\Delta$。考虑空间作用后的顶端位移是 $\Delta_1$,空间位移与平面位移的比值定义为排架(厂房)的空间工作系数 $\mu$,则

$$\mu=\frac{\Delta_1}{\Delta} \tag{12.24}$$

式中 $\mu$—— 排架(厂房)空间作用分配系数;

$\Delta_1$—— 考虑空间工作时的柱顶位移;

$\Delta$—— 不考虑空间工作时的柱顶位移。

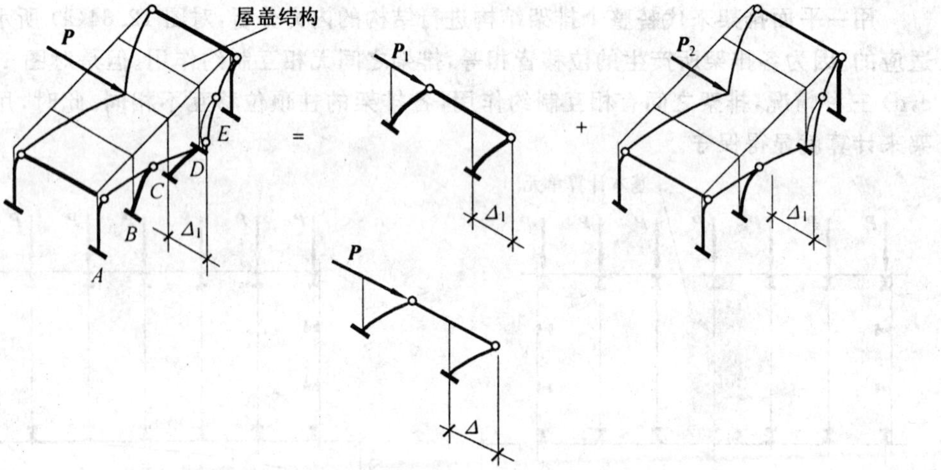


图 12.35 水平荷载作用下的厂房水平位移

根据实测及理论分析,$\mu$ 值的大小主要与下列因素有关:

(1) 屋盖刚度。屋盖刚度大时,沿纵向分布的荷载能力强,空间作用好,$\mu$ 值小。因此,无檩屋盖的 $\mu$ 值小于有檩屋盖。

(2) 厂房两端有无山墙。山墙的横向刚度很大,能分担大部分的水平荷载。两端有山墙的厂房的 $\mu$ 值远远小于无山墙的 $\mu$ 值。

(3) 厂房长度。厂房的长度大,水平荷载可由较多的横向排架分担,则 $\mu$ 值小,空间作用大。

(4) 荷载形式。局部荷载作用下,厂房的空间作用好;当厂房承担均匀分布的荷载时,如风荷载,因各排架直接承受的荷载基本相同,仅靠两端的山墙分担荷载,其空间作用小;若两端无山墙,在均布荷载作用下,近于平面排架受力,无空间作用。

目前在单层厂房计算中,仅在分析吊车荷载内力时,才考虑厂房的空间作用。在下列条件下不考虑空间作用:厂房一端有山墙或两端无山墙,且厂房长度小于 36 m;天窗架跨度大于厂房跨度的 1/2,或天窗布置使厂房屋盖沿纵向不连续;厂房柱距大于 12 m;屋架下弦为柔性拉杆。单层厂房空间作用分配系数 $\mu$ 可从表 12.3 中直接查得。

表 12.3　单跨厂房空间作用分配系数 $\mu$

<table>
<tr><th colspan="2" rowspan="2">厂房情况</th><th rowspan="2">吊车吨位 /t</th><th colspan="4">厂房长度 /m</th></tr>
<tr><th colspan="2">$\leqslant 60$</th><th colspan="2">$> 60$</th></tr>
<tr><td rowspan="2">有檩屋盖</td><td>两端无山墙及一端有山墙</td><td>$\leqslant 30$</td><td colspan="2">0.9</td><td colspan="2">0.85</td></tr>
<tr><td>两端有山墙</td><td>$\leqslant 30$</td><td colspan="4">0.85</td></tr>
<tr><td rowspan="4">无檩屋盖</td><td rowspan="3">两端无山墙及一端有山墙</td><td rowspan="3">$\leqslant 75$</td><td colspan="4">厂房跨度 /m</td></tr>
<tr><td>12 ~ 27</td><td>$> 27$</td><td>12 ~ 27</td><td>$> 27$</td></tr>
<tr><td>0.9</td><td>0.85</td><td>0.85</td><td>0.8</td></tr>
<tr><td>两端有山墙</td><td>$\leqslant 75$</td><td colspan="4">0.8</td></tr>
</table>

注：1. 厂房山墙应为实心砖墙，如有开洞，洞口对山墙水平截面面积的削弱不应超过 50%，否则应视为无山墙情况；

2. 当厂房设有伸缩缝时，厂房长度应按一个伸缩缝区段的长度计，且伸缩缝处应视为无山墙。

**3. 吊车荷载下考虑厂房空间作用的计算方法**

如图 12.36 所示，其内力计算可按下列步骤进行：

(1) 先假设排架无侧移，求出吊车荷载作用下的柱顶反力 $R$ 及柱顶剪力；

(2) 将柱顶反力 $R$ 乘以空间分配系数 $\mu$，并将其沿反方向加于可侧移的排架上，求出各柱顶剪力；

(3) 将上述两项的柱顶剪力叠加，即为考虑空间作用的柱顶剪力。

平面排架考虑厂房的空间作用后，其所负担的荷载及侧移值均减少，故排架柱的主筋可节约 5% ~ 20% 左右；但直接承受荷载的上柱，其弯矩值则有所增大，需增加配筋。

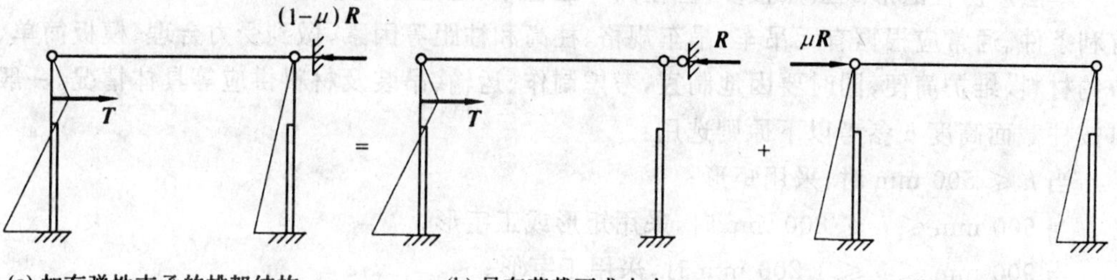


(a) 加有弹性支承的排架结构　　(b) 吊车荷载下求内力　　(c) $\mu R$ 作用下求内力

图 12.36　厂房排架考虑空间作用的计算

# 12.4　单层厂房柱

## 12.4.1　柱的形式

单层厂房柱的形式很多，常用的如图 12.37 所示，分为下列几种：

(1) 矩形截面柱

如图 12.37(a) 所示，其外形简单，施工方便，但自重大，经济指标差，主要用于截面高度 $h \leqslant 700$ mm 的偏压柱。

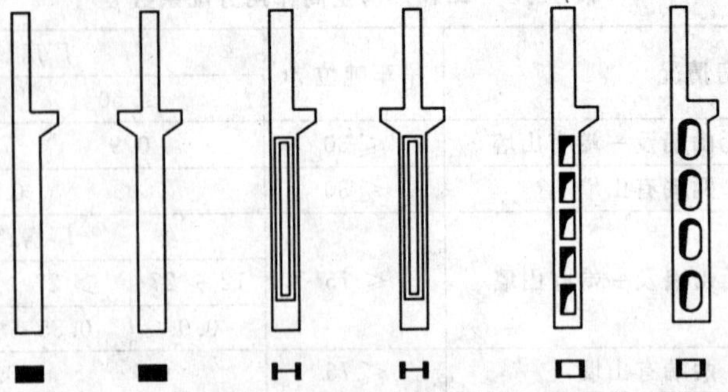


图 12.37 柱的形式

(2) 工字形柱

如图 12.37(b) 所示，能较合理地利用材料，在单层厂房中应用较多，已有全国通用图集可供设计者选用。但当截面高度 $h \geqslant 1\,600$ mm 后，自重较大，吊装较困难，故使用范围受到一定限制。

(3) 双肢柱

如图 12.37(c) 所示，可分为平腹杆与斜腹杆两种。前者构造简单，制造方便，在一般情况下受力合理，且腹部整齐的矩形孔洞便于布置工艺管道，故应用较广泛。当承受较大水平荷载时，宜采用具有桁架受力特点的斜腹杆双肢柱。双肢柱与工字形柱相比，自重较轻，但整体刚度较差，构造复杂，用钢量稍多。

单层厂房柱的形式虽然很多，但在同一工程中，柱型及规格宜统一，以便为施工创造有利条件。通常应根据有无吊车、吊车规格、柱高和柱距等因素，做到受力合理、模板简单、节约材料、维护简便，同时要因地制宜，考虑制作、运输、吊装及材料供应等具体情况。一般可按柱截面高度 $h$ 参考以下原则选用：

当 $h \leqslant 500$ mm 时，采用矩形；

当 $600\text{ mm} \leqslant h \leqslant 800$ mm 时，采用矩形或工字形；

当 $900\text{ mm} \leqslant h \leqslant 1\,200$ mm 时，采用工字形；

当 $1\,300\text{ mm} \leqslant h \leqslant 1\,500$ mm 时，采用工字形或双肢柱；

当 $h \geqslant 1\,600$ mm 时，采用双肢柱。

## 12.4.2 柱的设计

柱的设计一般包括确定柱截面尺寸、截面配筋设计、构造、绘制施工图等。当有吊车时，还需要进行牛腿设计。

**1. 截面尺寸**

使用阶段柱截面尺寸除应保证具有足够的承载力外，还应有一定的刚度以免造成厂房横向和纵向变形过大，发生吊车轮和轨道的过早磨损，影响吊车正常运行或导致墙和屋盖产生裂缝，影响厂房的使用。柱的截面尺寸可按有关经验确定。

工字形柱的翼缘高度不宜小于120 mm，腹板厚度不应小于100 mm，当处于高温或侵蚀性环境中，翼缘和腹板的尺寸均应适当增大。工字形柱的腹板可以开孔洞，当孔洞的横向尺寸小于柱截面高度的一半，竖向尺寸小于相邻两孔洞中距的一半时，柱的刚度可按实腹工字形柱计算，承载力计算时应扣除孔洞的削弱部分。当开孔尺寸超过上述范围时，则应按双肢柱计算。

根据刚度要求，对于柱距 6 m 的厂房和露天吊车栈桥柱的截面尺寸，可参考表 12.4 和表 12.5 确定。

**表 12.4　柱距 6 m 矩形及工字形柱截面尺寸参考表**

| 序号 | 柱的类型 | 截面尺寸 | | | |
|---|---|---|---|---|---|
| | | $b$ | $h$ | | |
| | | | $Q\leqslant 10$ t | 10 t $\leqslant Q<$ 30 t | 30 t $\leqslant Q\leqslant$ 50 t |
| 1 | 有吊车厂房下柱 | $\geqslant H_l/25$ | $\geqslant H_l/14$ | $\geqslant H_l/12$ | $\geqslant H_l/10$ |
| 2 | 露天吊车柱 | $\geqslant H_l/25$ | $\geqslant H_l/10$ | $\geqslant H_l/8$ | $\geqslant H_l/7$ |
| 3 | 单跨无吊车厂房 | $\geqslant H/30$ | $\geqslant 1.5H/25$ | | |
| 4 | 多跨无吊车厂房 | $\geqslant H/30$ | $\geqslant 1.25H/25$ | | |

注：1. $H_l$ 为基础顶至吊车梁底的高度；

2. $H$ 为基础顶至柱顶总高度；

3. $Q$ 为吊车起重量。

**表 12.5　柱距 6 m 中级工作制吊车单层厂房柱截面形式及尺寸参考表(mm)**

| 吊车起重量 /t | 轨顶标高 /m | 边柱 | | 中柱 | |
|---|---|---|---|---|---|
| | | 上柱 | 下柱 | 上柱 | 下柱 |
| 无吊车 | 4 ～ 5.5<br>6 ～ 8 | 口 400 × 400<br>(或 350 × 400) | 工 400 × 600 × 100 | 口 400 × 400<br>(或 350 × 500) | 工 400 × 600 × 100 |
| ≤5 | 5 ～ 8 | 口 400 × 400 | 工 400 × 600 × 100 | 口 400 × 400 | 工 400 × 600 × 100 |
| 10 | 8 | 口 400 × 400 | 工 400 × 700 × 100 | 口 400 × 600 | 工 400 × 800 × 150 |
| | 10 | 口 400 × 400 | 工 400 × 800 × 150 | 口 400 × 600 | 工 400 × 800 × 150 |
| 15 ～ 20 | 8 | 口 400 × 400 | 工 400 × 800 × 150 | 口 400 × 600 | 工 400 × 800 × 150 |
| | 10 | 口 400 × 400 | 工 400 × 900 × 150 | 口 400 × 600 | 工 400 × 1 000 × 150 |
| | 12 | 口 500 × 400 | 工 500 × 1 000 × 200 | 口 400 × 600 | 工 500 × 1 200 × 200 |
| 30 | 8 | 口 400 × 400 | 工 400 × 1 000 × 150 | 口 400 × 600 | 工 400 × 1 000 × 150 |
| | 10 | 口 400 × 500 | 工 400 × 1 000 × 150 | 口 500 × 600 | 工 500 × 1 200 × 200 |
| | 12 | 口 500 × 500 | 工 500 × 1 000 × 200 | 口 500 × 600 | 工 500 × 1 200 × 200 |
| | 14 | 口 600 × 500 | 工 600 × 1 200 × 200 | 口 600 × 600 | 工 600 × 1 200 × 200 |
| 50 | 10 | 口 500 × 500 | 工 500 × 1 200 × 200 | 口 500 × 700 | 双 500 × 1 600 × 300 |
| | 12 | 口 500 × 600 | 工 500 × 1 400 × 200 | 口 500 × 700 | 双 500 × 1 600 × 300 |
| | 14 | 口 600 × 600 | 工 600 × 1 400 × 200 | 口 600 × 700 | 双 600 × 1 800 × 300 |

注：①"口"表示矩形截面 $b\times h$；②"工"表示工字形截面 $b\times h\times h_f$（$h_f$ 为翼缘厚度）；③"双"表示双肢柱 $b\times h\times h_v$（$h_v$ 为肢杆厚度）。

### 2. 截面配筋设计

根据排架计算求得的控制截面的最不利内力组合 $M$、$N$ 和 $V$，按偏心受压构件进行截面配筋计算。由于柱截面在排架方向有正反方向相近的弯矩，为避免施工中主筋放错，一般采用对称配筋。具有刚性屋盖的单层厂房柱和露天栈桥柱的计算长度 $l_0$ 可按表 12.6 取用。

表 12.6　采用刚性屋盖的单层厂房柱、露天吊车柱和栈桥柱的计算长度 $l_0$

| 柱的类型 | | 排架方向 | 垂直排架方向 | |
|---|---|---|---|---|
| | | | 有柱间支撑 | 无柱间支撑 |
| 无吊车厂房柱 | 单跨 | $1.5H$ | $1.0H$ | $1.2H$ |
| | 两跨及多跨 | $1.25H$ | $1.0H$ | $1.2H$ |
| 有吊车厂房柱 | 上柱 | $2.0H_u$ | $1.25H_u$ | $1.5H_u$ |
| | 下柱 | $1.0H_l$ | $0.8H_l$ | $1.0H_l$ |
| 露天吊车和栈桥柱 | | $2.0H_l$ | $1.0H_l$ | — |

注:1. 表中 $H$ 为从基础顶面算起的柱子全高;$H_l$ 为基础顶面至装配式吊车梁底面或现浇式吊车梁顶面的柱子下部高度;$H_u$ 为从装配式吊车梁底面或从现浇式吊车梁顶面算起的柱子上部高度。

2. 表中有吊车房屋排架柱的计算长度,当计算中不考虑吊车荷载时,可按无吊车房屋柱的计算长度采用,但上柱的计算长度仍可按有吊车房屋采用。

3. 表中有吊车房屋排架柱的上柱在排架方向的计算长度,仅适用于 $H_u/H_l \geqslant 0.3$ 的情况;当 $H_u/H_l < 0.3$ 时,计算长度宜采用 $2.5H_u$。

### 3. 吊装运输阶段的验算

单层厂房施工时,往往采用预制柱,现场吊装装配,故柱经历运输、吊装工作阶段。

预制柱的吊装可以采用平吊,也可以采用翻身吊,其柱子的吊点一般均设在牛腿的下边缘处,起吊方法及计算简图如图 12.38 所示。吊装验算应满足承载力和裂缝宽度的要求。

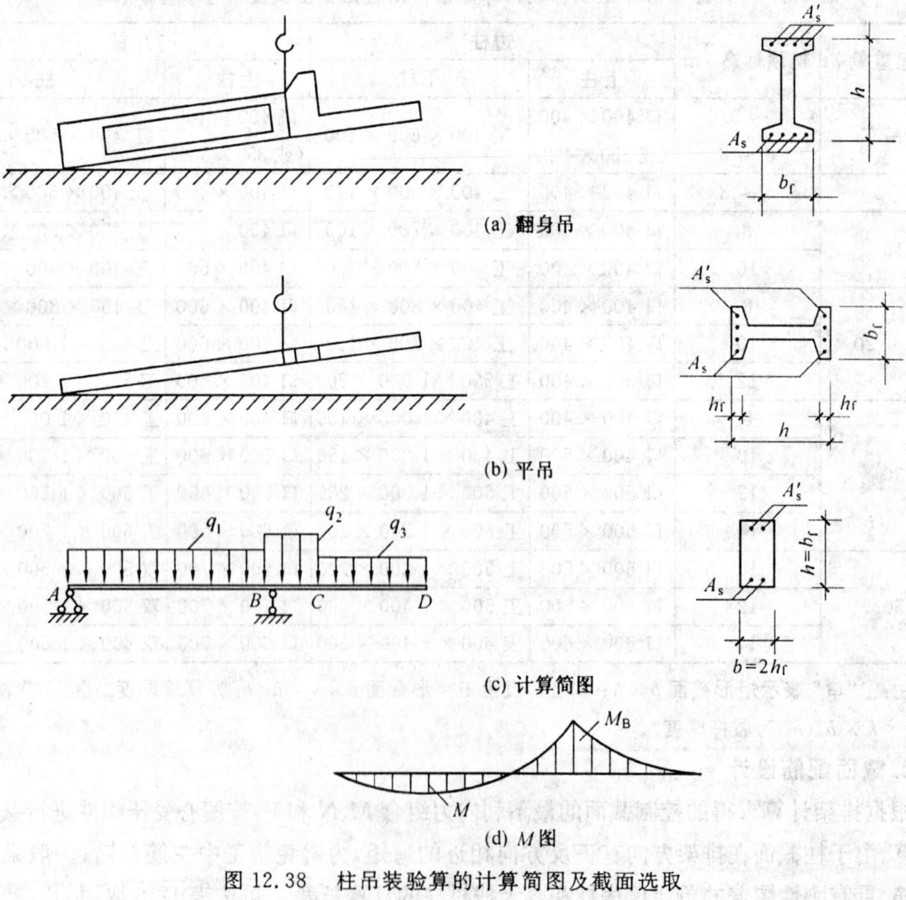


图 12.38　柱吊装验算的计算简图及截面选取

一般应尽量采用平吊，以便于施工。但当采用平吊需较多地增加柱中的配筋量时，则应考虑采用翻身吊。当采用翻身吊时，其截面的受力方向与使用阶段的受力方向一致，因而其承载力和裂缝宽度不会发生问题，一般不必验算。

当采用平吊时截面受力方向是柱子的平面外方向，对工字形截面柱的腹板作用可以忽略不计，并可简化为宽度为 $2h_f$、高度为 $b_f$ 的矩形截面梁进行验算，此时其纵向受力钢筋只考虑两翼缘上下最外边的一排作为 $A_s$ 及 $A'_s$ 的计算值。在验算时，考虑到起吊时的动力作用，其自重需乘以动力系数 1.5，但根据构件的受力情况，可适当增减。此外，考虑到施工荷载是临时性质的，因此，结构构件的重要性系数应降低一级取用。

在平吊时构件裂缝宽度的验算，《规范》对钢筋混凝土构件未作专门的规定，一般按可允许出现裂缝的控制等级进行吊装验算。

**【例 12.3】**　已知某厂房排架边柱，柱的各部分尺寸和截面配筋如图 12.39 所示，混凝土强度等级 C30，若采用一点起吊，试进行吊装验算。

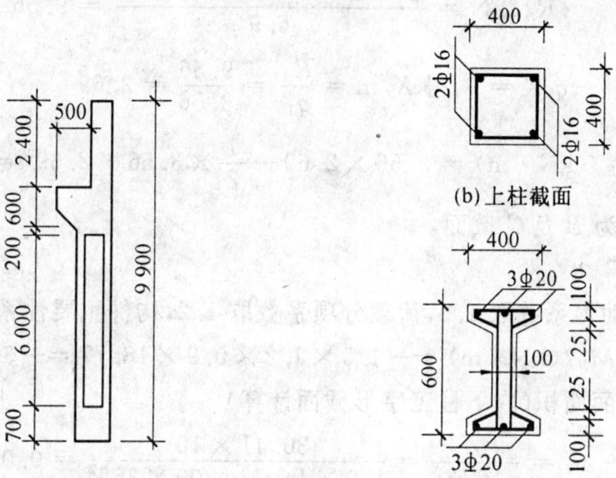


图 12.39　柱子尺寸

**解**　(1) 荷载计算

上柱矩形截面面积 0.16 $m^2$；

下柱矩形截面面积 0.24 $m^2$；

下柱工字形截面面积 0.127 5 $m^2$。

上柱线荷载

$$q_3/(\mathrm{kN\cdot m^{-1}}) = 0.16 \times 25 = 4$$

下柱平均线荷载

$$q_1/(\mathrm{kN\cdot m^{-1}}) = \frac{0.24 \times (0.7 + 0.2) + 0.127\,5 \times 6.0}{6.9} \times 25 = 3.56$$

牛腿部分线荷载

$$q_2/(\mathrm{kN\cdot m^{-1}}) = \left[0.24 + \frac{0.4 \times (0.3 \times 0.3 + \frac{1}{2} \times 0.3 \times 0.3)}{0.60}\right] \times 25 = 8.25$$

(2) 弯矩计算

如图 12.38 及图 12.39 所示,相应均布荷载对应的杆件长度为

$$l_1/\mathrm{m} = 0.7 + 6.0 + 0.2 = 6.9$$

$$l_2 = 0.6\ \mathrm{m}, l_3 = 2.4\ \mathrm{m}$$

则

$$M_C/(\mathrm{kN\cdot m}) = -\frac{1}{2}\times 4\times 2.4^2 = -11.52$$

$$M_B/(\mathrm{kN\cdot m}) = -4\times 2.4\times\left(0.6+\frac{1}{2}\times 2.4\right)-\frac{1}{2}\times 8.25\times 0.6^2 = -18.77$$

下面计算 $AB$ 跨最大弯矩:

$A$ 支座反力为

$$R_A/\mathrm{kN} = \frac{\frac{1}{2}\times 3.56\times 6.9^2 - 18.77}{6.9} = 9.56$$

根据 $V = R_A - q_1 X = 0$,得 $X/\mathrm{m} = \frac{R_A}{q_1} = \frac{9.56}{3.56} = 2.69$

$$M_{AB}/(\mathrm{kN\cdot m}) = 9.56\times 2.69 - \frac{1}{2}\times 3.56\times 2.69^2 = 12.84$$

最不利截面为 $B$ 及 $C$ 截面。

(3) 配筋验算

对 $B$ 截面:动力系数取 1.5,荷载分项系数取 1.2,构件重要性系数取 0.9。

$$M_B/(\mathrm{kN\cdot m}) = -1.5\times 1.2\times 0.9\times 18.77 = -30.41$$

受拉钢筋截面面积(取下柱工字形截面计算)

$$\alpha_s = \frac{M}{\alpha_1 f_c b h_0^2} = \frac{30.41\times 10^6}{1.0\times 14.3\times 200\times 365^2} = 0.080$$

查得 $\gamma_s = 0.958$,则

$$A_s/\mathrm{mm}^2 = \frac{M}{f_y\gamma_s h_0} = \frac{30.41\times 10^6}{300\times 0.958\times 365} = 290$$

下柱原配钢筋面积为 2 $\phi$ 20 钢筋,$A_s = 628\ \mathrm{mm}^2$,$290\ \mathrm{mm}^2 < 628\ \mathrm{mm}^2$,安全。

对 $C$ 截面计算从略。

(4) 裂缝宽度验算

对 $B$ 截面钢筋:

$$E_s = 2.0\times 10^5\ \mathrm{N/mm^2}$$

$$\rho_{te} = \frac{A_s}{0.5bh} = \frac{628}{0.5\times 400\times 200} = 0.016$$

$$M_k/(\mathrm{kN\cdot m}) = -1.5\times 18.77 = -28.16$$

$$\sigma_{sk}/(\mathrm{N\cdot mm^{-2}}) = \frac{M_k}{0.87A_s h_0} = \frac{28.16\times 10^6}{0.87\times 628\times 365} = 141$$

$$\psi = 1.1 - \frac{0.65 f_{tk}}{\rho_{te}\sigma_{sk}} = 1.1 - \frac{0.65\times 2.01}{0.016\times 141} = 0.521$$

$$\omega_{max}/mm = 2.1\psi\frac{\sigma_{sk}}{E_s}\left(1.9c + 0.08\frac{d_{eq}}{\rho_{te}}\right) =$$

$$2.1 \times 0.521 \times \frac{141}{2.0 \times 10^5} \times \left(1.9 \times 25 + 0.08 \times \frac{20}{0.016}\right) =$$

$$0.114 < 0.3$$

满足要求。

对 $C$ 截面计算从略。

### 12.4.3　牛腿与预埋件设计

单层厂房排架柱一般都带有短悬臂梁，称为牛腿。以支承吊车梁、屋架及连系梁等，并在柱身不同标高处设有预埋件，以便和上述构件及各种支撑进行连接，如图 12.40 所示。牛腿按照其承受的竖向力作用点至牛腿根部的水平距 $a$ 与牛腿有效高度 $h_0$ 之比，分为长牛腿和短牛腿。当 $a/h_0 > 1.0$ 时，称为长牛腿；而 $a/h_0 \leqslant 1.0$ 时，称为短牛腿。长牛腿的受力性能与悬臂梁相近，故可按悬臂梁进行设计。牛腿与其上的吊车梁及屋架要进行有效的连接，通常通过预埋件之间的连接来实现。下面介绍短牛腿（简称牛腿）的设计和预埋件的设计。

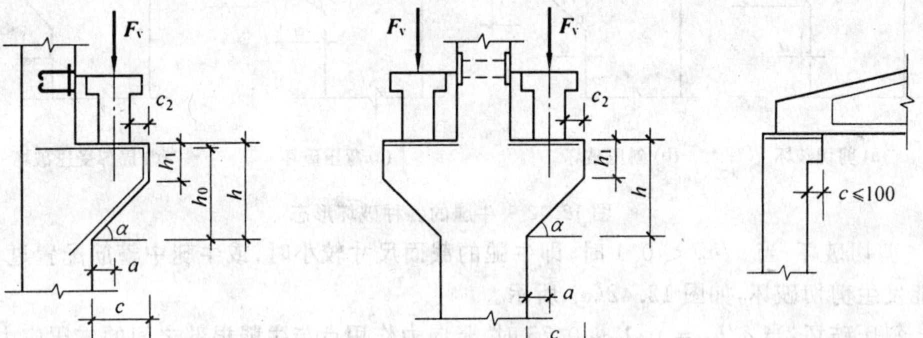


(a) 边柱牛腿　　(b) 中柱牛腿　　(c) 支承屋架牛腿

图 12.40　厂房柱上几种常见的牛腿形式

**1. 牛腿的设计**

(1) 牛腿的应力状态

牛腿的受力性能与一般的悬臂梁不同，属变截面深梁。

如图 12.41 所示，是一环氧树脂牛腿模型($a/h_0 = 0.5$) 的光弹实验结果。

对牛腿进行加载试验表明，在混凝土开裂前，牛腿的应力状态处于弹性阶段；其主拉应力迹线集中分布在牛腿顶部一个较窄的区域内，而主压应力迹线则密集分布于竖向力作用点到牛腿根部之间的范围内；在牛腿和上柱相交处具有应力集中现象。

(2) 牛腿的破坏形态

试验表明，在吊车的竖向和水平荷载作用下，随 $a/h_0$ 值的变化，牛腿呈现出下列几种破坏形态，如图 12.42 所示。

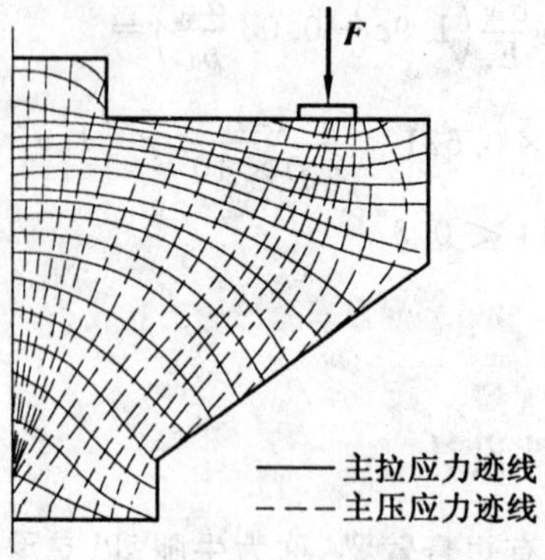


图 12.41 牛腿的光弹试验结果

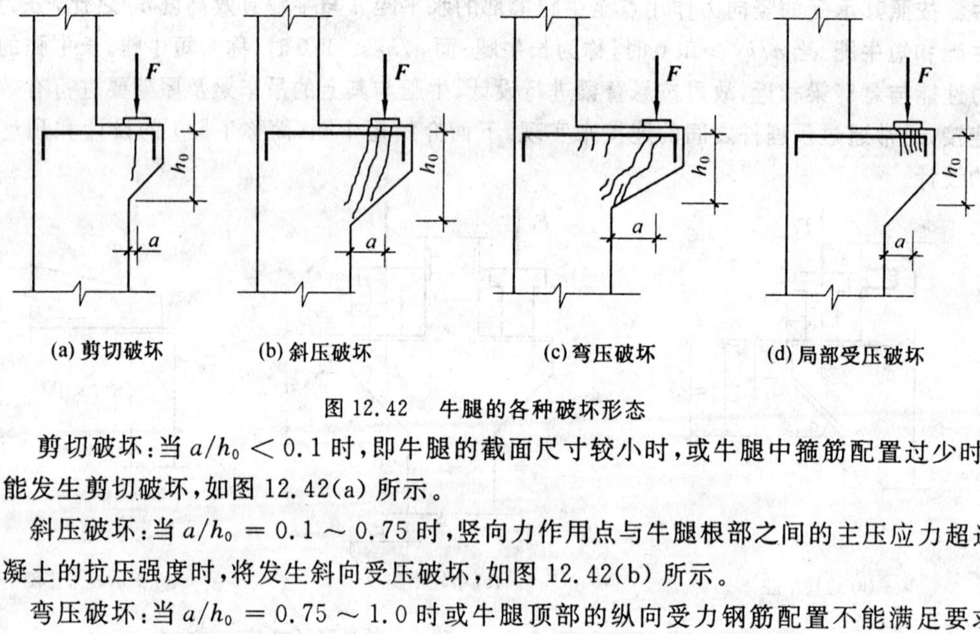


图 12.42 牛腿的各种破坏形态

剪切破坏:当 $a/h_0 < 0.1$ 时,即牛腿的截面尺寸较小时,或牛腿中箍筋配置过少时,可能发生剪切破坏,如图 12.42(a) 所示。

斜压破坏:当 $a/h_0 = 0.1 \sim 0.75$ 时,竖向力作用点与牛腿根部之间的主压应力超过混凝土的抗压强度时,将发生斜向受压破坏,如图 12.42(b) 所示。

弯压破坏:当 $a/h_0 = 0.75 \sim 1.0$ 时或牛腿顶部的纵向受力钢筋配置不能满足要求时,可能发生弯压破坏,如图 12.42(c) 所示。

局部受压破坏:当牛腿的宽度过小或支承垫板尺寸较小,在竖向力作用下,混凝土强度不足时,可能发生局部受压破坏,如图 12.42(d) 所示。

(3) 牛腿的计算简图

常用牛腿 $a/h_0 = 0.1 \sim 0.75$,其破坏形态为斜压破坏。实验验证的破坏特征是:随着荷载增加,首先牛腿上表面与上柱交接处出现垂直裂缝,但它始终开展很小(当配有足够受拉钢筋时),对牛腿的受力性能影响不大,当荷载增至 40% ~ 60% 的极限荷载时,在加载板内侧附近出现斜裂缝,并不断发展;当荷载增至 70% ~ 80% 的极限荷载时,在前面裂缝的外侧附近出现大量短小斜裂缝;随荷载继续增加,当这些短小斜裂缝相互贯通时,混凝土剥落崩出,表明斜压主压应力已达 $f_c$,牛腿即破坏。

根据上述破坏形态,$a/h_0 = 0.1 \sim 0.75$ 的牛腿可简化成图 12.43 所示的一个以纵向钢筋为拉杆,混凝土斜撑为压杆的三角形桁架,此即为牛腿的计算简图。

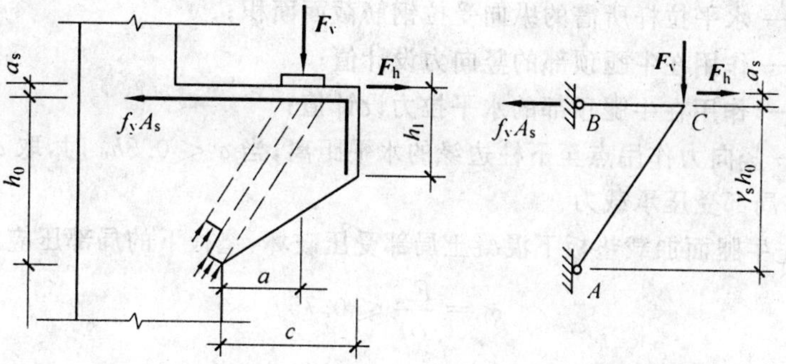


(a) 斜压破坏　　(b) 三角形桁架

图 12.43　牛腿的计算简图

(4) 牛腿尺寸的确定

牛腿的宽度与柱宽相同。牛腿的高度 $h$ 是按抗裂要求确定的。因牛腿负载很大，设计时应使其在使用荷载下不出现裂缝。影响牛腿斜裂缝出现的主要参数是剪跨比 $a/h_0$、水平荷载 $F_{hk}$ 与竖向荷载 $F_{vk}$ 的值。根据试验回归分析，可得以下计算公式

$$F_{vk} \leqslant \beta\left(1-0.5\frac{F_{hk}}{F_{vk}}\right)\frac{f_{tk}bh_0}{0.5+\dfrac{a}{h_0}} \tag{12.25}$$

式中 $F_{vk}$—— 作用于牛腿顶部按荷载效应标准组合计算的竖向力值；

$F_{hk}$—— 作用于牛腿顶部按荷载效应标准组合计算的水平拉力值；

$\beta$—— 裂缝控制系数，对支承吊车梁的牛腿，取 $\beta=0.65$；对其他牛腿，取 $\beta=0.80$；

$a$—— 竖向力的作用点至下柱边缘的水平距离，此时应考虑安装偏差 20 mm，当考虑安装偏差后的竖向力作用点仍位于下柱截面以内时，取 $a=0$；

$b$—— 牛腿宽度；

$h_0$—— 牛腿与下柱交接处的垂直截面的有效高度，$h_0=h_1-a_s+c\cdot\tan\alpha$，当 $\alpha>45^\circ$ 时，取 $\alpha=45^\circ$，$c$ 为下柱边缘到牛腿外缘的水平长度，$h_1$ 为牛腿边缘高度，其值不小于 $h/3$，且不应小于 200 mm。

牛腿底面的倾角 $\alpha$ 不应大于 45°，倾角 $\alpha$ 过大，会使折角处产生过大的应力集中，导致牛腿承载能力的降低。当牛腿的悬挑长度 $c\leqslant 100$ mm 时，也可不做斜面，即取 $\alpha=0$。牛腿外边缘至吊车梁外边缘的距离不宜小于 70 mm。

(5) 牛腿的配筋计算

牛腿的纵向受力钢筋由承受竖向力所需的受拉钢筋和承受水平拉力所需的水平锚筋组成，根据图 12.43(b) 所示的桁架模型，按平衡条件近似计算，钢筋的总面积 $A_s$ 应按下式计算

$$A_s \geqslant \frac{F_v a}{0.85 f_y h_0}+1.2\frac{F_h}{f_y} \tag{12.26}$$

式中 $A_s$—— 水平拉杆所需的纵向受拉钢筋截面面积；

$F_v$—— 作用在牛腿顶部的竖向力设计值；

$F_h$—— 作用在牛腿顶部的水平拉力设计值；

$a$—— 竖向力作用点至下柱边缘的水平距离，当 $a < 0.3h_0$ 时，取 $a = 0.3h_0$。

(6) 牛腿局部受压承载力

为了防止牛腿面加载垫板下混凝土局部受压破坏，垫板下的局部压应力应满足

$$\sigma_l = \frac{F_{vk}}{A_l} \leqslant 0.75 f_c \tag{12.27}$$

式中 $A_l$—— 局部受压面积。

(7) 牛腿的构造要求

承受竖向力所需的纵向受力钢筋的配筋率 $\rho = \frac{A_s}{bh_0}$，不应小于 0.2% 及 $0.45 f_t / f_y$，也不宜大于 0.6%；其数量不宜少于 4 根，直径不宜小于 12 mm。纵向受拉钢筋的一端伸入柱内，并应具有足够的锚固长度 $l_a$，其水平段长度不小于 $0.4l_a$，在柱内的垂直长度除满足锚固长度 $l_a$ 外，尚不小于 $15d$，不大于 $22d$；另一端沿牛腿外缘弯折，并伸入下柱 150 mm，如图 12.44(a) 所示。纵向受拉钢筋是拉杆，不得下弯兼作弯起钢筋。

牛腿内应按构造要求设置水平箍筋及弯起钢筋，如图 12.44(b) 所示，它能起到抑制裂缝的作用。水平箍筋应采用直径 6 ～ 12 mm 的钢筋，在牛腿高度范围内均匀布置，间距 100 ～ 150 mm。但在任何情况下，在上部 $\frac{2}{3}h_0$ 范围内的水平箍筋的总截面面积不宜小于承受竖向力的受拉钢筋截面面积的 1/2。

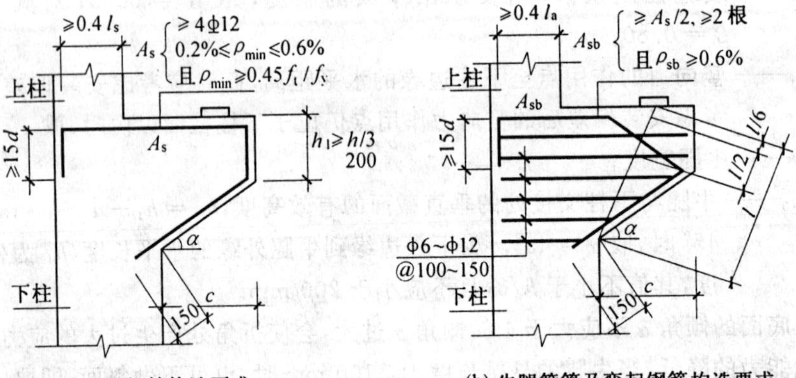


(a) 牛腿尺寸及纵筋构造要求　　(b) 牛腿箍筋及弯起钢筋构造要求

图 12.44　牛腿配筋的构造要求

当牛腿的剪跨比 $\frac{a}{h_0} \geqslant 0.3$ 时，宜设置弯起钢筋。弯起钢筋宜用变形钢筋，并应配置在牛腿上部 $l/6 \sim l/2$ 之间主拉力较集中的区域，如图 12.44(b) 所示，以保证充分发挥其作用。弯起钢筋的截面面积 $A_{sb}$ 不宜小于承受竖向力的受拉钢筋截面面积的 $\frac{1}{2}$，数量不少于 2 根，直径不宜小于 12 mm。弯起钢筋沿牛腿外边缘向下伸入下柱内的长度和伸入上柱的锚固长度要求与牛腿的纵向受力钢筋相同。

【例 12.4】　某单层厂房，上柱截面尺寸为 400 mm × 400 mm，下柱截面尺寸为 400 mm ×600 mm，如图 12.45 所示，厂房跨度 18 m，牛腿上吊车梁承受两台 10 t 中级工作制吊车，其最大轮压 $P_{max} = 109$ kN，混凝土强度等级 C30，纵筋、弯起钢筋及箍筋均采用 HRB335 级，确定牛腿尺寸及配筋。

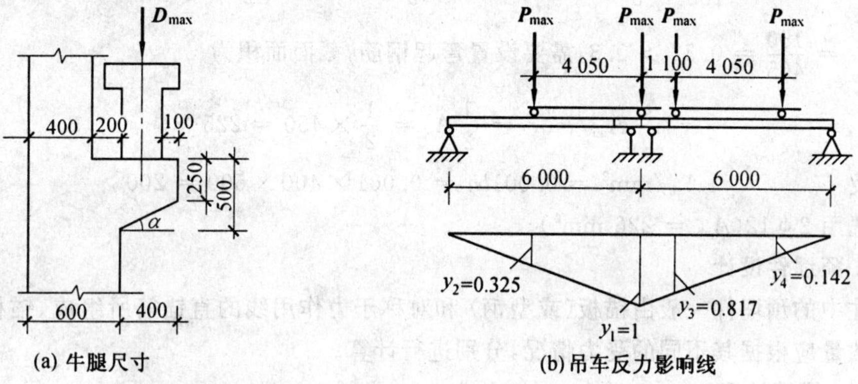


图 12.45　牛腿尺寸、吊车反力影响线

解　(1) 荷载计算

两台吊车反力影响线如图 12.45(b) 所示，则

$$D_{k,max}/\text{kN} = \psi_c P_{max} \sum y_i = 0.9 \times 109 \times (1 + 0.325 + 0.817 + 0.142) = 224.1$$

由标准图集查得：吊车梁自重 30.4 kN，轨道自重 4.8 kN，则

$$F_{vk}/\text{kN} = 224.1 + 30.4 + 4.8 = 259.3$$

(2) 截面尺寸验算

牛腿外形尺寸：$h_1 = 250$ mm，$h = 500$ mm，$c = 400$ mm，如图 12.43(a) 所示。则

$$h_0/\text{mm} = 500 - 35 = 465, a/\text{mm} = 750 - 600 = 150$$

$$f_{tk} = 2.01\ \text{N/mm}^2, F_{hk} = 0, \beta = 0.80$$

$$F_{vk}/\text{kN} = 259.3 < \beta\left(1 - 0.5\frac{F_{hk}}{F_{vk}}\right)\frac{f_{tk} b h_0}{0.5 + \dfrac{a}{h_0}}/\text{kN} = 0.8 \times \frac{2.01 \times 400 \times 465}{0.5 + \dfrac{150}{465}} = 365.6$$

$\alpha < 45°$ 满足要求。

(3) 配筋计算

① 纵筋截面面积计算

$$F_v/\text{kN} = 1.2 \times (30.4 + 4.8) + 1.4 \times 224.1 = 356$$

$$A_s/\text{mm}^2 = \frac{150 \times 356 \times 10^3}{0.85 \times 300 \times 465} = 450$$

同时

$$A_s/\text{mm}^2 = \rho_{min} bh = \frac{0.2}{100} \times 400 \times 500 = 400$$

选用 4 Φ 12($A_s = 452\ \text{mm}^2$)。

② 箍筋截面面积计算

箍筋选用ф 8 间距为 100 mm(2 ф 8,$A_{sh}=101\ \mathrm{mm}^2$),在上部$\frac{2}{3}h_0$ 处实配箍筋截面面积为

$A_{sh}/\mathrm{mm}^2=\frac{101}{100}\times\frac{2}{3}\times 465=313>\frac{1}{2}A_s/\mathrm{mm}^2=\frac{1}{2}\times 450=225$,符合要求

$\frac{a}{h_0}=\frac{150}{465}=0.32>0.3$,需要设置弯起钢筋,截面面积为

$$A_{sb}/\mathrm{mm}^2=\frac{1}{2}A_s=\frac{1}{2}\times 450=225$$

及 $$A_{sb}/\mathrm{mm}^2=0.001bh=0.001\times 400\times 500=200$$

选用 2 ф 12($A_{sb}=226\ \mathrm{mm}^2$)。

2. **预埋件设计**

柱中的预埋件一般由锚板(或型钢)和对称于力作用线的直锚筋所组成。锚板尺寸及锚筋数量应根据其不同的受力情况,分别进行计算。

(1) 锚筋计算

如图 12.46(a) 所示,由锚板和对称配置的直锚筋所组成的受力预埋件。其锚筋的总截面面积 $A_s$ 的计算分为以下两种情况。

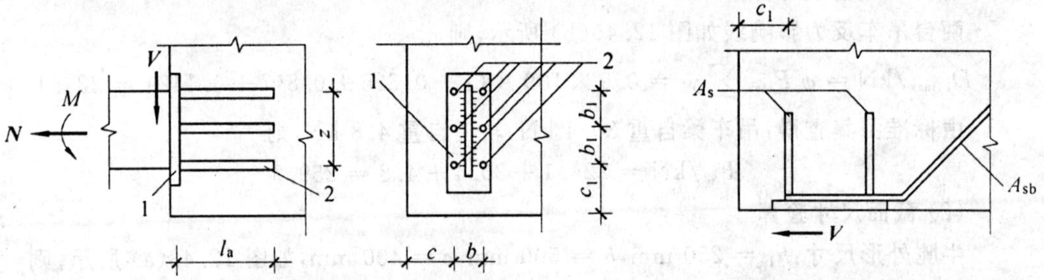


(a) 由锚板和直锚筋组成的预埋件　　(b) 由锚板和弯折锚筋组成的预埋件

图 12.46　预埋件示意图

当有剪力、法向拉力和弯矩共同作用时,可按如下两式计算,并取其中的较大值

$$A_s\geqslant\frac{V}{\alpha_r\alpha_v f_y}+\frac{N}{0.8\alpha_b f_y}+\frac{M}{1.3\alpha_r\alpha_b f_y z}\tag{12.28}$$

$$A_s\geqslant\frac{N}{0.8\alpha_b f_y}+\frac{M}{0.4\alpha_r\alpha_b f_y z}\tag{12.29}$$

当有剪力、法向压力和弯矩共同作用时,应按如下两式计算,并取其中的较大值

$$A_s\geqslant\frac{V-0.3N}{\alpha_r\alpha_v f_y}+\frac{M-0.4Nz}{1.3\alpha_r\alpha_b f_y z}\tag{12.30}$$

$$A_s\geqslant\frac{M-0.4Nz}{0.4\alpha_r\alpha_b f_y z}\tag{12.31}$$

当 $M<0.4Nz$ 时

$$M=0.4Nz$$

式中　$M$—— 弯矩设计值;

$V$—— 剪力设计值；

$N$—— 法向拉力和法向压力设计值，法向压力设计值应符合 $N \leqslant 0.5 f_c A$，此处，$A$ 为锚板的面积；

$z$—— 沿剪力作用方向最外层锚筋中心线之间的距离；

$f_y$—— 锚筋抗拉强度设计值，不应大于 300 N/mm$^2$；

$\alpha_b$—— 锚板弯曲变形的折减系数；

$\alpha_r$—— 锚筋层数的影响系数，当等间距配置时：二层取 1.0，三层取 0.9，四层取0.85；

$\alpha_v$—— 锚筋的受剪承载力系数。

系数 $\alpha_v$、$\alpha_b$ 应按下列公式计算

$$\alpha_v = (4.0 - 0.08d)\sqrt{\frac{f_c}{f_y}} \text{（}\alpha_v > 0.7 \text{ 时，取 } \alpha_v = 0.7\text{）} \tag{12.32}$$

$$\alpha_b = 0.6 + 0.25\frac{t}{d} \tag{12.33}$$

式中 $t$—— 锚板厚度；

$d$—— 锚筋直径。

当采取措施防止锚板弯曲变形时，可取 $\alpha_b = 1$。

如图 12.46(b) 所示，由锚板和对称配置的弯折锚筋与直锚筋共同承受剪力的预埋件，其弯折锚筋的截面面积 $A_{sb}$ 应按下式计算

$$A_{sb} \geqslant 1.4\frac{V}{f_y} - 1.25\alpha_v A_s \tag{12.34}$$

当直锚筋按构造要求设置时，应取 $A_s = 0$。弯折锚筋与钢板间的夹角宜在 15° ～ 45° 之间。

(2) 构造要求

受力预埋件的锚板和型钢，宜采用 Q235 级钢；锚筋宜采用 HPB235、HRB335 级或 HRB400 级钢筋，不得采用冷加工钢筋。

预埋件的受力直锚筋不宜少于 4 根（仅受剪的预埋件，允许采用 2 根），不宜多于 4 层；直径不宜小于 8 mm，亦不宜大于 25 mm。

受拉直锚筋和弯折锚筋的锚固长度应符合规范规定的受拉钢筋锚固长度要求；受剪和受压直锚筋的锚固长度不应小于 $15d$（$d$ 为锚筋的直径）。

受力预埋件应采用直锚筋与锚板 T 形焊，锚筋直径不大于 20 mm 时，应优先采用压力埋弧焊；锚筋直径大于 20 mm 时，宜采用穿孔塞焊。当采用手工焊时，焊缝高度不宜小于 6 mm 及 $0.5d$（HPB235 级钢筋）或 $0.6d$（HPB335 级和 HRB400 级钢筋）。

锚板厚度 $t$ 宜大于锚筋直径的 0.6 倍；当为受拉和受弯预埋件时，$t$ 尚宜大于 $b/8$（见图 12.46(a) 锚筋到锚板边缘的距离 $c_1$）；当锚筋下部无横向钢筋时，$c_1$ 应不小于 $10d$ 及 100 mm；当锚筋下有横向钢筋时，应不小于 $6d$ 及 70 mm。受剪预埋件锚筋的间距 $b$ 及 $b_1$ 应不大于 300 mm，其中 $b_1$ 亦应不小于 $6d$ 及 70 mm。

## 12.5 柱下独立基础

单层厂房中的柱下基础可有各种形式,如独立基础(扩展基础)、条形基础及桩基础等。

最常用的是柱下独立基础,这种基础按外形不同,可分为阶形基础和锥形基础。为了便于预制柱的插入,并保证柱与基础的整体性,这种基础与预制柱的连接部分常做成杯口状,故统称杯形基础。杯形基础构造简单,施工方便,适用于地基土质较均匀,基础持力层距地面较浅,地基承载力较大,柱传来的荷载不大的一般厂房。

当柱下基础与设备基础的布置发生冲突或局部地质条件较差,需将柱下基础深埋时,为了不改变预制柱的长度,可采用高杯形基础。

当柱传来的荷载较大或地基承载力较小,采用单独的杯形基础所需底面积较大,导致相邻基础非常接近时,可采用柱下条形基础。

当地基土质很不均匀,可能发生影响厂房正常使用的不均匀沉降时,也宜采用条形基础。如果柱传来的荷载很大,而基础的持力层又很深,则应考虑采用桩基础。

常用的柱下独立基础形式如图 12.47 所示。

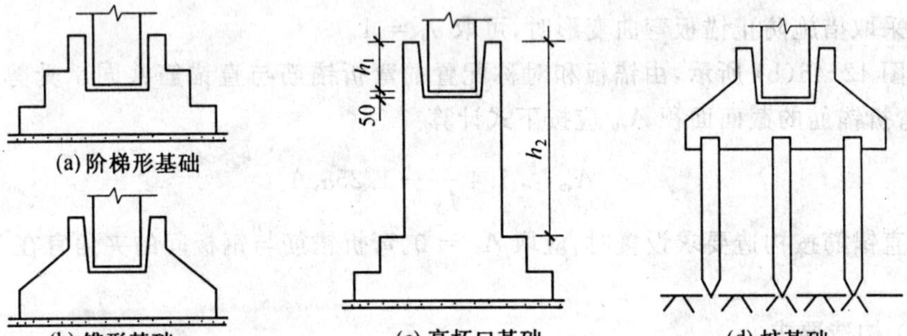


(a) 阶梯形基础　(b) 锥形基础　(c) 高杯口基础　(d) 桩基础

图 12.47　常用柱下独立基础形式

### 12.5.1　基础底面尺寸的确定

基础的底面尺寸应按地基的承载能力和变形条件来确定,当符合《建筑地基基础设计规范》(GB 50007—2002)(以下简称《基础规范》)且不作地基变形验算的规定时,可只按地基的承载能力计算,而不必验算其变形。同时规定,当计算地基承载力时,应取荷载效应的标准值;当计算基础承载力时,应取用荷载效应的设计值。

**1. 轴心受压基础**

如图 12.48 所示为轴心受压基础的计算图形。

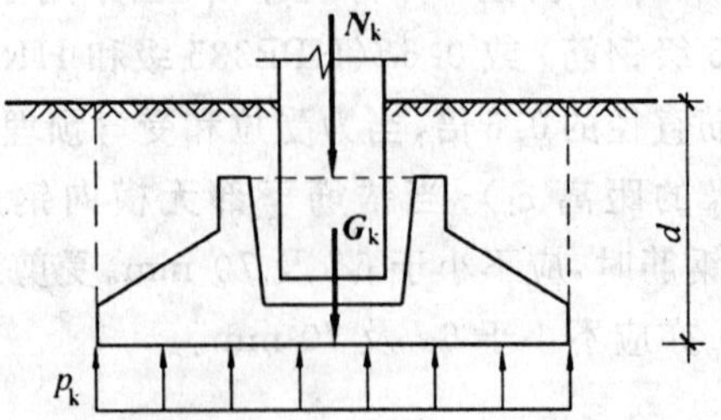


图 12.48　轴心受压基础

假定基础底面处的压应力标准值 $p_k$ 为均匀分布，那么设计时应满足下式要求

$$p_k = \frac{N_k + G_k}{A} \leqslant f_a \tag{12.35}$$

式中　$p_k$—— 相应于荷载效应标准组合时，基础底面处的平均压力值；

$N_k$—— 相应于荷载效应标准组合时，上部结构传到基础顶部的竖向力值；

$G_k$—— 基础自重值和基础上的土重；

$A$—— 基础底面面积，$A = b \times l$，$b$ 为基础的长边边长，$l$ 为基础的短边边长；

$f_a$—— 修正后的地基承载力特征值。

设 $\gamma_m$ 为考虑基础自重标准值和基础上的土重后的平均重度，近似取 $\gamma_m = 20\ \mathrm{kN/m^3}$；$d$ 为基础的埋置深度，按 $G_k = \gamma_m A d$ 计算，那么由式(12.35)可导出

$$A \geqslant \frac{N_k}{f_a - \gamma_m d} \tag{12.36}$$

当基础底面为正方形时，则 $a = l = \sqrt{A}$；当基础底面为长宽较接近的矩形时，则可设定一个边长求另一边长。

2. **偏心受压基础**

如图 12.49 所示为偏心受压基础的计算图形。假定在上部荷载作用下基础底面压应力按线性(非均匀)分布。

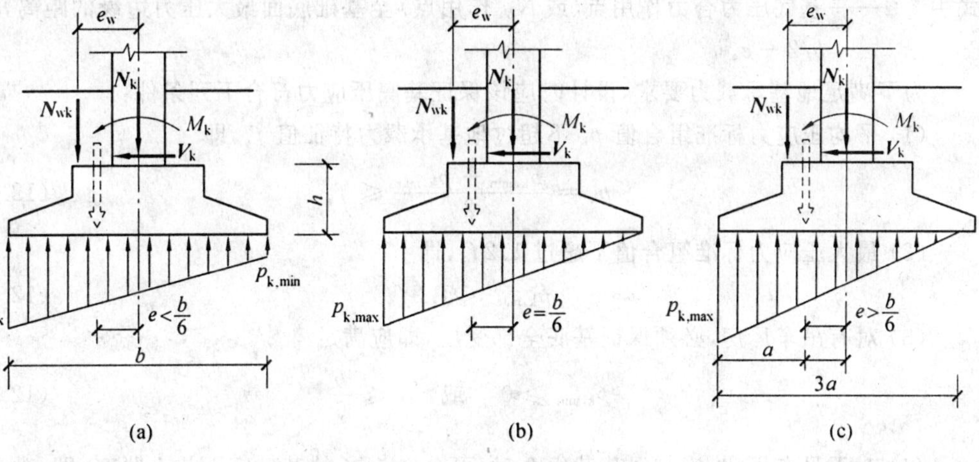


图 12.49　偏心受压基础基底应力分布

基础底面两边缘的最大和最小应力为

$$p_{k,\substack{max\\min}} = \frac{N_{bk}}{A} \pm \frac{M_{bk}}{W} \tag{12.37}$$

式中　$p_{k,max}$，$p_{k,min}$—— 相应于荷载效应标准组合时，基础底面边缘的最大、最小压力值；

$N_{bk}$，$M_{bk}$—— 分别为相应于荷载效应标准组合时，作用于基础底面的轴向压力值、力矩值，$N_{bk} = N_k + N_{wk} + G_k$，$M_{bk} = M_k \pm V_k h \pm N_{wk} e_w$，$M_k$、$V_k$ 分别为相当于荷载效应标准组合时，上部结构传到基础顶部的力矩值、水平力值，$N_{wk}$、$e_k$ 分别为基础梁传来的竖向力标准值及基础梁中心线至基础中心线的距离，$h$ 为基础高度；

$W$—— 基础底面的抵抗矩。

设 $e=\dfrac{M_{bk}}{N_{bk}}$,$A=bl$,$W=\dfrac{lb^2}{A}$,则式(12.37)可变换为

$$p_{k,\max \atop k,\min}=\frac{N_{bk}}{bl}\pm\left(1\pm\frac{6e}{b}\right) \tag{12.38}$$

式中 $b$—— 力矩作用方向的基础底面边长;

$l$—— 垂直于力矩作用方向的基础底面边长。

由式(12.38)可知,随 $e$ 值变化,基底应力分布将相应变化。

当 $e<\dfrac{b}{6}$ 时,基础底面全部受压,$p_{k,\min}>0$,地基反力图为梯形;

当 $e=\dfrac{b}{6}$ 时,基础底面亦全部受压,$p_{k,\min}=0$,地基反力图为三角形;

当 $e>\dfrac{b}{6}$ 时,基础底面面积的一部分将受拉力,但实际上基础与土的接触面不可能受拉,这说明底边需进行内力调整,基础受压面积不是 $bl$ 而是 $3al$,如图12.49(c)所示,此时,根据基础底面上的荷载与地基总反力相等的条件,计算地基底面的最大反力为

$$p_{k,\max}=\frac{2N_{bk}}{3al} \tag{12.39}$$

式中 $a$—— 基底压力合力作用点(或 $N_{bk}$ 作用点)至基础底面最大压力边缘的距离,$a=b/2-e$。

为了满足地基承载力要求,设计时应该保证基底压应力符合下列条件:

(1) 平均压应力标准组合值 $p_k$ 不超过地基承载力特征值 $f_a$,即

$$p_k=\frac{p_{k,\min}+p_{k,\max}}{2}\leqslant f_a \tag{12.40}$$

(2) 最大压应力标准组合值不超过 $1.2f_a$,即

$$p_{k,\max}\leqslant 1.2f_a \tag{12.41}$$

(3) 对有吊车厂房,必须保证基底全部受压,即应满足

$$p_{k,\min}\geqslant 0 \quad 或 \quad e\leqslant\frac{b}{6} \tag{12.42}$$

(4) 对无吊车厂房,当与风荷载组合时,可允许 $\dfrac{b}{4}$ 长的基础底面与土脱离,即

$$e\leqslant\frac{b}{4} \tag{12.43}$$

设计时,一般先假定基础底面面积,然后验算上述4个条件,直至满足为止。

偏心受压基础底面尺寸确定,一般亦采用试算法:先按轴心受压公式计算基础面积 $A$,然后考虑偏心影响,按(1.2~1.4)$A$ 估算底面尺寸 $bl$,一般取 $b/l=1.5\sim2.0$。然后验算上述4个条件,直至满足为止。

### 12.5.2 基础高度的确定

基础高度是指自与柱交接处基础顶面至基础底面的垂直距离。其高度 $h$ 是按构造要

求柱对基础的要求和满足柱对基础的冲切承载力两个条件决定的，对于阶梯形基础，还应验算变阶处的混凝土冲切承载力。

实验表明：基础在承受柱传来的荷载时，如果沿柱周边（或变阶处）的高度不够，将会发生如图 12.50 所示的由于受冲切承载力不足的斜裂面而破坏。冲切破坏形态类似于斜拉破坏，所形成的锥形斜裂面与水平线大致呈 45° 的倾角，是一种脆性破坏。为了防止冲切破坏，必须使冲切面以外的地基反力所产生的冲切力不超过冲切面处混凝土所能承受的冲切力，如图 12.50 所示，应符合下列规定。

$$F_l \leqslant 0.7\beta_{hp} f_t a_m h_0 \tag{12.44}$$

$$F_l = p_j A_l \tag{12.45}$$

$$a_m = (a_t + a_b)/2 \tag{12.46}$$

式中　$\beta_{hp}$—— 受冲切承载力截面高度影响系数：当 $h \leqslant 800$ mm 时，取 1.0；当 $h \geqslant 2\,000$ mm 时，取 0.9；其间按线性内插法取用；

$f_t$—— 混凝土轴心抗压强度设计值；

$h_0$—— 基础冲切破坏锥体的有效高度；

$a_m$—— 冲切破坏锥体最不利一侧计算长度；

$a_t$—— 冲切破坏锥体最不利一侧斜截面的上边长，当计算柱与基础交接处的受冲切承载力时，取柱宽；当计算基础变阶处的受冲切承载力时，取上阶宽；

$a_b$—— 冲切破坏锥体最不利一侧斜截面在基础底面积范围内的下边长，当冲切破坏锥体的底面落在基础底面以内(图 12.51(a)、12.51(b))，计算柱与基础交接处的受冲切承载力时，取柱宽加两倍的基础有效高度；当计算基础变阶处的受冲切承载力时，取上阶宽加两倍该处的基础有效高度；当冲切破坏锥体的底面在 $l$ 方向落在基础底面以外(图 12.51(c))，即 $a + 2h_0 \geqslant l$ 时，$a_b = l$；

$p_j$—— 扣除基础自重及其以上土重后相应于荷载效应基本组合时的地基单位面积净反力，对偏心受压基础可取基础边缘处最大地基土单位面积净反力；

$A_l$—— 冲切验算时取用的部分基底面积，即图 12.51(a)、(b) 中的阴影面积 $ABCDEF$，或图 12.51(c) 中阴影面积 $ABCD$；

$F_l$—— 相应于荷载效应基本组合时作用在 $A_l$ 上的地基土净反力设计值。

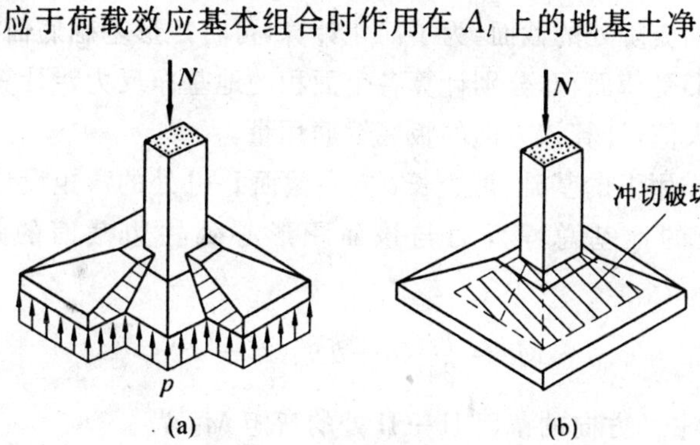


图 12.50　基础的冲切破坏

为了便于计算,下面给出 $A_l$ 的具体计算公式。

当 $l \geqslant a_t + 2h_0$ 时

$$A_l = \left(\frac{b}{2} - \frac{b_t}{2} - h_0\right)l - \left(\frac{l - a_b}{2}\right)^2 \tag{12.47}$$

当 $l < a_t + 2h_0$ 时

$$A_l = \left(\frac{b}{2} - \frac{b_t}{2} - h_0\right)l \tag{12.48}$$

当不满足式(12.44)时,应增大基础高度,并重新进行计算。当基础底面落在从柱边或变阶处向外扩散的 45° 线以内时,不必验算该处的基础高度。

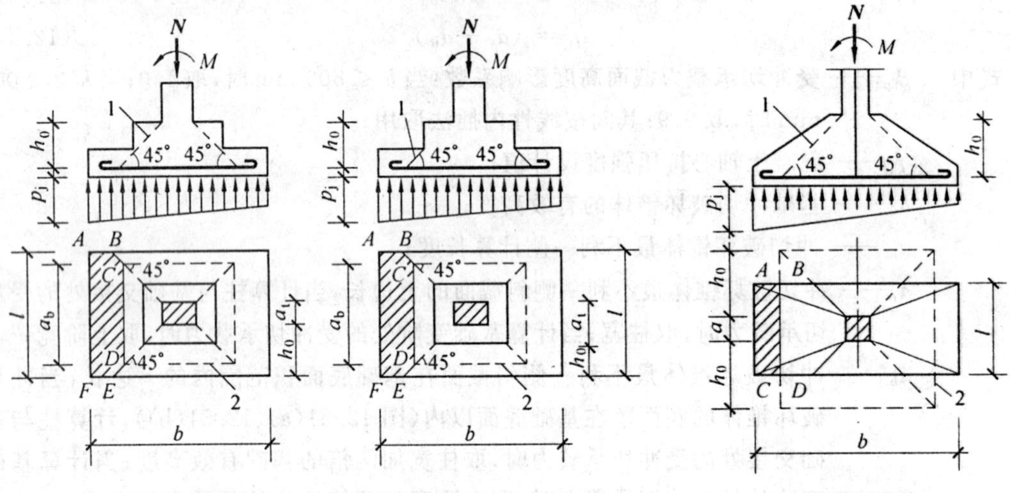


(a) 柱与基础交接处　(b) 基础变阶处　(c) 锥形基地

图 12.51　基础冲切破坏的计算图形

1— 冲切破坏锥体最不利一侧的斜截面;2— 冲切破坏锥体的底面线

## 12.5.3　基础底板配筋计算

柱下单独基础在上部结构传来的力和地基净反力作用下,将在两个方向发生弯曲变形,可按固结于柱底的悬臂板进行受弯承载力计算,如图 12.52 所示。计算截面一般取柱与基础交接处和基础变阶处的截面。为了简化计算,可将矩形基础底面沿图 12.52 所示的虚线划分为 4 个梯形受荷面积,分别计算各个面积的地基净反力对计算截面的弯矩,并取每一方向的弯矩较大值,计算该方向的板底钢筋用量。

对于轴心荷载作用下的基础,沿边长 $b$ 方向截面 I—I 处的弯矩设计值 $M_{\mathrm{I}}$ 等于作用在梯形面积 $ABCD$ 上的地基总净反力与该面积形心到柱边截面的距离相乘之积(图 12.52(a)),即

$$M_{\mathrm{I}} = \frac{p_n}{24}(b - b_t)^2(2l - a_t) \tag{12.49}$$

同理,可得沿边长 $l$ 方向的截面 II—II 处的弯矩 $M_{\mathrm{II}}$ 为

$$M_{\mathrm{II}} = \frac{p_n}{24}(l - a_t)^2(2b - b_t) \tag{12.50}$$

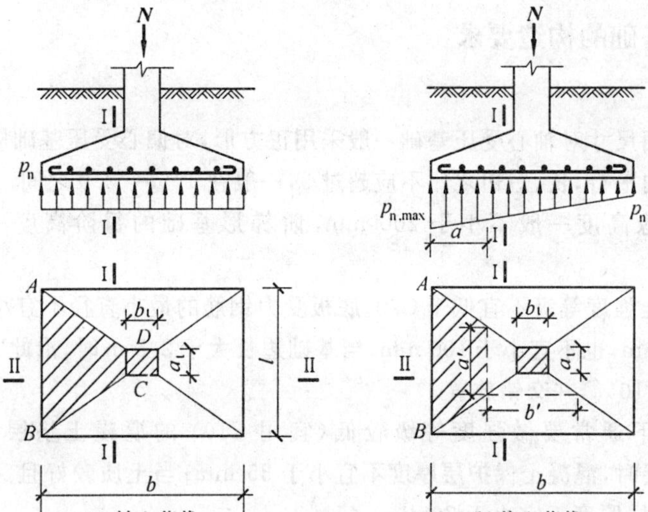


(a) 轴心荷载　　(b) 偏心荷载

图 12.52　基础底板配筋的计算图形

式中　$M_{\text{I}}, M_{\text{II}}$—— 截面 I—I、II－II 处相应于荷载效应基本组合的弯矩设计值；

$p_n$—— 相应于荷载效应基本组合时的地基净反力。

截面 I－I、II－II 处受力钢筋截面面积 $A_{s\text{I}}$、$A_{s\text{II}}$，可近似计算为

$$A_{s\text{I}} = \frac{M_{\text{I}}}{0.9h_0 f_y} \tag{12.50}$$

$$A_{s\text{II}} = \frac{M_{\text{II}}}{0.9(h_0 - d) f_y} \tag{12.51}$$

式中　$h_0$——I－I 计算截面处的基础有效高度；

$d$—— 底板的受力钢筋直径。

对于偏心荷载作用下的基础，沿弯矩作用方向在任意截面 I－I 处的弯矩设计值 $M_{\text{I}}$ 及垂直于弯矩作用方向柱边截面处的弯矩设计值 $M_{\text{II}}$（图 12.52(b)），可按下列公式计算

$$M_{\text{I}} = \frac{1}{12}a_1^2\left[(2l + a')(p_{n,\max} + p_n) + (p_{n,\max} - p_n)\right] \tag{12.52}$$

$$M_{\text{II}} = \frac{1}{48}(l - a')^2(2b + b')(p_{n,\max} + p_{n,\min}) \tag{12.53}$$

式中　$p_{n,\max}, p_{n,\min}$—— 相应于荷载效应基本组合时的基础底面边缘最大和最小单位面积净反力设计值；

$p_n$—— 相应于荷载效应基本组合时在柱任意截面 I－I 处基础底面单位面积净反力设计值；

$a_1$—— 基础最大净反力 $p_{n,\max}$ 作用点至任意截面 I－I 的距离。

注：上两公式与《基础规范》规定的公式(8.2.7－4) 及(8.2.7－5) 相比，形式有所不同，但计算结果相同，而且计算简便。

当求得弯矩 $M_{\text{I}}$ 和 $M_{\text{II}}$ 设计值后，其相应的受力钢筋截面面积按式(12.50) 及式(12.51) 计算。

对于阶梯形基础，尚应计算变阶截面处的配筋，最终取其两者的较大值作为所需的配筋量。

### 12.5.4 基础的构造要求

**1.构造要求**

基础底面平面尺寸对轴心受压基础一般采用正方形,对偏心受压基础应为矩形,其长边与弯矩作用方向平行,长、短边之比不应超过3,一般在1.5～2.0之间。

锥形基础边缘高度一般不小于200 mm,阶梯形基础的每阶高度一般为300～500 mm。

基础的混凝土强度等级不宜低于C20。底板受力钢筋的最小直径不宜小于10 mm,间距不宜大于200 mm,也不宜小于100 mm,当基础边长大于2.5 m时,沿此方向的50%钢筋长度,可以减短10%,并交错放置。

在基础底面下通常要做强度等级较低(宜用C10)的混凝土垫层,厚度一般为100 mm。当有垫层时,混凝土保护层厚度不宜小于35 mm;当土质较好且又干燥时,可不做垫层,但其保护层厚度不宜小于70 mm。

对于现浇柱的基础,如基础与柱不同时浇筑,其插筋的数目及直径应与柱内纵向受力钢筋相同。插筋的锚固及与柱的纵向受力钢筋的搭接,均应符合钢筋搭接长度的要求。

**2.预制钢筋混凝土柱与杯口基础的连接**

预制钢筋混凝土柱与杯口基础的连接,如图12.53所示。

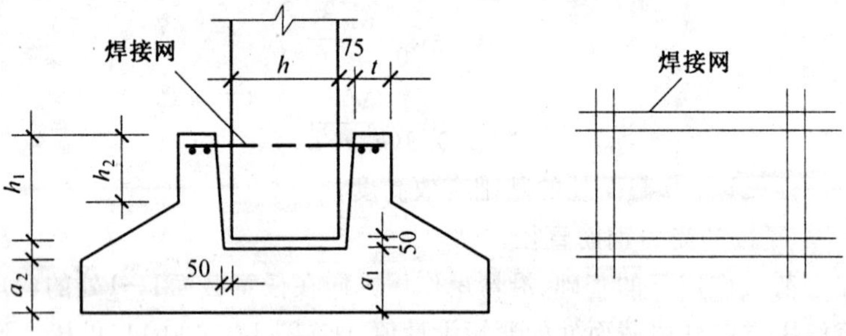


图12.53 预制钢筋混凝土柱与杯口基础的连接

应符合下列要求:预制柱插入基础杯口内应有足够的深度,使柱可靠地嵌固在基础中;其插入深度$h$可按表12.7采用,并满足柱内纵向钢筋锚固长度的要求,并应考虑吊装时柱的稳定性,即要求$h_1$不小于吊装时柱长的0.05倍。

表12.7 柱的插入深度$h_1$(mm)

| 矩形或工字形截面 | | | | 双肢柱 |
|---|---|---|---|---|
| $h<500$ | $500\leqslant h<800$ | $800\leqslant h<1\,000$ | $h>1\,000$ | |
| $h_1=(1.0\sim1.2)h$ | $h_1=h$ | $h_1=0.9h$<br>$h_1\geqslant800$ | $h_1=0.8h$<br>$h_1\geqslant1\,000$ | $h_1=\left(\frac{1}{3}\sim\frac{2}{3}\right)h$<br>$h_1=(1.5\sim1.8)b$ |

注:1.$h$为柱截面长边尺寸;

2.柱轴心受压或小偏心受压时,$h_1$可适当减小;偏心距大于$2h$时,$h_1$应适当加大。

3. **基础杯底厚度和杯壁厚度**

为了防止安装预制柱时，杯底可能发生冲切破坏，基础的杯底应有足够的厚度 $a_1$，其值见表 12.8。同时，杯口内应铺垫 50 mm 厚的水泥砂浆。基础的杯壁应有足够的抗弯强度，其厚度 $t$ 可按表 12.8 选用。

**表 12.8　基础杯底厚度和杯壁厚度(mm)**

| 柱截面长边尺寸 $h$ | 杯底厚度 $a_1$ | 杯壁厚度 $t$ |
|---|---|---|
| $h < 500$ | $\geqslant 150$ | $150 \sim 200$ |
| $500 \leqslant h < 800$ | $\geqslant 200$ | $\geqslant 200$ |
| $800 \leqslant h < 1\,000$ | $\geqslant 200$ | $\geqslant 300$ |
| $1\,000 \leqslant h < 1\,500$ | $\geqslant 250$ | $\geqslant 350$ |
| $1\,500 \leqslant h \leqslant 2\,000$ | $\geqslant 300$ | $\geqslant 400$ |

注：1. 双肢柱的 $a_1$ 值可适当加大。

2. 当有基础梁时，基础梁下的杯壁厚度应满足其支承宽度的要求。

3. 柱插入杯口部分的表面应凿毛；柱与杯口之间的空隙，应用细石混凝土（比基础混凝土标号高一级）密实充填，其强度达到基础设计标号的 70% 以上时，方能进行上部吊装。

4. **杯壁配筋**

当柱为轴心受压或小偏心受压且 $t/h_2 \geqslant 0.65$ 时，或为大偏心受压且 $t/h_2 \geqslant 0.75$ 时，杯壁内一般不配筋。当柱为轴心或小偏心受压且 $0.5 \leqslant t/h_2 < 0.65$ 时，杯壁内可按表 12.9 构造配筋，其他情况下，应按计算配筋。在厂房伸缩缝处，需设置双杯口基础，当两杯口间的宽度小于 400 mm 时，宜在中间杯壁内配筋

**表 12.9　杯壁的配筋数量**

| 柱截面长边尺寸 $h$/mm | $h < 1\,000$ | $1\,000 \leqslant h < 1\,500$ | $1\,500 \leqslant h \leqslant 2\,000$ |
|---|---|---|---|
| 钢筋直径 /mm | $8 \sim 10$ | $10 \sim 12$ | $12 \sim 16$ |

# 12.6　单层厂房屋盖结构

## 12.6.1　屋面结构

1. **屋面板**

单层厂房中常用的屋面板有预应力混凝土槽形屋面板、预应力混凝土 F 形屋面板、预应力混凝土单肋板、钢丝网水泥波形瓦、石棉水泥瓦及钢筋混凝土挂瓦板等。其中应用最广泛的是预应力混凝土槽形屋面板。

预应力混凝土屋面板由面板、横肋和纵肋组成，其传力系统类似梁板结构所介绍的平面楼盖，其中板、横肋和纵肋分别相当于平面楼盖中的板、次梁和主梁。其常见的平面尺寸有 1.5 m×6 m，也有采用 3 m×9 m、1.5 m×9 m 和 3 m×12 m 的。屋面板一般承受防水屋面恒载和积灰荷载、雪荷载及施工检修荷载等活荷载。设计时可根据其柱网布置、屋面荷载等情况分别选用全国性和地区性标准图集 92G410。图 12.54 所示为预应力混凝土槽形屋面板。

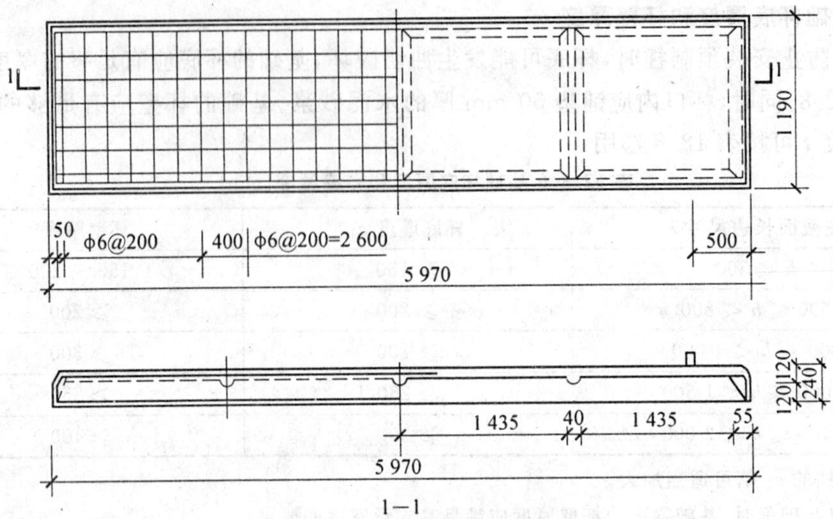


图 12.54 预应力混凝土槽形屋面板

2. 檩条

檩条在有檩屋盖结构中起支承上部小型屋面板或瓦材，并传递屋面荷载给屋架(或屋面梁)的作用。其长度一般为 4 m 或 6 m，常用的为钢筋混凝土 Γ 形檩条，如图 12.55 所示。也有采用上弦为钢筋混凝土腹杆及下弦杆为钢杆组合式檩条的。

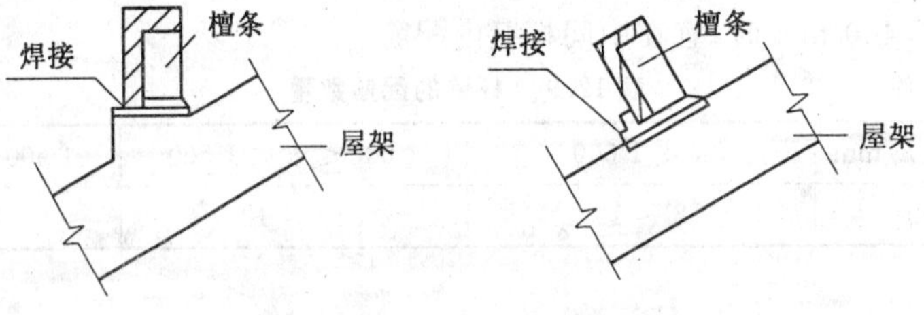


图 12.55 钢筋混凝土 Γ 形檩条

## 12.6.2 天窗架

单层厂房根据采光和通风的要求，有时需设置天窗，传统的气楼或天窗是用天窗架支承屋面构件，并将其上的全部荷载传给屋面梁或屋架。天窗架对整个屋盖结构在受力性能和经济性能等方面均有较大的影响。除了气楼或天窗外，还有下沉式、井式或其他形式的天窗。

钢筋混凝土天窗架一般由两个三角形刚架组成，如图 12.56 所示，中间设一个铰，以便制作和运输。

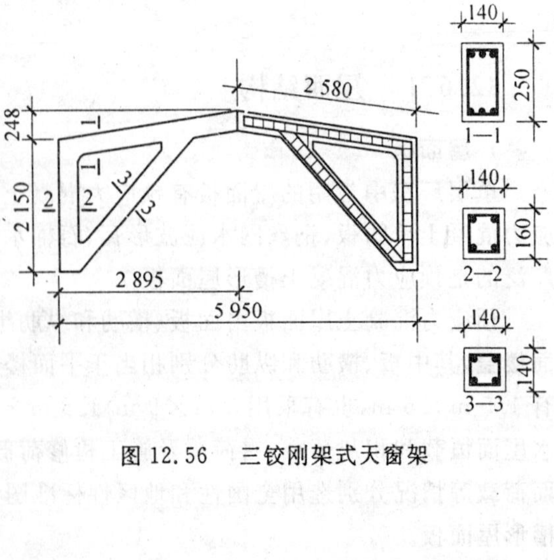


图 12.56 三铰刚架式天窗架

设计天窗架时，可根据构件跨度、天窗高度在相应的全国性和地区性标准图集94G316中选用。

## 12.6.3　屋面梁和屋架

### 1. 屋面梁和屋架的形式

屋面梁和屋架是单层厂房中的重要构件，起着支承屋面板或檩条并将屋面荷载传给排架柱的作用，其常见形式、经济指标、特点和适用条件见表12.10。除表中所列构件外，在纺织厂中一般采用锯齿形屋盖，常用钢筋混凝土三角形刚架和钢筋混凝土窗框支承屋面板两种形式。

表 12.10　常用屋面梁、屋架表

| 序号 | 构件名称<br>(标准图号) | 形　式 | 跨度<br>/m | 特点及适用范围 |
|---|---|---|---|---|
| 1 | 预应力混凝土薄腹单坡屋面梁(95G414) |  | 6 | (1) 自重较大；<br>(2) 适用于跨度不大、有较大振动或有腐蚀性介质的厂房；<br>(3) 屋面坡度 1/12 ～ 1/8 |
| 2 | 预应力混凝土薄腹双坡屋面梁(95G414) | 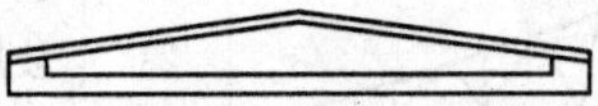 | 9 | |
| 3 | 钢筋混凝土两铰拱屋架<br>(G310,CG311) | 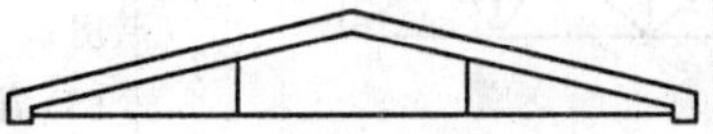 | 9<br>12<br>15 | (1) 钢筋混凝土上弦，角钢下弦，顶节点刚接，自重较轻，构造简单；<br>(2) 适用于跨度不大的中、小型厂房；<br>(3) 屋面坡度：卷材防水为1/5，非卷材防水为1/4 |
| 4 | 钢筋混凝土三铰拱屋架<br>(G312,CG313) | 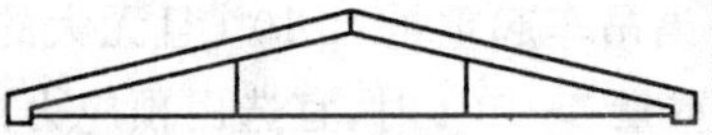 | 9<br>12<br>15 | 顶节点铰接，其他与钢筋混凝土两铰拱屋架构件相同 |
| 5 | 钢筋混凝土两铰拱屋架<br>(CG424) |  | 9<br>12<br>15<br>18 | 预应力混凝土上弦，角钢下弦，其他与钢筋混凝土三铰拱屋架构件相同 |
| 6 | 钢筋混凝土组合式屋架<br>(CG315) |  | 12<br>15<br>18 | (1) 钢筋混凝土上弦及受压腹杆，角钢下弦，自重较轻，刚度较差；<br>(2) 适用于中、小型厂房；<br>(3) 屋面坡度为 1/4 |
| 7 | 钢筋混凝土菱形组合屋架 | 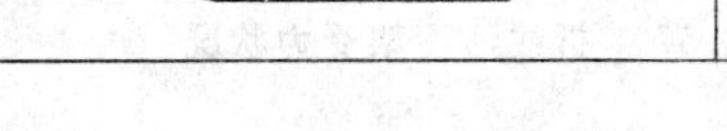 | 12<br>15 | (1) 自重较轻，构造简单；<br>(2) 适用于中、小型厂房；<br>(3) 屋面坡度 1/7.5 ～ 1/15 |

续表 12.10

| 序号 | 构件名称<br>(标准图号) | 形　式 | 跨度<br>/m | 特点及适用范围 |
|---|---|---|---|---|
| 8 | 钢筋混凝土<br>三角形屋架<br>(原 G145) | 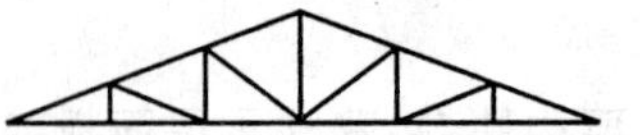 | 9<br>12<br>15 | (1) 自重较大;<br>(2) 适用于跨度不大的中、小型厂房;<br>(3) 屋面坡度 1/5 ~ 1/2.5 |
| 9 | 钢筋混凝土<br>折线形屋架<br>(95G314) | 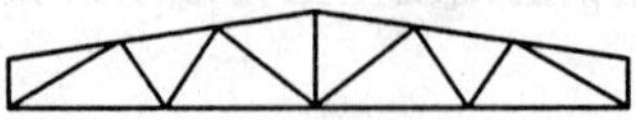 | 15<br>18 | (1) 外形较合理,屋面坡度合适;<br>(2) 适用于卷材防水屋面的中型厂房;<br>(3) 屋面坡度 1/15 ~ 1/5 |
| 10 | 预应力混凝土<br>折线形屋架<br>(95G415) | 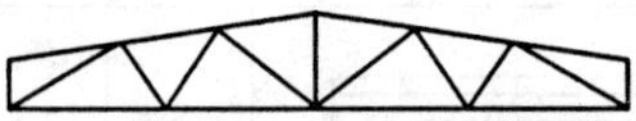 | 18<br>21<br>24<br>27<br>30 | 适用于跨度较大的中、重型厂房,其他与钢筋混凝土折线形屋架构件相同 |
| 11 | 预应力混凝土<br>三角形屋架<br>(CG423) | 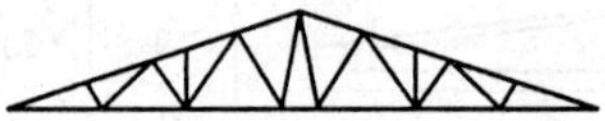 | 18<br>21<br>24 | 适用于非卷材防水屋面,屋面坡度 1/4 的中型厂房,其他与预应力混凝土折线形屋架相同 |
| 12 | 预应力混凝土<br>梯形屋架<br>(CG417) | 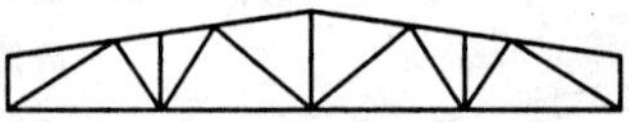 | 18<br>21<br>24<br>27<br>30 | (1) 自重较大,刚度好;<br>(2) 适用于卷材防水的重型厂房;<br>(3) 屋面坡度 1/12 ~ 1/10 |

屋面梁和屋架形式的选择,应根据厂房的使用要求、跨度大小、吊车吨位和工作制级别、现场条件及当地使用经验等因素而定。根据国内工程经验,在此提出如下建议:

① 厂房跨度在 15 m 及以下时,当吊车起重量 < 10 t 且无大的振动荷载时,可选钢筋混凝土屋架、三铰拱屋架;当吊车起重量 > 10 t 时,宜选用预应力混凝土工字形屋面梁或钢筋混凝土折线形屋架。

② 厂房跨度在 18 m 及以上时,一般宜选用预应力混凝土折线形屋架,也可采用钢筋混凝土折线形屋架,折线形屋架各弦杆受力比较均匀,如图12.57 所示;对于冶金厂房的热车间,宜选用预应力混凝土梯形屋架。

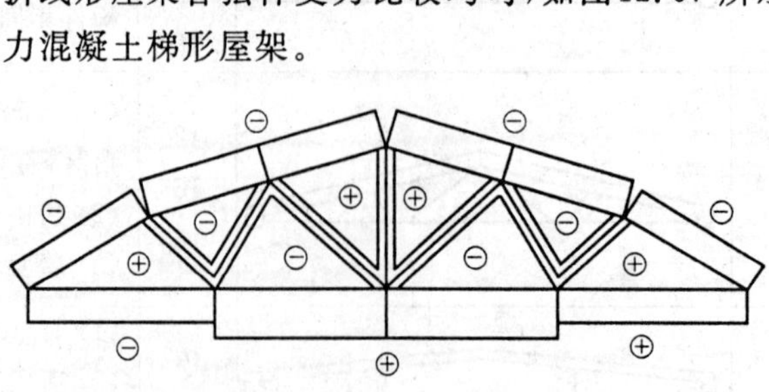

图 12.57　折线形屋架受力状况

**2.屋面梁设计特点**

屋面梁可按简支梁计算其内力，并和普通钢混凝土及预应力混凝土梁一样进行配筋计算，但是由于其截面高度是变化的，在计算时有如下特点：

双坡梁的截面高度随接近跨中而增大，亦即梁的跨中截面弯矩最大处其截面也最高；这样，其最不利截面位置并不在弯矩最大截面，而位于弯矩图与构件的材料图最为接近的截面，如图 12.58 所示的 1－1 截面所示。一般为距支座$(1/4 \sim 1/3)l$处，设计时可近似取$1/3l$（$l$为跨度）。

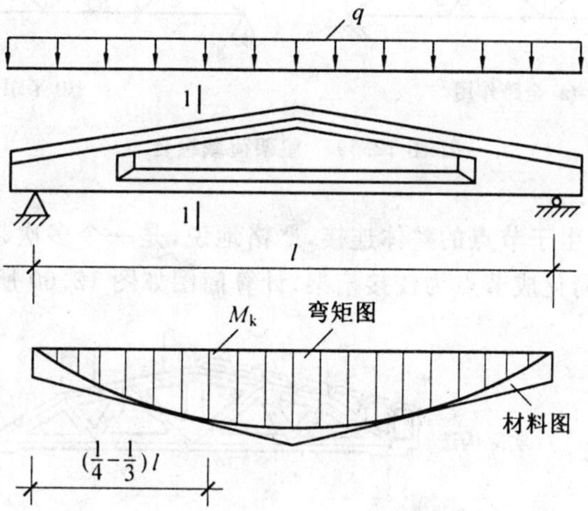


图 12.58　屋面梁弯矩图与材料图

按斜截面承载力计算时，对斜截面承载力验算时控制截面的位置，一般取：梁的支座垫板内边缘处，因此处梁的剪力最大；支座附近变截面处，因此处梁的腹板厚度大大减薄了；箍筋间距或直径有变化的截面，因箍筋所能承担的剪力降低了。受剪截面应符合$V \leqslant 0.2\beta_c f_c bh_0$，因为腹板厚度较薄。

**3.屋架设计特点**

(1) 屋架外形设计

屋架的外形应与厂房的使用要求、跨度大小以及屋面结构相适应，同时应尽可能接近简支梁的弯矩图形，使各杆件受力均匀。屋架的高跨比通常采用 1/10 ～ 1/6（这时一般可不进行挠度验算），屋架节间长度要有利于改善杆件受力条件，便于布置天窗架及支撑。上弦节间长度一般采用 3 m，个别可用 1.5 m 或 4.5 m（设置 9 m 天窗架时）。下弦节间长度一般采用 4.5 m 和 6 m，个别可用 3 m。

(2) 荷载及组合

作用于屋架的荷载，其屋架自重可近似按$(20 \sim 30)l$ N/m$^2$估算（$l$为厂房跨度，以米计），跨度大时可取小的数值。屋面板灌缝的砂浆重可取100 N/m$^2$。屋盖支撑自重，当采用钢系杆时可近似取 50 kN/m$^2$，当采用钢筋混凝土杆系时可取 250 kN/m$^2$，风荷载一般不考虑。屋面活荷载及其他荷载按《荷载规范》确定。

在求各杆最不利内力时必须将屋架上的荷载进行组合，施工时根据构件的安装顺序，要考虑半跨荷载组合，图 12.59 所示为屋架荷载组合。

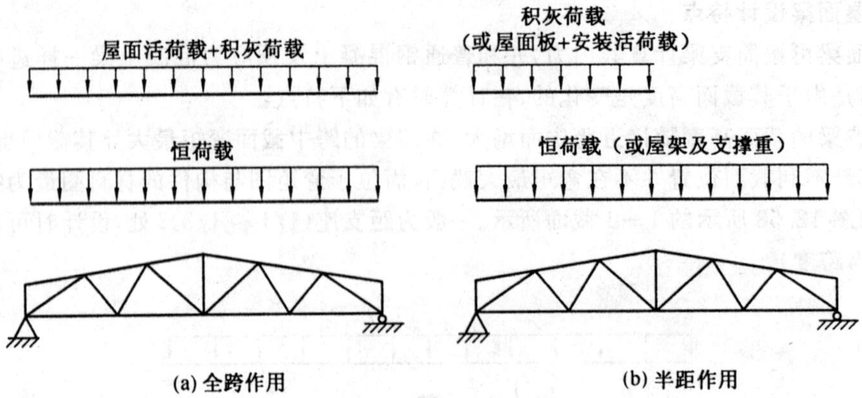


图 12.59　屋架荷载组合

(3) 内力分析

钢筋混凝土屋架由于节点的整体连接，严格地说，是一个多次超静定刚接桁架，计算复杂。实际计算时可简化成节点为铰接桁架，计算简图如图 12.60 所示。

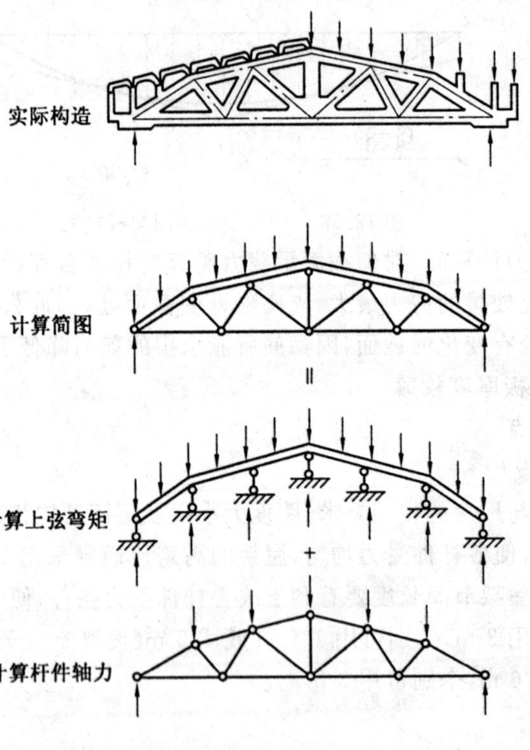


图 12.60　屋架计算简图

(4) 截面设计

屋架上弦杆同时受轴力和弯矩的作用，应选取内力最不利组合按偏心受压构进行截面设计。在计算屋架平面内上弦跨中截面时，其相应的杆件计算长度取节间长度；上弦杆在平面外的承载力按偏心受压构件验算，其计算长度：在无天窗时取 3 m；有天窗时在天窗范围内，取横向支撑与屋架上弦连接点之间的距离。下弦杆按轴心受拉构件设计。对同一腹杆在不同荷载组合下，可能受拉或受压，应按轴心受拉或轴心受压构件设计，计算长度可取 $0.8l$；但对梯形屋架端斜杆取 $1.0l$；在屋架平面外则取 $1.0l$（$l$ 为中心线交点之间的距离）。

(5) 屋架吊装时扶直验算

屋架一般平卧制作，在吊装扶直阶段，假定其上弦处于刚离地的情况，下弦杆着地其重量直接传到地面，腹杆考虑有 50% 的重量传给上弦杆相应的节点，这时整个屋架正处在绕下弦杆转起阶段，屋架上弦需验算其最为不利处的平面抗弯能力。屋架上弦吊装时扶直验算，可近似按多跨连续梁进行，如图 12.61 所示。计算跨度由实际吊点的距离决定；验算时考虑起吊时的振动，需乘动力系数 1.5。腹杆由于受自重的弯矩很小，通常不进行验算。钢筋混凝土屋架的混凝土强度等级宜采用 C30 ～ C40，预应力混凝土屋架宜采用 C40 ～C50，钢筋宜选用强度较高的带肋钢筋。

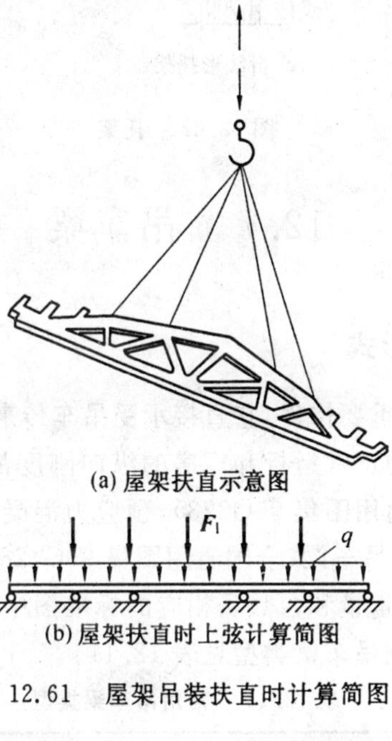

(a) 屋架扶直示意图

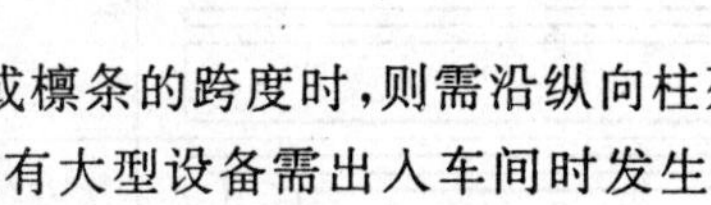


(b) 屋架扶直时上弦计算简图

图 12.61　屋架吊装扶直时计算简图

## 12.6.4　托架

当柱距大于大型屋面板或檩条的跨度时，则需沿纵向柱列设置托架，用于支承中间屋面梁或屋架，这种情况常常在有大型设备需出入车间时发生，建筑上称抽柱方案。托架的常见形式为三角形、折线形和梁式，如图 12.62 所示。

设计时可根据托架的跨度和其上荷载的大小选用。全国性标准图集和地区性标准图集和地区性图集中均有托架部分，见 96G433。

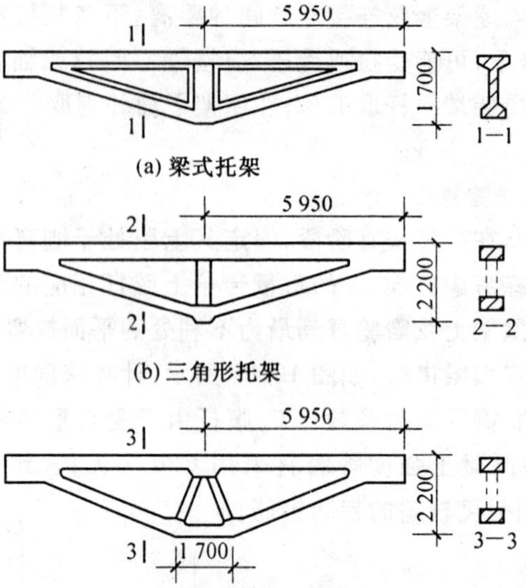

(a) 梁式托架

(b) 三角形托架

(c) 折线形托架

图 12.62　托架

# 12.7　吊车梁

## 12.7.1　吊车梁的形式

吊车梁是单层厂房中的重要构件，它直接承受吊车传来的竖向荷载和水平荷载，并将其传递给排架柱，它对吊车的正常运行和厂房的纵向刚度都有重要作用。吊车梁有：钢筋混凝土等截面吊车梁(全国通用图集 95G323)，预应力混凝土等截面吊车梁(全国通用图集 96G425、96G426)，变截面吊车梁(全国通用图集 96G428)，组合式吊车梁。设计时可根据吊车的工作级别、跨度、起重量和台数从相应的标准图中选用，一般来说优先选用预应力混凝土等截面吊车梁。常用吊车梁类型见表 12.11。

表 12.11　常用吊车梁类型

| 序号 | 构件名称 | 形式 | 跨度 /m | 特点及适用范围 |
|---|---|---|---|---|
| 1 | 钢筋混凝土<br>吊车梁(厚腹) | 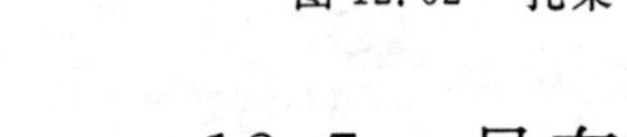 | 6 | 轻级：3 ～ 50<br>中级：3 ～ 30 |
| 2 | 钢筋混凝土<br>吊车梁(薄腹) | 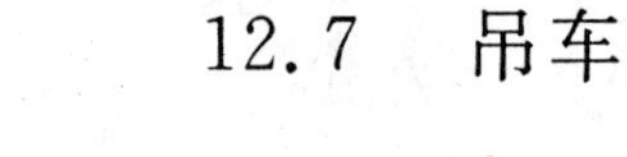 | 6 | 重级：5 ～ 20 |
| 3 | 预应力混凝土<br>吊车梁(厚腹) |  | 6 | 重级：5 ～ 50 |
| 4 | 预应力混凝土<br>吊车梁(薄腹) | 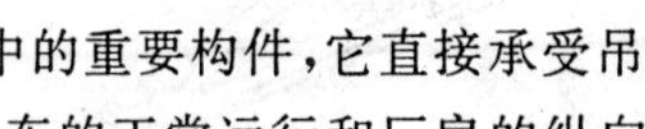 | 6 | 中级：5 ～ 75<br>重级：5 ～ 50 |
| 5 | 预应力混凝土<br>鱼腹式吊车梁 | 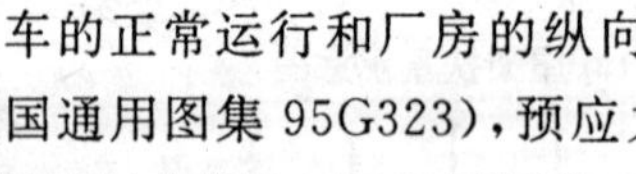 | 12 | 中级：5 ～ 100<br>重级：5 ～ 50 |

吊车梁的选用应根据吊车的跨度、吨位、工作制以及材料供应、技术条件、工期等因素综合考虑，灵活掌握。

(1) 对6 m跨以及4 m跨的吊车梁，轻、中级工作制起重量30 t以内，重级工作制起重量20 t以内，可采用钢筋混凝土吊车梁，也可采用预应力混凝土吊车梁；轻、中级工作制起重量大于30 t，重级工作制起重量大于20 t，应采用预应力混凝土吊车梁。

(2) 对9 m跨的吊车梁，起重量为10 t及10 t以下，可采用普通钢筋混凝土吊车梁，也可采用预应力混凝土吊车梁；中、重级工作制起重量大于10 t，应采用预应力混凝土吊车梁或桁架式吊车梁。

(3) 对12 m和18 m跨吊车梁，一般均应采用预应力混凝土吊车梁及桁架式吊车梁。

吊车梁与柱子和轨道的构造连接构造如图12.63所示。

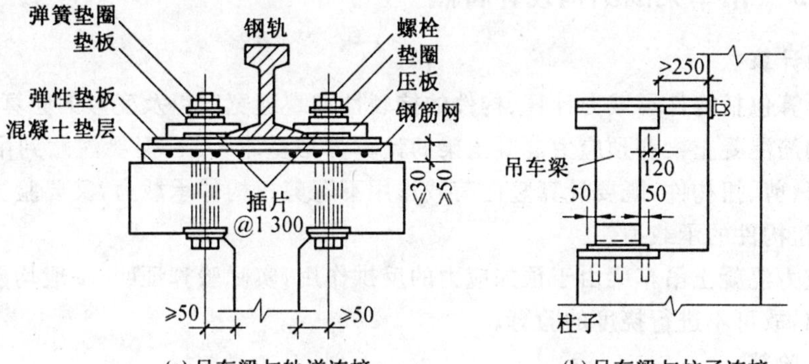


图12.63　吊车梁与柱和轨道连接构造

## 12.7.2　吊车梁的受力特点

吊车在操作、运行、启动、制动过程中，作用在吊车梁上的荷载与一般的均布荷载不同，主要特点有如下。

**1. 吊车荷载是可移动的集中荷载**

吊车承受的荷载是两组移动的集中荷载的横向水平荷载。计算时采用影响线方法求出各计算截面上的最大内力，或作包络图。在两台吊车作用下，弯矩包络图一般呈"鸡心状"，这时可对绝对最大弯矩截面至支座一段近似地取为二次抛物线。支座和跨中截面间的剪力包络图形，可近似按直线采用，如图12.64所示。

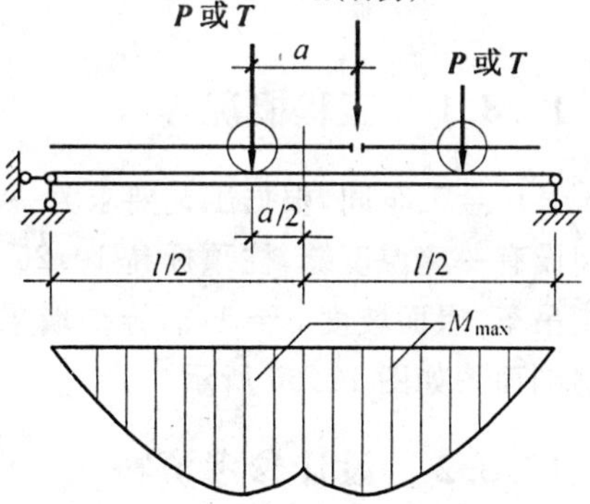


图12.64　吊车梁的弯矩与剪力包络图

**2. 承受的吊车荷载是重复荷载**

根据实际调查，在50年的使用期内，对于特重级和重级工作制吊车，其荷载的重复次数的总和可达$(4\sim6)\times10^6$次；中级工作制吊车一般为$1\times10^6$次。直接承受这种重复荷载，吊车梁会因疲劳而产生裂缝,直至破坏。所以对特重级、重级和中级工作制吊车梁,除静力计算外,还要进行疲劳验算。

**3. 考虑吊车荷载的动力特性**

吊车在起吊、下放重物时,在启动、制动(刹车)时的操作过程中,对吊车柱会产生冲击和振动。因此,在计算其连接部分的承载力以及验算梁的抗裂性时,都必须对吊车的竖向荷载乘以动力系数 $\mu$ 值。

**4. 考虑吊车荷载的偏心影响**

由于横向水平荷载作用于轨道的顶部,不通过吊车梁截面的弯曲中心,因此使梁产生扭矩等。在进行吊车梁的结构设计时,要综合考虑以上的受力特点。

### 12.7.3 吊车梁的结构设计特点

**1. 静力计算**

静力计算包括构件承载力计算、构件的抗裂性和裂缝宽度以及变形的验算。其验算方法与普通钢筋混凝土梁和预应力混凝土梁的计算方法基本一致,但要注意到吊车梁是双向受弯的弯、剪、扭构件,既要计算竖向荷载作用下弯剪扭构件承载力,又要验算水平荷载作用下弯、扭构件的承载力。

对预应力混凝土吊车梁由于预加应力的反拱作用,实际验算证明,一般均能满足挠度限值的要求,故可不进行挠度的验算。

**2. 疲劳验算**

吊车梁设计时,一般对中级和重级工作制的吊车梁,除静力计算外,还应进行疲劳强度的验算,对于要求不开裂的梁,可不进行疲劳验算。吊车梁的疲劳验算,具体方法可参看《规范》中有关规定。

## 12.8 单层厂房结构设计实例

### 12.8.1 工程概况

某厂金工车间,根据工艺要求为一单跨单层钢筋混凝土厂房,跨度 15 m,长度 120 m,中间设有一道温度缝,柱顶标高 10.25 m,轨顶标高 7.2 m,无天窗,设有两台 10 t 中级工作制吊车。屋面坡度 $i = 1/8$,维护墙采用 370 mm 单面粉刷砖墙,室内外高差 150 mm。厂房剖面图如图 12.65 所示。

### 12.8.2 设计参考资料

(1) 荷载分组见表 12.12;

(2) 地基承载力特征值:200 $kN/m^2$;

(3) 吊车资料见表 12.13;

(4) 材料:混凝土强度等级柱子用 C35,基础用 C20;钢筋采用 HRB335 级钢筋。

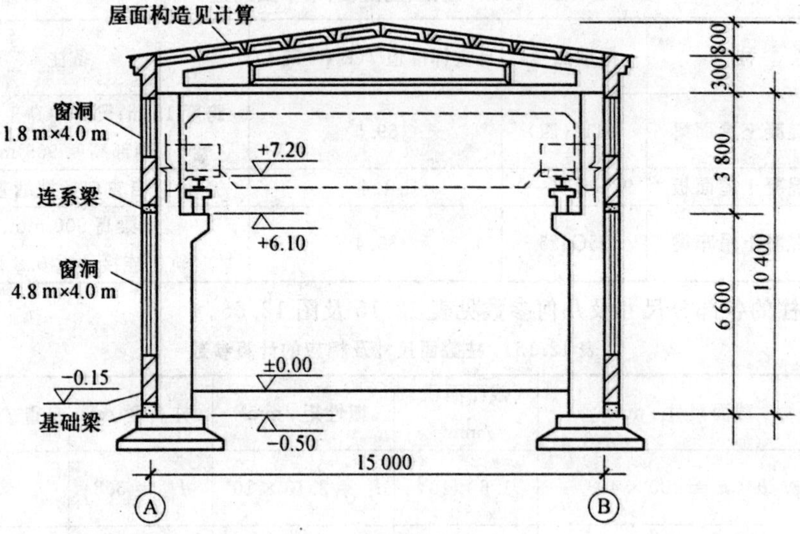


图 12.65　厂房剖面图

表 12.12　荷载分组

| 分组 | 一组 |
|---|---|
| 基本雪压 | 0.25 kN/m² |
| 基本风压 | 0.55 kN/m² |
| 地区类型 | B |
| 屋面活荷载标准值 | 0.5 kN/m² |

表 12.13　吊车起重量及其他数据

| 起重量 $Q$ /t | 跨度 $L_K$ /m | 轮距 $L$ /mm | 吊车宽 $B$ /mm | 吊车总量 /kN | 小车重 $g$ /kN | 最大轮压 $P_{max}$ /kN | 最小轮压 $P_{min}$ /kN |
|---|---|---|---|---|---|---|---|
| 10 | 13.5 | 4 050 | 5 150 | 162 | 39.0 | 109 | 22 |

## 12.8.3　设计要求

(1) 完成上部结构的选型，确定排架柱的截面尺寸；

(2) 排架的荷载计算、内力分析；

(3) 排架柱的配筋设计并绘制施工图；

(4) 基础设计。

## 12.8.4　结构构件选型及柱截面尺寸确定

(1) 屋架(屋面梁)、屋面板、吊车梁选型，见表 12.14。

表 12.14　屋架、屋面板、吊车梁选型

| 名　称 | 标准图号 | 自重标准值 /(kN·m$^{-2}$) | 备注 |
|---|---|---|---|
| 预应力混凝土屋面梁 | G414(四) | 59.5 | 跨度 15 m;梁跨中高 1 640 mm;端部高度 905 mm |
| 预应力混凝土屋面板 | 92G410(一) | 1.4 | 自重包括灌缝重 |
| 预应力混凝土吊车梁 | 95G425 | 30.4 | 梁高 900 mm;轨道连接件重 0.8 kN/m |

(2) 柱的各部分尺寸及几何参数见表 12.15 及图 12.66。

表 12.15　柱截面尺寸及相应的计算参数

| 柱 | 截面尺寸 /mm | 截面面积 /mm$^2$ | 惯性矩 /mm$^4$ | 柱高度 /m | 自重 /(kN·m$^{-1}$) |
|---|---|---|---|---|---|
| 上柱 | $b\times h=400\times 40$ | $1.6\times 10^5$ | $I_1=2.13\times 10^9$ | $H_l=3.8$ | 4.0 |
| 下柱 | $b_f\times h\times b\times h_f=$ $400\times 600\times 100\times 100$ | $1.275\times 10^5$ | $I_2=5.88\times 10^9$ | $H_l=6.6$ | 3.2 |

柱子总高

$$H_2/\text{m}=3.8+6.6=10.4$$

$$n=\frac{I_1}{I_2}=\frac{2.13\times 10^9}{5.88\times 10^9}=0.362,\lambda=\frac{H_1}{H_2}=\frac{3.8}{10.4}=0.365$$

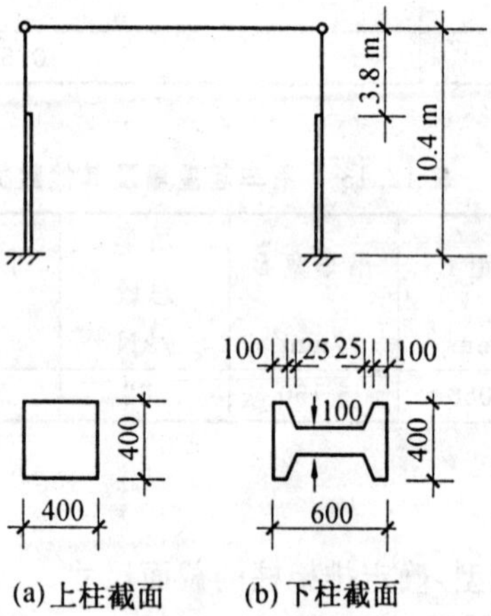


图 12.66　厂房计算简图及柱截面尺寸

## 12.8.5　荷载计算

**1. 恒荷载**

(1) 屋盖自重

两毡三油防水层　　$q_1/(\text{kN}\cdot\text{m}^{-2})=1.2\times 0.40=0.48$

20 mm 水泥砂浆找平层　　$q_2/(\text{kN}\cdot\text{m}^{-2})=1.2\times 20\times 0.02=0.48$

100 mm 水泥蛭石保温层　　$q_3/(\mathrm{kN\cdot m^{-2}}) = 1.2\times 4\times 0.10 = 0.48$

一毡两油隔气层　　$q_4/(\mathrm{kN\cdot m^{-2}}) = 1.2\times 0.05 = 0.06$

20 mm 水泥砂浆找平层　　$q_5/(\mathrm{kN\cdot m^{-2}}) = 1.2\times 20\times 0.02 = 0.48$

预应力混凝土屋面板　　$q_6/(\mathrm{kN\cdot m^{-2}}) = 1.2\times 1.4 = 1.68$

合计　　$g/(\mathrm{kN\cdot m^{-2}}) = 3.66$

屋面梁　　$1.2\times 59.5\ \mathrm{kN} = 71.4\ \mathrm{kN}$

屋面梁一端作用于柱顶的自重为

$$G_1/\mathrm{kN} = 6\times\frac{15}{2}\times 3.66+\frac{1}{2}\times 71.4 = 200.4$$

(2) 柱子自重

上柱　　$G_2/\mathrm{kN} = 1.2\times 3.8\times 4.0 = 18.2$

下柱　　$G_3/\mathrm{kN} = 1.2\times 6.6\times 3.2 = 25.4$

(3) 吊车梁及轨道自重

$$G_4/\mathrm{kN} = 1.2\times(30.4+0.8\times 6) = 42.2$$

**2. 屋面活荷载**

雪荷载的标准值小于不上人屋面的活荷载标准值，仅按屋面活荷载计算

$$Q_1/\mathrm{kN} = 1.4\times 0.5\times\frac{15}{2}\times 6.0 = 31.5$$

**3. 风荷载**

(1) 风压高度变化系数 $\mu_z$ 计算

柱顶(按 $H = 10.0$ m 取)$\mu_z = 1.00$

檐口处(按 $H = 11.2$ m 取)$\mu_z = 1.03$

屋顶(按 $H = 12.0$ m 取)$\mu_z = 1.06$

(2) 风荷载体型系数 $\mu_s$ 按图 12.22 选取

(3) 风荷载标准值

$$w_{1k}/(\mathrm{kN\cdot m^{-2}}) = \beta_z\mu_{s1}\mu_z w_0 = 1.0\times 0.8\times 1.0\times 0.55 = 0.44$$

$$w_{2k}/(\mathrm{kN\cdot m^{-2}}) = \beta_z\mu_{s2}\mu_z w_0 = 1.0\times 0.5\times 1.0\times 0.55 = 0.28$$

(4) 作用在排架上的风荷载设计值为

$$q_1/(\mathrm{kN\cdot m^{-1}}) = 1.4\times 0.44\times 6.0 = 3.70$$

$$q_2/(\mathrm{kN\cdot m^{-1}}) = 1.4\times 0.28\times 6.0 = 2.35$$

考虑屋面坡度屋面坡度 $i = 1/8$，则

$$F_w/\mathrm{kN} = \gamma_Q[(\mu_{s1}+\mu_{s2})\mu_z w_0 h_1+(\mu_{s3}+\mu_{s4})\mu_z w_0 h_2]\times B = 1.4\times[(0.8+0.5)\times 1.03\times 0.55\times 1.3+(0.05+0.5)\times 1.06\times 0.55\times 0.8]\times 6.0 = 10.20$$

(5) 风荷载计算简图如图 12.67 所示。

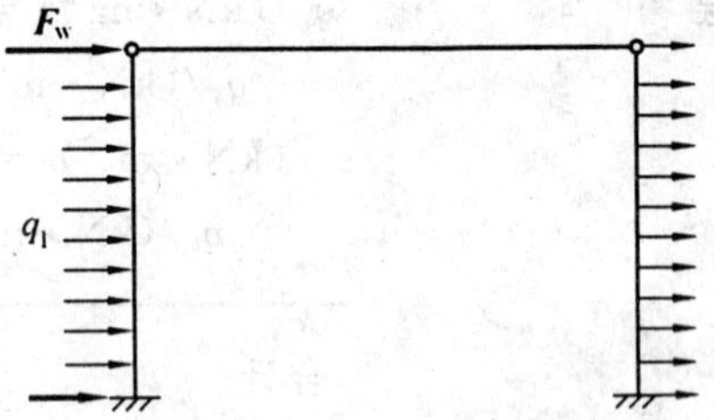


图 12.67　风荷载计算简图

**4.吊车荷载**

考虑多台吊车的荷载折减系数(见表 12.1,这里用 $\psi_c$ 表示)。

(1) 吊车竖向荷载

根据影响线(图 12.18)求出作用于柱上的吊车竖向荷载设计值为

$$D_{max}/\text{kN} = \gamma_Q \psi_c p_{max} \sum y_i = 1.4 \times\times 0.9 \times 109 \times (1.0 + 0.817 + 0.142 + 0.325) = 313.7$$

$$D_{min}/\text{kN} = \gamma_Q \psi_c p_{min} \sum y_i = 1.4 \times 0.9 \times 22 \times (1.0 + 0.817 + 0.142 + 0.325) = 63.3$$

(2) 吊车水平刹车力

作用于每个轮子上的吊车横向水平刹车力标准值($Q = 10$ t,$\alpha = 0.12$)

$$T/\text{kN} = \frac{1}{4}\alpha(Q + g) = \frac{1}{4} \times 0.12 \times (100 + 39) = 4.17$$

两台吊车作用于排架柱上的吊车横向水平荷载设计值为

$$T_{max}/\text{kN} = \gamma_Q \psi_c T \sum y_i = 1.4 \times 0.9 \times 4.17 \times (1.0 + 0.817 + 0.142 + 0.325) = 12.0$$

## 12.8.6　内力计算

**1.恒荷载作用**

(1) 屋盖自重作用

屋盖自重是对称荷载,排架无侧移,按柱顶为不动铰支座计算。如图 12.68 所示,$e_1 = 0.05$ m,$e_2 = 0.10$ m。

$n = 0.362$,$\lambda = 0.365$,由附图 14.2 和附图 14.3 查得 $C_1 = 1.706$,$C_3 = 1.198$,或用下式计算

$$C_1 = \frac{3}{2} \cdot \frac{1 - \lambda^2\left(1 - \dfrac{1}{n}\right)}{1 + \lambda^3\left(\dfrac{1}{n} - 1\right)}$$

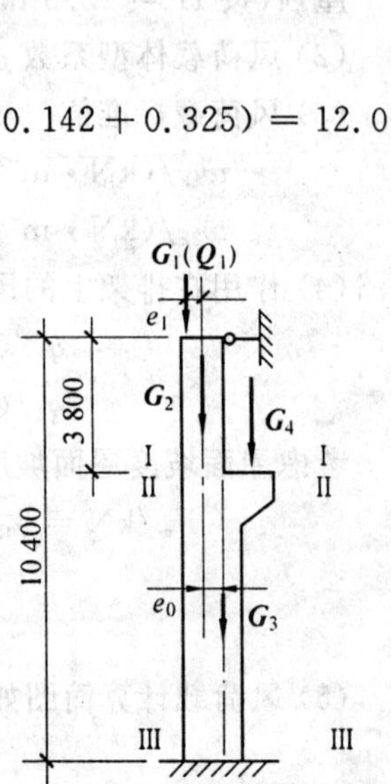


图 12.68　取用的计算截面

$$C_3 = \frac{3}{2} \cdot \frac{1-\lambda^2}{1+\lambda^3\left(\frac{1}{n}-1\right)}$$

柱顶不动铰支反力为

$$R/\text{kN} = -\frac{G_1}{H_2}(e_1C_1 + e_0C_3) =$$

$$-\frac{200.4}{10.4} \times (0.05 \times 1.706 + 0.10 \times 1.198) =$$

$$-3.95(\rightarrow)$$

弯矩图绘在纤维受拉一侧；剪力对杆端顺时针为正，并注明正负号；轴力以压力为正。屋盖自重对柱产生的内力如图 12.69(a) 所示。

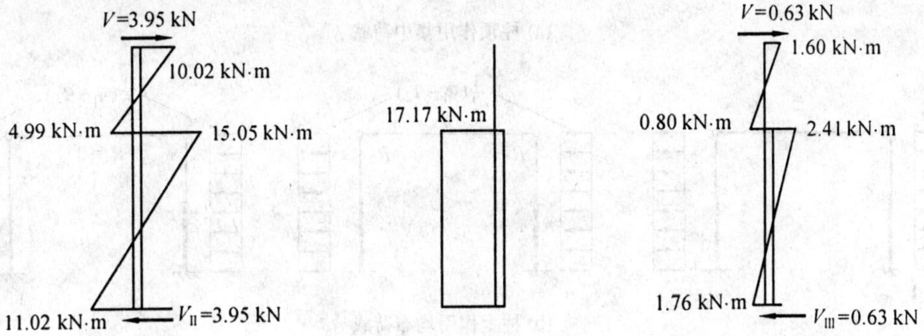


图 12.69　内力图

$$M_{\mathrm{I}}/(\text{kN} \cdot \text{m}) = -200.4 \times 0.05 + 3.95 \times 3.8 = 4.99$$

$$M_{\mathrm{II}}/(\text{kN} \cdot \text{m}) = -200.4 \times 0.15 + 3.95 \times 3.8 = -15.05$$

$$M_{\mathrm{III}}/(\text{kN} \cdot \text{m}) = -200.4 \times 0.15 + 3.95 \times 10.4 = 11.02$$

$$N_{\mathrm{I}} = N_{\mathrm{II}} = N_{\mathrm{III}} = 200.4\ \text{kN}, V_{\mathrm{II}} = 3.95\ \text{kN}$$

(2) 柱和吊车梁自重作用

安装柱子时尚未安装屋架，此时柱顶之间没有联系，没有形成排架，不产生柱顶反力；吊车梁自重作用点距柱外边缘要求不小于750 mm，得到柱和吊车梁自重作用下的内力为

$$M_{\mathrm{I}} = 0$$

$$M_{\mathrm{II}}/(\text{kN} \cdot \text{m}) = M_{\mathrm{III}} = 42.2 \times 0.45 - 18.2 \times 0.10 = 17.17$$

$$N_{\mathrm{I}} = 18.2\ \text{kN}; N_{\mathrm{II}}/\text{kN} = 18.2 + 42.2 = 60.4; N_{\mathrm{III}}/\text{kN} = 60.4 + 25.4 = 85.8$$

内力图如 12.69(b) 所示。

**2. 屋面活荷载作用**

屋面活荷载与屋盖自重对柱的作用点相同，可将屋盖自重的内力乘以系数 $\frac{Q_1}{G_1} = \frac{31.5}{200.4} = 0.16$，得到屋面活荷载作用下的内力，内力图如 12.69(c) 所示。

$$N_{\mathrm{I}} = N_{\mathrm{II}} = N_{\mathrm{III}} = 31.5\ \text{kN}; V_{\mathrm{II}}/\text{kN} = 0.16 \times 3.95 = 0.63$$

**3. 风荷载作用**

(1) 正风压(左风) 作用

为了计算方便，将风荷载分解为对称和反对称两组荷载。在对称荷载作用下，排架无侧移，按上端为不动铰支座计算；在反对称荷载作用下，横梁内力为零，单根悬臂柱进行计算，如图 12.70 所示。

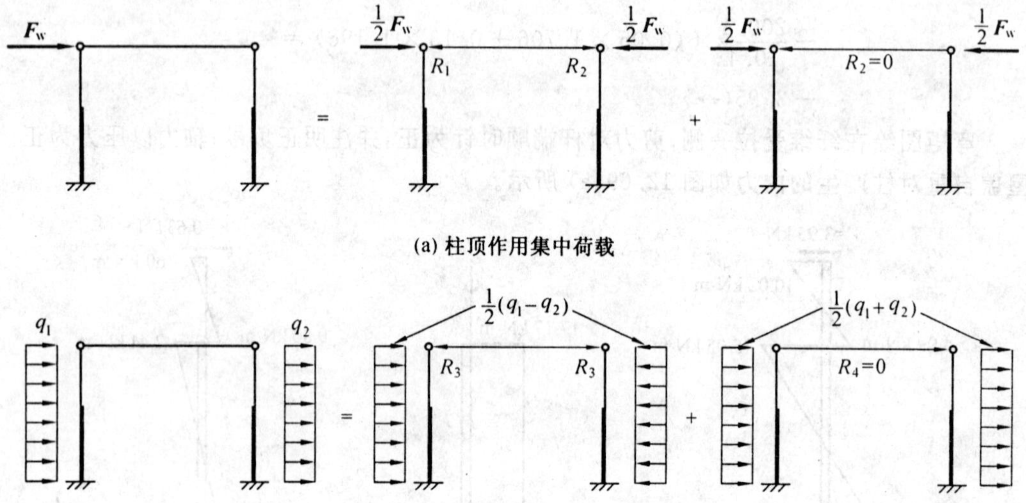


(a) 柱顶作用集中荷载

(b) 柱上作用均布荷载

图 12.70　正风压(左风) 作用在柱上

当柱顶作用集中风荷载 $F_w$ 时，如图 12.70(a) 所示。

$$R_1/\text{kN} = \frac{1}{2}F_w = \frac{1}{2} \times 10.20 = 5.10$$

当柱上作用均布风荷载时，由附表 14.8 查得 $C_{11} = 0.356$，则

$$R_3/\text{kN} = C_{11} \cdot H_2 \cdot \frac{1}{2}(q_1 - q_2) = 0.356 \times 10.4 \times \frac{1}{2} \times (3.70 - 2.35) = 2.50$$

正风压(左风) 作用在排架时横梁反力为

$$R/\text{kN} = R_1 + R_2 = 5.10 + 2.50 = 7.60$$

$A$ 柱内力为

$$M = (F_w - R)x + \frac{1}{2}q_1 x^2$$

$$M_{\text{I}}/(\text{kN} \cdot \text{m}) = M_{\text{II}} = (10.20 - 7.60) \times 3.8 + \frac{1}{2} \times 3.70 \times 3.8^2 = 36.60$$

$$M_{\text{III}}/(\text{kN} \cdot \text{m}) = (10.20 - 7.60) \times 10.4 + \frac{1}{2} \times 3.70 \times 10.4^2 = 227.14$$

$$N_{\text{I}} = N_{\text{II}} = N_{\text{III}} = 0$$

$$V_{\text{II}}/\text{kN} = (F_w - R) + q_1 x = (10.20 - 7.60) + 3.70 \times 10.4 = 41.10$$

$A$ 柱在正风压下弯矩图和剪力如图 12.71 所示。

(2) 负风压(右风) 作用

负风压(右风) 作用下,$A$ 柱的内力为

$$M = -Rx - \frac{1}{2}q_2 x^2$$

$$M_{\text{I}}/(\text{kN}\cdot\text{m}) = M_{\text{II}} = (-7.60)\times 3.8 - \frac{1}{2}\times 2.35\times 3.8^2 = -45.85$$

$$M_{\text{III}}/(\text{kN}\cdot\text{m}) = -7.60\times 10.4 - \frac{1}{2}\times 2.35\times 10.4^2 = -206.13$$

$$N_{\text{I}} = N_{\text{II}} = N_{\text{III}} = 0$$

$$V_{\text{II}}/\text{kN} = -R - q_2 x = -7.60 - 2.35\times 10.4 = -32.04$$

$A$ 柱负风压下弯矩图和剪力如图 12.72 所示。

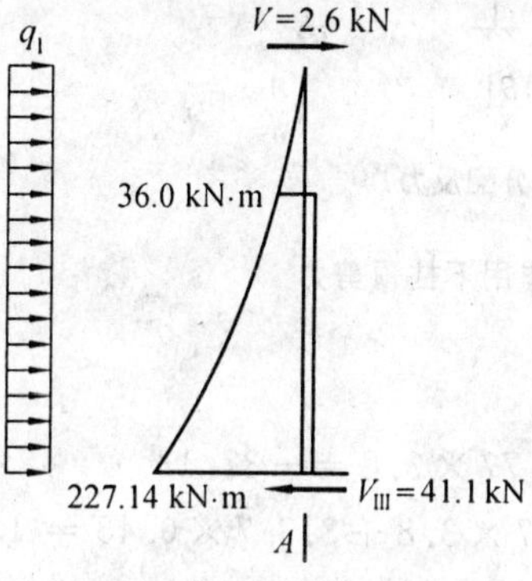


图 12.71　正风压作用下 $A$ 柱弯矩和剪力图

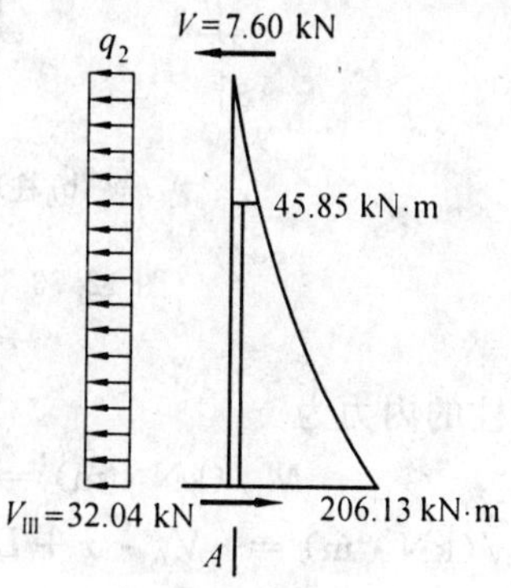


图 12.72　负风压作用下 $A$ 柱弯矩和剪力图

**4.吊车荷载作用**

(1)$D_{\max}$ 作用于 $A$ 柱

$n = 0.362$,$\lambda = 0.365$,查附图 14.3 得 $C_3 = 1.198$。吊车轮压与下柱中心线距离按构造要求取 $e_4 = 0.45$ m,则排架柱上端为不动铰支座时的反力值为

$$R_1/\text{kN} = -\frac{D_{\max}\cdot e_4}{H_2}\cdot C_3 = -\frac{313.7\times 0.45}{10.4}\times 1.198 = -16.26(\leftarrow)$$

$$R_2/\text{kN} = \frac{D_{\min}\cdot e_4}{H_2}\cdot C_3 = \frac{63.3\times 0.45}{10.4}\times 1.198 = 3.28(\rightarrow)$$

故
$$R/\text{kN} = R_1 + R_2 = -16.26 + 3.28 = -12.98(\leftarrow)$$

将 $R$ 值反作用于排架柱顶,按剪力分配计算。由于结构对称,各柱剪力分配系数相等 $\eta_A = \eta_B = 0.5$,如图 12.73(b) 所示。

各柱分配到的剪力为

$$V'_A/\text{kN} = -V'_B = \eta_A R = 0.5\times 12.98 = 6.49(\rightarrow)$$

最后各柱柱顶总剪力为

$$V_A/\text{kN} = V'_A - R_1 = 6.49 - 16.26 = -9.77(\leftarrow)$$

$$V_B/\text{kN} = V'_B + R_2 = 6.69 + 3.28 = 9.77(\rightarrow)$$

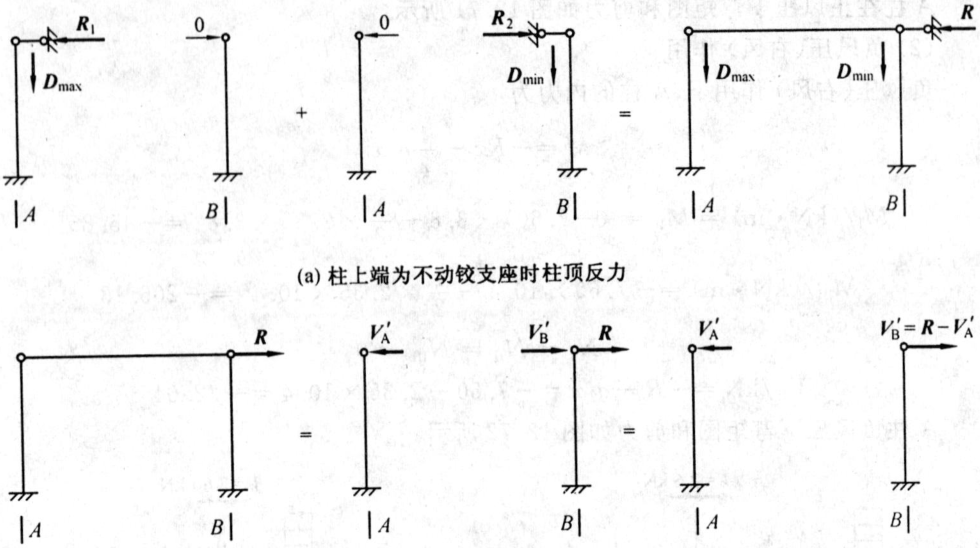


(a) 柱上端为不动铰支座时柱顶反力

(b) 柱顶作用 $\boldsymbol{R}$ 时，柱顶的分配反力

图 12.73 吊车在竖向荷载作用下柱顶剪力

A 柱的内力为

$$M_{\mathrm{I}}/(\mathrm{kN}\cdot\mathrm{m}) = -V_{\mathrm{A}}\cdot x = -9.77\times 3.8 = -37.13$$

$$M_{\mathrm{II}}/(\mathrm{kN}\cdot\mathrm{m}) = -V_{\mathrm{A}}\cdot x + D_{\max}\cdot e_4 = -9.77\times 3.8 + 313.7\times 0.45 = 104.04$$

$$M_{\mathrm{III}}/(\mathrm{kN}\cdot\mathrm{m}) = -V_{\mathrm{A}}\cdot H_2 + D_{\max}\cdot e_4 = -9.77\times 10.4 + 313.7\times 0.45 = 39.56$$

$$N_{\mathrm{I}} = 0; N_{\mathrm{II}} = N_{\mathrm{III}} = 313.7\ \mathrm{kN}$$

$$V_{\mathrm{II}} = V_{\mathrm{A}} = -9.77\ \mathrm{kN}(\leftarrow)$$

A 柱的弯矩图及剪力如图 12.74 所示。

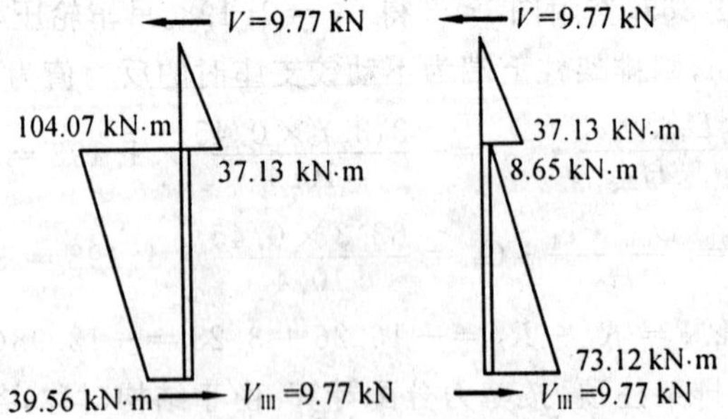


(a) $D_{\max}$ 作用于 A 柱　　(b) $D_{\min}$ 作用于 A 柱

图 12.74 吊车竖向荷载作用下 A 柱的弯矩和剪力图

(2)$D_{min}$ 作用于 $A$ 柱

$$M_{\mathrm{I}}/(\mathrm{kN\cdot m}) = -V_A\cdot x = -9.77\times 3.8 = -37.13$$

$$M_{\mathrm{II}}/(\mathrm{kN\cdot m}) = -V_A\cdot x + D_{min}\cdot e_4 = -9.77\times 3.8 + 63.3\times 0.45 = -8.65$$

$$M_{\mathrm{III}}/(\mathrm{kN\cdot m}) = -V_A\cdot H_2 + D_{min}\cdot e_4 = -9.77\times 10.4 + 63.3\times 0.45 = -73.12$$

$$N_{\mathrm{I}} = 0;N_{\mathrm{II}} = N_{\mathrm{III}} = 63.3\ \mathrm{kN}$$

$$V_{\mathrm{II}} = V_A = -9.77\ \mathrm{kN}(\leftarrow)$$

(3)$T_{max}$ 值自左向右作用(→)

$T_{max}$ 值同时作用在 $A$、$B$ 柱上，则排架的横梁内力为零，$A$ 柱的内力为

$$M_{\mathrm{I}}/(\mathrm{kN\cdot m}) = M_{\mathrm{II}} = T_{max}\cdot x = 12.0\times 1.10 = 13.2$$

$$M_{\mathrm{III}}/(\mathrm{kN\cdot m}) = T_{max}\cdot x_2 = 12.0\times(1.1+6.6) = 92.4$$

$$N_{\mathrm{I}} = N_{\mathrm{II}} = N_{\mathrm{III}} = 0$$

$$V_{\mathrm{II}} = T_{max} = 12.0\ \mathrm{kN}$$

$A$、$B$ 柱的弯矩和剪力图如图 12.75(b) 所示。

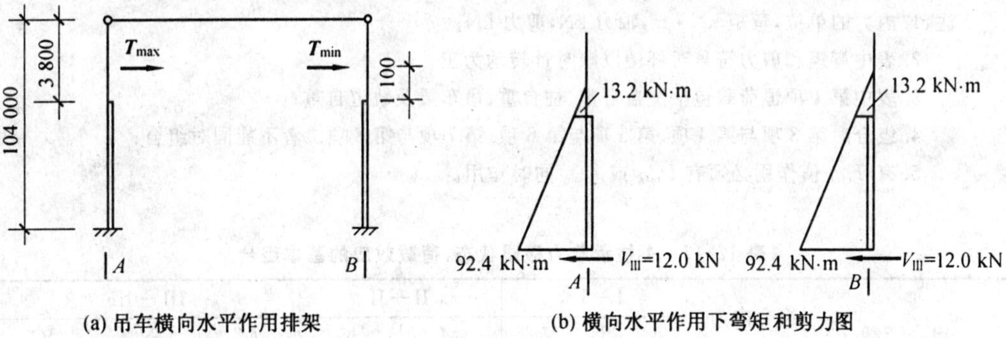


(a) 吊车横向水平作用排架　　(b) 横向水平作用下弯矩和剪力图

图 12.75　吊车横向水平作用

(4) 当 $T_{max}$ 值自右向左作用(←)

内力值与 $T_{max}$ 值自左向右作用相同，但方向相反。

## 12.8.7　内力组合

对于单跨排架，$A$ 柱与 $B$ 柱承受荷载的情况相同，只对一根柱子在各种荷载作用下的内力组合即可，取 $A$ 柱进行内力组合。

表 12.16 为 $A$ 柱在各种荷载作用下的内力汇总表；表 12.17 为承载力极限状态荷载效应的基本组合；表 12.18 为正常使用极限状态荷载效应标准组合及准永久组合。

**表 12.16　A 柱在各种荷载作用下内力汇总**

| 荷载种类 | | 恒荷载 | 屋面活荷载 | 风荷载 | | 吊车荷载 | | | |
|---|---|---|---|---|---|---|---|---|---|
| | | | | 左风 | 右风 | $D_{max}$ | $D_{min}$ | $T_{max}$(→) | $T_{max}$(←) |
| 荷载序号 | | 1 | 2 | 3 | 4 | 5 | 6 | 7 | 8 |
| I－I截面 | $M$ | 4.99 | 0.8 | 36.60 | －45.85 | －37.13 | －37.13 | 13.2 | －13.2 |
| | $N$ | 2 818.6 | 31.5 | | | | | | |
| | $M_k$ | 4.16 | 0.57 | 26.14 | －32.75 | －26.52 | －26.52 | 9.43 | －9.43 |
| | $N_k$ | 182.2 | 22.5 | | | | | | |
| II－II截面 | $M$ | 2.12 | －2.41 | 36.60 | －45.85 | 104.04 | －8.65 | 13.2 | －13.2 |
| | $N$ | 260.8 | 31.5 | | | 313.7 | 63.3 | | |
| | $M_k$ | 1.77 | －1.72 | 26.14 | －32.75 | 74.31 | －6.18 | 9.43 | －9.43 |
| | $N_k$ | 217.3 | 22.5 | | | 224.07 | 45.21 | | |
| III－III截面 | $M$ | 28.19 | 1.76 | 227.14 | －206.13 | 39.56 | －73.31 | 92.4 | －92.47 |
| | $N$ | 286.2 | 31.5 | | | 313.7 | 63.3 | | |
| | $V$ | 3.95 | 0.63 | 41.10 | －32.04 | －9.77 | －9.77 | 12.0 | －12.0 |
| | $M_k$ | 23.49 | 1.26 | 162.24 | －147.24 | 28.26 | －52.23 | 66.0 | －66.0 |
| | $N_k$ | 238.5 | 22.5 | | | 224.07 | 45.21 | | |
| | $V_k$ | 3.29 | 0.45 | 29.36 | －22.89 | －6.98 | －6.98 | 8.57 | －8.57 |

注：1. 内力的单位，弯矩 kN·m，轴力 kN，剪力 kN；

2. 表中弯矩和剪力符号对杆端以顺时针转动为正；

3. 表中第 1 项恒荷载包括屋盖自重、柱自重、吊车梁及轨道自重；

4. 组合时第 3 项与第 4 项、第 5 项与第 6 项、第 7 项与第 8 项二者不能同时组合；

5. 有 $T_{max}$ 值作用必须有 $D_{max}$ 或 $D_{min}$ 同时作用。

**表 12.17　A 柱承载力极限状态、荷载效应的基本组合**

| 组合荷载 | 组合内力名称 | I－I | | II－II | | III－III | | |
|---|---|---|---|---|---|---|---|---|
| | | $M$ /(kN·m) | $N$ /kN | $M$ /(kN·m) | $N$ /kN | $M$ /(kN·m) | $N$ /kN | $V$ /kN |
| 由可变荷载效应的组合值：$r_{Gk}S_{Q1k}+0.9\times\sum_{i=1}^{n}r_{Qi}S_{Qik}$ | $+M_{max}$ | 1＋0.9(2＋3) | | 1＋0.9(3＋5＋7) | | 1＋0.9(2＋3＋5＋7) | | |
| | | 38.65 | 247.0 | 140.58 | 543.1 | 352.96 | 596.9 | 43.51 |
| | $-M_{max}$ | 1＋0.9(4＋6＋8) | | 1＋0.9(2＋4＋6＋8) | | 1＋0.9(4＋6＋8) | | |
| | | －87.57 | 218.6 | －61.00 | 346.1 | －306.3 | 343.2 | －44.48 |
| | $N_{max}$ | 1＋0.9(2＋3) | | 1＋0.9(2＋3＋5＋7) | | 1＋0.9(2＋3＋5＋7) | | |
| | | 38.65 | 247.0 | 138.41 | 571.5 | 352.96 | 596.9 | 43.51 |
| | $N_{min}$ | 1＋0.9(4＋6＋8) | | 1＋0.9(4＋6＋8) | | 1＋0.9(4＋6＋8) | | |
| | | －81.57 | 218.6 | －58.81 | 317.8 | －306.3 | 343.2 | －44.48 |

注：由永久荷载效应控制的组合，其组合值不是最不利，计算从略。

表 12.18　A 柱正常使用极限状态荷载效应的组合

| 组合荷载 | 组合内力名称 | I－I |  | II－II |  | III－III |  |  |
|---|---|---|---|---|---|---|---|---|
|  |  | $M$ /(kN·m) | $N$ /kN | $M$ /(kN·m) | $N$ /kN | $M$ /(kN·m) | $N$ /kN | $V$ /kN |
| 标准组合荷载效应的组合值：$S_{Gk}+S_{Q1k}+\sum_{i=2}^{n}\psi_{ci}S_{Qik}$ | $+M_{max}$ | 1＋3＋0.7×2 |  | 1+5+0.6×3+0.7×7 |  | 1＋3＋0.7(2＋5＋7) |  |  |
|  |  | 30.70 | 198.0 | 98.37 | 441.4 | 252.59 | 411.1 | 34.08 |
|  | $-M_{max}$ | 1＋4＋0.7(6＋8) |  | 1+4+0.7(2+6+8) |  | 1＋4＋0.7(6＋8) |  |  |
|  |  | －53.76 | 182.2 | －43.11 | 264.5 | －206.51 | 270.1 | －30.50 |
|  | $N_{max}$ | 1＋3＋0.7×2 |  | 1+5+0.7(2+7)+0.6×3 |  | 1＋5＋0.7(2＋7)＋0.6×3 |  |  |
|  |  | 30.7 | 198.0 | 97.16 | 457.1 | 196.18 | 478.3 | 20.24 |
|  | $N_{min}$ | 1＋4＋0.7(6＋8) |  | 1＋4＋0.7(6＋8) |  | 1＋4＋0.7(6＋8) |  |  |
|  |  | －53.76 | 182.2 | －41.91 | 248.9 | －206.51 | 270.1 | －30.50 |

注：由准永久荷载效应组合计算，其组合值要小于标准组合时的相应计算值，表中从略。

组合系数 $\psi$ 值为：活荷载 $\psi=0.7$，风荷载 $\psi=0.6$，吊车荷载 $\psi=0.7$。

## 12.8.8　柱子设计

**1. 上柱配筋计算**

从表 12.17 选取两组最不利内力

$$M_1=-81.57\ \text{kN}\cdot\text{m},N_1=218.6\ \text{kN}$$

$$M_2=38.65\ \text{kN}\cdot\text{m},N_2=247.0\ \text{kN}$$

按以上两组内力分别进行配筋计算，综合两组的计算结果，最后上柱钢筋截面面积每侧选用 2$\phi$20($A_s=A'_s=628\ \text{mm}^2$)。

**2. 下柱配筋计算**

从表 12.17 选取两组最不利内力

$$M_1=-306.30\ \text{kN}\cdot\text{m},N_1=343.2\ \text{kN}$$

$$M_2=352.96\ \text{kN}\cdot\text{m},N_2=596.9\ \text{kN}$$

(1) 按 $M_1$、$N_1$ 计算

$\dfrac{l_0}{h}=\dfrac{6\,600}{600}=11>5$，需要考虑纵向弯曲影响，其截面按对称配筋计算，其偏心距为

$$e_0/\text{m}=\frac{M_1}{N_1}=\frac{306.30}{343.2}=0.893$$

$$e_a/\text{mm}=\frac{h}{3}=\frac{600}{30}=20$$

由 $\zeta_1=\dfrac{0.5f_cA}{N}=\dfrac{0.5\times16.7\times1.275\times10^5}{343.2\times10^3}=3.1>1.0$，故取 $\zeta_1=1.0$。

又因为 $\dfrac{l_0}{h}=11<15$，故 $\zeta_2=1.0$

$$\eta=1+\frac{1}{1\,400\times913/565}\left(\frac{6\,600}{600}\right)^2\times1.0\times1.0=1.053$$

则

$$e/\text{mm} = \eta e_i + \frac{h}{2} - a_s = 1.053 \times 913 + \frac{600}{2} - 35 = 1\ 226.4$$

先按大偏心受压情况计算受压区高度 $x$,并假定中和轴通过翼缘,则应 $x < h'_f = 112.5$ mm(翼缘厚度的近似值)

$$x/\text{mm} = \frac{N}{\alpha_1 f_c b'_f} = \frac{343\ 200}{1.0 \times 16.7 \times 400} =$$

$$51.4 < \xi_b h_0/\text{mm} = 0.55 \times 565 = 310.8$$

$$x < 2a'_s = 2 \times 35\ \text{mm} = 70\ \text{mm}$$

取 $x = 2a'_s = 70$ mm。

说明中和轴通过翼缘,故属于大偏心受压情况,则

$$A_s/\text{mm}^2 = A'_s = \frac{Ne - b'_f x \alpha_1 f_c \left(h_0 - \frac{x}{2}\right)}{f_y (h_0 - a'_s)} =$$

$$\frac{34\ 300 \times 1\ 226.4 - 400 \times 70 \times 1.0 \times 16.7 \times \left(565 - \frac{70}{2}\right)}{300 \times (565 - 35)} =$$

1 089

(2) 按 $M_2$、$N_2$ 计算

截面偏心距为

$$e_0/\text{m} = \frac{M_2}{N_2} = \frac{352.96}{596.9} = 0.591$$

$$e_a/\text{mm} = \frac{h}{3} = \frac{600}{30} = 20$$

$$e_i/\text{mm} = e_0 + e_a = 591 + 20 = 611$$

由 $$\zeta_1 = \frac{0.5 f_c A}{N} = \frac{0.5 \times 16.7 \times 1.275 \times 10^5}{596.9 \times 10^3} = 1.78 > 1.0$$

取 $\zeta_1 = 1.0$,又 $\zeta_2 = 1.0$,则

$$\eta = 1 + \frac{1}{1\ 400 \times 611/565} \times \left(\frac{6\ 600}{600}\right)^2 \times 1.0 \times 1.0 = 1.080$$

$$e/\text{mm} = \eta e_i + \frac{h}{2} - a_s = 1.080 \times 611 + \frac{600}{2} - 35 = 924.9$$

先按大偏心受压情况计算受压区高度 $x$,并假定中和轴通过翼缘,则应 $x < h'_f = 112.5$ mm

$$x/\text{mm} = \frac{N}{f_c b'_f} = \frac{596\ 900}{16.7 \times 400} = 89.4$$

$$x > 2a'_s = 2 \times 35\ \text{mm} = 70\ \text{mm}$$

说明中和轴位于受压翼缘内。

又因为 $x < \xi_b h_0 = 310.8$ mm,故属于大偏心受压情况,则

$$A_s/\text{mm}^2 = A'_s = \frac{Ne - b'_f x \alpha_1 f_c \left(h_0 - \frac{x}{2}\right)}{f_y (h_0 - a'_s)} =$$

$$\frac{596\ 900 \times 924.9 - 400 \times 89.4 \times 1.0 \times 16.7 \times \left(565 - \frac{89.4}{2}\right)}{300 \times (565 - 35)} = 1\ 518$$

综合以上两种计算结果，最后下柱钢筋截面面积选用每侧为 4Φ22 ($A_s = A'_s = 1\ 520\ mm^2$)。1

3. **柱裂缝宽度计算**

(1) 上柱

从表 12.18 取得 $M_k = 53.76\ kN \cdot m, N_k = 182.2\ kN$，进行裂缝宽度验算，计算结果 $\omega_{max} = 0.134\ mm < 0.3\ mm$，满足要求(计算从略)。

(2) 下柱

从表 12.18 取一组荷载效应组合内力值

$$M_k = 252.59\ kN \cdot m, N_k = 411.1\ kN$$

截面偏心距

$$e_0/m = \frac{M_k}{N_k} = \frac{252.59}{411.1} = 0.614$$

则

$$\rho_{te} = \frac{A_s}{A_{te}} = \frac{A_s}{0.5bh + (b_f - b)h_f} =$$

$$\frac{1\ 520}{0.5 \times 100 \times 600 + (400 - 100) \times 112.5} =$$

$$0.023\ 8$$

因 $\frac{l_0}{h} = \frac{6\ 600}{600} = 11 < 14$，故取 $\eta_k = 1.0$，则

$$e/mm = \eta e_i + \frac{h}{2} - a_s = 1.0 \times 614 + \frac{600}{2} - 35 = 879$$

$$r'_f = \frac{(b'_f - b)h'_f}{bh_0} = \frac{(400 - 100) \times 112.5}{100 \times 565} = 0.597$$

$$Z/mm = \left[0.87 - 0.12(1 - r'_f)\left(\frac{h_0}{e}\right)^2\right]h_0 =$$

$$\left[0.87 - 0.12 \times (1 - 0.597) \times \left(\frac{565}{879}\right)^2\right] \times 565 =$$

$$480.3$$

按荷载标准组合设计的纵向受拉钢筋应力为

$$\sigma_{sk}/(N \cdot mm^{-2}) = \frac{N_k(e - Z)}{ZA_s} = \frac{411\ 100 \times (879 - 480.3)}{480.3 \times 1\ 520} = 224.5$$

裂缝间钢筋应变不均匀系数为

$$\psi = 1.1 - 0.65\frac{f_{tk}}{\rho_{te} \cdot \sigma_{sk}} = 1.1 - 0.65 \times \frac{2.2}{0.023\ 8 \times 224.5} = 0.832$$

则偏心受压构件在纵向受拉钢筋截面中心处，混凝土侧表面的最大裂缝宽度为

$$\omega_{max}/mm = 2.1\psi\frac{\sigma_{sk}}{E_s}\left(1.9c + 0.08\frac{d_{eq}}{\rho_{te}}\right) =$$

$$2.1\times 0.832\times \frac{224.5}{2\times 10^5}\times \left(1.9\times 25+0.08\times \frac{20}{0.0238}\right)=$$

$$0.23<0.3$$

满足要求。

**4.柱的牛腿设计**

牛腿的外形尺寸按构造要求取用 $h=600\ \text{mm}, h_1=250\ \text{mm}, c=400\ \text{mm}, a=150\ \text{mm}$。牛腿的配筋计算方法与例题 12.4 相同,通过计算,取用纵向钢筋为 4 ф 12,弯起钢筋为 2 ф 12,箍筋为ф 8 @100。

**5.运输、吊装阶段验算**

验算方法与例题 12.3 相同,上柱及下柱吊装时构件的承载力和裂缝宽度均满足要求。

柱子施工图如图 12.76 所示。

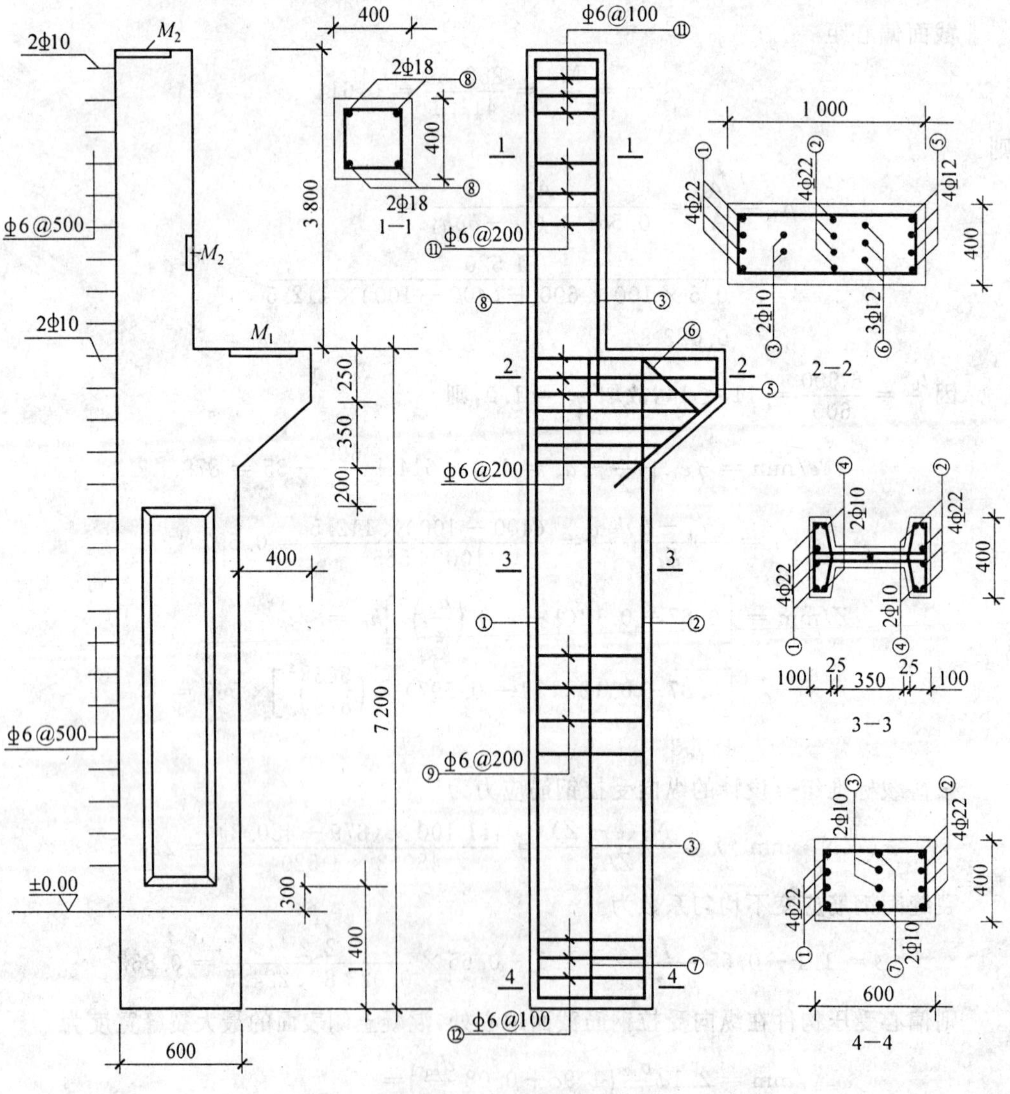


图 12.76　柱子施工图

## 12.8.9　基础设计

**1. 荷载**

按《基础规范》规定，对地基承载力特征值为 200 kN/m² $\leqslant f_{ak}<$ 300 kN/m²、单跨厂房的跨度 $l \leqslant$ 30 m、吊车起重量不超过 100 t 的丙级建筑物，设计时可不做地基变形验算，当按地基承载力确定基础底面面积时，应按荷载效应标准值进行计算。由表 12.18 选取以下两组控制内力进行基础底面计算

$$M_{1k}=252.59\ \text{kN}\cdot\text{m}, N_{1k}=411.1\ \text{kN}, V_{1k}=34.08\ \text{kN}$$

$$M_{2k}=206.51\ \text{kN}\cdot\text{m}, N_{2k}=270.1\ \text{kN}, V_{2k}=-30.50\ \text{kN}$$

初步估计基础底尺寸为 $A/\text{m}^2=l\times b=2.0\times 2.8=5.6, W/\text{m}^3=\frac{1}{6}\times 2\times 2.8^2=2.613$，取基础高度 $h=0.9$ m，基础埋深 1.5 m，则基础自重和土重(取基础与土平均自重 20 kN/m³)为

$$G_k/\text{kN}=r_m lbH=20\times 2.0\times 2.8\times 1.5=168$$

由基础梁传至基础顶面的外墙重

$$G_{wk}/\text{kN}=[10.4\times 6.0-4\times(4.8+1.8)]\times 0.37\times 19=253.08$$

**2. 地基承载力验算**

修正后的地基承载力特征值 $f_a$ 按下式计算

$$f_a=f_{ak}+\eta_d r_m(d-0.5)$$

由《基础规范》查得 $\eta_d=1.0$，取基础底面以上的平均自重 $r_m=20\ \text{kN/m}^3$，则得

$$f_a/(\text{kN}\cdot\text{m}^{-2})=200+1.0\times 20\times(1.5-0.5)=220$$

(1) 按第一组荷载进行验算

$$M_{bot,1k}/(\text{kN}\cdot\text{m})=M_{1k}+V_{1k}\cdot h+G_{wk}\cdot e_w=$$

$$252.59+34.08\times 0.9-253.08\times\left(\frac{0.37}{2}+\frac{0.6}{2}\right)=160.52$$

$$N_{bot,1k}/\text{kN}=N_{1k}+G_k+G_{wk}=411.1+168+253.08=832.2$$

$$\left.\begin{array}{l}p_{1k,max}/(\text{kN}\cdot\text{m}^{-2})\\ p_{1k,min}/(\text{kN}\cdot\text{m}^{-2})\end{array}\right\}=\frac{N_{bot,1k}}{l\times b}\pm\frac{M_{bot,1k}}{W}=$$

$$\frac{832.2}{2\times 2.8}\pm\frac{160.52}{2.613}=148.61\pm 61.43=$$

$$\begin{cases}210.04<1.2\times 220=264\\ 87.18\end{cases}$$

$$p_k/(\text{kN}\cdot\text{m}^{-2})=\frac{1}{2}\times(210.04+87.18)=148.61<220$$

(2) 按第二组荷载验算，其基础底面荷载效应标准值为

$$M_{bot,2k}/(\text{kN}\cdot\text{m})=M_{2k}+V_{2k}\cdot h+G_{wk}\cdot e_w=$$

$$-206.51-30.50\times 0.9-253.08\times\left(\frac{0.37}{2}+\frac{0.6}{2}\right)=-356.70$$

$$N_{bot,2k}/\text{kN} = N_{2k} + G_k + G_{wk} = 270.1 + 168 + 253.08 = 691.2$$

$$\left.\begin{matrix} p_{2k,max}/(\text{kN}\cdot\text{m}^{-2}) \\ p_{2k,min}/(\text{kN}\cdot\text{m}^{-2}) \end{matrix}\right\} = \frac{N_{bot,2k}}{l \times b} \pm \frac{M_{bot,2k}}{W} =$$

$$\frac{691.2}{2 \times 2.8} \pm \frac{356.70}{2.613} = 123.43 \pm 136.51 =$$

$$\begin{cases} 259.94 < 1.2 \times 220 = 264 \\ -13.08 \end{cases}$$

此时基础底面最大应力值按下式计算(因 $p_{2k,max} > f_a$)

$$e_0/\text{m} = \frac{356.70}{691.2} = 0.516$$

$$a/\text{m} = \frac{b}{2} - e_0 = \frac{2.8}{2} - 0.516 = 0.884$$

$$p_{2k,max}/(\text{kN}\cdot\text{m}^{-2}) = \frac{2N}{3al} = \frac{2 \times 691.2}{3 \times 0.884 \times 2.0} = 260.6 < 264$$

又 $$p_k/(\text{kN}\cdot\text{m}^{-2}) = \frac{1}{2}p_{2k,max} = \frac{1}{2} \times 260.6 = 130.3 < 220$$

故满足要求。

3.基础抗冲切验算

从表12.17中取第一组(其产生的 $p_{max}$ 较大者)荷载效应设计值,进行抗冲切验算,即取

$$M_1 = -306.30\ \text{kN}\cdot\text{m}, N_1 = 343.2\ \text{kN}, V_1 = -44.48\ \text{kN}$$

① 基础底面的相应荷载效应设计值

不考虑基础自重,外墙传至基础顶面重为

$$G_w/\text{kN} = r_G G_{wk} = 1.2 \times 253.08 = 303.7$$

$$M_{bot,1}/(\text{kN}\cdot\text{m}) = M_1 + V_1 h + G_w e_w =$$

$$-306.30 - 44.48 \times 0.9 - 303.7 \times \left(\frac{0.37}{2} + \frac{0.6}{2}\right) =$$

$$-493.63$$

$$N_{bot,1}/\text{kN} = N_1 + G_w = 343.2 + 303.7 = 646.9$$

② 基础底面上净反力为

$$\left.\begin{matrix} p_{n,max}/(\text{kN}\cdot\text{m}^{-2}) \\ p_{n,min}/(\text{kN}\cdot\text{m}^{-2}) \end{matrix}\right\} = \frac{N_{bot,1}}{l \times b} \pm \frac{M_{bot,1}}{W} =$$

$$\frac{646.9}{2 \times 2.8} \pm \frac{493.63}{2.613} = 115.52 \pm 188.91 =$$

$$\begin{cases} 304.43 \\ -73.39 \end{cases}$$

因最小净反力为为负值,故其底面净反力应按以下公式计算

$$e_0/\text{m} = \frac{493.63}{646.9} = 0.763$$

$$a/\text{m} = \frac{b}{2} - e_0 = \frac{2.8}{2} - 0.516 = 0.884$$

$$p_{\text{n,max}}/(\text{kN}\cdot\text{m}^{-2}) = \frac{2N}{3al} = \frac{2\times 646.9}{3\times 0.637\times 2.0} = 338.5$$

(1) 柱根冲切面抗冲切验算(图 12.50 及图 12.77(a))

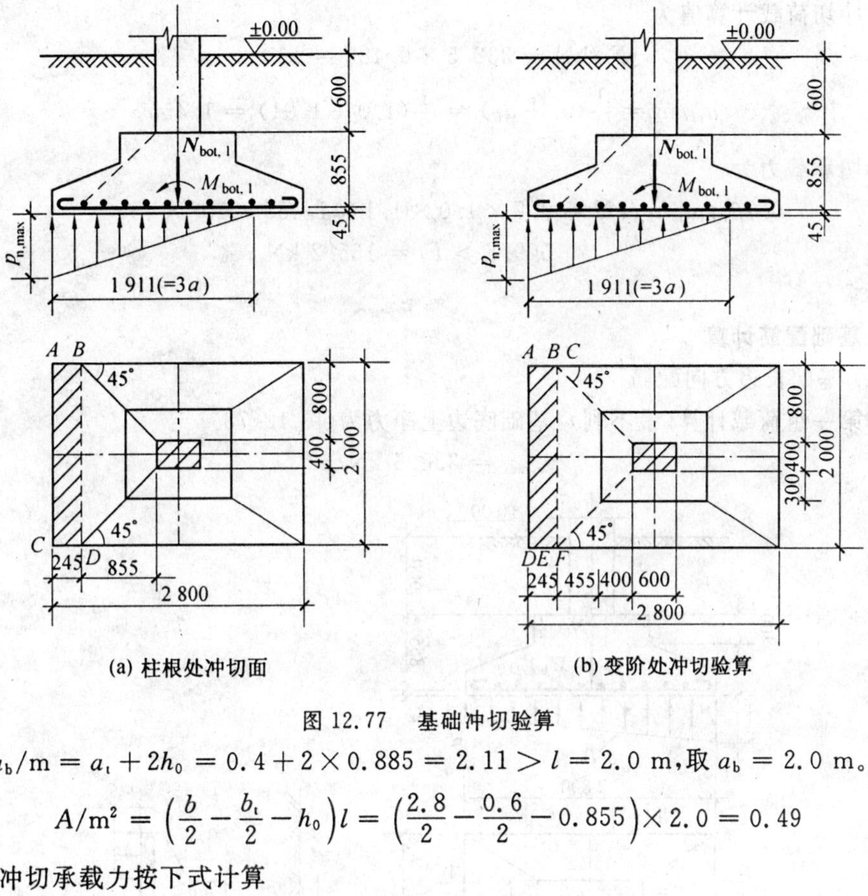


(a) 柱根处冲切面　　(b) 变阶处冲切验算

图 12.77　基础冲切验算

$a_b/\text{m} = a_t + 2h_0 = 0.4 + 2\times 0.885 = 2.11 > l = 2.0\ \text{m}$，取 $a_b = 2.0\ \text{m}$。

$$A/\text{m}^2 = \left(\frac{b}{2} - \frac{b_t}{2} - h_0\right)l = \left(\frac{2.8}{2} - \frac{0.6}{2} - 0.855\right)\times 2.0 = 0.49$$

其冲切承载力按下式计算

$$F_l/\text{kN} = p_{\text{n,max}}A = 338.5\times 0.49 = 165.9$$

则冲切承载力按下式计算

$$F_l \leqslant 0.7\beta_h f_t a_m h_0$$

插值计算得 $\beta_h$ 值为 0.992。$a_m$ 值为

$$a_m/\text{m} = \frac{a_t + a_b}{2} = \frac{0.4 + 2.0}{2} = 1.2$$

则冲切承载力为

$$0.7\beta_h f_t a_m h_0/\text{kN} = 0.7\times 0.992\times 1.1\times 1.2\times 10^3\times 855 = 783.7 > F_l = 165.9\ \text{kN}$$

满足要求。

(2) 变阶处冲切面抗冲切验算(图 12.77(b))

$$a_b/\text{m} = 0.4 + 2\times 0.3 + 2\times 0.455 = 1.91 < l = 2.0\ \text{m}$$

$$A/\text{m}^2=\left(\frac{b}{2}-\frac{b_t}{2}-h_0\right)l-\left(\frac{l}{2}-\frac{a_t}{2}-h_0\right)^2=$$

$$\left(\frac{2.8}{2}-\frac{1.4}{2}-0.455\right)\times 2.0-\left(\frac{2.0}{2}-\frac{1.0}{2}-0.455\right)^2=$$

$$0.245\times 2.0-0.002=0.488$$

则冲切荷载计算值为

$$F_l/\text{kN}=338.5\times 0.488=165.2$$

$$a_m/\text{m}=\frac{1}{2}(a_t+a_b)=\frac{1}{2}(1.0+1.91)=1.455$$

冲切承载力为

$$0.7\beta_h f_t a_m h_0/\text{kN}=0.7\times 1.0\times 1.1\times 1.455\times 10^3\times 455=$$
$$509.8>F_l=165.2\ \text{kN}$$

满足要求。

**4.基础配筋计算**

(1) 基础长边方向配筋

按第一组荷载计算(最不利):基础底边上净力为(图 12.78)

$$p_{n,\max}=338.5\ \text{kN/m}^2$$

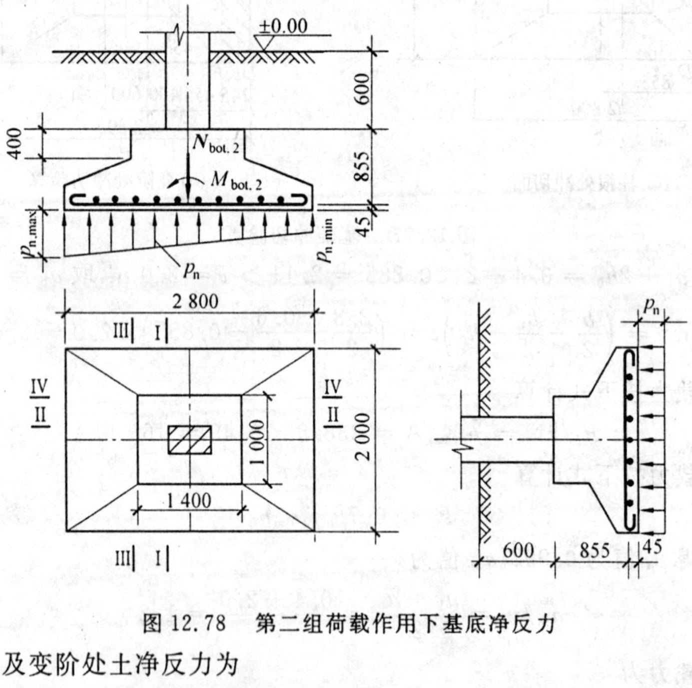


图 12.78 第二组荷载作用下基底净反力

在柱根处及变阶处土净反力为

$$p_{n1}/(\text{kN}\cdot\text{m}^{-2})=\frac{\left(3a-\frac{b}{2}+\frac{b_t}{2}\right)}{3a}p_{n,\max}=\frac{(1.911-1.4+0.3)}{1.911}\times 338.5=143.7$$

$$p_{n2}/(\text{kN}\cdot\text{m}^{-2})=\frac{(1.911-1.4+0.3+0.4)}{1.911}\times 338.5=214.5$$

则得其截面相应弯矩为

$$M_{\mathrm{I}}/(\mathrm{kN\cdot m})=\frac{1}{12}\left(\frac{b}{2}-\frac{b_{t}}{2}\right)^{2}[(2l+a_{t})(p_{n,max}+p_{n1})+(p_{n,max}-p_{n1})]=$$

$$\frac{1}{12}\left(\frac{2.8}{2}-\frac{0.6}{2}\right)^{2}\times[(2\times2.0)(338.5+143.7)+(338.5-143.7)]=$$

$$233.6$$

$$M_{\mathrm{III}}/(\mathrm{kN\cdot m})=\frac{1}{12}\times\left(\frac{2.8}{2}-\frac{1.4}{2}\right)^{2}[(2\times2+1.0)(338.5+143.7)+(338.5-143.7)]=$$

$$168.5$$

相应于I－I和III－III截面的配筋为

$$A_{s}/\mathrm{mm}^{2}=\frac{M_{\mathrm{I}}}{0.9h_{01}\cdot f_{y}}=\frac{233.6\times10^{6}}{0.9\times855\times300}=1\ 012$$

又 $$A_{s}/\mathrm{mm}^{2}=\frac{M_{\mathrm{III}}}{0.9h_{02}\cdot f_{y}}=\frac{168.5\times10^{6}}{0.9\times455\times300}=1\ 372$$

选用 12ф12@180($A_s = 1\ 357\ \mathrm{mm}^2$)。

(2) 基础短边方向配筋

按第二组荷载计算(最不利):基础底边土净反力(图12.78)为

$$M_{2}=-352.96\ \mathrm{kN\cdot m},N_{2}=596.9\ \mathrm{kN},V_{2}=-43.51\ \mathrm{kN}$$

$$G_{w}=303.7\ \mathrm{kN}$$

则 $$M_{bot,2}/(\mathrm{kN\cdot m})=352.96+43.51\times0.9-303.7\times\left(\frac{0.37}{2}+\frac{0.6}{2}\right)=224.82$$

$$N_{bot,2}/\mathrm{kN}=596.9+303.7=900.6$$

$$\left.\begin{matrix}p_{n,max}/(\mathrm{kN\cdot m^{-2}})\\p_{n,min}/(\mathrm{kN\cdot m^{-2}})\end{matrix}\right\}=\frac{N_{bot,2}}{l\times b}\pm\frac{M_{bot,2}}{W}=$$

$$\frac{900.6}{2\times2.8}\pm\frac{244.82}{2.613}=160.8\pm93.7=$$

$$\begin{cases}254.5\\67.1\end{cases}$$

则得其截面相应弯矩为

$$M_{\mathrm{II}}/(\mathrm{kN\cdot m})=\frac{1}{48}(l-a_{t})^{2}(2b+b_{t})(p_{n,max}+p_{n,min})=$$

$$\frac{1}{48}\times(2-0.4)^{2}\times(2\times2.8+0.6)\times(254.5+67.1)=$$

$$106.3$$

$$M_{\mathrm{IV}}/(\mathrm{kN\cdot m})=\frac{1}{48}(l-a_{t})^{2}(2b+b_{t})(p_{n,max}+p_{n,min})=$$

$$\frac{1}{48}\times(2-0.4)^{2}\times(2\times2.8+1.4)\times(254.5+67.1)=$$

$$46.9$$

相应于 Ⅱ－Ⅱ 和 Ⅳ－Ⅳ 截面的配筋为

$$A_s/\text{mm}^2=\frac{M_{\text{II}}}{0.9h_{02}f_y}=\frac{106.3\times10^6}{0.9\times855\times300}=461$$

又

$$A_s/\text{mm}^2=\frac{M_{\text{IV}}}{0.9h_{02}f_y}=\frac{46.9\times10^6}{0.9\times855\times300}=382$$

选用 13ϕ8@200($A_s=654\ \text{mm}^2$),基础施工图如图 12.79 所示。

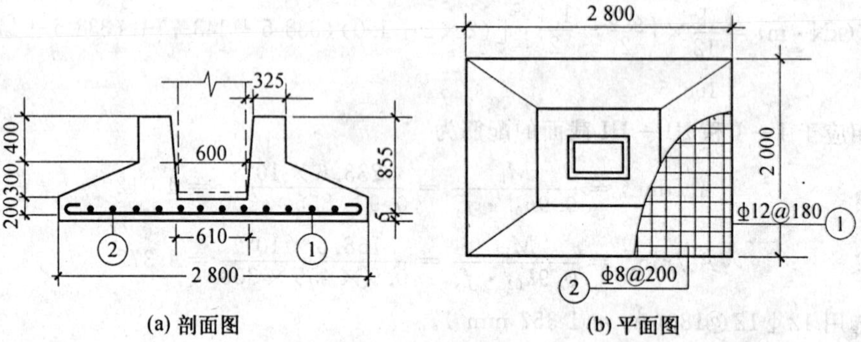


图 12.79　基础施工图

## 本章小结

1.单层厂房结构设计,可分为结构方案设计、结构分析、构件截面配筋计算和构造设计等。其中结构方案设计包括确定结构类型和结构体系、构件选型和结构布置等。结构方案设计合理与否,将直接影响厂房结构的可靠性、经济性和技术合理性,设计时一定要慎重对待。

2.排架结构是单层厂房中应用最广泛的一种结构形式,它是一个空间受力体系,结构分析时一般近似地将其简化为横向平面排架和纵向平面排架。横向平面排架主要由横梁(屋架或屋面梁)和横向柱列(包括基础)组成,承受全部竖向荷载和横向水平荷载;纵向平面排架由连梁、吊车梁、纵向柱列(包括基础)和柱间支撑等组成,它不仅承受厂房的纵向水平荷载,而且保证厂房结构的纵向刚度和稳定性。

3.单层厂房结构布置包括结构平面布置、支撑布置和围护结构布置等。对装配式钢筋混凝土排架结构,合适的支撑布置可以保证厂房的整体刚度和稳定,设计时一定要合理地布置支撑体系。

4.排架分析包括纵、横向平面排架结构分析。纵向平面排架结构分析是为了确定柱间支撑数量,非抗震设计时一般根据工程经验确定,不必进行计算。横向平面排架结构分析是为了设计排架柱和基础,其内容有:确定排架计算简图、计算作用在排架上的各种荷载、排架内力分析和控制截面最不利内力组合等。

5.横向平面排架结构一般采用力法进行结构内力分析。对于等高排架,亦可采用剪力分配法计算内力,是按柱的抗剪刚度比例分配水平力。

6.单层厂房是空间结构。厂房空间作用的大小主要取决于屋盖刚度、有无山墙及间距、荷载类型等。

7.作用于排架上的各单项荷载同时出现的可能性较大,但各单项荷载都同时达到最大值的可能性却较小。通常将各单项荷载作用下排架的内力分别计算出来，再按一定的组合原则确定柱控制截面的最不利内力。

8. 对于预制钢筋混凝土排架柱，除按偏心受压构件计算以保证使用阶段的承载力要求和裂缝限制，还要按受弯构件进行验算以保证施工阶段（吊装、运输）的承载力要求和裂缝宽度限值。

9. 柱牛腿分为长牛腿和短牛腿。长牛腿为悬臂受弯构件，按悬臂梁设计；短牛腿为变截面悬臂深梁。短牛腿的截面高度一般以不出现斜裂缝作为控制条件来确定；其纵向受力钢筋一般由计算确定，水平箍筋和弯起钢筋按构造要求设置。

10. 钢筋混凝土屋架属于超静定平面桁架。屋架除应进行使用阶段的承载力计算及变形裂缝宽度验算外，尚需进行施工阶段（扶直和吊装）验算。吊车梁是一种受力复杂的简支梁，吊车荷载使其双向受弯、受剪和受扭。

## 思考题

1. 单层钢筋混凝土排架结构厂房由哪些构件组成？
2. 作用在单层厂房排架结构上的荷载有哪些？其荷载传递途径如何？
3. 单层厂房的支撑体系包括哪些？其作用是什么？
4. 什么是等高排架？
5. 在确定排架结构计算单元和计算简图时作了哪些假定？
6. 排架柱的控制截面如何确定？
7. 如何用剪力分配法计算等高排架的内力？
8. 排架柱进行最不利内力组合时，应进行哪几种内力组合？内力组合时需注意什么问题？
9. 排架柱在吊装阶段的受力如何？为什么要对其进行吊装验算？其验算内容有哪些？
10. 牛腿的主要破坏形态有哪些？
11. 牛腿的截面尺寸如何确定？牛腿顶面的配筋构造有哪些？
12. 屋架与山墙抗风柱的连接有何特点？
13. 什么是厂房的整体空间作用？影响单层厂房空间作用的因素有哪些？
14. 设计矩形截面单层厂房柱时，应着重考虑哪些问题？
15. 柱下扩展基础的设计步骤和要点是什么？
16. 吊车梁的受力特点是什么？

## 练习题

1. 某单层单跨厂房，跨度 18 m、柱距 6 m，内有两台 10 t 的 A4 级桥式吊车。试求该柱承受的吊车竖向荷载 $D_{max}$、$D_{min}$ 和横向水平荷载 $T_{max}$。起重机有关资料如下：吊车跨度 $L_k = 16.5$ m，吊车宽 $B = 5.55$ m，轮距 $K = 4.4$ m，吊车总质量 18.0 t，小车质量 3.94 t，额定起重量 10 t，最大轮压标准值 $P_{max,k} = 115$ kN。

2.某市郊单层工业厂房，外形尺寸如图 12.80 所示。柱距 6 m，基本风压 $\omega = 0.45\ kN/m^2$，求作用在横向平面排架上的风荷载(风荷载体型系数、风压高度变化系数可由《荷载规范》查得)。

3.求图 12.81 所示排架柱在屋盖结构自重作用下的内力，并作内力图。已知：$I_1 = 2.1\times10^9\ mm^4$，$I_2 = 1.4\times10^{10}\ mm^4$，$G_1 = 400\ kN$，$e_1 = 0.05\ m$，$e_2 = 0.2\ m$。

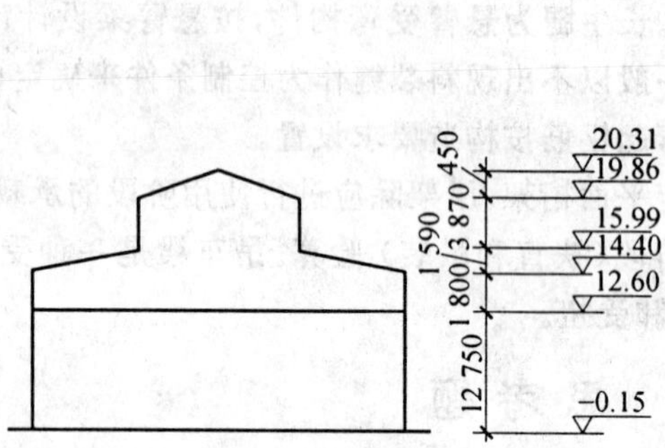


图 12.80　习题 2 图

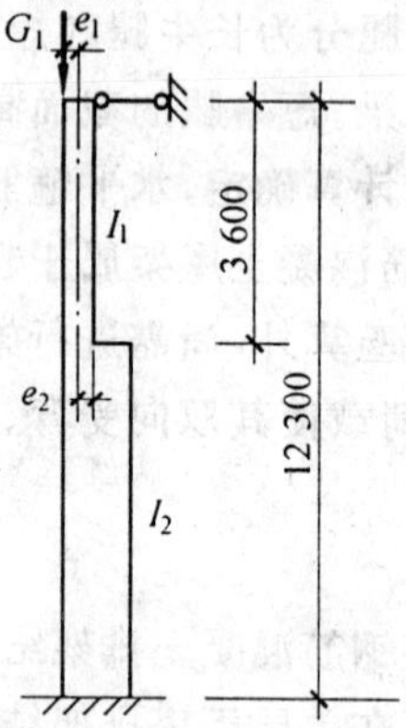


图 12.81　习题 3 图

4.求图 12.82 所示排架柱在吊车竖向荷载作用下的内力。已知：$I_1 = 4.2\times10^9\ mm^4$，$I_2 = 1.5\times10^{10}\ mm^4$，$D_{max} = 530.5\ kN$，$D_{min} = 121.5\ kN$，$e = 0.5\ m$。

5.求图 12.83 所示两跨排架在吊车水平荷载作用下的内力。已知：$I_1 = 5.2\times10^9\ mm^4$，$I_2 = 3.6\times10^{10}\ mm^4$，$I_3 = 9.0\times10^9\ mm^4$，$I_4 = 5.3\times10^{10}\ mm^4$，$T_{max} = 20.6\ kN$。

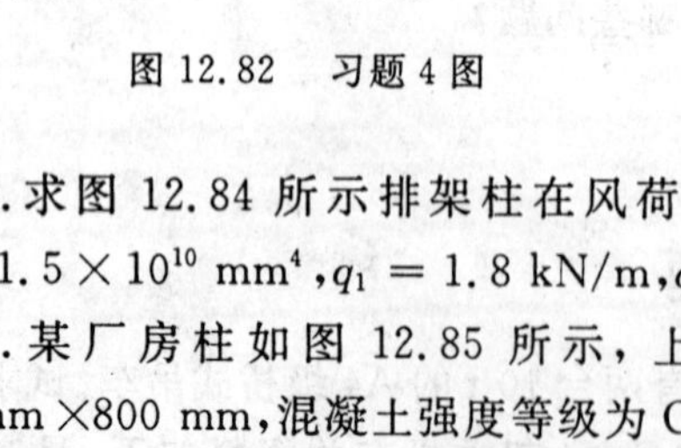


图 12.82　习题 4 图

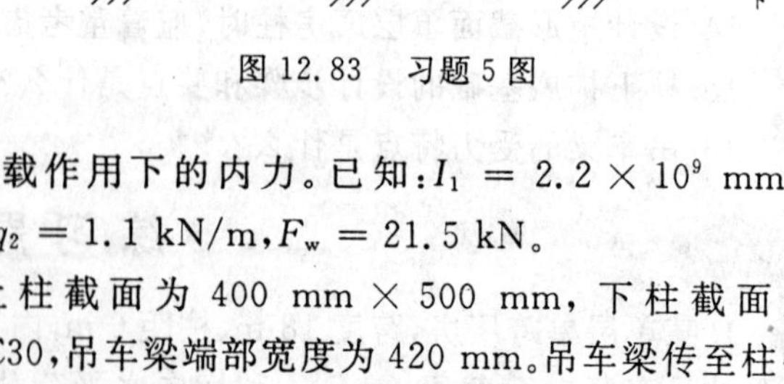


图 12.83　习题 5 图

6.求图 12.84 所示排架柱在风荷载作用下的内力。已知：$I_1 = 2.2\times10^9\ mm^4$，$I_2 = 1.5\times10^{10}\ mm^4$，$q_1 = 1.8\ kN/m$，$q_2 = 1.1\ kN/m$，$F_w = 21.5\ kN$。

7.某厂房柱如图 12.85 所示，上柱截面为 400 mm × 500 mm，下柱截面为 400 mm ×800 mm，混凝土强度等级为 C30，吊车梁端部宽度为 420 mm。吊车梁传至柱牛腿顶部的竖向力标准值和设计值分别为 $F_{vk} = 580\ kN$，$F_v = 800\ kN$。试确定牛腿的尺寸及配筋。

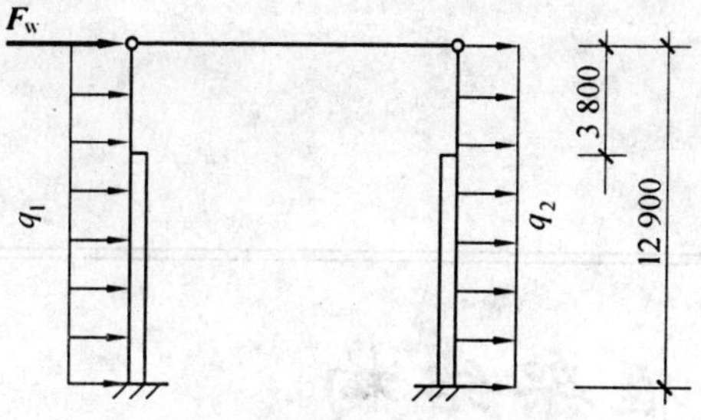


图 12.84　习题 6 图

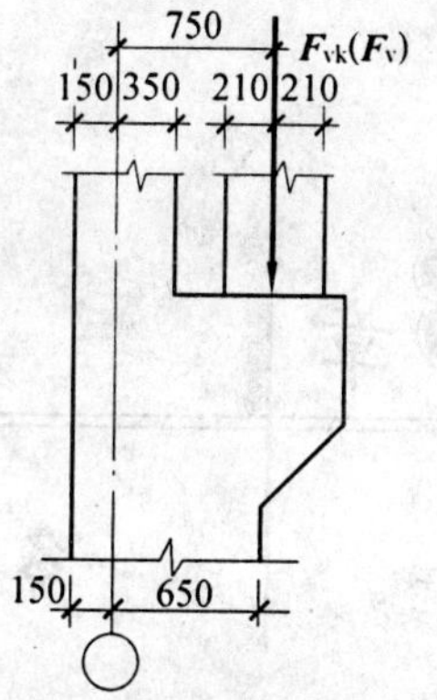


图 12.85　习题 7 图

8. 某单层厂房现浇柱下独立锥形扩展基础，已知由柱传来基础顶面的轴向压力 $N_k = 920$ kN、弯矩 $M_k = 276$ kN·m、剪力 $V_k = 25$ kN。柱截面尺寸 $b \times h = 400$ mm $\times$ 600 mm，地基承载力特征值 $f_a = 200$ kN/m$^2$，基础埋深 1.5 m。基础采用 C20 混凝土，HRB235 级钢筋。试设计此基础并绘出基础平面、剖面和配筋图。

# 第13章 多层框架结构

**【学习要点】**

1. 了解框架结构的特点和使用范围。

2. 熟悉框架结构体系的选择方法、结构布置原则。

3. 掌握竖向荷载作用下的框架结构内力分析的分层法、水平荷载作用下的框架结构内力分析的反弯点法和 $D$ 值法等内力和变形的近似计算方法。

4. 掌握荷载效应组合及内力调幅的原则、构件截面和节点设计的方法及框架结构的构造要求。

5. 熟悉梁、柱的配筋计算和构造要求。

## 13.1 概　　述

框架是由梁和柱连接而成的，梁、柱组成的承重框架作为建筑竖向承重构件，并同时抵抗水平荷载，内外墙仅起填充和围护作用，框架和框架之间有连系梁和楼板连成整体。

框架结构的主要优点是：建筑平面布置灵活、可形成较大的空间，立面处理上易于表现建筑艺术的要求，故多用于内部空间开阔的办公楼、旅馆、图书馆、商业性建筑和多层轻工业厂房等民用建筑和工业建筑。

框架体系由于其抗侧移刚度小，属柔性结构，在水平荷载作用下，从整体上看，主要是因梁、柱的局部弯曲变形而产生的剪切变形。房屋层数越多、高度越高，因水平荷载作用而产生的内力和变形值迅速增大，当侧移值过大时就不能满足使用上的要求，否则将使下柱截面过大而不经济。一般认为，框架结构房屋高度不宜超过 50 m。

按照施工方法的不同，框架结构可分为现浇式、装配式和装配整体式 3 种形式，它们在使用阶段的分析是相近的，但在施工和使用过程中有不同特点。

现浇框架是指梁、柱、楼盖均为钢筋混凝土现浇的，故整体性强、抗震(振) 性能好。其缺点是现场施工的工作量大、工期长、需要大量的模板。

装配式框架是指梁、柱、楼盖均为预制，通过焊接拼装连接成整体的框架结构。由于所有构件均为预制，可实现标准化、工厂化、机械化生产。因此，施工速度快、效率高。但由于在焊接接头处需预埋连接件，增加了用钢量。装配式框架结构的整体性差，抗震(振) 能力弱，不宜在地震区应用。

装配整体式是指梁、柱、楼盖均为预制，在构件吊装就位后，焊接或绑扎节点区钢筋，浇注节点区混凝土，从而将梁、柱、楼板连成整体框架结构。装配整体式框架结构具有较好的整体性和抗震(振)能力，又可采用预制构件，减少现场浇注混凝土的工作量。因此，它兼有现浇式框架和装配式框架的优点，但其缺点是节点区现场浇注混凝土施工复杂。

近年来，我国高层建筑发展十分迅速，各地兴建高层建筑层数已普遍增加。房屋高度 150 m以上的高层建筑已超过100栋。国际上诸多国家和地区对高层建筑结构的界定都在 10 层以上。为适应我国高层建筑的发展形势并与国际诸多国家的界定相适应，我国《高层建筑混凝土结构技术规程》(JGJ 3—2002)规定10层及10层以上的建筑为高层建筑结构。考虑到有些钢筋混凝土结构建筑的层数虽未达到 10 层，但其房屋高度较高，所以同时规定高度超过 28 m 的民用建筑也为高层建筑结构。

目前国内外大多采用现浇混凝土框架，故这里主要讲述现浇框架。

## 13.2　框架结构布置

### 13.2.1　结构布置的一般原则

结构布置在建筑的平、立、剖面和结构的形式确定以后进行。对于建筑剖面不复杂的结构只需进行结构平面布置；对于建筑剖面复杂的结构，除应进行结构平面布置外，还须进行结构竖向布置。进行结构布置时，应满足以下一般原则：

(1) 满足使用要求，并尽可能地与建筑的平、立、剖面划分相一致；

(2) 满足人防、消防要求，使水、暖、电各专业的布置能有效地进行；

(3) 结构应尽可能简单、规则、均匀、对称，构件类型少；

(4) 妥善地处理温度、地基不均匀沉降以及地震等因素对建筑的影响；

(5) 施工简便；

(6) 经济合理。

结构选型和结构布置在结构设计中起着至关重要的作用。结构选型好，布置合理，不但使用方便，而且受力好，施工简便，造价也低；反之，则情况相反。因此，要根据上述原则进行多个结构布置方案的比较，反复推敲，选择一个比较合理的结构布置方案。

在进行结构平面布置时，常常出现与建筑专业以及水、暖、电等专业相矛盾的情况。因此在专业间要经常协调，以求得统一的意见。

### 13.2.2　柱网布置

**1. 柱网布置应满足生产工艺的要求**

在多层工业厂房中，生产工艺的要求是厂房平面设计的主要依据，建筑平面布置有内廊式、统间式、大宽式等几种。与此同时，柱网布置方式可分为内廊式、等跨式、对称不等跨式等几种，如图 13.1 所示。

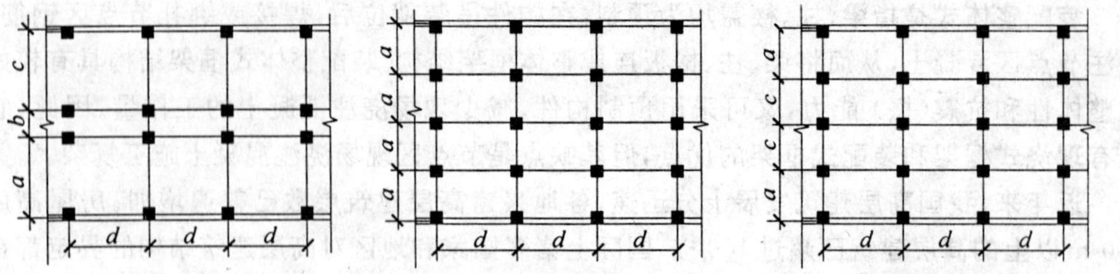


(a) 内廊式　　(b) 等跨式　　(c) 对称不等式

图 13.1　多跨厂房柱网布置

**2. 柱网布置应满足建筑平面布置的要求**

在旅馆、办公楼等民用建筑中，柱网布置应与建筑分隔墙布置相协调，一般常将柱子设在建筑纵隔墙交叉点上，以尽量减少柱子对建筑使用功能的影响。柱网的尺寸还要受到梁跨度的限制，梁跨度一般在 6 ～ 9 m 之间为宜。

在旅馆建筑中，建筑平面一般布置应两边为客房，中间为走道。这时，柱网布置可有两种方案：一种是布置成走道为一跨，客房与卫生间为一跨，如图 13.2(a) 所示；另一种是将走道与两侧的卫生间并为一跨，边跨仅布置客房，如图 13.2(b) 所示。

在办公建筑中，一般是两边为办公室，中间为走道，这时可将中柱布置在走道两侧，如图 13.3(a) 所示。亦可取消一排柱子，布置成为两跨框架，如图 13.3(b) 所示。

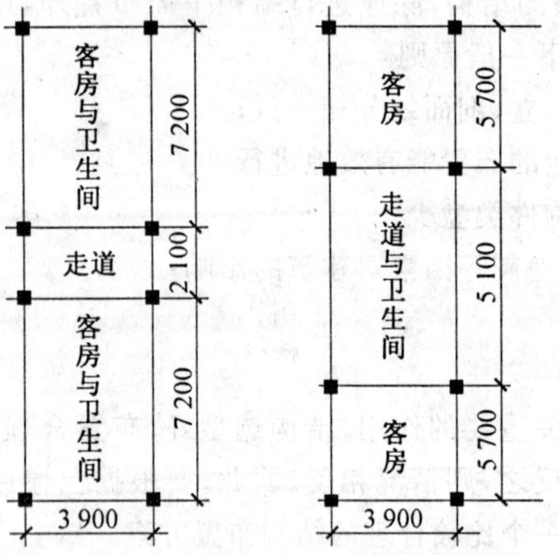


(a)　　(b)

图 13.2　旅馆横向柱列

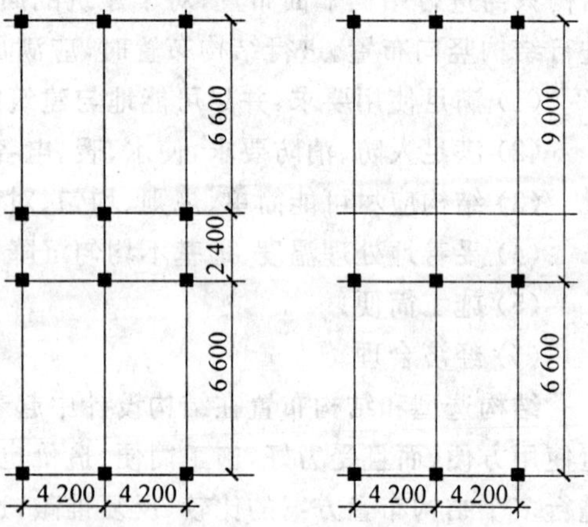


(a)　　(b)

图 13.3　办公楼横向柱列

**3. 柱网布置应使结构受力合理**

多层框架结构主要承受竖向荷载。柱网布置时，应考虑结构在竖向荷载作用下的内力分布均匀合理，各构件材料强度均能充分利用。

**4. 柱网布置应方便施工**

建筑设计及结构布置时均应考虑施工方便，以便加快施工进度，降低工程造价。例如，对于装配式结构，既要考虑构件的最大长度和最大重量，使之满足吊装、运输设备的限制条件，又要考虑构件尺寸的模数化、标准化，并尽量减少规格种类，以满足工业化生产的要求，提高生产效率。现浇框架结构可不受建筑模数和构件标准的限制，但在结构布置时亦应尽量使梁板布置简单规则，以方便施工。

### 13.2.3　框架结构布置

按照结构布置不同，框架结构可以分为横向承重、纵向承重和纵横向混合承重 3 种方案。

**1. 横向框架承重方案**

在横向承重方案中，竖向荷载主要由横向框架承担，楼板为预制时应沿横向布置，如图 13.4(a) 所示。楼板为现浇时，一般需设次梁将荷载传至横向框架，横向框架还要承受横向的水平荷载和地震作用，在房屋的纵向，则可设置连系梁与横向框架连接，这些连系梁与柱实际上形成了纵向框架，承受平行于房屋纵向的水平风荷载和地震作用。由于房屋端部的横墙受风面积较小，而纵向框架的跨数一般较多，纵向水平风荷载所产生的框架内力不大，常可以忽略不计，但纵向地震作用引起的框架内力则应进行计算。

**2. 纵向框架承重方案**

在纵向承重方案中，竖向荷载主要由纵向框架承担，预制楼板布置方式和次梁设置方向与横向承重框架相反，如图 13.4(b) 所示。纵向框架也要承受纵向水平风荷载和地震作用，而在房屋横向设置的连系梁与柱形成横向框架，以承受房屋横向水平风荷载和地震作用。

**3. 纵横向框架混合承重方案**

当柱网为正方形或接近正方形，或楼面荷载较大的情况下，可采用纵横向承重方案，这时楼面常为现浇双向楼盖或井字梁楼盖(图 13.4(c))，两个方向的框架同时承受竖向荷载和水平荷载，形成纵横向框架混合承重方案。这种承重方案具有较好的整体工作性能，对抗震有利。

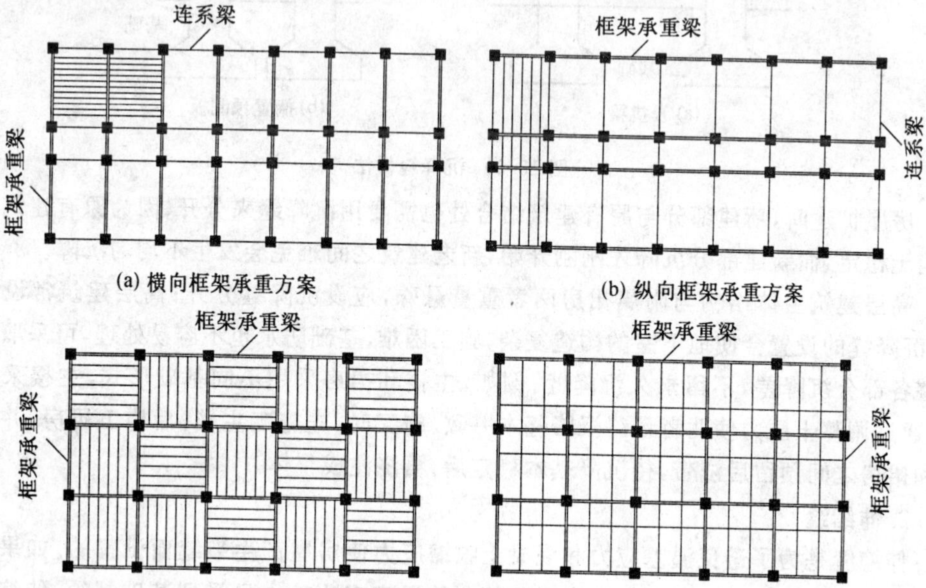


(c) 纵横向框架混合承重方案

图 13.4　框架结构布置

### 13.2.4 变形缝

变形缝是伸缩缝、沉降缝、防震缝的统称,在多层及高层建筑结构中,应尽量减少缝或不设缝,这可简化构造、方便施工、降低造价、增强结构整体性和空间刚度。为此,在建筑设计时,应通过调整平面形状、尺寸、体型等措施,在结构设计时,应通过选择结点连接方式、配置构造钢筋、设置刚性垫块等措施;在施工方面,应通过分阶段施工、设置后浇带、做好保温隔热层等措施来防止由于混凝土收缩、不均匀沉降、地震作用等因素所引起的结构或非结构构件的损坏。当建筑物平面狭长或形状复杂、不对称,或各部分刚度、高度、重量相差悬殊,且上述措施都无法解决时,则设置伸缩缝、沉降缝、防震缝也是必要的。

**1.沉降缝**

沉降缝是为了避免地基不均匀沉降在房屋构件中引起裂缝而设置的,当房屋因上部荷载不同或因地基性状差异而有可能产生过大的不均匀沉降时,应设沉降缝将建筑物从基础至屋顶全部分开,使得各部分能够自由沉降,不致在结构中引起过多的内力,避免混凝土构件出现裂缝。沉降缝可利用挑梁或搁置预制板、预制梁的办法制作,如图 13.5 所示。有抗震设防要求时,不宜采用搁板式沉降缝。

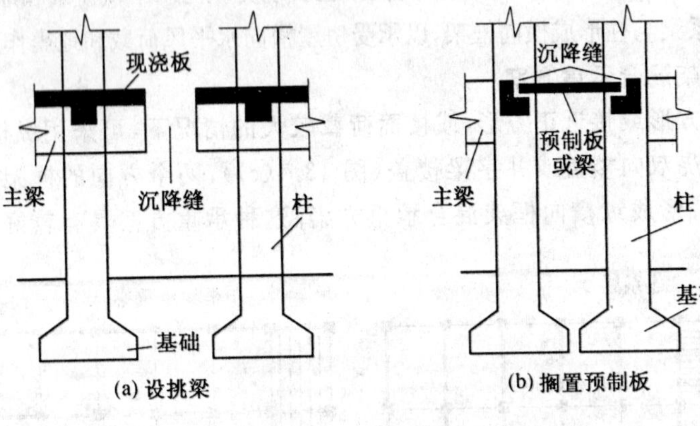


图 13.5　沉降缝做法

房屋扩建时,新建部分与原有建筑结合处也需要用沉降缝来分开,因为原有建筑沉降已趋于稳定,而新建部分沉降才刚刚开始,新老建筑之间难免会发生不均匀沉降。

高层建筑主体结构与附属裙房两者重量悬殊,应设沉降缝分开;高层建筑常设地下室,沉降缝的设置会使地下室的构造复杂,施工困难、基础防水也不容易处理,可采取措施调整各部分沉降差,不留永久沉降缝。例如,主楼和裙房采用不同基础形式,主楼采用箱基,通过调整土压力使两者最终沉降基本一致。施工时,先施工主楼,后施工裙房,并在主楼和裙房之间预留后浇带,待沉降基本稳定后,再浇注成整体。

**2.伸缩缝**

伸缩缝是为了避免温差应力和混凝土收缩应力使房屋产生裂缝而设置的。如果房屋长度过大,当气温发生变化时,埋在土下部分的温度变化较小且受到基础制约,伸缩变形较小;而上部结构暴露在大气中,直接受到日照作用,伸缩变形较大。两者伸缩程度不一致时,会在结构中引起较大的内力,严重的可使房屋产生裂缝;而且构件受到约束,温度变化时不能自由伸缩也会使房屋产生裂缝，此外，新浇混凝土在结硬过程中会产生收缩应力并可能引起结构开裂。为减小温度应力和收缩应力对结构构件造成的危害，可用伸缩缝将上部结构分成若干个温度区段，伸缩缝仅将上部结构从基础顶面断开，并留有一定宽度的缝隙，使各温度区段的结构在气温变化时，可以沿变化方向自由变形。

3. **防震缝**

防震缝的设置主要与建筑平面形状、高差、刚度、质量分布等因素有关。防震缝的设置，应使各结构单元简单、规则，刚度和质量分布均匀，以避免地震作用下的扭转效应。为避免各单元之间的结构在地震发生时互相碰撞，防震缝的宽度不得小于70 mm，同时对于框架结构房屋，当高度超过 15 m 时，6 度、7 度、8 度和 9 度相应每增加 5 m、4 m、3 m 和 2 m，防震缝宽度宜加宽 20 mm。防震缝两侧结构类型不同时，宜按需要较宽防震缝的结构类型和较低房屋高度确定缝宽。

在地震区的伸缩缝或沉降缝应符合防震缝的要求。当仅需设置防震缝时，则基础可不分开，但在防震缝处基础应加强构造和连接。

## 13.3　框架梁、柱截面尺寸估算

框架结构属于超静定结构。框架内力和变形除取决于荷载的形式和大小之外，还与构件或截面的刚度有关，而构件或截面的刚度又取决于构件的截面尺寸，因此要先确定构件的截面尺寸。反过来，构件的截面尺寸又与荷载和内力的大小等有关，在构件内力没有计算出以前，很难准确地确定构件的截面尺寸大小。因此，只能先估算构件的截面尺寸，等构件的内力和结构的变形计算完毕，如果估算的截面尺寸符合要求，便以估算的截面尺寸为框架的最终截面尺寸。如果所需的截面尺寸与估算的截面尺寸相差较大，则重新估算和重新进行计算。

### 13.3.1　梁截面尺寸

框架梁截面尺寸应当根据构件承受竖向荷载的大小、梁的跨度、框架间距、是否考虑抗震设防要求以及选用的混凝土材料等诸多因素综合考虑确定。设计时通常参照以往经验初步选定截面尺寸，再进行承载力计算和变形验算，检查所选尺寸是否满足要求。

一般取梁高 $h=(\frac{1}{8}\sim\frac{1}{12})l$，其中 $l$ 为梁的跨度。当框架梁为单跨或荷载较大时取大值，框架梁为多跨或荷载较小时取小值；当楼面荷载较大时，为增大梁的刚度可取较大值。为防止梁发生剪切破坏，梁高 $h$ 不宜大于$\frac{1}{4}$ 净跨。框架梁的截面宽度可取 $b=(\frac{1}{2}\sim\frac{1}{3})h$，为了使端部节点传力可靠，梁宽 $b$ 不宜小于柱宽的$\frac{1}{2}$，且不应小于 250 mm。

为了降低楼层高度或便于管道铺设，也可将框架梁设计成宽度较大的扁梁，扁梁的截面高度可取 $h=(\frac{1}{15}\sim\frac{1}{18})l$。

当采用叠合梁时,后浇部分截面高度不宜小于 120 mm。

框架连系梁的截面高度可按 $h=(\frac{1}{12}\sim\frac{1}{20})l$ 确定,宽度不宜小于梁高的 $\frac{1}{4}$。

### 13.3.2 柱截面尺寸

柱截面尺寸可先根据柱子所受的轴力按轴心受压公式估算出,再乘以放大系数(1.2 ~ 1.5) 以考虑偏心的影响。

多层建筑
$$b_c=\left(\frac{1}{6}\sim\frac{1}{12}\right)H_i,h_c=(1\sim1.5)b_c \tag{13.1}$$

高层建筑
$$\frac{N}{f_c b_c h_c}=1.0,N=(1.1\sim1.2)N_v \tag{13.2}$$

式中 $H_i$—— 第 $i$ 层层高;

$b_c$—— 柱截面宽度;

$h_c$—— 柱截面高度;

$N$—— 柱中轴向力;

$f_c$—— 混凝土的轴心抗压强度设计值;

$N_v$—— 柱支承的楼面荷载面积上竖向荷载产生的轴向力设计值。可近似将楼面板沿柱轴线之间的中线划分,恒载和活载的分项系数均取 1.25,或近似取 12 ~ 14 kN/m$^2$ 进行计算。

框架柱截面可做成方形、圆形或矩形。一般情况下,柱的长边与主要承重框架方向一致。

根据经验,框架柱截面不能太小,非抗震设计时矩形截面边长 $h_c$ 不小于 250 mm,抗震设计时 $h_c$ 不小于 300 mm,圆柱截面直径 $d$ 不小于 350 mm,而且柱净高与截面长边 $h_c$ 之比宜大于 4。

### 13.3.3 梁截面惯性矩

框架结构内力和位移计算中,需要计算梁的抗弯刚度,在初步确定梁的截面尺寸后,可按材料力学方法计算梁截面惯性矩。由于楼板作为框架梁的翼缘参与工作,使得梁的刚度有所提高,通常采用简化方法进行处理。根据翼缘参与工作的程度,先计算矩形惯性矩再乘以不同的增大系数。梁截面惯性矩取值见表 13.1,表中 $I_0$ 为梁矩形部分的截面惯性矩。

**表 13.1 梁截面惯性矩取值**

| 楼板类型 | 边框架梁 | 中框架梁 |
|---|---|---|
| 现浇楼板 | $I=1.5I_0$ | $I=2.0I_0$ |
| 装配整体式楼板 | $I=1.2I_0$ | $I=1.5I_0$ |
| 装配式楼板 | $I=I_0$ | $I=I_0$ |

# 13.4　框架结构的计算单元与计算简图

## 13.4.1　计算单元

框架结构是由一个横向框架和纵向框架组成的空间结构，如图13.6所示。忽略结构纵向和横向之间的空间联系和各构件的抗扭作用，将横向框架和纵向框架分别按平面框架进行分析计算，如图13.6(b)所示。通常，横向框架的荷载和间距都相同，因此取出有代表性的一榀中间横向框架作为计算单元。纵向框架上的荷载等往往各不相同，故常有中列柱和边列柱的区别，中列柱纵向框架的计算单元宽度各取为两侧跨距的一半，边列柱纵向框架的计算单元宽度可取为一侧跨距的一半。取出的平面框架所承受的竖向荷载与楼盖结构的布置情况有关，当采用现浇楼盖时，楼面分布荷载一般可按角平分线传至相应两侧的梁上，对图13.6(c)上所示的梯形竖向分布荷载往往可简化均匀竖向荷载。水平荷载则简化成节点集中力，如图13.6(c)、(d)所示。

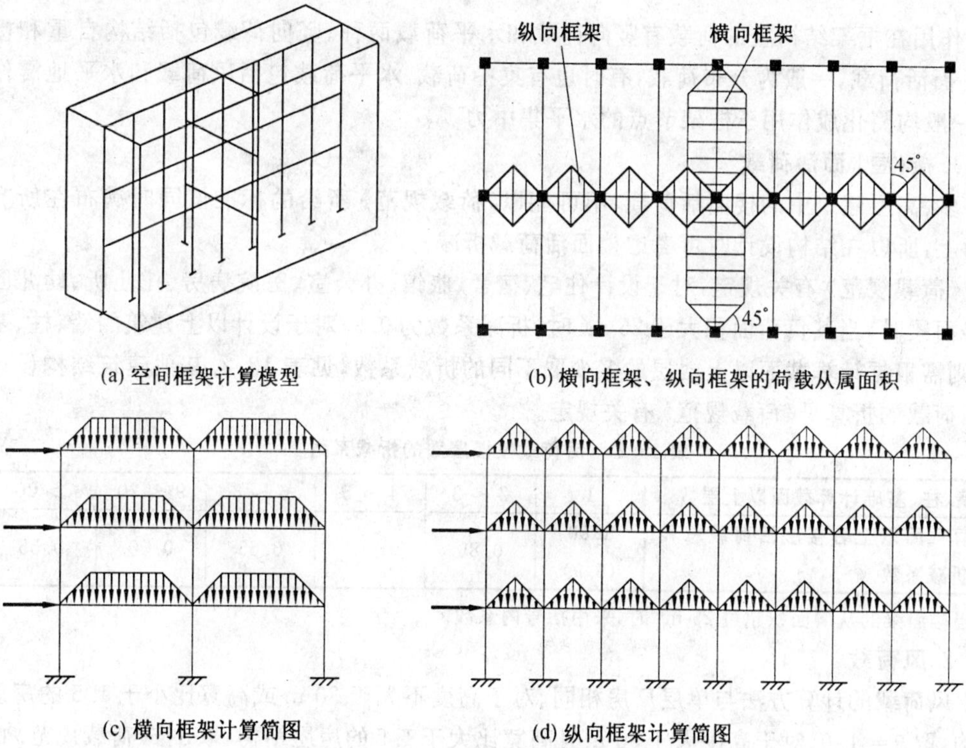


图13.6　框架结构的计算单元和计算简图

现浇框架中，梁和柱内的纵向受力钢筋都将穿过节点或锚入节点区，因此当按平面框架结构分析时，节点也可以简化为刚接节点。

框架支座可分为固定支座和铰支座，当为现浇钢筋混凝土柱时，一般设计为固定支座。

### 13.4.2 跨度与层高

在结构计算简图中,杆件用其轴线来表示。框架梁的跨度可取柱子截面形心轴线之间的距离,当上下层柱截面尺寸变化时,一般以最小截面的形心线来确定。

当各跨跨度相差不大于10%时,可近似按等跨框架计算。当框架梁的坡度 $i \leqslant \frac{1}{8}$ 时,可近似按水平梁计算。

当框架梁是有支托的加腋梁时,若$\frac{I_m}{I} < 4$、$\frac{h_w}{h} < 1.6$,则可以不考虑支托的影响,简化为无支托的等截面梁。式中,$I_m$、$h_w$ 分别为支托端最高截面的惯性矩和高度;$I$、$h$ 分别为跨中截面的惯性矩和高度。

框架的层高及框架柱的长度可取相应的建筑层高,即取本层楼面至上层楼面的高度,但底层的层高则应取基础顶面到二层楼板顶面之间的距离。

### 13.4.3 荷载计算

作用在框架结构上的荷载有竖向荷载和水平荷载两种。竖向荷载包括结构自重和楼(屋)面活荷载,一般为分布荷载,有时也有集中荷载。水平荷载包括风荷载和水平地震作用,一般均简化成作用于框架节点的水平集中力。

**1.楼(屋)面活荷载**

多、高层建筑中的楼面活荷载,不可能以《荷载规范》所给的标准值同时满布在所有楼面上,所以在结构设计时可考虑楼面活荷载折减。

《荷载规范》有关规定,对于设计住宅、宿舍、旅馆、办公室、医院病房、托儿所、幼儿园的楼面梁时,当其负荷面积大于25 m² 时,折减系数为0.9;对于设计以上建筑的墙、柱、基础,则需根据计算截面以上楼层的多少取不同的折减系数,见表13.2。其他建筑结构设计时活荷载的折算见《荷载规范》有关规定。

表 13.2 活荷载按楼层数的折减系数

| 墙、柱、基础计算截面以上层数 | 1 | 2～3 | 4～5 | 6～8 | 9～20 | >20 |
|---|---|---|---|---|---|---|
| 计算截面以上各楼层活荷载总和的折减系数 | 1.00<br>(0.9) | 0.85 | 0.70 | 0.65 | 0.60 | 0.55 |

注:当楼面梁的从属面积超过 25 m² 时,采用括号内系数。

**2.风荷载**

风荷载的计算方法与单层厂房相同。对于高度不大于30 m或高宽比小于1.5的房屋结构,取$\beta = 1.0$。对于高度大于30 m且高宽比大于1.5的房屋结构,取$\beta$按《荷载规范》的有关规定计算。

**3.水平地震作用**

多层框架结构,当高度不超过40 m,且质量和刚度沿高度分布比较均匀时,可采用底部剪力法计算水平地震作用。

# 13.5　框架结构内力、侧移计算

## 13.5.1　框架在竖向荷载作用下的近似内力计算方法

框架结构在竖向荷载作用下的内力计算可近似地采用分层法。通常多层多跨框架在竖向荷载作用下的侧移是不大的，可近似地按无侧移框架进行分析。由影响线理论及精确分析可知，当某层梁上作用有竖向荷载时，在该层梁及相邻柱子中产生较大内力，而对其相邻楼层的梁、柱中内力的影响，是通过节点处弯矩分配给下层柱的上端及上层柱的下端，然后在传递到上、下层柱的另一端，其值已经不大了。因此在进行竖向荷载作用下的内力分析时，可假定作用在某一层框架梁上的竖向荷载只对本楼层的梁以及于本层梁相连接的框架柱产生弯矩和剪力，而对其他楼层的框架梁和隔层的框架柱都不产生弯矩和剪力。

按照上述原理和假定，可将多层框架简化为多个单层框架，并且用力矩分配法求解杆件内力，这种分层计算法是一种近似的内力计算方法。如图 13.7(a) 所示的 3 层框架分成如图 13.7(b) 所示的 3 个单层框架分别计算。分层计算所得的梁弯矩即为最终弯矩；每一根柱都同时属于上、下两层，必须将上下两层所得的同一根柱子的内力叠加，才能得到该柱的最终内力。

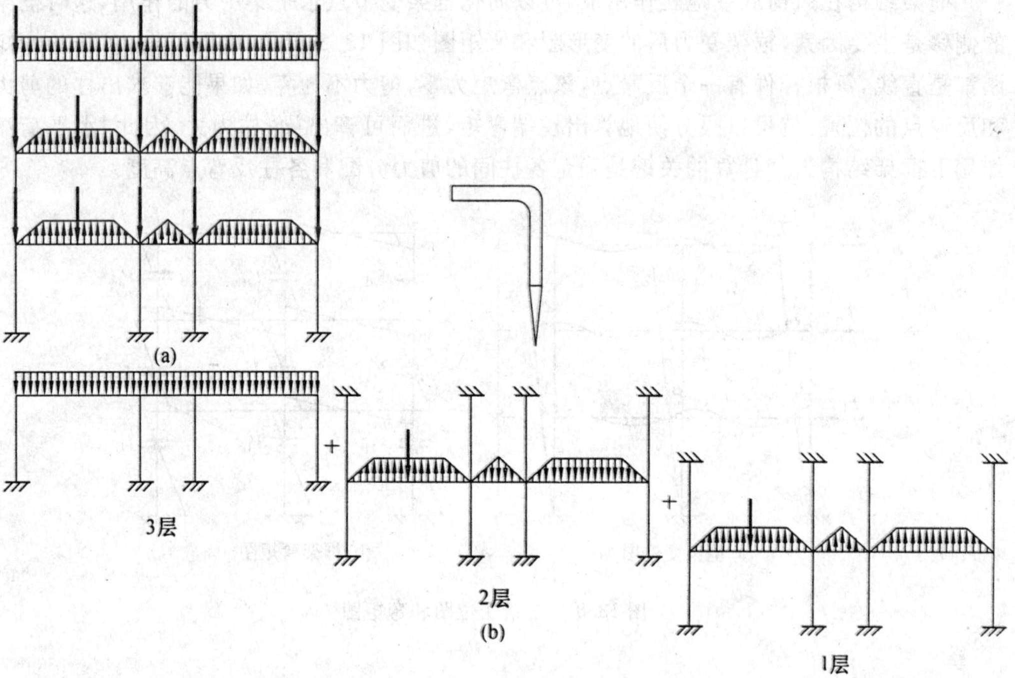


图 13.7　竖向荷载下分层计算简图

用力矩分配法计算各单层框架内力的要点如下：

(1) 框架分层后，各层柱高及梁跨度均与原结构相同，把柱的远端假定为固定端；

(2) 各层梁上竖向荷载与原结构相同，计算竖向荷载在梁端的固端弯矩；

(3) 计算梁柱线刚度及弯矩分配系数。

梁柱的线刚度分别为 $i_b = EI_b/l$ 和 $i_c = EI_c/l$，$I_b$、$I_c$ 分别为梁、柱截面惯性矩；$l$、$h$ 分别为梁跨度与层高。

计算梁截面的惯性矩时按表 13.1 采用。

除底层柱外，其他各层柱端并非固定端，分层计算时假定它为固定端，因而除底层柱以外其他各层柱子的线刚度均乘以 0.9 的折减系数，在计算每个节点周围各杆件的刚度分配系数时，用修正后的柱线刚度计算。

(4) 计算传递系数

底层柱和各层梁的传递系数都取 1/2，而上层各柱对柱远端的传递，由于将非固定端假定为固定端，传递系数改用 1/3。

(5) 分别用力矩分配法计算得到各层内力后，将上下两层分别计算得到的同一根柱的内力叠加。这样得到的结点上的弯矩可能不平衡，但误差不会很大。如果要求更精确一些，可将结点不平衡弯矩再进行一次分配。

## 13.5.2 框架在水平荷载作用下内力近似计算方法

框架结构在风荷载或地震作用下，可以简化框架受节点水平集中力的作用，这时框架的侧移是主要因素。框架受力后的变形图和弯矩图如图 13.8 所示，由图可知，各杆的弯矩图都是直线，每根杆件有一个反弯点，该点弯矩为零，剪力不为零。如果能够求出柱的剪力和反弯点的位置，就可以很方便地算出柱端弯矩，进而可算出梁、柱内力。因此，水平荷载作用下框架结构近似计算的关键是确定各柱间的剪力分配和各柱反弯点高度。

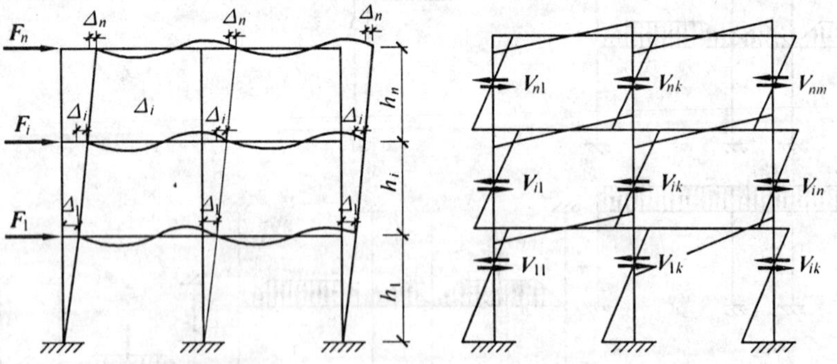


(a) 框架变位图　　(b) 框架弯矩图

图 13.8　框架变位图和弯矩图

### 1. 反弯点法

反弯点法适用于结构比较均匀、层数不多的框架。当梁的线刚度 $i_b$ 比柱的线刚度 $i_c$ 大得多时($i_b/i_c > 3$)，采用反弯点法计算内力，可以获得良好的近似。

(1) 基本假定

在图 13.8 中，如能确定各柱内的剪力及反弯点的位置，便可求得各柱的柱端弯矩，并进而由节点平衡条件求得梁端弯矩及整个框架结构的其他内力。为此假定：

① 确定各柱的剪力分配时，认为梁的线刚度与柱的线刚度之比为无限大，各柱上下端均不发生角位移。

② 确定各柱的反弯点位置时，认为除底层柱以外，其余各层柱的上、下端节点转角均相同，即除底层柱外，其余各层框架柱的反弯点位于层高的中点；对于底层柱，其反弯点位于距支座层高处。

③ 不考虑框架梁的轴向变形，同一层各节点水平位移相等。

(2) 同层各柱剪力分配

将图 13.8(b) 所示框架沿第 $i$ 层各柱的反弯点处切开，令 $V_i$ 为框架第 $i$ 层的层剪力，它等于 $i$ 层以上所有水平力之和；$V_{ik}$ 为第 $i$ 层第 $k$ 根柱分配到的剪力，假定第 $i$ 层共有 $m$ 根柱，由层间水平力平衡条件得

$$\sum_{k=1}^{m} V_{ik} = V_i \tag{13.3}$$

由假定 ① 可确定柱的侧移刚度，柱的侧移刚度表示柱上下两端发生单位水平位移时柱中产生的剪力，它与两端约束条件有关，若视横梁为刚性梁，在水平力作用下，柱端转角为零，可导出第 $i$ 层 $k$ 根柱的侧移刚度 $d_{ik}$ 为

$$d_{ik} = \frac{12 i_c}{h^2} \tag{13.4}$$

式中　$i_c$—— 柱的线刚度；

$h$—— 层高。

由假定 ③，同层各柱柱端水平位移相等，第 $i$ 层各柱柱端相对侧移均为 $\Delta_i$，按照侧移刚度的定义，有

$$V_{ik} = d_{ik}\Delta_i \tag{13.5}$$

将式(13.5) 代入式(13.3) 得

$$\sum_{k=1}^{m} d_{ik}\Delta_i = V_i$$

$$\Delta_i = \frac{1}{\sum_{k=1}^{m} d_{ik}} V_i \tag{13.6}$$

将式(13.6) 代入式(13.5) 得

$$V_{ik} = \frac{d_{ik}}{\sum_{k=1}^{m} d_{ik}} V_i \tag{13.7}$$

各层的层间总剪力按各柱侧移刚度在该层侧移刚度所占比例分配到各柱。

(3) 柱中反弯点位置

由假定 ③ 可确定柱中反弯点高度，柱的反弯点高度 $yh$ 为反弯点至柱下端的距离，$y$ 为反弯点高度与柱高的比值，$h$ 为柱高。对于上部各层柱，因各柱上下端转角相等，这时

柱上下端弯矩相等,反弯点位于柱的中点处,$y=\frac{1}{2}$;对于底层柱,柱下端嵌固,转角为零,柱上端转角不为零,上端弯矩比下端弯矩小,反弯点偏离中点向上,可取 $y=\frac{2}{3}$。

(4) 框架梁柱内力

根据求得的各柱层间剪力和反弯点位置,即可确定柱端弯矩,再由平衡条件,进而求出梁柱内力。

① 柱端弯矩

求得柱反弯点高度 $yh$ 后,由图 3.9,按下式计算柱端弯矩

$$M_{ik}^{d}=V_{ik}yh \tag{13.8}$$

$$M_{ik}^{u}=V_{ik}(1-y)h \tag{13.9}$$

式中 $M_{ik}^{d}$—— 第 $i$ 层第 $k$ 根柱下端弯矩;

$M_{ik}^{u}$—— 第 $i$ 层第 $k$ 根柱上端弯矩。

② 梁端弯矩

根据节点平衡条件,梁端弯矩之和等于柱端弯矩之和,节点左右梁端大小按其线刚度比例分配,由图 13.10 可得

$$M_{b}^{l}=(M_{c}^{u}+M_{c}^{d})\frac{i_{b}^{l}}{i_{b}^{l}+i_{b}^{r}} \tag{13.10}$$

$$M_{b}^{r}=(M_{c}^{u}+M_{c}^{d})\frac{i_{b}^{r}}{i_{b}^{l}+i_{b}^{r}} \tag{13.11}$$

式中 $M_{c}^{u},M_{c}^{d}$—— 节点上、下两端柱的弯矩,由式(13.8)、(13.9) 确定;

$M_{b}^{l},M_{b}^{r}$—— 节点左、右两端梁的弯矩;

$i_{b}^{l},i_{b}^{r}$—— 节点左梁和右梁的线刚度。

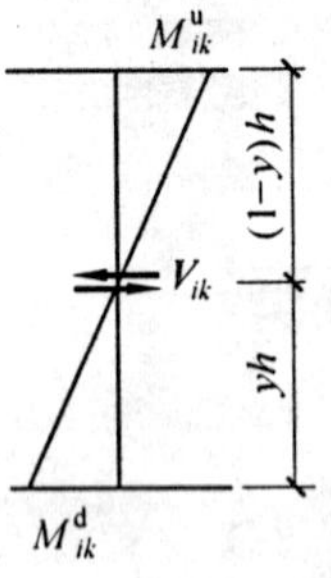


13.9 柱端弯矩计算

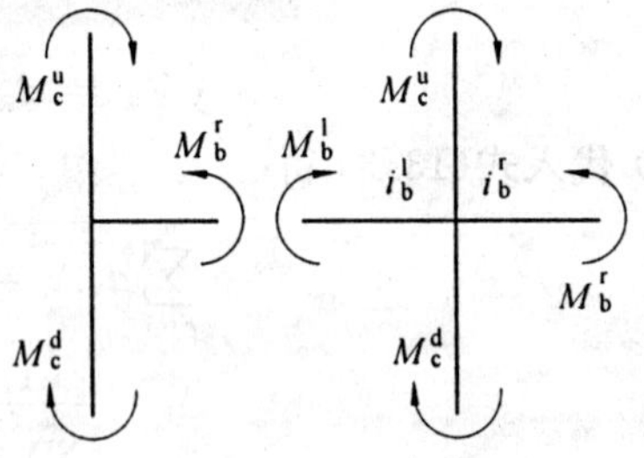


图 13.10 梁端弯矩计算

③ 梁端剪力

根据梁的平衡条件,由图 13.11 可求出水平力作用下梁端剪力

$$V_{b}^{l}=V_{b}^{r}=\frac{(M_{b}^{r}+M_{b}^{l})}{l} \tag{13.12}$$

式中 $V_{b}^{l},V_{b}^{r}$—— 梁左、右两端剪力;

$l$—— 梁的跨度。

④ 柱的轴力

节点左右梁端剪力之和即为柱的层间轴力，由图 13.12 第 $i$ 层第 $k$ 根柱轴力即为其上各层节点左右两端剪力代数之和。

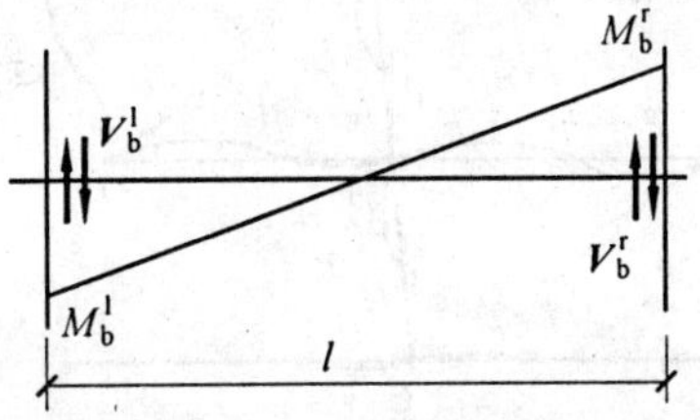


图 13.11　梁端剪力计算图

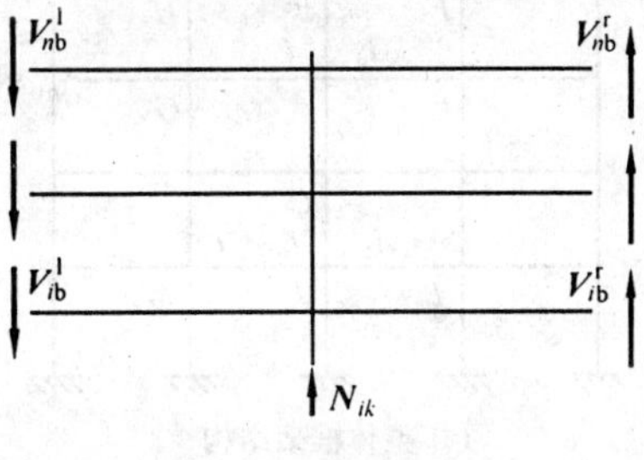


图 13.12　柱轴力计算

$$N_{ik} = \sum_{i}^{n} (V_{ib}^{l} - V_{ib}^{r}) \tag{13.13}$$

式中　$N_{ik}$—— 第 $i$ 层第 $k$ 根柱子的轴力；

$V_{ib}^{l}$，$V_{ib}^{r}$—— 第 $i$ 层第 $k$ 根左右两侧梁端传来的剪力，由式(13.12) 确定。

**2. 改进反弯点法($D$ 值法)**

反弯点法首先假定梁柱之间的线刚度之比为无穷大，其次又假定柱的反弯点高度为一定值，从而使框架结构在侧向荷载作用下的内力计算大为简化。但这样做同时也带来了一定的误差，首先是当梁柱线刚度较为接近时，特别是在高层框架结构或抗震设计时，梁的线刚度可能小于柱的线刚度，框架节点对柱的约束应为弹性支承，柱的侧向刚度不仅与柱的线刚度和层高有关，而且还与梁的线刚度等因素有关。另外，柱的反弯点高度也与梁柱线刚度比、上下层横梁的线刚度比、上下层层高的变化等因素有关。日本武藤清教授在分析了上述影响因素的基础上，对反弯点法中柱的侧向刚度和反弯点高度的计算方法作了改进，称为改进反弯点法。改进反弯点法中柱的侧向刚度以 $D$ 表示，故此法又称为“$D$ 值法”。

(1) 改进后的柱侧向刚度 $D$

柱的侧向刚度是当柱上下端产生单位相对横向位移时，柱所承受的剪力，即对于框架结构中第 $j$ 层第 $k$ 根柱

$$D_{jk} = \frac{V_{jk}}{\Delta u_j} \tag{13.14}$$

下面以图 13.13 所示框架中间柱为例，导出 $D_{jk}$ 的计算公式。

假定：

① 柱 $AB$ 及与其上下相邻柱的线刚度均为 $i_c$；

② 柱 $AB$ 及与其上下相邻柱的层间水平位移均为 $\Delta u_i$；

③ 柱 $AB$ 两端节点及与其上下左右相邻的各个节点的转角均为 $\theta_i$；

④ 与柱 $AB$ 相交的横梁的线刚度分别为 $i_1$，$i_2$，$i_3$，$i_4$。

这样，在框架受力后，柱 $AB$ 及相邻各构件的变形如图 13.13(b) 所示。它可以看成是上下层的相对层间位移 $\Delta u_i$ 和各节点的转角 $\theta$ 的叠加。

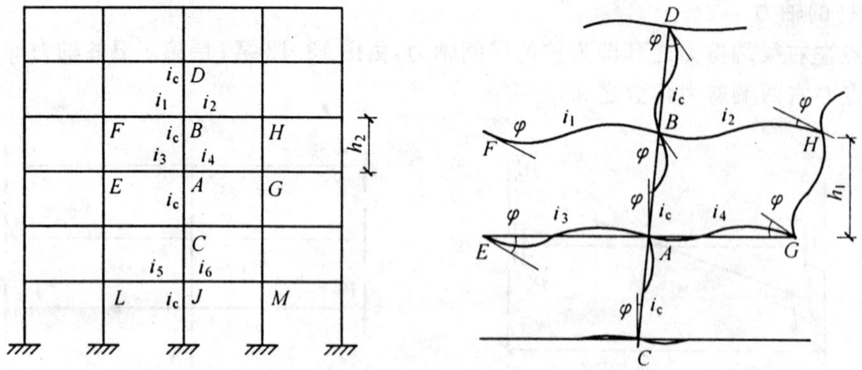


(a) 整体框架结构　　(b) 中间梁柱单元的变形

图 13.13　D 值的推导

由节点 $A$ 和节点 $B$ 的力矩平衡条件,分别可得

$$4(i_3+i_4+i_c+i_c)\theta+2(i_3+i_4+i_c+i_c)\theta-6(i_c\varphi+i_c\varphi)=0$$

$$4(i_1+i_2+i_c+i_c)\theta+2(i_1+i_2+i_c+i_c)\theta-6(i_c\varphi+i_c\varphi)=0$$

将以上两式相加,化简后得

$$\theta=\frac{2}{2+\dfrac{\sum i}{2i_c}}\varphi=\frac{2}{2+K}\varphi \tag{a}$$

其中 $$\sum i=i_1+i_2+i_3+i_4,\ \varphi=\frac{\Delta u_j}{h_j}K=\frac{\sum i}{2i_c}$$

柱 $AB$ 在受到相对位移 $\Delta u_i$ 和两端转角 $\theta$ 的约束变形时,柱内的剪力 $V_{jk}$ 为

$$V_{jk}=\frac{12i_c}{h_j}\left(\frac{\Delta u_j}{h_j}-\theta\right) \tag{b}$$

将式(a) 代入式(b),得

$$V_{jk}=\frac{K}{2+K}\frac{12i_c}{h_j^2}\Delta u_j$$

令 $$\alpha_c=\frac{K}{2+K}$$

则 $$V_{jk}=\alpha_c\frac{12i_c}{h_j^2}\Delta u_j$$

将上式代入式(13.8),得

$$D_{jk}=\alpha_c\frac{12i_c}{h_j^2} \tag{13.15}$$

上式中 $\alpha_c$ 值反映了梁柱线刚度比值对柱侧向刚度的影响,称为框架柱侧向刚度降低系数。当框架梁的线刚度为无穷大时,$K=\infty$,$\alpha_c=1$,这时的 $D$ 值即为两端固定柱的侧向刚度 $D'$。底层柱的侧向刚度降低系数 $\alpha_c$ 可同理求得。表 13.3 列出了各种情况下的 $\alpha_c$ 值及相应的 $K$ 值的计算公式。

求得框架柱侧向刚度 $D$ 值以后,与反弯点法相似,由同一层内各柱的层间位移相等的条件,可把层间剪力 $V_j$ 按下式分配给该层的各柱

$$V_{jk}=\frac{D_{jk}}{\sum_{k=1}^{m}D_{jk}}V_j \tag{13.16}$$

式中　$V_{jk}$—— 第 $j$ 层第 $k$ 根柱所分配到的剪力；

$D_{jk}$—— 第 $j$ 层第 $k$ 根柱的侧向刚度 $D$ 值；

$m$—— 第 $j$ 层框架柱数；

$V_j$—— 第 $j$ 层框架柱所承受的层间总剪力。

表 13.3　柱抗侧刚度修正表

| 楼层 | 简图 | $K$ | $\alpha_c$ |
|---|---|---|---|
| 一般层 | 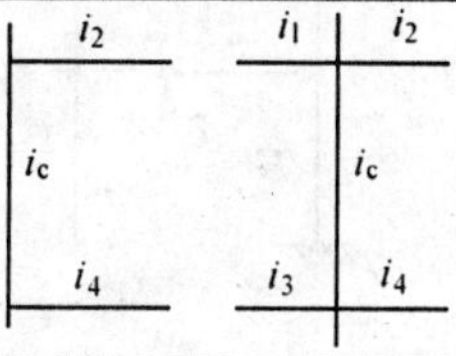 | $K=\frac{i_1+i_2+i_3+i_4}{2i_c}$ | $\alpha_c=\frac{K}{2+K}$ |
| 底层 | 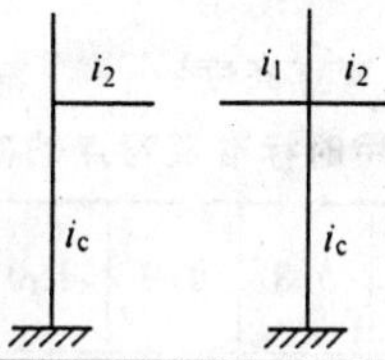 | $K=\frac{i_1+i_2}{i_c}$ | $\alpha_c=\frac{0.5+K}{2+K}$ |

(2) 修正后的柱反弯点高度

各个柱的反弯点位置取决于该柱上、下端转角的比值。如果柱上、下端转角相同，反弯点就在柱高的中央；如果柱上、下端转角不同，则反弯点偏向转角较大的一端，亦即偏向约束刚度较小的一端。影响柱两端转角大小的因素有：水平荷载的形式，梁柱线刚度比，结构总层数及该柱所在的层次，柱上、下横梁线刚度比，上层层高的变化，下层层高的变化等。为分析上述因素对反弯点高度的影响，可假定框架在节点水平力作用下，同层各节点的转角相等，即假定同层各横梁的反弯点均在各横梁跨度的中央，而该点又无竖向位移。这样，一个多层多跨的框架可简化成图 13.14(a) 所示的计算简图。当上层影响因素逐一发生变化时，可分别求出柱底端至柱反弯点的距离(反弯点高度)，并制成相应的表格，以供查用。

① 梁柱线刚度比及层数、层次对反弯点高度的影响

假定框架横梁的线刚度、框架柱的线刚度和层高沿框架高度保持不变，则按图 13.14(a) 可求出各层柱的反弯点高度 $y_0h$，$y_0$ 称为标准反弯点高度比，其值与结构总层数 $n$、该柱所在的层次 $j$、框架梁柱线刚度比 $K$ 及侧向荷载的形式等因素有关，可由表 13.4、表 13.5 查得，其中 $K$ 值可按表 13.3 计算。

② 上下横梁线刚度比对反弯点的高度影响

若某层柱的上下横梁线刚度不同，则该层柱的反弯点位置将向横梁刚度较小的一侧偏移，因而必须对标准反弯点进行修正，这个修正值就是反弯点高度的上移增量 $y_1h$，如图 13.14(b) 所示。$y_1$ 可根据上下横梁的线刚度比 $I$ 和 $K$ 由表 13.6 查得。当 $i_1+i_2<i_3+i_4$ 时，反弯点上移，由 $I=\frac{i_1+i_2}{i_3+i_4}$ 查表 13.6 即得 $y_1$ 值。当 $i_1+i_2>i_3+i_4$ 时，反弯点下移，查表时应取 $I=\frac{i_3+i_4}{i_1+i_2}$，查得的 $y_1$ 应冠以负号。对于底层柱，不考虑修正值 $y_1$，即取 $y_1=0$。

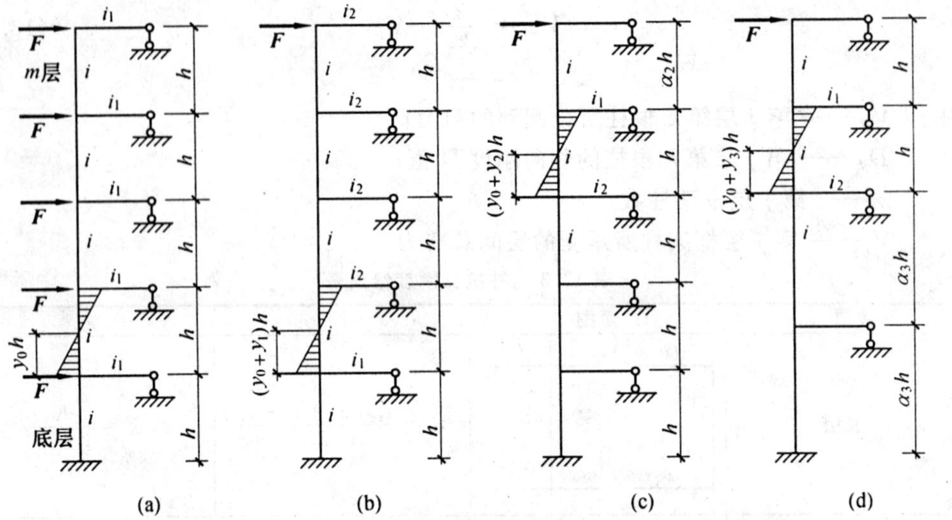


图 13.14　柱的反弯点高度

**表 13.4　规则框架承受均布水平作用时标准反弯点的高度比 $y_0$**

| n | K / j | 0.1 | 0.2 | 0.3 | 0.4 | 0.5 | 0.6 | 0.7 | 0.8 | 0.9 | 1.0 | 2.0 | 3.0 | 4.0 | 5.0 |
|---|---|---|---|---|---|---|---|---|---|---|---|---|---|---|---|
| 1 | 1 | 0.80 | 0.75 | 0.65 | 0.65 | 0.60 | 0.60 | 0.60 | 0.60 | 0.60 | 0.55 | 0.55 | 0.55 | 0.55 | 0.55 |
| 2 | 1 | 0.45 | 0.40 | 0.35 | 0.35 | 0.35 | 0.35 | 0.40 | 0.40 | 0.40 | 0.40 | 0.45 | 0.45 | 0.45 | 0.45 |
| | 2 | 0.95 | 0.80 | 0.75 | 0.70 | 0.65 | 0.65 | 0.65 | 0.60 | 0.60 | 0.60 | 0.55 | 0.55 | 0.55 | 0.50 |
| 3 | 3 | 0.15 | 0.20 | 0.20 | 0.25 | 0.30 | 0.30 | 0.30 | 0.35 | 0.35 | 0.35 | 0.40 | 0.45 | 0.45 | 0.45 |
| | 2 | 0.55 | 0.50 | 0.45 | 0.45 | 0.45 | 0.45 | 0.45 | 0.45 | 0.45 | 0.45 | 0.45 | 0.50 | 0.50 | 0.50 |
| | 1 | 1.00 | 0.85 | 0.80 | 0.75 | 0.70 | 0.70 | 0.65 | 0.65 | 0.65 | 0.60 | 0.55 | 0.55 | 0.55 | 0.55 |
| 4 | 4 | −0.05 | 0.05 | 0.15 | 0.20 | 0.25 | 0.30 | 0.30 | 0.35 | 0.35 | 0.35 | 0.40 | 0.45 | 0.45 | 0.45 |
| | 3 | 0.25 | 0.30 | 0.30 | 0.35 | 0.35 | 0.40 | 0.40 | 0.40 | 0.40 | 0.45 | 0.45 | 0.50 | 0.50 | 0.50 |
| | 2 | 0.65 | 0.55 | 0.50 | 0.50 | 0.45 | 0.45 | 0.45 | 0.45 | 0.45 | 0.45 | 0.45 | 0.50 | 0.50 | 0.50 |
| | 1 | 1.10 | 0.90 | 0.80 | 0.75 | 0.70 | 0.70 | 0.65 | 0.65 | 0.65 | 0.55 | 0.55 | 0.55 | 0.55 | 0.55 |
| 5 | 5 | −0.20 | 0.00 | 0.15 | 0.20 | 0.25 | 0.30 | 0.30 | 0.30 | 0.35 | 0.35 | 0.40 | 0.45 | 0.45 | 0.45 |
| | 4 | 0.10 | 0.20 | 0.25 | 0.30 | 0.35 | 0.35 | 0.40 | 0.40 | 0.40 | 0.40 | 0.45 | 0.45 | 0.50 | 0.50 |
| | 3 | 0.40 | 0.40 | 0.40 | 0.40 | 0.40 | 0.45 | 0.45 | 0.45 | 0.45 | 0.45 | 0.50 | 0.50 | 0.50 | 0.50 |
| | 2 | 0.65 | 0.55 | 0.50 | 0.50 | 0.50 | 0.50 | 0.50 | 0.50 | 0.50 | 0.50 | 0.50 | 0.50 | 0.50 | 0.50 |
| | 1 | 1.20 | 0.95 | 0.80 | 0.75 | 0.75 | 0.70 | 0.70 | 0.65 | 0.65 | 0.65 | 0.55 | 0.55 | 0.55 | 0.55 |
| 6 | 6 | −0.30 | 0.00 | 0.10 | 0.20 | 0.25 | 0.25 | 0.30 | 0.30 | 0.35 | 0.35 | 0.40 | 0.45 | 0.45 | 0.45 |
| | 5 | 0.00 | 0.20 | 0.25 | 0.30 | 0.35 | 0.35 | 0.40 | 0.40 | 0.40 | 0.40 | 0.45 | 0.45 | 0.50 | 0.50 |
| | 4 | 0.20 | 0.30 | 0.35 | 0.35 | 0.40 | 0.40 | 0.40 | 0.45 | 0.45 | 0.45 | 0.45 | 0.50 | 0.50 | 0.50 |
| | 3 | 0.40 | 0.40 | 0.40 | 0.45 | 0.45 | 0.45 | 0.45 | 0.45 | 0.45 | 0.45 | 0.50 | 0.50 | 0.50 | 0.50 |
| | 2 | 0.70 | 0.60 | 0.55 | 0.50 | 0.50 | 0.50 | 0.50 | 0.50 | 0.50 | 0.50 | 0.50 | 0.50 | 0.50 | 0.50 |
| | 1 | 1.20 | 0.95 | 0.85 | 0.80 | 0.75 | 0.70 | 0.70 | 0.65 | 0.65 | 0.65 | 0.55 | 0.55 | 0.55 | 0.55 |

**续表 13.4**

| n | j \ K | 0.1 | 0.2 | 0.3 | 0.4 | 0.5 | 0.6 | 0.7 | 0.8 | 0.9 | 1.0 | 2.0 | 3.0 | 4.0 | 5.0 |
|---|---|---|---|---|---|---|---|---|---|---|---|---|---|---|---|
| 7 | 7 | −0.35 | −0.05 | 0.10 | 0.20 | 0.20 | 0.25 | 0.30 | 0.30 | 0.35 | 0.35 | 0.40 | 0.45 | 0.45 | 0.45 |
| | 6 | −0.10 | 0.15 | 0.25 | 0.30 | 0.35 | 0.35 | 0.35 | 0.40 | 0.40 | 0.40 | 0.45 | 0.45 | 0.50 | 0.50 |
| | 5 | 0.10 | 0.25 | 0.30 | 0.35 | 0.40 | 0.40 | 0.40 | 0.45 | 0.45 | 0.45 | 0.45 | 0.50 | 0.50 | 0.50 |
| | 4 | 0.30 | 0.35 | 0.40 | 0.40 | 0.40 | 0.45 | 0.45 | 0.45 | 0.45 | 0.45 | 0.50 | 0.50 | 0.50 | 0.50 |
| | 3 | 0.50 | 0.45 | 0.45 | 0.45 | 0.45 | 0.45 | 0.45 | 0.45 | 0.45 | 0.45 | 0.50 | 0.50 | 0.50 | 0.50 |
| | 2 | 0.75 | 0.60 | 0.55 | 0.50 | 0.50 | 0.50 | 0.50 | 0.50 | 0.50 | 0.50 | 0.50 | 0.50 | 0.50 | 0.50 |
| | 1 | 1.20 | 0.95 | 0.85 | 0.80 | 0.75 | 0.70 | 0.70 | 0.65 | 0.65 | 0.65 | 0.55 | 0.55 | 0.55 | 0.55 |
| 8 | 8 | −0.35 | −0.15 | 0.10 | 0.15 | 0.25 | 0.25 | 0.30 | 0.30 | 0.35 | 0.35 | 0.40 | 0.45 | 0.45 | 0.45 |
| | 7 | −0.10 | 0.15 | 0.25 | 0.30 | 0.35 | 0.35 | 0.40 | 0.40 | 0.40 | 0.40 | 0.45 | 0.50 | 0.50 | 0.50 |
| | 6 | 0.05 | 0.25 | 0.30 | 0.35 | 0.40 | 0.40 | 0.40 | 0.45 | 0.45 | 0.45 | 0.45 | 0.50 | 0.50 | 0.50 |
| | 5 | 0.20 | 0.30 | 0.35 | 0.40 | 0.40 | 0.45 | 0.45 | 0.45 | 0.45 | 0.45 | 0.50 | 0.50 | 0.50 | 0.50 |
| | 4 | 0.35 | 0.40 | 0.40 | 0.45 | 0.45 | 0.45 | 0.45 | 0.45 | 0.45 | 0.45 | 0.50 | 0.50 | 0.50 | 0.50 |
| | 3 | 0.50 | 0.45 | 0.45 | 0.45 | 0.45 | 0.45 | 0.45 | 0.45 | 0.50 | 0.50 | 0.50 | 0.50 | 0.50 | 0.50 |
| | 2 | 0.75 | 0.60 | 0.55 | 0.55 | 0.50 | 0.50 | 0.50 | 0.50 | 0.50 | 0.50 | 0.50 | 0.50 | 0.50 | 0.50 |
| | 1 | 1.20 | 1.00 | 0.85 | 0.80 | 0.75 | 0.70 | 0.70 | 0.65 | 0.65 | 0.65 | 0.55 | 0.55 | 0.55 | 0.55 |
| 9 | 9 | −0.40 | −0.05 | 0.10 | 0.20 | 0.25 | 0.25 | 0.30 | 0.30 | 0.35 | 0.35 | 0.45 | 0.45 | 0.45 | 0.45 |
| | 8 | −0.15 | 0.15 | 0.20 | 0.30 | 0.35 | 0.35 | 0.35 | 0.40 | 0.40 | 0.40 | 0.45 | 0.45 | 0.50 | 0.50 |
| | 7 | 0.05 | 0.25 | 0.30 | 0.35 | 0.40 | 0.40 | 0.40 | 0.45 | 0.45 | 0.45 | 0.45 | 0.50 | 0.50 | 0.50 |
| | 6 | 0.15 | 0.30 | 0.35 | 0.40 | 0.40 | 0.45 | 0.45 | 0.45 | 0.45 | 0.45 | 0.50 | 0.50 | 0.50 | 0.50 |
| | 5 | 0.25 | 0.35 | 0.40 | 0.40 | 0.45 | 0.45 | 0.45 | 0.45 | 0.45 | 0.45 | 0.50 | 0.50 | 0.50 | 0.50 |
| | 4 | 0.40 | 0.40 | 0.40 | 0.45 | 0.45 | 0.45 | 0.45 | 0.45 | 0.45 | 0.45 | 0.50 | 0.50 | 0.50 | 0.50 |
| | 3 | 0.50 | 0.45 | 0.45 | 0.45 | 0.45 | 0.45 | 0.45 | 0.45 | 0.50 | 0.50 | 0.50 | 0.50 | 0.50 | 0.50 |
| | 2 | 0.80 | 0.65 | 0.55 | 0.55 | 0.50 | 0.50 | 0.50 | 0.50 | 0.50 | 0.50 | 0.50 | 0.50 | 0.50 | 0.50 |
| | 1 | 1.20 | 1.00 | 0.85 | 0.80 | 0.75 | 0.70 | 0.70 | 0.65 | 0.65 | 0.65 | 0.55 | 0.55 | 0.55 | 0.55 |
| 10 | 10 | −0.40 | −0.05 | 0.10 | 0.20 | 0.25 | 0.30 | 0.30 | 0.30 | 0.35 | 0.35 | 0.40 | 0.45 | 0.45 | 0.45 |
| | 9 | −0.15 | 0.15 | 0.25 | 0.30 | 0.35 | 0.35 | 0.40 | 0.40 | 0.40 | 0.40 | 0.45 | 0.45 | 0.50 | 0.50 |
| | 8 | 0.00 | 0.25 | 0.30 | 0.35 | 0.40 | 0.40 | 0.40 | 0.45 | 0.45 | 0.45 | 0.45 | 0.50 | 0.50 | 0.50 |
| | 7 | 0.10 | 0.30 | 0.35 | 0.40 | 0.40 | 0.45 | 0.45 | 0.45 | 0.45 | 0.45 | 0.50 | 0.50 | 0.50 | 0.50 |
| | 6 | 0.20 | 0.35 | 0.40 | 0.40 | 0.45 | 0.45 | 0.45 | 0.45 | 0.45 | 0.45 | 0.50 | 0.50 | 0.50 | 0.50 |
| | 5 | 0.30 | 0.40 | 0.40 | 0.45 | 0.45 | 0.45 | 0.45 | 0.45 | 0.45 | 0.50 | 0.50 | 0.50 | 0.50 | 0.50 |
| | 4 | 0.40 | 0.40 | 0.45 | 0.45 | 0.45 | 0.45 | 0.45 | 0.45 | 0.45 | 0.50 | 0.50 | 0.50 | 0.50 | 0.50 |
| | 3 | 0.55 | 0.50 | 0.45 | 0.45 | 0.45 | 0.50 | 0.50 | 0.50 | 0.50 | 0.50 | 0.50 | 0.50 | 0.50 | 0.50 |
| | 2 | 0.80 | 0.65 | 0.55 | 0.55 | 0.55 | 0.50 | 0.50 | 0.50 | 0.50 | 0.50 | 0.50 | 0.50 | 0.50 | 0.50 |
| | 1 | 1.30 | 1.00 | 0.85 | 0.80 | 0.75 | 0.70 | 0.70 | 0.65 | 0.65 | 0.65 | 0.60 | 0.55 | 0.55 | 0.55 |

续表 13.4

| n | j \ K | 0.1 | 0.2 | 0.3 | 0.4 | 0.5 | 0.6 | 0.7 | 0.8 | 0.9 | 1.0 | 2.0 | 3.0 | 4.0 | 5.0 |
|---|---|---|---|---|---|---|---|---|---|---|---|---|---|---|---|
| 11 | 11 | −0.40 | 0.05 | 0.10 | 0.20 | 0.25 | 0.30 | 0.30 | 0.30 | 0.35 | 0.35 | 0.40 | 0.45 | 0.45 | 0.45 |
| | 10 | −0.15 | 0.15 | 0.25 | 0.30 | 0.35 | 0.35 | 0.40 | 0.40 | 0.40 | 0.40 | 0.45 | 0.45 | 0.50 | 0.50 |
| | 9 | 0.00 | 0.25 | 0.30 | 0.35 | 0.40 | 0.40 | 0.40 | 0.45 | 0.45 | 0.45 | 0.45 | 0.50 | 0.50 | 0.50 |
| | 8 | 0.10 | 0.30 | 0.35 | 0.40 | 0.40 | 0.45 | 0.45 | 0.45 | 0.45 | 0.45 | 0.45 | 0.50 | 0.50 | 0.50 |
| | 7 | 0.20 | 0.35 | 0.40 | 0.45 | 0.45 | 0.45 | 0.45 | 0.45 | 0.45 | 0.45 | 0.50 | 0.50 | 0.50 | 0.50 |
| | 6 | 0.25 | 0.35 | 0.40 | 0.45 | 0.45 | 0.45 | 0.45 | 0.45 | 0.45 | 0.45 | 0.50 | 0.50 | 0.50 | 0.50 |
| | 5 | 0.30 | 0.40 | 0.40 | 0.45 | 0.45 | 0.45 | 0.45 | 0.45 | 0.45 | 0.45 | 0.50 | 0.50 | 0.50 | 0.50 |
| | 4 | 0.40 | 0.45 | 0.45 | 0.45 | 0.45 | 0.45 | 0.45 | 0.50 | 0.50 | 0.50 | 0.50 | 0.50 | 0.50 | 0.50 |
| | 3 | 0.55 | 0.50 | 0.50 | 0.50 | 0.50 | 0.50 | 0.50 | 0.50 | 0.50 | 0.50 | 0.50 | 0.50 | 0.50 | 0.50 |
| | 2 | 0.80 | 0.65 | 0.60 | 0.55 | 0.55 | 0.50 | 0.50 | 0.50 | 0.50 | 0.50 | 0.50 | 0.50 | 0.50 | 0.50 |
| | 1 | 1.30 | 1.00 | 0.85 | 0.80 | 0.75 | 0.70 | 0.70 | 0.65 | 0.65 | 0.65 | 0.60 | 0.55 | 0.55 | 0.55 |
| 12以上 | ↓1 | −0.40 | 0.00 | 0.10 | 0.20 | 0.25 | 0.30 | 0.30 | 0.30 | 0.35 | 0.35 | 0.40 | 0.45 | 0.45 | 0.45 |
| | 2 | −0.15 | 0.15 | 0.25 | 0.30 | 0.35 | 0.35 | 0.40 | 0.40 | 0.40 | 0.40 | 0.45 | 0.45 | 0.50 | 0.50 |
| | 3 | 0.00 | 0.25 | 0.30 | 0.35 | 0.40 | 0.40 | 0.40 | 0.45 | 0.45 | 0.45 | 0.50 | 0.50 | 0.50 | 0.50 |
| | 4 | 0.10 | 0.30 | 0.35 | 0.40 | 0.40 | 0.45 | 0.45 | 0.45 | 0.45 | 0.45 | 0.50 | 0.50 | 0.50 | 0.50 |
| | 5 | 0.20 | 0.35 | 0.40 | 0.40 | 0.45 | 0.45 | 0.45 | 0.45 | 0.45 | 0.45 | 0.50 | 0.50 | 0.50 | 0.50 |
| | 6 | 0.25 | 0.35 | 0.40 | 0.45 | 0.45 | 0.45 | 0.45 | 0.45 | 0.45 | 0.45 | 0.50 | 0.50 | 0.50 | 0.50 |
| | 7 | 0.30 | 0.40 | 0.40 | 0.45 | 0.45 | 0.45 | 0.45 | 0.45 | 0.50 | 0.50 | 0.50 | 0.50 | 0.50 | 0.50 |
| | 8 | 0.35 | 0.40 | 0.45 | 0.45 | 0.45 | 0.45 | 0.45 | 0.50 | 0.50 | 0.50 | 0.50 | 0.50 | 0.50 | 0.50 |
| | 中间 | 0.40 | 0.40 | 0.45 | 0.45 | 0.45 | 0.45 | 0.50 | 0.50 | 0.50 | 0.50 | 0.50 | 0.50 | 0.50 | 0.50 |
| | 4 | 0.45 | 0.45 | 0.45 | 0.45 | 0.50 | 0.50 | 0.50 | 0.50 | 0.50 | 0.50 | 0.50 | 0.50 | 0.50 | 0.50 |
| | 3 | 0.60 | 0.50 | 0.50 | 0.50 | 0.50 | 0.50 | 0.50 | 0.50 | 0.50 | 0.50 | 0.50 | 0.50 | 0.50 | 0.50 |
| | 2 | 0.80 | 0.65 | 0.60 | 0.55 | 0.55 | 0.55 | 0.50 | 0.50 | 0.50 | 0.50 | 0.50 | 0.50 | 0.50 | 0.50 |
| | ↑1 | 1.30 | 1.00 | 0.85 | 0.80 | 0.75 | 0.70 | 0.70 | 0.65 | 0.65 | 0.65 | 0.55 | 0.55 | 0.55 | 0.55 |

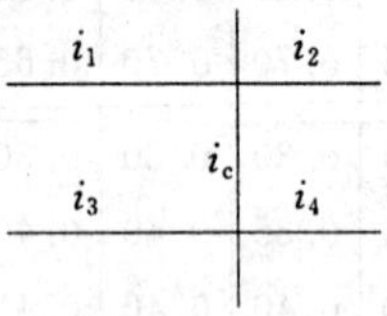


注：$K=\dfrac{i_1+i_2+i_3+i_4}{2i_c}$。

③ 层高变化对反弯点的影响

若某柱所在层的层高与相邻上层或下层的层高不同，则该柱的反弯点位置就不同于标准反弯点位置而需要修正。当上层层高发生变化时，反弯点高度的上移增量为 $y_2h$，如图 3.14(c) 所示；当下层层高发生变化时，反弯点高度的上移增量为 $y_3h$，如图 13.14(d) 所示。$y_2$ 和 $y_3$ 由表 13.7 查得。对于顶层柱，不考虑修正值 $y_2$，即取 $y_2=0$；对于底层柱，不考虑修正值 $y_3$，即取 $y_3=0$。

综上所述，经过各项修正后，柱底至反弯点的高度 $yh$ 可由下式求出

$$yh=(y_0+y_1+y_2+y_3)h \tag{13.17}$$

再按式(13.15)求得框架柱的侧向刚度 $D$、按式(13.16)求得各柱的剪力、按式(13.17)求得各柱的反弯点高度 $yh$ 后，与反弯点法一样，就可求出各柱的杆端弯矩。然后，即可根据节点平衡条件求得梁端弯矩，并进而求出各梁端的剪力和各柱的轴力。

**表 13.5　规则框架承受倒三角形分布水平力作用时标准反弯点的高度比 $y_0$**

| $m$ | $N$ \ $K$ | 0.1 | 0.2 | 0.3 | 0.4 | 0.5 | 0.6 | 0.7 | 0.8 | 0.9 | 1.0 | 2.0 | 3.0 | 4.0 | 5.0 |
|---|---|---|---|---|---|---|---|---|---|---|---|---|---|---|---|
| 1 | 1 | 0.80 | 0.75 | 0.70 | 0.65 | 0.65 | 0.60 | 0.60 | 0.60 | 0.60 | 0.55 | 0.55 | 0.55 | 0.55 | 0.55 |
| 2 | 2 | 0.50 | 0.45 | 0.40 | 0.40 | 0.40 | 0.40 | 0.40 | 0.40 | 0.40 | 0.40 | 0.45 | 0.45 | 0.45 | 0.50 |
| | 1 | 1.00 | 0.85 | 0.75 | 0.70 | 0.70 | 0.65 | 0.65 | 0.65 | 0.60 | 0.60 | 0.55 | 0.55 | 0.55 | 0.55 |
| 3 | 3 | 0.25 | 0.25 | 0.25 | 0.30 | 0.30 | 0.35 | 0.35 | 0.35 | 0.40 | 0.40 | 0.40 | 0.45 | 0.45 | 0.50 |
| | 2 | 0.60 | 0.50 | 0.50 | 0.50 | 0.50 | 0.45 | 0.45 | 0.45 | 0.45 | 0.45 | 0.45 | 0.50 | 0.50 | 0.50 |
| | 1 | 1.15 | 0.90 | 0.80 | 0.75 | 0.75 | 0.70 | 0.70 | 0.65 | 0.65 | 0.65 | 0.60 | 0.55 | 0.55 | 0.55 |
| 4 | 4 | 0.10 | 0.15 | 0.20 | 0.25 | 0.30 | 0.30 | 0.35 | 0.35 | 0.35 | 0.40 | 0.45 | 0.45 | 0.45 | 0.45 |
| | 3 | 0.35 | 0.35 | 0.35 | 0.40 | 0.40 | 0.40 | 0.40 | 0.45 | 0.45 | 0.45 | 0.45 | 0.50 | 0.50 | 0.50 |
| | 2 | 0.70 | 0.60 | 0.55 | 0.50 | 0.50 | 0.50 | 0.50 | 0.50 | 0.50 | 0.50 | 0.50 | 0.50 | 0.50 | 0.50 |
| | 1 | 1.20 | 0.95 | 0.85 | 0.80 | 0.75 | 0.70 | 0.70 | 0.70 | 0.65 | 0.65 | 0.55 | 0.55 | 0.55 | 0.55 |
| 5 | 5 | −0.05 | 0.10 | 0.20 | 0.25 | 0.30 | 0.30 | 0.35 | 0.35 | 0.35 | 0.35 | 0.40 | 0.45 | 0.45 | 0.45 |
| | 4 | 0.20 | 0.25 | 0.35 | 0.35 | 0.40 | 0.40 | 0.40 | 0.40 | 0.40 | 0.45 | 0.45 | 0.50 | 0.50 | 0.50 |
| | 3 | 0.45 | 0.40 | 0.45 | 0.45 | 0.45 | 0.45 | 0.45 | 0.45 | 0.45 | 0.45 | 0.45 | 0.50 | 0.50 | 0.50 |
| | 2 | 0.75 | 0.60 | 0.55 | 0.55 | 0.50 | 0.50 | 0.50 | 0.50 | 0.50 | 0.50 | 0.50 | 0.50 | 0.50 | 0.50 |
| | 1 | 1.30 | 1.00 | 0.85 | 0.80 | 0.75 | 0.70 | 0.70 | 0.65 | 0.65 | 0.65 | 0.65 | 0.55 | 0.55 | 0.55 |
| 6 | 6 | −0.15 | 0.05 | 0.15 | 0.20 | 0.25 | 0.30 | 0.30 | 0.35 | 0.35 | 0.35 | 0.40 | 0.45 | 0.45 | 0.45 |
| | 5 | 0.10 | 0.25 | 0.30 | 0.35 | 0.35 | 0.45 | 0.40 | 0.40 | 0.45 | 0.45 | 0.45 | 0.50 | 0.50 | 0.50 |
| | 4 | 0.30 | 0.35 | 0.40 | 0.40 | 0.45 | 0.45 | 0.45 | 0.45 | 0.45 | 0.45 | 0.50 | 0.50 | 0.50 | 0.50 |
| | 3 | 0.50 | 0.45 | 0.45 | 0.45 | 0.45 | 0.55 | 0.45 | 0.45 | 0.45 | 0.50 | 0.50 | 0.50 | 0.50 | 0.50 |
| | 2 | 0.80 | 0.65 | 0.55 | 0.55 | 0.55 | 0.55 | 0.50 | 0.50 | 0.50 | 0.50 | 0.50 | 0.50 | 0.50 | 0.50 |
| | 1 | 1.30 | 1.00 | 0.85 | 0.80 | 0.75 | 0.70 | 0.70 | 0.65 | 0.65 | 0.65 | 0.60 | 0.55 | 0.55 | 0.55 |
| 7 | 7 | −0.20 | 0.05 | 0.15 | 0.20 | 0.25 | 0.30 | 0.30 | 0.35 | 0.35 | 0.35 | 0.45 | 0.45 | 0.45 | 0.45 |
| | 6 | 0.05 | 0.20 | 0.30 | 0.35 | 0.35 | 0.40 | 0.40 | 0.40 | 0.40 | 0.40 | 0.45 | 0.50 | 0.50 | 0.50 |
| | 5 | 0.20 | 0.30 | 0.35 | 0.40 | 0.40 | 0.45 | 0.45 | 0.45 | 0.45 | 0.45 | 0.50 | 0.50 | 0.50 | 0.50 |
| | 4 | 0.35 | 0.40 | 0.40 | 0.45 | 0.45 | 0.45 | 0.45 | 0.45 | 0.45 | 0.45 | 0.50 | 0.50 | 0.50 | 0.50 |
| | 3 | 0.55 | 0.50 | 0.50 | 0.50 | 0.50 | 0.50 | 0.50 | 0.50 | 0.50 | 0.50 | 0.50 | 0.50 | 0.50 | 0.50 |
| | 2 | 0.80 | 0.65 | 0.60 | 0.55 | 0.55 | 0.55 | 0.50 | 0.50 | 0.50 | 0.50 | 0.50 | 0.50 | 0.50 | 0.50 |
| | 1 | 1.30 | 1.00 | 0.90 | 0.80 | 0.75 | 0.70 | 0.70 | 0.70 | 0.65 | 0.65 | 0.60 | 0.55 | 0.55 | 0.55 |
| 8 | 8 | −0.20 | 0.05 | 0.15 | 0.20 | 0.25 | 0.30 | 0.30 | 0.35 | 0.35 | 0.35 | 0.35 | 0.45 | 0.45 | 0.45 |
| | 7 | 0.00 | 0.20 | 0.30 | 0.35 | 0.35 | 0.40 | 0.40 | 0.40 | 0.40 | 0.40 | 0.45 | 0.45 | 0.50 | 0.50 |
| | 6 | 0.15 | 0.30 | 0.35 | 0.40 | 0.40 | 0.45 | 0.45 | 0.45 | 0.45 | 0.45 | 0.45 | 0.50 | 0.50 | 0.50 |
| | 5 | 0.30 | 0.45 | 0.40 | 0.45 | 0.45 | 0.45 | 0.45 | 0.45 | 0.45 | 0.45 | 0.45 | 0.50 | 0.50 | 0.50 |
| | 4 | 0.40 | 0.45 | 0.45 | 0.45 | 0.45 | 0.45 | 0.45 | 0.50 | 0.50 | 0.50 | 0.50 | 0.50 | 0.50 | 0.50 |
| | 3 | 0.60 | 0.50 | 0.50 | 0.50 | 0.50 | 0.50 | 0.50 | 0.50 | 0.50 | 0.50 | 0.50 | 0.50 | 0.50 | 0.50 |
| | 2 | 0.85 | 0.65 | 0.60 | 0.55 | 0.55 | 0.55 | 0.55 | 0.55 | 0.55 | 0.50 | 0.50 | 0.50 | 0.50 | 0.50 |
| | 1 | 1.30 | 1.00 | 0.90 | 0.80 | 0.75 | 0.70 | 0.70 | 0.70 | 0.65 | 0.65 | 0.65 | 0.60 | 0.55 | 0.55 |

**续表 13.5**

| m | N \ K | 0.1 | 0.2 | 0.3 | 0.4 | 0.5 | 0.6 | 0.7 | 0.8 | 0.9 | 1.0 | 2.0 | 3.0 | 4.0 | 5.0 |
|---|---|---|---|---|---|---|---|---|---|---|---|---|---|---|---|
| 9 | 9 | −0.25 | 0.00 | 0.15 | 0.20 | 0.25 | 0.30 | 0.30 | 0.35 | 0.35 | 0.40 | 0.45 | 0.45 | 0.45 | 0.45 |
| | 8 | −0.00 | 0.20 | 0.30 | 0.35 | 0.35 | 0.40 | 0.40 | 0.40 | 0.40 | 0.45 | 0.45 | 0.50 | 0.50 | 0.50 |
| | 7 | 0.15 | 0.30 | 0.35 | 0.40 | 0.40 | 0.45 | 0.45 | 0.45 | 0.45 | 0.45 | 0.50 | 0.50 | 0.50 | 0.50 |
| | 6 | 0.25 | 0.35 | 0.40 | 0.40 | 0.45 | 0.45 | 0.45 | 0.45 | 0.45 | 0.50 | 0.50 | 0.50 | 0.50 | 0.50 |
| | 5 | 0.35 | 0.40 | 0.45 | 0.45 | 0.45 | 0.45 | 0.45 | 0.45 | 0.50 | 0.50 | 0.50 | 0.50 | 0.50 | 0.50 |
| | 4 | 0.45 | 0.45 | 0.45 | 0.45 | 0.45 | 0.50 | 0.50 | 0.50 | 0.50 | 0.50 | 0.50 | 0.50 | 0.50 | 0.50 |
| | 3 | 0.60 | 0.50 | 0.50 | 0.50 | 0.50 | 0.50 | 0.50 | 0.50 | 0.50 | 0.50 | 0.50 | 0.50 | 0.50 | 0.50 |
| | 2 | 0.85 | 0.65 | 0.60 | 0.55 | 0.55 | 0.55 | 0.55 | 0.50 | 0.50 | 0.50 | 0.50 | 0.50 | 0.50 | 0.50 |
| | 1 | 1.35 | 1.00 | 0.90 | 0.80 | 0.75 | 0.75 | 0.70 | 0.70 | 0.65 | 0.65 | 0.60 | 0.55 | 0.55 | 0.55 |
| 10 | 10 | −0.25 | 0.00 | 0.15 | 0.20 | 0.25 | 0.30 | 0.30 | 0.35 | 0.35 | 0.40 | 0.45 | 0.45 | 0.45 | 0.45 |
| | 9 | 0.05 | 0.20 | 0.30 | 0.35 | 0.35 | 0.40 | 0.40 | 0.40 | 0.40 | 0.45 | 0.45 | 0.50 | 0.50 | 0.50 |
| | 8 | 0.10 | 0.30 | 0.35 | 0.40 | 0.40 | 0.40 | 0.45 | 0.45 | 0.45 | 0.45 | 0.50 | 0.45 | 0.45 | 0.45 |
| | 7 | 0.20 | 0.35 | 0.40 | 0.40 | 0.45 | 0.45 | 0.45 | 0.45 | 0.45 | 0.50 | 0.50 | 0.50 | 0.50 | 0.50 |
| | 6 | 0.30 | 0.40 | 0.40 | 0.45 | 0.45 | 0.45 | 0.45 | 0.45 | 0.45 | 0.50 | 0.50 | 0.50 | 0.50 | 0.50 |
| | 5 | 0.40 | 0.45 | 0.45 | 0.45 | 0.45 | 0.45 | 0.45 | 0.45 | 0.50 | 0.50 | 0.50 | 0.50 | 0.50 | 0.50 |
| | 4 | 0.50 | 0.45 | 0.45 | 0.45 | 0.50 | 0.50 | 0.50 | 0.50 | 0.50 | 0.50 | 0.50 | 0.50 | 0.50 | 0.50 |
| | 3 | 0.60 | 0.55 | 0.50 | 0.50 | 0.50 | 0.50 | 0.50 | 0.50 | 0.50 | 0.50 | 0.50 | 0.50 | 0.50 | 0.50 |
| | 2 | 0.85 | 0.65 | 0.60 | 0.55 | 0.55 | 0.55 | 0.55 | 0.50 | 0.50 | 0.50 | 0.50 | 0.50 | 0.50 | 0.50 |
| | 1 | 1.35 | 1.00 | 0.90 | 0.80 | 0.75 | 0.75 | 0.70 | 0.70 | 0.65 | 0.65 | 0.60 | 0.55 | 0.55 | 0.55 |
| 11 | 11 | −0.25 | 0.00 | 0.15 | 0.20 | 0.25 | 0.30 | 0.30 | 0.30 | 0.35 | 0.35 | 0.45 | 0.45 | 0.45 | 0.45 |
| | 10 | −0.05 | 0.20 | 0.25 | 0.30 | 0.35 | 0.40 | 0.40 | 0.40 | 0.40 | 0.45 | 0.45 | 0.45 | 0.45 | 0.45 |
| | 9 | 0.10 | 0.30 | 0.35 | 0.40 | 0.40 | 0.40 | 0.45 | 0.45 | 0.45 | 0.45 | 0.50 | 0.50 | 0.50 | 0.50 |
| | 8 | 0.20 | 0.35 | 0.40 | 0.40 | 0.45 | 0.45 | 0.45 | 0.45 | 0.45 | 0.50 | 0.50 | 0.50 | 0.50 | 0.50 |
| | 7 | 0.25 | 0.40 | 0.40 | 0.45 | 0.45 | 0.45 | 0.45 | 0.45 | 0.45 | 0.50 | 0.50 | 0.50 | 0.50 | 0.50 |
| | 6 | 0.35 | 0.40 | 0.45 | 0.45 | 0.45 | 0.45 | 0.45 | 0.45 | 0.50 | 0.50 | 0.50 | 0.50 | 0.50 | 0.50 |
| | 5 | 0.40 | 0.45 | 0.45 | 0.45 | 0.45 | 0.50 | 0.50 | 0.50 | 0.50 | 0.50 | 0.50 | 0.50 | 0.50 | 0.50 |
| | 4 | 0.50 | 0.50 | 0.50 | 0.50 | 0.50 | 0.50 | 0.50 | 0.50 | 0.50 | 0.50 | 0.50 | 0.50 | 0.50 | 0.50 |
| | 3 | 0.65 | 0.55 | 0.50 | 0.50 | 0.50 | 0.50 | 0.50 | 0.50 | 0.50 | 0.50 | 0.50 | 0.50 | 0.50 | 0.50 |
| | 2 | 0.85 | 0.65 | 0.60 | 0.55 | 0.55 | 0.55 | 0.55 | 0.50 | 0.50 | 0.50 | 0.50 | 0.50 | 0.50 | 0.50 |
| | 1 | 1.35 | 1.05 | 0.90 | 0.80 | 0.75 | 0.75 | 0.70 | 0.70 | 0.65 | 0.65 | 0.60 | 0.55 | 0.55 | 0.55 |
| 12以上 | 1 | −0.30 | 0.00 | 0.15 | 0.20 | 0.25 | 0.30 | 0.30 | 0.30 | 0.35 | 0.35 | 0.40 | 0.45 | 0.45 | 0.45 |
| | 2 | −0.10 | 0.20 | 0.25 | 0.30 | 0.35 | 0.40 | 0.40 | 0.40 | 0.40 | 0.40 | 0.45 | 0.45 | 0.45 | 0.45 |
| | 3 | 0.05 | 0.25 | 0.35 | 0.40 | 0.40 | 0.40 | 0.45 | 0.45 | 0.45 | 0.45 | 0.45 | 0.50 | 0.50 | 0.50 |
| | 4 | 0.15 | 0.30 | 0.40 | 0.40 | 0.45 | 0.45 | 0.45 | 0.45 | 0.45 | 0.45 | 0.45 | 0.45 | 0.45 | 0.45 |
| | 5 | 0.25 | 0.35 | 0.50 | 0.45 | 0.45 | 0.45 | 0.45 | 0.45 | 0.45 | 0.45 | 0.45 | 0.45 | 0.45 | 0.45 |
| | 6 | 0.30 | 0.40 | 0.50 | 0.45 | 0.45 | 0.45 | 0.45 | 0.50 | 0.50 | 0.50 | 0.50 | 0.50 | 0.50 | 0.50 |
| | 7 | 0.35 | 0.40 | 0.55 | 0.45 | 0.45 | 0.45 | 0.50 | 0.50 | 0.50 | 0.50 | 0.50 | 0.50 | 0.50 | 0.50 |
| | 8 | 0.35 | 0.45 | 0.55 | 0.45 | 0.50 | 0.50 | 0.50 | 0.50 | 0.50 | 0.50 | 0.50 | 0.50 | 0.50 | 0.50 |
| | 中间 | 0.45 | 0.45 | 0.55 | 0.45 | 0.50 | 0.50 | 0.50 | 0.50 | 0.50 | 0.50 | 0.50 | 0.50 | 0.50 | 0.50 |
| | 4 | 0.55 | 0.50 | 0.50 | 0.50 | 0.50 | 0.50 | 0.50 | 0.50 | 0.50 | 0.50 | 0.50 | 0.50 | 0.50 | 0.50 |
| | 3 | 0.65 | 0.55 | 0.50 | 0.50 | 0.50 | 0.50 | 0.50 | 0.50 | 0.50 | 0.50 | 0.50 | 0.50 | 0.50 | 0.50 |
| | 2 | 0.70 | 0.70 | 0.60 | 0.55 | 0.55 | 0.55 | 0.55 | 0.55 | 0.55 | 0.55 | 0.55 | 0.50 | 0.50 | 0.50 |
| | ↑1 | 1.35 | 1.05 | 0.90 | 0.80 | 0.75 | 0.70 | 0.70 | 0.70 | 0.65 | 0.65 | 0.60 | 0.55 | 0.55 | 0.55 |

表 13.6　上下层横梁线刚度比对 $y_0$ 的修正值 $y_1$

| $I$ \ $K$ | 0.1 | 0.2 | 0.3 | 0.4 | 0.5 | 0.6 | 0.7 | 0.8 | 0.9 | 1.0 | 2.0 | 3.0 | 4.0 | 5.0 |
|---|---|---|---|---|---|---|---|---|---|---|---|---|---|---|
| 0.4 | 0.55 | 0.40 | 0.30 | 0.25 | 0.20 | 0.20 | 0.20 | 0.15 | 0.15 | 0.15 | 0.05 | 0.05 | 0.05 | 0.05 |
| 0.5 | 0.45 | 0.30 | 0.20 | 0.20 | 0.15 | 0.15 | 0.15 | 0.10 | 0.10 | 0.10 | 0.05 | 0.05 | 0.05 | 0.05 |
| 0.6 | 0.30 | 0.20 | 0.15 | 0.15 | 0.10 | 0.10 | 0.10 | 0.10 | 0.05 | 0.05 | 0.05 | 0.05 | 0 | 0 |
| 0.7 | 0.20 | 0.15 | 0.10 | 0.10 | 0.10 | 0.10 | 0.05 | 0.50 | 0.50 | 0.50 | 0.50 | 0 | 0 | 0 |
| 0.8 | 0.15 | 0.10 | 0.05 | 0.05 | 0.05 | 0.05 | 0.05 | 0.05 | 0.05 | 0 | 0 | 0 | 0 | 0 |
| 0.9 | 0.05 | 0.05 | 0.05 | 0.05 | 0 | 0 | 0 | 0 | 0 | 0 | 0 | 0 | 0 | 0 |

表 13.7　上下层高变化对 $y_0$ 的修正值 $y_1$ 和 $y_2$

| $\alpha_2$ | $\alpha_3$ \ $K$ | 0.1 | 0.2 | 0.3 | 0.4 | 0.5 | 0.6 | 0.7 | 0.8 | 0.9 | 1.0 | 2.0 | 3.0 | 4.0 | 5.0 |
|---|---|---|---|---|---|---|---|---|---|---|---|---|---|---|---|
| 2.0 | | 0.25 | 0.15 | 0.15 | 0.10 | 0.10 | 0.10 | 0.10 | 0.10 | 0.50 | 0.50 | 0.50 | 0.50 | 0.0 | 0.0 |
| 1.8 | | 0.20 | 0.15 | 0.10 | 0.10 | 0.10 | 0.05 | 0.05 | 0.05 | 0.05 | 0.05 | 0.05 | 0.0 | 0.0 | 0.0 |
| 1.6 | 0.4 | 0.15 | 0.10 | 0.10 | 0.05 | 0.05 | 0.05 | 0.05 | 0.05 | 0.05 | 0.05 | 0.0 | 0.0 | 0.0 | 0.0 |
| 1.4 | 0.6 | 0.10 | 0.05 | 0.05 | 0.05 | 0.05 | 0.05 | 0.05 | 0.05 | 0.05 | 0.0 | 0.0 | 0.0 | 0.0 | 0.0 |
| 1.2 | 0.8 | 0.0 | 0.05 | 0.05 | 0.0 | 0.0 | 0.0 | 0.0 | 0.0 | 0.0 | 0.0 | 0.0 | 0.0 | 0.0 | 0.0 |
| 1.0 | 1.0 | −0.05 | 0.0 | 0.0 | 0.0 | 0.0 | 0.0 | 0.0 | 0.0 | 0.0 | 0.0 | 0.0 | 0.0 | 0.0 | 0.0 |
| 0.8 | 1.2 | −0.10 | −0.05 | −0.05 | 0.0 | 0.0 | 0.0 | 0.0 | 0.0 | 0.0 | 0.0 | 0.0 | 0.0 | 0.0 | 0.0 |
| 0.6 | 1.4 | −0.15 | −0.05 | −0.05 | −0.05 | −0.05 | −0.05 | −0.05 | −0.05 | 0.05 | 0.0 | 0.0 | 0.0 | 0.0 | 0.0 |
| 0.4 | 1.6 | −0.15 | −0.10 | −0.10 | −0.05 | −0.05 | −0.05 | −0.05 | −0.05 | −0.05 | −0.05 | 0.0 | 0.0 | 0.0 | 0.0 |
| | 1.8 | −0.20 | −0.10 | −0.10 | −0.10 | −0.10 | −0.05 | −0.05 | −0.05 | −0.05 | −0.05 | −0.05 | 0.0 | 0.0 | 0.0 |
| | 2.0 | −0.25 | −0.15 | −0.15 | −0.10 | −0.10 | −0.10 | −0.10 | −0.10 | −0.10 | −0.10 | −0.10 | −0.1 | 0.0 | 0.0 |

## 13.5.3　框架结构的侧移计算

**1. 侧移的近似计算**

由式(13.14)、式(13.16)可得第 $j$ 层框架层间水平位移 $\Delta u_j$ 与层间剪力 $V_j$ 之间的关系

$$\Delta u_j = \frac{V_j}{\sum_{k=1}^{m} D_{jk}} \tag{13.18a}$$

式中　$D_{jk}$—— 第 $j$ 层第 $k$ 根柱的侧向刚度；

$m$—— 框架第 $j$ 层的总柱数。

这样便可逐层求得各层的层间水平位移。框架顶点的总水平位移 $u$ 应为各层间位移之和，即

$$u = \sum_{j=1}^{n} \Delta u_j \tag{13.18b}$$

式中　$n$—— 框架结构的总层数。

应当指出，按上述方法求得的框架结构侧向水平位移只是由梁、柱弯曲变形所产生的变形量，而未考虑梁、柱的轴向变形和截面剪切变形所产生的结构侧移。但对一般的多层框架结构，按上式计算的框架侧移已能满足工程设计的精度要求。

由式(13.18a)可以看出,框架层间位移 $\Delta u_j$ 与水平荷载在该层所产生的层间剪力 $V_j$ 成正比,当框架每一楼层处都有水平荷载作用时,由于框架柱间水平位移 $\Delta u_j$ 是自顶层向下逐层递增的,框架的位移曲线如图13.15(a)所示。这种位移曲线称为剪切型,因为它与均布水平荷载作用下的悬臂柱由截面内的剪力所引起的剪切变形曲线相似,如图13.15(b)所示。悬臂柱由弯矩引起的变形曲线为弯曲型,如图13.15(c)所示。

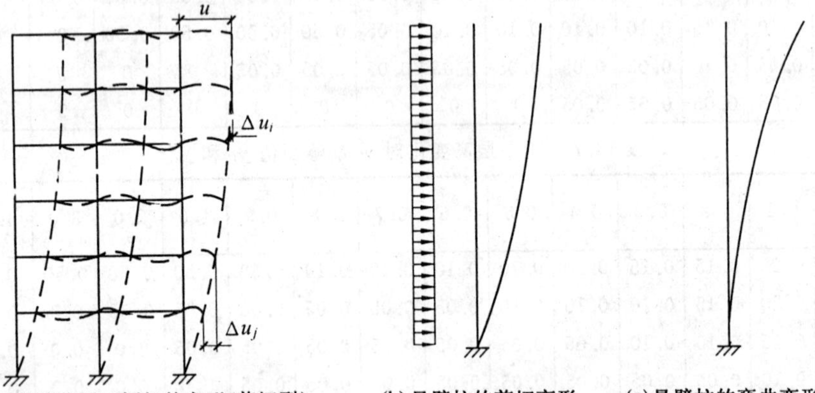

(a)水平荷载作用下框架的变形(剪切型)　(b)悬臂柱的剪切变形　(c)悬臂柱的弯曲变形

图13.15　结构的侧移曲线

**2.弹性层间位移角限值**

按弹性方法计算得到的框架层间水平位移 $\Delta u$ 除以层高 $h$,得弹性层间位移角 $\theta_e$ 的正切。由于 $\theta_e$ 较小,故可近似地认为 $\theta_e=\dfrac{\Delta u}{h}$。框架的弹性层间位移角 $\theta_e$ 过大,将导致框架中的隔墙等非承重的填充构件等开裂,故规范规定了框架的最大弹性层间位移 $\Delta u$ 与层高之比不能超过其限值,即要求

$$\frac{\Delta u}{h}\leqslant[\theta_e] \tag{13.19}$$

式中　$\Delta u$—— 按弹性方法计算所得的楼层层间水平位移;

$[\theta_e]$—— 弹性层间位移角限值,我国《高层建筑混凝土结构技术规程》(JGJ 3—2002)规定框架结构为 $\dfrac{1}{550}$;

$h$—— 层高。

## 13.6　框架结构的荷载效应组合及内力调幅

框架结构在各种荷载作用下产生内力、发生位移,框架受力后引起的内力、位移又称为荷载作用效应。由于框架的位移主要由水平荷载引起,通常不考虑竖向荷载对侧移的影响,不存在组合问题,所以荷载效应组合实际上是指内力组合。内力组合的目的就是要找出框架梁柱控制截面的最不利内力,最不利内力是使截面配筋最大的内力。一般来说,并不是所有荷载同时作用时某些截面有最大内力,而是在其中某些荷载共同作用下才能得

到最大内力。因此，必须对框架构件的控制截面进行最不利内力组合，并以此作为梁柱截面配筋的依据。

### 13.6.1 控制截面及最不利内力

构件内力往往沿杆长度发生变化，构件截面有时也会在杆件某处发生改变，设计时应根据构件内力分布特点和截面尺寸变化情况，选取内力较大截面作为控制截面，组合控制截面的内力进行配筋计算。

框架梁的控制截面通常是梁端支座截面和跨中截面。在竖向荷载作用下，支座截面可能产生最大负弯矩和最大剪力；水平荷载作用下，支座截面还会出现正弯矩。跨中截面一般产生最大正弯矩，有时也可能出现负弯矩。框架梁的控制截面最不利内力组合有以下几种：

(1) 梁端支座截面 $-M_{max}$、$+M_{max}$ 和 $V_{max}$；

(2) 梁端跨中截面 $-M_{max}$、$+M_{max}$（注意组合，可能出现）。

框架柱的控制截面通常是柱上下两端截面。柱的剪力和轴力在同一层柱内变化很小，甚至没有变化，而柱的两端弯矩最大。同一柱端截面在不同内力组合时，有可能出现正弯矩或负弯矩，考虑到框架柱一般采用对称配筋，组合时柱只需选择绝对值最大的弯矩。框架柱的控制截面最不利内力组合有以下几种：

(1) $|M_{max}|$ 及相应的 $N$、$V$；

(2) $N_{max}$ 及相应的 $M$、$V$；

(3) $N_{min}$ 及相应的 $M$、$V$；

(4) $|M|$ 比较大（不是绝对最大），但 $N$ 比较小或 $N$ 比较大（不是绝对最小或绝对最大）。

第四种内力组合情况的出现是因为柱是偏压构件，可能出现大偏压破坏，也可能出现小偏压破坏。对于大偏压构件，$e_0=\dfrac{M}{N}$ 越大，截面需要的配筋越多，有时 $M$ 虽然不是最大，但相应的 $N$ 较小，此时 $e_0$ 最大，也可能成为最不利内力。对于小偏压构件，有时 $N$ 并不是最大，但相应的 $M$ 比较大，截面配筋反而增多，成为最不利内力。

柱的剪力一般不大，若取上述组合方法得到的剪力 $V$ 和轴力 $N$ 进行斜截面抗剪承载力计算，一般可以满足要求，在框架承受水平力较大的情况下，柱子也要组合最大剪力 $|V_{max}|$ 及相应的 $N$。

结构受力分析所得到的内力是构件轴线处内力，而梁支座截面是指柱边缘处梁端截面，柱上下端截面是指梁顶和梁底处柱端截面，如图 13.16 所示。因此，内力组合时应将各种荷载作用下梁轴线的弯矩值和剪力值换算到梁柱边缘处，然后进行内力组合。

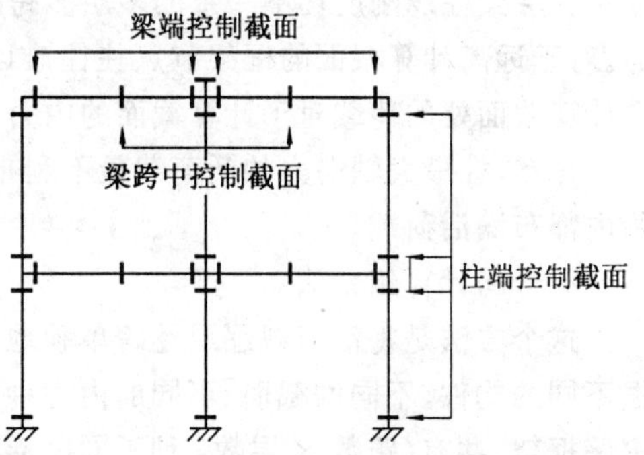


图 13.16 梁柱控制截面

## 13.6.2　竖向荷载的最不利位置

考虑活荷载最不利布置有最不利荷载位置法、分跨计算组合法、分层组合法和满布荷载法等 4 种方法。

**1. 最不利荷载位置法**

为求某一指定截面的最不利内力，可以根据影响线方法，直接确定产生此最不利内力的活荷载布置。以图 13.17(a) 所示的四层四跨框架为例，欲求某跨梁 $AB$ 的跨中 $C$ 截面的最大正弯矩 $M_C$ 的活荷载最不利布置，可先作 $M_C$ 的影响线，即解除 $M_C$ 相应的约束(将 $C$ 点改为铰)，代之以正向约束力，使结构沿约束力的正向产生单位虚位移 $\theta_C = 1$，由此可得到整个结构的虚位移图，如图 13.17 (b) 所示。

根据虚位移原理，为求梁 $AB$ 跨中最大正弯矩，则需在图 13.17(b) 中，凡产生正向虚位移的跨间均布置活荷载，亦即除该跨必须布置活荷载外，其他各跨应相间布置，同时在竖向亦相间布置，形成棋盘形间隔布置，如图 13.17(c) 所示。可以看出，当 $AB$ 跨达到跨中弯矩最大时的活荷载最不利布置，也正好使其他布置活荷载跨的跨中弯矩达到最大值。因此，只要进行二次棋盘形活荷载布置，便可求得整个框架中所有梁的跨中最大正弯矩。

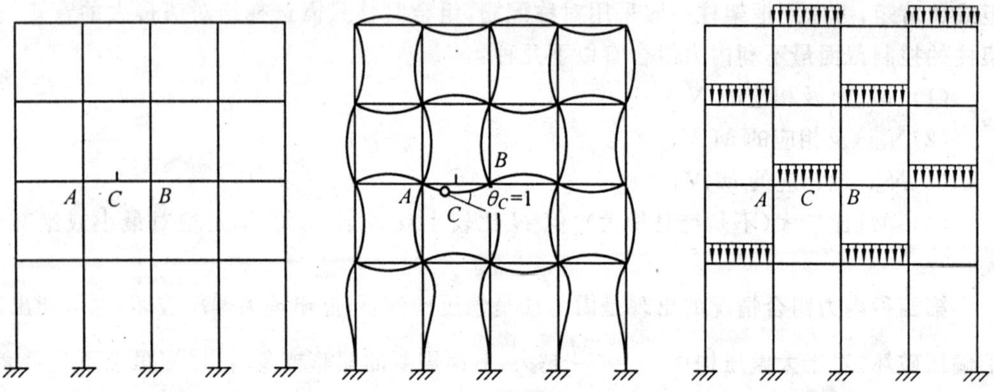


(a) 四层四跨框架　　(b) $\theta_C$=1 时整个结构的虚位移图　　(c) 活荷载棋盘布置

图 13.17　最不利荷载的布置

梁端最大负弯矩或柱端最大弯矩的活荷载最不利布置，亦可用上述方法得到。但对于各跨各层梁柱线刚度均不一致的多层多跨框架结构，要准确地做出其影响线是十分困难的。对于远离计算截面的框架节点往往难以准确地判断其虚位移(转角) 的方向，好在远离计算截面处的荷载对于计算截面的内力影响很小，在实际应用中往往可以忽略不计。

显然，柱最大轴向力的活荷载最不利布置，是在该柱以上的各层中，与该柱相邻的梁跨内都布满活荷载。

**2. 分跨计算组合法**

这个方法是将活荷载逐层逐跨单独地作用在结构上，分别计算出整个结构的内力，根据不同的构件、不同的截面、不同的内力种类、组合出最不利的内力。因此，对于一个多层多跨框架，共有(跨数 × 层数) 种不同的活荷载布置方式，亦即需要计算(跨数 × 层数) 次结构的内力，其计算工作量是很大的。但求得了这些内力以后，即可求得任意截面上的最大内力，其过程较为简单。在运用电脑进行内力组合时，常采用这一方法，如图 13.18(a)所示。

为减少计算工作量，可不考虑屋面活荷载的最不利分布而按满布考虑。

3. **分层组合法**

无论用分跨计算组合法还是用最不利荷载位置法求活荷载最不利布置时的结构内力，都是非常繁冗的。分层组合法(图 13.18(b))是以分层法为依据的，比较简单，对活荷载的最不利布置作如下简化：

(1) 对于梁，只考虑本层活荷载的不利布置，而不考虑其他层活荷载的影响。因此，其布置方法和连续梁的活荷载最不利布置方法相同。

(2) 对于柱端弯矩，只考虑柱相邻上下层活荷载的影响，而不考虑其他层活荷载的影响。

(3) 对于柱最大轴力，则考虑该层以上所有层中与该柱相邻的梁上满布活荷载的情况，但对于与柱不相邻的上层活荷载，仅考虑其轴向力的传递而不考虑其弯矩的作用。

4. **满布荷载法**

当活荷载产生的内力远小于恒荷载及水平力所产生的内力时，可不考虑活荷载的最不利布置，而把活荷载同时作用于所有的框架梁上，如图 13.19 所示，这样求得的内力在支座处与按最不利荷载位置法求得的内力极为相近，可直接进行内力组合。但求得的梁的跨中弯矩却比最不利荷载位置法的计算结果要小，因此对梁跨中弯矩应乘以 1.1 ～ 1.2 的系数予以增大。

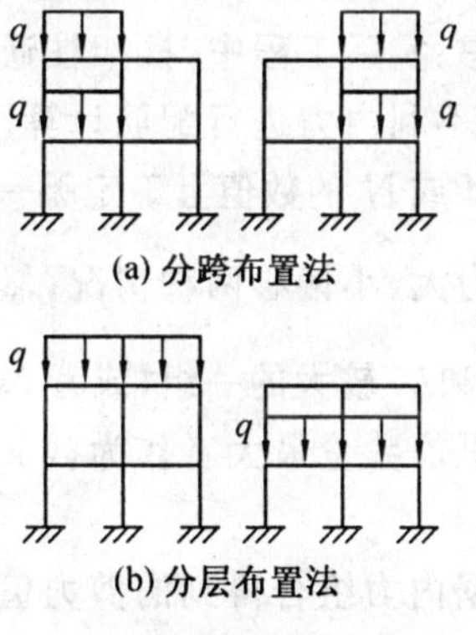


图 13.18　竖向荷载的分跨布置和分层布置

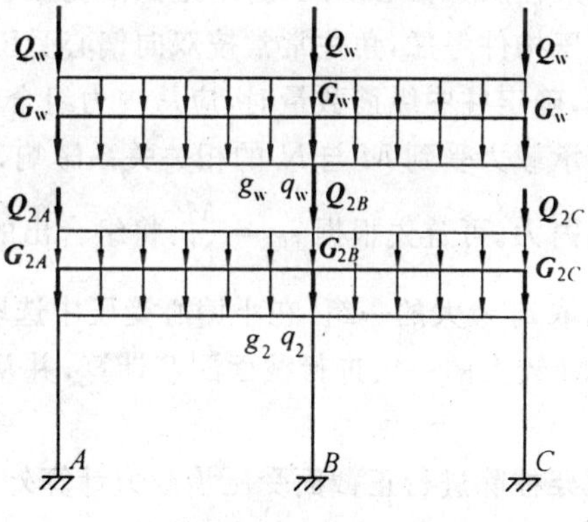


图 13.19　满布荷载法

## 13.6.3　梁端内力调幅

按照框架结构的合理破坏形式，在梁端出现塑性铰是允许的，为了便于浇捣混凝土，也往往希望节点处梁的负弯矩放的少些；而对于装配式或装配整体式框架，节点并非绝对刚性，梁端实际弯矩将小于其弹性计算量。因此，在进行框架结构设计时，一般均对梁端弯矩进行调幅，即人为地减少梁端负弯矩，减少节点附近梁顶面的配筋量。

设某框架梁 $AB$ 在竖向荷载作用下，梁端最大负弯矩分别为 $M_{A0}$、$M_{B0}$，梁跨中最大正弯矩为 $M_{C0}$，则调幅后梁端弯矩可取

$$\left.\begin{aligned} M_A &= \beta M_{A0} \\ M_B &= \beta M_{B0} \end{aligned}\right\} \tag{13.20}$$

式中 $\beta$——弯矩调幅系数。对于现浇框架,可取$\beta=0.8\sim0.9$;对于装配整体式框架,由于接头焊接不牢或由于节点区混凝土灌注不密实等原因,节点容易产生变形而达不到绝对刚性,框架梁端的实际弯矩比弹性计算值要小,因此,弯矩调幅系数允许取得低一些,一般取$\beta=0.7\sim0.8$。

梁端弯矩调幅后,在相应荷载作用下的跨中弯矩必将增加,这时应校核该梁的静力平衡条件,调幅后梁端弯矩$M_A$、$M_B$的平均值与跨中最大正弯矩$M_{C0}$之和应大于按简支梁计算的跨中弯矩值$M_0$,即

$$\frac{|M_A+M_B|}{2}+M_{C0}\geqslant M_0 \tag{13.21}$$

必须指出,我国有关规范规定,弯矩调幅只对竖向荷载作用下的内力进行,即水平荷载作用下产生的弯矩不参加调幅,因此,弯矩调幅应在内力组合之前进行。

# 13.7 无抗震设防要求的截面、节点设计要点及构造要求

## 13.7.1 框架柱截面设计要点及构造

**1.框架柱截面设计**

框架柱属于偏心受压构件,正截面受压承载力计算时,框架的中柱和边柱一般按单向偏心受压构件考虑,角柱常常按双向偏心受压构件考虑。实际工程中,框架柱通常采用对称配筋,确定柱中纵筋数量时,应从内力组合中找出最不利内力进行配筋计算。由于柱的正截面承载力受到$M$与$N$的相关关系影响,很难从$M$或$N$的数值上确定哪一组内力为最不利内力。可首先根据$e_0=\dfrac{M}{N}$,将组合出的内力分为大、小偏心两种情况,然后在大偏心中选取$e_0$最大的一组;在小偏心受压中选取$N$最大和$M$较大的一组,或者$N$不是最大的,但$M$较大的一组进行截面配筋计算,并从中选取纵筋数量最大者作为截面配筋的依据。

框架柱除进行正截面受压承载力计算外,还应根据内力组合得到的剪力值进行斜截面抗剪承载力计算,确定柱的箍筋配置。

**2.柱的计算长度$l_0$**

梁和柱为刚接的钢筋混凝土框架柱,其计算长度应根据框架不同的侧向约束条件及荷载情况,并考虑柱的二阶效应(由轴向力与柱的挠曲变形所引起的附加弯矩)对柱截面设计的影响程度来确定。

一般多层房屋中梁柱为刚接的框架结构,各层柱的计算长度$l_0$可按表13.8取用。

**表 13.8　框架结构各层柱的计算长度**

| 楼盖类型 | 柱的类型 | $l_0$ |
|---|---|---|
| 现浇楼盖 | 底层柱 | $1.0H$ |
| | 其余各层柱 | $1.25H$ |
| 装配式楼盖 | 底层柱 | $1.25H$ |
| | 其余各层柱 | $1.5H$ |

注：表中 $H$ 对底层为基础顶面到一层楼盖顶面的高度；对其余各层柱为上下两层顶面之间的距离。

当水平荷载产生的弯矩设计值占总弯矩设计值的75%以上时，框架柱的计算长度 $l_0$ 可按下列两个公式计算，并取其中较小值，即

$$l_0 = [1 + 0.15(\varphi_u + \varphi_d)]H \tag{13.22}$$

$$l_0 = (2 + 0.2\varphi_{min})H \tag{13.23}$$

式中　$\varphi_u$，$\varphi_d$——柱的上、下端节点处交汇的各柱线刚度之和与交汇的各梁线刚度之和的比值；

$\varphi_{min}$——$\varphi_u$，$\varphi_d$ 中的较小值；

$H$——柱的高度，按表 13.8 中的注采用。

**3. 框架柱的构造**

(1) 框架柱截面

柱截面高度不宜小于400 mm，柱截面宽度不宜小于350 mm，柱净高与截面长边之比宜大于4。

(2) 框架柱钢筋

框架可能受到来自两个方向的水平荷载作用，框架柱的纵向钢筋宜采用对称配筋。框架柱纵筋的最小直径不应小于12 mm，全部纵向钢筋的最小配筋率 $\rho_{min} \geqslant 0.6\%$，最大配筋率 $\rho_{max} \leqslant 5\%$。为了对柱截面核心混凝土形成良好的约束，减小箍筋自由长度，纵向钢筋的间距不应大于 350 mm；为了保证纵向钢筋有较好的黏结能力，纵筋之间的净距不应小于 50 mm。柱纵向钢筋搭接位置应在受力较小区域，搭接长度为 $1.2l_a$，$l_a$ 为纵向受拉钢筋的锚固长度。纵向钢筋直径大于 22 mm 时，宜采用焊接接头。框架顶层柱的纵向钢筋应锚固在柱顶或梁内，锚固长度由梁底算起不小于 $l_a$。

柱周边箍筋应为封闭式，箍筋间距不应大于 400 mm，且不应大于构件截面的短边尺寸和最小纵向受力钢筋直径的15倍；箍筋直径不应小于最大纵向钢筋直径的1/4，且不应小于 6 mm；当柱每边纵筋多于 3 根时，应设置复合箍筋(可采用拉筋)。

## 13.7.2　框架梁截面设计要点及构造

**1. 框架梁截面设计**

框架梁属于受弯构件，由内力组合求得控制截面的最不利弯矩和剪力后，按正截面受弯承载力计算方法确定所需的纵筋数量，按斜截面受剪承载力计算方法确定所需的箍筋数量，再采取相应的构造措施。

按照弯矩调幅法设计框架结构时，为保证梁端塑性铰有良好的延性，能够充分转动，受力钢筋宜采用 HRB335 级、HRB400 级等延性较好的钢筋；混凝土强度等级宜在 C20 ～

C45 范围内，截面的相对受压区高度不应超过 $0.35h_0$。对于直接承受动力荷载作用的结构、要求不出现裂缝的结构、配置延性较差的受力钢筋的结构和处于严重侵蚀环境中的结构，不得采用塑性内力重分布的分析方法。

**2. 框架梁截面**

梁截面高度 $h$ 可按 $(\frac{1}{8}\sim\frac{1}{12})l$（$l$ 为梁计算跨度）确定，且不宜大于 $\frac{1}{4}l_n$（$l_n$ 为梁净跨）。梁截面宽度 $b$ 不宜小于 $\frac{h}{4}$ 及 $\frac{b_c}{2}$（$b_c$ 为柱宽）。当柱子宽度较大时，梁宽可以小于 $\frac{b_c}{2}$，但不应小于 250 mm。当采用扁梁时，应满足梁的刚度要求。

**3. 框架梁纵向钢筋**

梁纵向受拉钢筋除应满足受弯承载力的要求外，还应考虑温度变化、混凝土收缩引起附加应力的影响。纵向受拉钢筋的最小配筋率在支座处不应小于 0.20%。梁跨中截面的上部架立筋不应小于 2φ12，架立筋与梁支座负筋的搭接长度为 $1.2l_a$（图 13.20）。

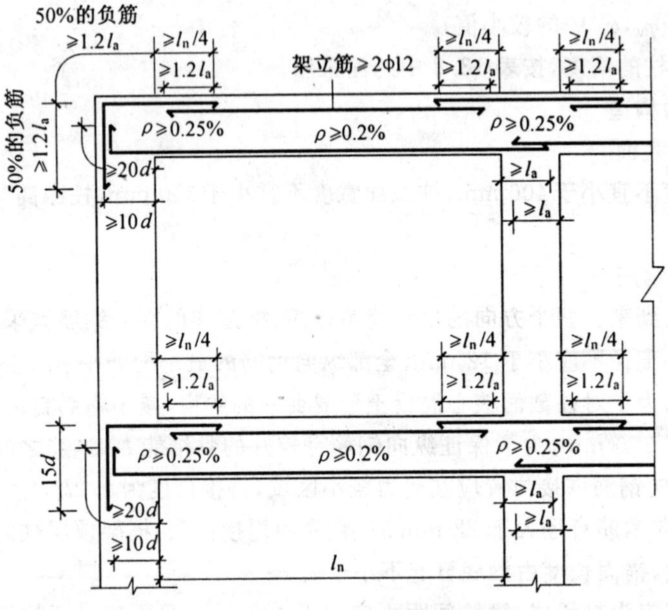


图 13.20　框架梁纵向钢筋构造要求

框架顶层梁节点的负钢筋伸入边柱的锚固长度不应小于 $1.2l_a$，框架其余层梁端节点处的负钢筋伸入边柱的锚固长度不应小于 $l_a$，当上部纵筋在端节点内水平锚固长度不足时，应伸至柱边后再向下弯折，弯折前的水平投影长度不应小于 $0.4l_a$，弯折后垂直长度不应小于 $15d$。

梁支座截面下部至少有 2 根纵筋伸入柱中，伸入柱内长度不应小于 $l_a$，如水平锚固长度不足需要弯折时，则弯折的水平锚固长度不应小于 $10d$，梁支座截面的负弯矩钢筋自柱边算起的长度不应小于 $\frac{1}{4}l_n$。

4. **框架梁箍筋**

梁的箍筋沿梁全长范围内设置，第一排箍筋一般设置在距离节点边缘 50 mm 处。梁的配箍率不应小于 $0.24\ \dfrac{f_t}{f_{yv}}$，箍筋最小直径和最大间距的要求与一般梁相同。

### 13.7.3　框架节点的构造要求

节点设计是框架结构设计中极重要的一环。节点设计应保证整个框架结构安全可靠，经济合理且便于施工。在非地震区，框架节点的承载能力一般通过采取适当的构造措施来保护。对装配整体式框架的节点，还需保证结构的整体性，受力明确，构造简单，安装方便，又易于调整，在构件连接后能尽早地承受部分或全部设计荷载，使上部结构得以及时继续安装。

1. **材料强度**

框架节点区的混凝土强度等级，应不低于柱子的混凝土强度等级。在装配式整体框架中，后浇节点的混凝土强度等级宜比预制柱的混凝土强度等级提高 5 $N/mm^2$。

2. **截面尺寸**

如节点截面过小，梁上部钢筋和柱外侧钢筋配置数量过多时，以承受静力荷载为主的顶层端节点将由于核芯区斜压杆机构中压力过大而发生核芯区混凝土的斜向压碎。因此应对梁、柱负弯矩钢筋的相对配置数量加以限制，这也相当于限制节点的截面尺寸不能过小。《规范》规定，在框架顶层端节点处，梁上部纵向钢筋的截面面积 $A_s$ 应满足下式要求

$$A_s \leqslant \frac{0.35\beta_c f_c b_b h_0}{f_y} \tag{13.24}$$

式中　$A_s$—— 顶层端节点处梁上部荷载纵向钢筋截面面积；

$b_b$—— 梁腹板宽度；

$h_0$—— 梁截面有效高度。

3. **箍筋**

在框架节点范围内应设置水平箍筋，箍筋的布置应符合对柱中箍筋的构造要求，且间距不宜大于 250 mm。对四边均有梁与之相连的中间节点，节点内可只设置沿周边的矩形箍筋，而不设复合箍筋。当顶层端节点内设有梁上部纵筋和柱外侧纵筋的搭接接头时，节点内水平箍筋的布置应依照纵筋搭接范围内箍筋的布置要求确定。

4. **梁柱纵筋在节点区的锚固**

框架中间节点梁上部纵向钢筋应贯穿中间节点，该钢筋自柱边伸向跨中的截断位置应根据梁端负弯矩确定。梁下部纵向钢筋的锚固要求如图 13.21 所示，当计算中不利于该钢筋强度时，其伸入节点的锚固长度可按简支梁的情况取用。当计算中充分利用钢筋 $V>0.7f_c bh_0$ 的抗拉强度时，其下部纵向钢筋应伸入节点内锚固，锚固长度 $l_a$ 按上册的公式计算，如图 13.21(a)、(b) 所示。其中图 13.21(a) 为直线锚固方式，适用于柱截面高度较大的情况；图 13.21(b) 为带90° 弯折的锚固方式，适用于柱截面高度不够时的情况。梁下部纵向钢筋也可贯穿框架节点，在节点外梁内弯矩较小部位搭接，如图 13.21(c) 所示，钢筋搭接长度 $l_l$ 按上册的计算。当计算中充分利用钢筋的抗压强度时，其下部纵向钢筋应按受压钢筋的要求锚固，锚固长度应不小于 $0.7l_a$。

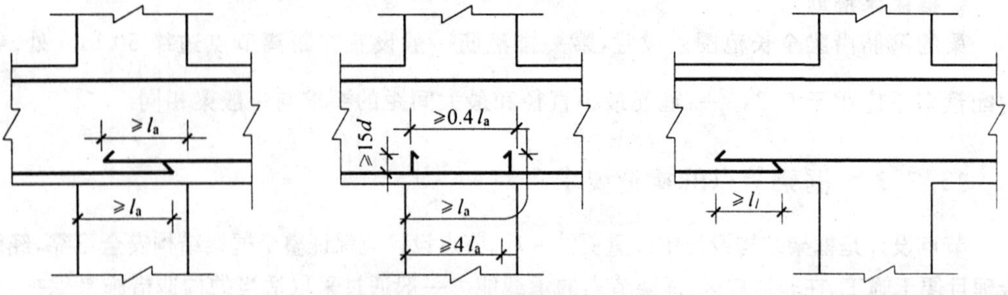


(a) 节点中的直线锚筋　　(b) 节点中的弯折锚筋　　(c) 节点或支座范围外的搭接

图 13.21　梁下部纵向钢筋在中间节点或中间支座范围内的锚固与搭接

框架中间层端节点梁纵向钢筋的锚固要求如图 13.22 所示。当柱截面高度足够时，框架梁的上部纵向钢筋可用直线方式伸入节点，如图 13.22(a) 所示。当柱截面高度不足以布置直线锚固长度时，应将梁上部纵向钢筋伸至节点外边并向下弯折，如图 13.22(b) 所示。梁下部纵向钢筋在端节点的锚固要求与中间节点相同。

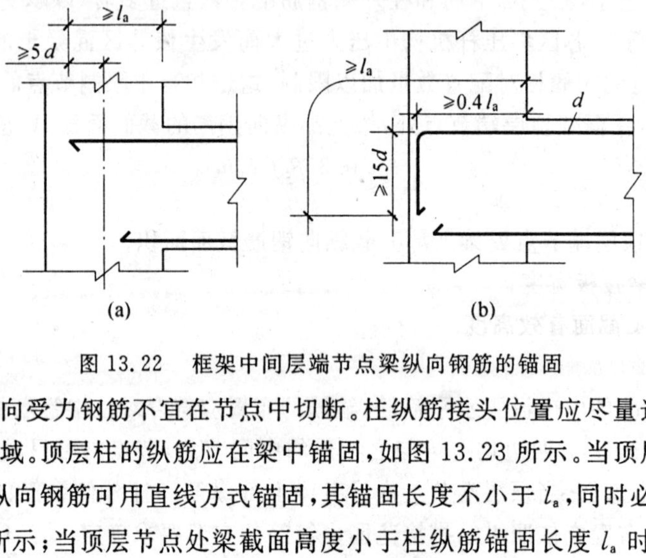


(a)　　(b)

图 13.22　框架中间层端节点梁纵向钢筋的锚固

框架柱的纵向受力钢筋不宜在节点中切断。柱纵筋接头位置应尽量选择在层高中间等弯矩较小的区域。顶层柱的纵筋应在梁中锚固，如图 13.23 所示。当顶层节点处梁截面高度足够时，柱纵向钢筋可用直线方式锚固，其锚固长度不小于 $l_a$，同时必须伸至梁顶面，如图 13.23(a) 所示；当顶层节点处梁截面高度小于柱纵筋锚固长度 $l_a$ 时，柱纵向钢筋伸至梁顶面然后向节点内水平弯折，如图 13.23(b) 所示；当楼盖为现浇，且板厚不小于 80 mm、板的混凝土强度等级不低于 C20 时，柱纵向钢筋水平段亦可向外弯入框架梁，如图 13.23(c) 所示。

搭接接头可沿顶层端节点外侧及梁端顶部布置(图 13.24(a))，搭接长度不应小于 $1.5l_a$，其中，伸入梁内的外侧柱纵向钢筋截面面积不宜小于外侧柱纵向钢筋全部截面面积的 65%；梁宽范围以外的外侧柱纵向钢筋宜沿节点顶部伸至柱内边，当柱纵向钢筋位于柱顶第一层时，至柱内边后宜向下弯折不小于 $8d$ 后截断；当柱纵向钢筋位于柱顶第二层时，可不向下弯折。当有现浇板且板厚不小于 80 mm、混凝土强度等级不低于 C20 时，梁宽范围以外的外侧柱纵向钢筋可伸入现浇板内，其长度与伸入梁内的柱纵向钢筋相同。当外侧柱纵向钢筋配筋率大于 1.2% 时，伸入梁内的柱纵向钢筋应满足以上规定，且宜分两批截断，其截断点之间的距离不宜小于 $20d$。梁上部纵向钢筋应伸至节点外侧并向下弯至梁下边缘高度后截断。此处，$d$ 为柱外侧纵向钢筋的直径。

搭载接接头也可沿柱顶外侧布置(图 13.24(b))，此时，搭接长度竖直段不应小于 $1.7l_a$。当梁上部纵向钢筋的配筋率大于 1.2% 时，弯入柱外侧的梁上部纵向钢筋应满足以上规定的搭接长度，且分两批截断，其截断点之间的距离不宜小于 $20d$，$d$ 为梁上部纵向钢筋的直径。柱外侧纵向钢筋伸至柱顶后宜向节点内水平弯折，弯折段的水平投影长度不宜小于 $12d$，$d$ 为柱外侧纵向钢筋的直径。

梁上部纵向钢筋与柱外侧纵向钢筋的节点角部的弯弧内半径：当钢筋直径 $d \leqslant$ 25 mm 时，不宜小于 $6d$；当钢筋直径 $d > 25$ mm 时，不宜小于 $8d$。

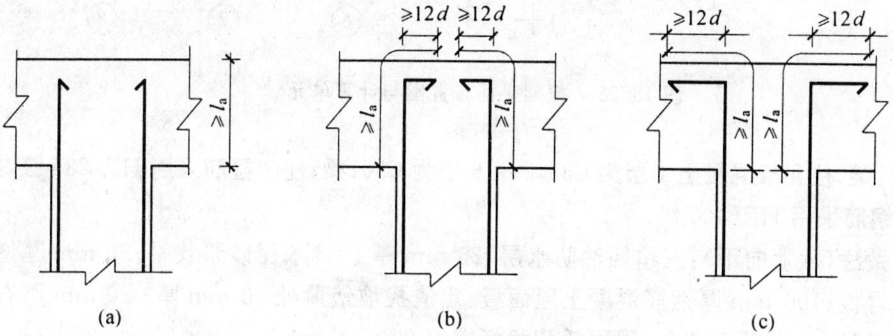


图 13.23　顶层中节点柱纵向钢筋的锚固

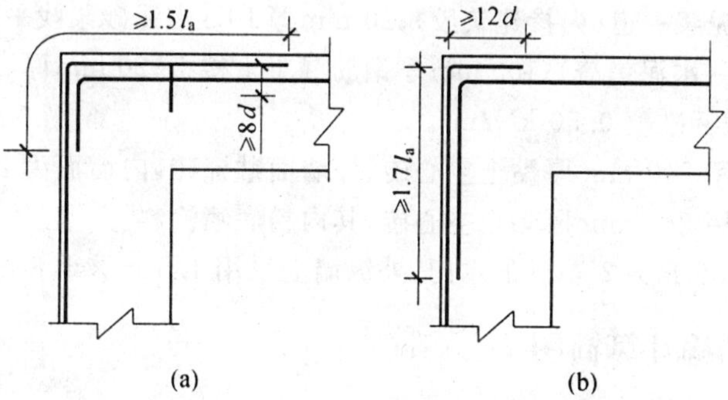


图 13.24　顶层中节点柱纵向钢筋的锚固

# 13.8　框架结构设计实例

## 13.8.1　设计资料

某办公楼的建筑平面图和剖面如图 13.25 和 13.26 所示，其结构形式采用六层现浇框架结构，女儿墙高度为 0.4 m(不上人屋面)，建筑面积 4 000 $m^2$，不考虑抗震设防；基本风压为 0.35 $kN/m^2$。室内外高差 450 mm，地面粗糙度为 B 类，由地质资料确定地基承载力特征值 $f_a = 150\ N/mm^2$。

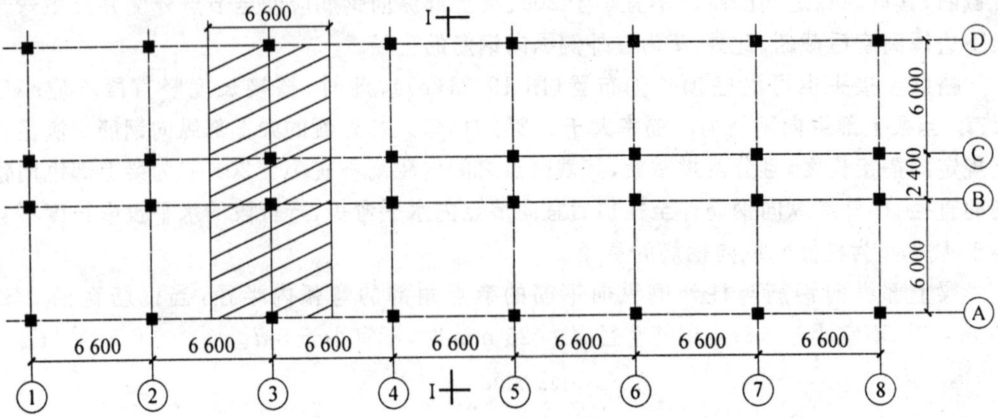


图 13.25　框架平面布置图与计算单元

材料:梁、柱和板混凝土 1 层为 C35,2 ～ 6 层为 C30;梁、柱中箍筋采用 HPB235 级,梁、柱中纵向钢筋采用 HRB400 级。

屋面做法(从上向下):三毡四油防水层;25 mm 厚 1∶3 水泥砂浆找平;90 mm 厚憎水膨胀珍珠岩板;100 mm 厚钢筋混凝土屋面板;焦渣找坡最薄处 30 mm 厚; 20 mm 厚石灰砂浆抹灰;15 mm 厚顶棚抹灰,屋面活荷载标准值 2.0 kN/$m^2$。

楼面做法(从上向下):现浇水磨石楼面(有垫层);10 mm 厚 1∶2.5 水泥彩色石子地面(磨光打蜡);水泥浆一道(内掺建筑胶);20 mm厚1∶3水泥砂浆找平层;60 mm厚CL75轻集料混凝土垫层(水泥焦渣);100 mm厚钢筋混凝土楼板;20 mm厚石灰砂浆抹灰。不上人屋面均布活荷载标准值 0.50 kN/$m^2$。

外墙做法:采用 240 mm 厚黏土空心砖,外墙面贴瓷砖,内墙面为 20 mm 厚抹灰。

内墙做法:采用 240 mm 厚黏土空心砖,其内粉底喷涂料。

内墙上采用 0.9 m × 2.4 m 的木门,外纵墙上采用 1.5 m × 1.8 m 的塑钢推拉窗。

## 13.8.2　结构计算简图

取一榀横向平面框架计算。

**1.计算单元**

取轴线 ③ 横向框架进行计算,计算单元宽度为 6.6 m,如图 13.25 中阴影所示。楼面荷载传递给支承梁的荷载分布形式如图 13.27 所示。

**2.计算简图**

框架结构计算简图如图 13.28 所示。取顶层柱的形心线作为框架柱的轴线,梁轴线取至板底。

梁的跨度:取轴线间距,即边跨梁为 6.0 m,中间梁跨为 2.4 m;

柱高:底层柱高从基础顶面取至一层板底,即:$h_1$/m = 3.3 + 2.5 + 0.45 − 1.2 − 0.1 = 4.95,其他层柱高取层高,即为 3.3 m。

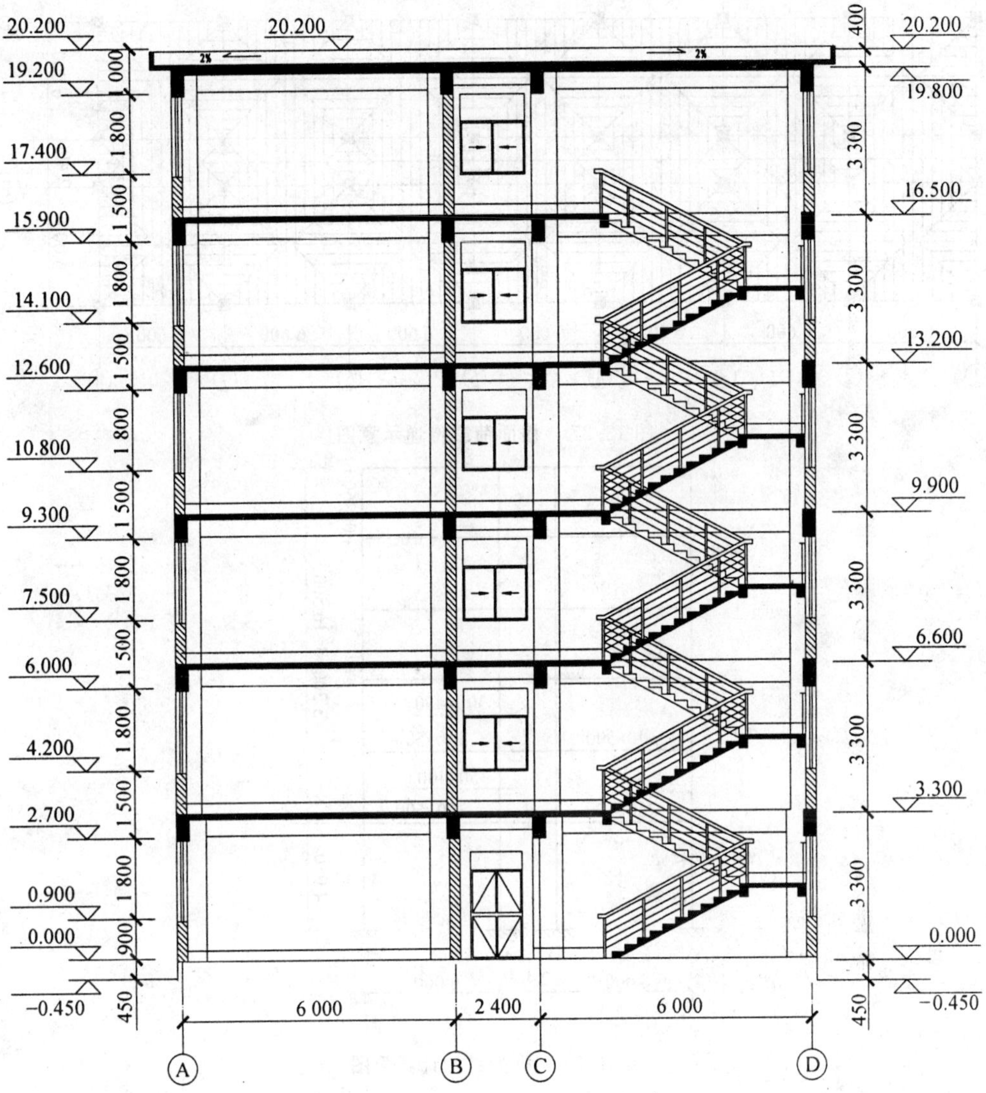


图 13.26　I－I剖面图

### 3. 框架截面尺寸

(1) 框架梁截面尺寸

框架梁的截面高度为跨度的 1/12 ～ 1/8，为了防止剪切脆性破坏，梁的截面高度不宜大于梁净跨的 1/4，截面宽度可取 1/3 ～ 1/2 的截面高度，同时不宜小于柱宽的 1/2。为了保证梁的侧向稳定性，梁的截面高宽比不宜大于 4，梁的截面不宜小于 300 mm，具体见表 13.9。

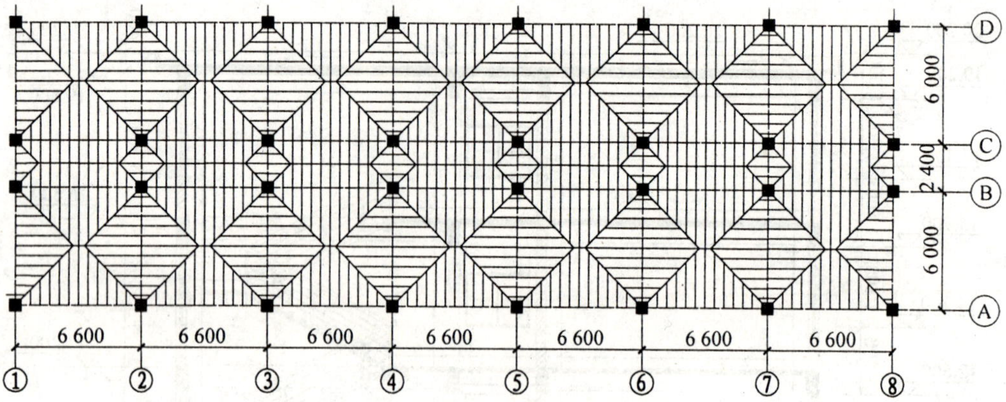


图 13.27　楼面荷载传递示意图

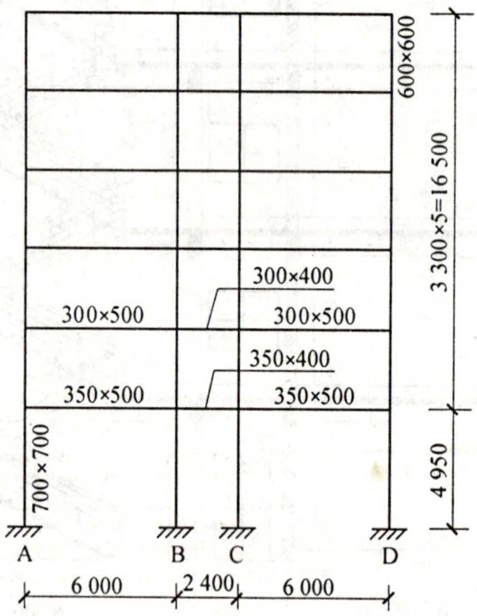


图 13.28　框架结构计算简图

表 13.9　梁截面尺寸(mm)

| 楼层 | 横梁($b\times h$) | | 纵梁($b\times h$) | 次梁($b\times h$) |
|---|---|---|---|---|
| | AB 跨、CD 跨 | BC 跨 | | |
| 2～6 层 | 300×500 | 300×400 | 300×600 | 250×450 |
| 1 层 | 350×500 | 350×400 | 300×600 | 250×450 |

(2) 框架柱截面尺寸

$$1\text{ 层}:b_c = h_c = \left(\frac{1}{6}\sim\frac{1}{12}\right)H_c = \left(\frac{1}{6}\sim\frac{1}{12}\right)\times 4\ 950\ \text{mm} = 825\sim 413\ \text{mm}$$

$$2\sim 6\text{ 层}:b_c = \left(\frac{1}{6}\sim\frac{1}{12}\right)H_i = \left(\frac{1}{6}\sim\frac{1}{12}\right)\times 3\ 300\ \text{m} = 550\sim 275\ \text{mm}$$

取柱截面尺寸 $b_c\times h_c$:1 层为 700 mm×700 mm;2～6 层为 600 mm×600 mm。

(3) 双向板的厚度估算

双向板的厚度估算$\frac{1}{40}l=\frac{3\ 600}{40}$ mm $=90$ mm($l$ 为短跨长)，因此取双向板的厚度为 100 mm。

(4) 梁柱线刚度

横梁线刚度 $i_b$ 计算过程见表 13.10；柱线刚度 $i_c$ 计算过程见表 13.11，结果汇总如图 13.29 所示。

表 13.10　横梁线刚度 $i_b$ 计算表

| 类别 | 层次 | $E_c/(N\cdot mm^{-2})$ | $l$/m | $b\times h/(mm\times mm)$ | $i_b=2.0E_c\times\frac{1}{12}bh^3\times\frac{1}{6}/(N\cdot mm)$ |
|---|---|---|---|---|---|
| $AB$、$CD$ 跨梁 | 1 | $3.15\times10^4$ | 6.0 | $350\times500$ | $3.828\times10^{10}$ |
| | 2～6 | $3.00\times10^4$ | | $300\times500$ | $3.126\times10^{10}$ |
| $BC$ 跨梁 | 1 | $3.15\times10^4$ | 2.4 | $350\times400$ | $4.900\times10^{10}$ |
| | 2～6 | $3.00\times10^4$ | | $300\times400$ | $4.00\times10^{10}$ |

表 13.11　柱线刚度 $i_c$ 计算表

| 层次 | $h_c$/m | $E_c/(N\cdot mm^{-2})$ | $b\times h/(mm\times mm)$ | $i_c=E_c\times\frac{1}{12}\times bh^3/h_c/(N\cdot mm)$ |
|---|---|---|---|---|
| 1 | 4.95 | $3.15\times10^4$ | $700\times700$ | $12.36\times10^{10}$ |
| 2～6 | 3.3 | $3.00\times10^4$ | $600\times600$ | $9.818\times10^{10}$ |

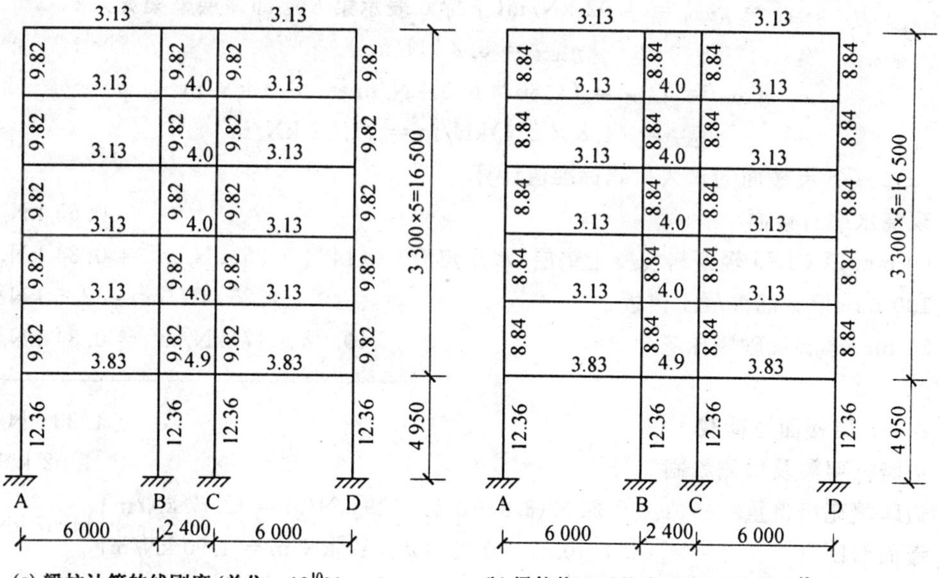


(a) 梁柱计算的线刚度(单位：$\times10^{10}$N·mm)　(b) 梁柱修正后的线刚度(单位：$\times10^{10}$N·mm)

图 13.29　横向框架梁柱的线刚度

### 13.8.3 荷载计算

1. 恒荷载计算

(1) 屋面(不上人屋面)梁线荷载标准值

| | |
|---|---|
| 20 mm 厚 1:2.5 水泥砂浆保护层 | $(20\times0.02)\mathrm{kN/m^2}=0.4\ \mathrm{kN/m^2}$ |
| 三毡四油防水层 | $0.4\ \mathrm{kN/m^2}$ |
| 25 mm 厚 1:3 水泥砂浆找平 | $(20\times0.025)\mathrm{kN/m^2}=0.50\ \mathrm{kN/m^2}$ |
| 90 mm 厚憎水膨胀珍珠岩板 | $(0.09\times4)\mathrm{kN/m^2}=0.36\ \mathrm{kN/m^2}$ |
| 焦渣找坡最薄处 30 mm 厚 | $(0.03\times10)\mathrm{kN/m^2}=0.3\ \mathrm{kN/m^2}$ |
| 100 mm 厚钢筋混凝土屋面板 | $(25\times0.1)\mathrm{kN/m^2}=2.5\ \mathrm{kN/m^2}$ |
| 20 mm 厚石灰砂浆抹灰 | $(0.02\times17)\mathrm{kN/m^2}=0.34\ \mathrm{kN/m^2}$ |
| 15 mm 厚顶棚抹灰 | $(20\times0.015)\mathrm{kN/m^2}=0.3\ \mathrm{kN/m^2}$ |
| 屋面恒荷载 | $4.80\ \mathrm{kN/m^2}$ |

边跨(AB、CD 跨)框架梁自重 $(0.3\times0.5\times25)\mathrm{kN/m}=3.75\ \mathrm{kN/m}$

侧梁粉刷 $[2\times(0.5-0.1)\times0.02\times17]\mathrm{kN/m}=0.27\ \mathrm{kN/m}$ } $4.02\ \mathrm{kN/m}$

中跨(BC 跨)框架梁自重 $(0.3\times0.4\times25)\mathrm{kN/m}=3\ \mathrm{kN/m}$

梁侧粉刷 $[2\times(0.4-0.1)\times0.02\times17]\mathrm{kN/m}=0.2\ \mathrm{kN/m}$ } $3.2\ \mathrm{kN/m}$

因此,作用在顶层框架梁上的线荷载为

$$g_{6AB1}=g_{6CD1}=4.02\ \mathrm{kN/m}\text{(下标 6 表示第 6 层即顶层框架梁)}$$

$$g_{6BC1}=3.2\ \mathrm{kN/m}$$

$$g_{6AB2}=g_{6CD2}=(4.80\times6.0)\mathrm{kN/m}=28.8\ \mathrm{kN/m}$$

$$g_{6BC2}=(4.8\times2.4)\mathrm{kN/m}=11.52\ \mathrm{kN/m}$$

(2)2～5 层楼面的永久荷载标准值计算

| | |
|---|---|
| 现浇水磨石楼面 | $0.65\ \mathrm{kN/m^2}$ |
| 60 mm 厚 CL75 轻集料混凝土垫层(水泥焦渣) | $(14\times0.06)\mathrm{kN/m^2}=0.84\ \mathrm{kN/m^2}$ |
| 100 mm 厚钢筋混凝土楼板 | $(0.1\times25)\mathrm{kN/m^2}=2.5\ \mathrm{kN/m^2}$ |
| 20 mm 厚石灰砂浆抹灰 | $(0.02\times17)\mathrm{kN/m^2}=0.34\ \mathrm{kN/m^2}$ |
| 2～5 层楼面恒荷载 | $4.33\ \mathrm{kN/m^2}$ |

边跨框架梁及梁侧粉刷 $4.02\ \mathrm{kN/m}$

边跨填充墙自重 $[0.24\times(3.3-0.5)\times19]\mathrm{kN/m}=12.77\ \mathrm{kN/m}$

墙面粉刷 $[(3.3-0.5)\times0.02\times2\times17]\mathrm{kN/m}=1.90\ \mathrm{kN/m}$ } $14.67\ \mathrm{kN/m}$

中跨框架梁及两侧粉刷 $3.2\ \mathrm{kN/m}$

因此,作用在 2～5 层框架梁上的线荷载为

$$g_{AB1}=g_{CD1}=(4.02+14.67)\mathrm{kN/m}=18.69\ \mathrm{kN/m}$$

$$g_{BC1}=3.2\ \mathrm{kN/m}$$

$$g_{AB2}=g_{CD2}=4.33\times6.0\ \mathrm{kN/m}=25.98\ \mathrm{kN/m}$$

$$g_{BC2} = 4.33 \times 2.4\ \text{kN/m} = 10.39\ \text{kN/m}$$

(3)1 层楼面的永久荷载标准值计算

1 层楼面恒荷载　　$4.33\ \text{kN/m}^2$

边跨(AB、CD 跨)框架梁自重　　$(0.35 \times 0.5 \times 25)\text{kN/m} = 4.38\ \text{kN/m}$

侧梁粉刷　　$[2 \times (0.5 - 0.1) \times 0.02 \times 17]\ \text{kN/m} = 0.27\ \text{kN/m}$　　} 4.65 kN/m

中跨(BC 跨)框架梁自重　　$(0.35 \times 0.4 \times 25)\text{kN/m} = 3.5\ \text{kN/m}$

梁侧粉刷　　$[2 \times (0.4 - 0.1) \times 0.02 \times 17]\text{kN/m} = 0.2\ \text{kN/m}$　　} 3.7 kN/m

边跨填充墙自重　$[0.24 \times (3.3 - 0.5) \times 19]\text{kN/m} = 12.77\ \text{kN/m}$

墙面粉刷　　$[(3.3 - 0.5) \times 0.02 \times 2 \times 17]\text{kN/m} = 1.90\ \text{kN/m}$　　} 14.67 kN/m

因此,作用在 1 层框架梁上的线荷载为

$$g_{1AB1} = g_{1CD1} = (4.65 + 14.67)\text{kN/m} = 19.32\ \text{kN/m}$$

$$g_{1BC1} = 3.7\ \text{kN/m}$$

$$g_{1AB2} = g_{1CD2} = (4.33 \times 6.0)\text{kN/m} = 25.98\ \text{kN/m}$$

$$g_{1BC2} = (4.33 \times 2.4)\text{kN/m} = 10.39\ \text{kN/m}$$

(4) 屋面框架节点集中荷载标准值

边柱连系梁自重　　$(0.30 \times 0.60 \times 6.6 \times 25)\text{kN} = 29.7\ \text{kN}$

粉刷　　$[(0.60 - 0.1) \times 0.02 \times 2 \times 17 \times 6.6]\text{kN} = 2.24\ \text{kN}$

0.4 m 高女儿墙自重　　$(0.4 \times 6.6 \times 0.24 \times 19)\text{kN} = 12.04\ \text{kN}$

粉刷　　$(0.4 \times 0.02 \times 2 \times 17 \times 6.6)\text{kN} = 1.80\ \text{kN}$

连系梁传来屋面自重　　$\left[\frac{1}{2} \times (6.6 + 6.6 - 6) \times 3 \times 4.8\right]\text{kN} = 51.84\ \text{kN}$

---

顶层边节点集中荷载　　$G_{6A} = G_{6D} = 97.62\ \text{kN}$

中柱连系梁自重　　$(0.25 \times 0.45 \times 6.6 \times 25)\text{kN} = 18.56\ \text{kN}$

粉刷　　$[(0.45 - 0.1) \times 0.02 \times 2 \times 17 \times 6.6]\text{kN} = 1.57\ \text{kN}$

连系梁传来屋面自重　　$\left[\frac{1}{2} \times (6.6 + 6.6 - 6) \times 3 \times 4.8\right]\text{kN} = 51.84\ \text{kN}$

---

$\left[\frac{1}{2} \times (6.6 + 6.6 - 2.4) \times 1.2 \times 4.8\right]\text{kN} = 31.10\ \text{kN}$

---

顶层中间节点集中荷载　　$G_{6B} = G_{6C} = 103.07\ \text{kN}$

(5)1 ~ 5 层楼面框架节点集中荷载

边柱连系梁自重　　29.7 kN

粉刷　　2.24 kN

塑钢窗自重　　$(2 \times 1.5 \times 1.8 \times 0.45)\text{kN} = 2.44\ \text{kN}$

窗下墙体自重　　$[0.24 \times 1.0 \times (6.6 - 0.6) \times 19]\text{kN} = 27.36\ \text{kN}$

粉刷 $[2\times0.02\times1.0\times(6.6-0.6)\times17]\text{kN}=4.08\text{ kN}$

窗边墙体自重 $[(6.6-2\times1.5-0.6)\times1.8\times0.24\times19]\text{kN}=24.62\text{ kN}$

粉刷 $[(6.6-2\times1.5-0.6)\times1.8\times0.02\times2\times17]\text{kN}=2.04\text{ kN}$

框架柱自重 $(0.6\times0.6\times3.3\times25)\text{kN}=29.7\text{ kN}$

粉刷 $\{[(0.6-0.24)\times3+0.6]\times0.02\times3.3\times17\}\text{kN}=1.88\text{ kN}$

连系梁传来屋面自重 $\left[\frac{1}{2}\times(6.6+6.6-6)\times3\times4.33\right]\text{kN}=46.76\text{ kN}$

---

中间层边节点集中荷载 $G_A=G_D=170.82\text{ kN}$

中柱连系梁自重 18.56 kN

粉刷 1.57 kN

内纵墙自重 $[(6.6-0.6)\times(3.3-0.45)\times0.24\times19]\text{kN}=83.72\text{ kN}$

粉刷 $[(6.6-0.6)\times(3.3-0.45)\times2\times0.02\times17]\text{kN}=11.63\text{ kN}$

扣除门洞加上门重 $(-0.9\times2.4\times0.24\times25+0.9\times2.4\times0.2)\text{kN}=-12.53\text{ kN}$

框架柱自重 $(0.6\times0.6\times3.3\times25)\text{kN}=29.7\text{ kN}$

粉刷 $\{[(0.6-0.24)\times3+0.6]\times0.02\times3.3\times17\}\text{kN}=1.88\text{ kN}$

连系梁传来屋面自重 $\left[\frac{1}{2}\times(6.6+6.6-6)\times3\times4.33\right]\text{kN}=46.76\text{ kN}$

$\left[\frac{1}{2}\times(6.6+6.6-2.4)\times1.2\times4.33\right]\text{kN}=28.06\text{ kN}$

---

中间层中间节点集中荷载 $G_B=G_C=209.35\text{ kN}$

(6) 恒荷载作用下的结构计算简图

恒荷载作用下的结构计算简图如图 13.30 所示。

**2. 楼面活荷载计算**

楼面活荷载作用下的结构计算简图如图 13.31 所示。图中各荷载值计算如下:

$$p_{6AB}/(\text{kN}\cdot\text{m}^{-1})=p_{6CD}=0.5\times6.0=3.0$$

$$p_{6BC}/(\text{kN}\cdot\text{m}^{-1})=0.5\times2.4=1.2$$

$$p_{6A}/\text{kN}=p_{6D}=0.5\times(6.6+6.6-6)\times3\times0.5=5.4$$

$$p_{6B}/\text{kN}=p_{6C}=0.5\times(6.6+6.6-6)\times3\times0.5+0.5\times(6.6+6.6-2.4)\times1.2\times0.5=8.64$$

$$p_{AB}/(\text{kN}\cdot\text{m}^{-1})=p_{CD}=2.0\times6.0=12.0$$

$$p_{BC}/(\text{kN}\cdot\text{m}^{-1})=2.0\times2.4=4.8$$

$$p_A/\text{kN}=p_D=0.5\times(6.6+6.6-6)\times3\times2=21.6$$

活荷载作用下的结构计算简图如图 13.31 所示。

**3. 风荷载计算**

风压标准值计算公式为

$$w=\beta_z u_s u_z w_0$$

因结构高度 $H=20.25\text{ m}<30\text{ m}$ 时,可取 $\beta_z=1.0$;对于矩形平面 $u_s=1.3$;$u_z$ 可

因结构高度 $H=20.25\ \text{m}<30\ \text{m}$ 时，可取 $\beta_z=1.0$；对于矩形平面 $u_s=1.3$；$u_z$ 可查荷载规范。将风荷载换算成作用于框架每层节点上的集中荷载，计算过程见表 13.12。表中 $z$ 为框架节点至室外地面的高度，$A$ 为一榀框架各层节点的受风面积，计算结果如图 13.32 所示。

表 13.12　风荷载计算

| 层次 | $\beta_z$ | $u_z$ | $z$/m | $u_s$ | $w_0$ | $A/\text{m}^2$ | $F_w$/kN |
|---|---|---|---|---|---|---|---|
| 6 | 1.0 | 1.3 | 20.25 | 1.254 | 0.35 | 13.53 | 7.72 |
| 5 | 1.0 | 1.3 | 16.95 | 1.183 | 0.35 | 21.78 | 11.72 |
| 4 | 1.0 | 1.3 | 13.65 | 1.102 | 0.35 | 21.78 | 10.92 |
| 3 | 1.0 | 1.3 | 10.35 | 1.01 | 0.35 | 21.78 | 10.01 |
| 2 | 1.0 | 1.3 | 7.05 | 1.0 | 0.35 | 21.78 | 9.91 |
| 1 | 1.0 | 1.3 | 3.75 | 1.0 | 0.35 | 23.27 | 9.91 |

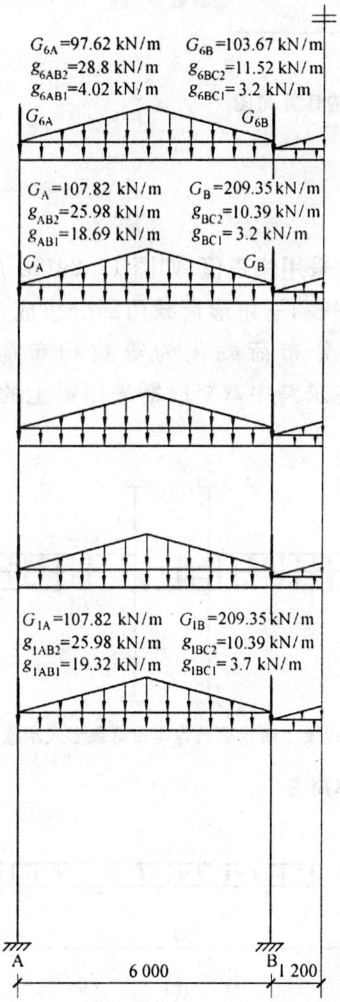


图 13.30　恒荷载作用下的结构计算简图

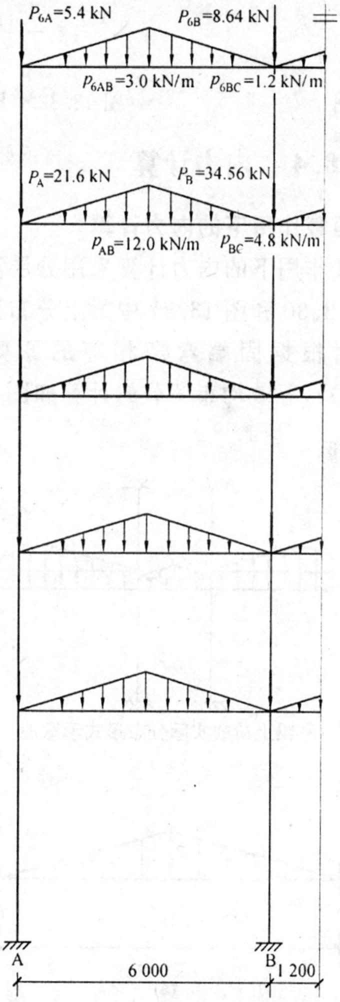


图 13.31　活荷载作用下的结构计算简图

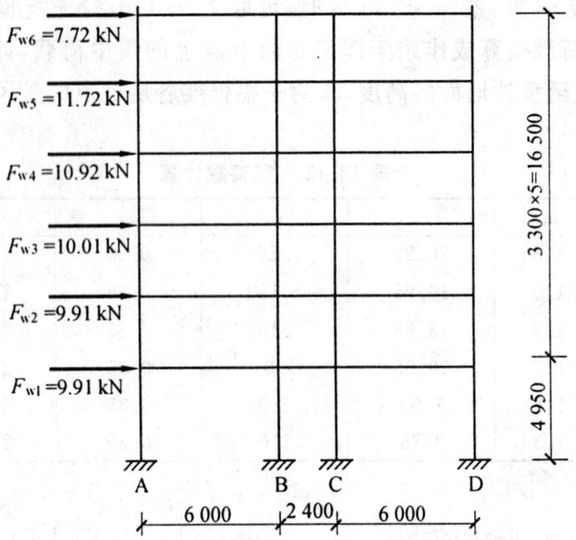


图 13.32　风荷载作用下结构计算简图

## 13.8.4　内力计算

### 1.恒载作用下的内力计算

恒载作用下的内力计算采用分层法。梁柱线刚度采用修正值,如图 13.29(b) 所示。

图 13.30 和图 13.31 中梁上分布荷载由矩形荷载和三角形荷载两部分组成,在求固端弯矩时根据固端弯矩相等的原则,将三角形分布荷载化为等效均布荷载(图 13.33(b)),等效均布荷载的计算如图 13.34 所示。在求跨中弯矩时需采用梁上的实际荷载分布。

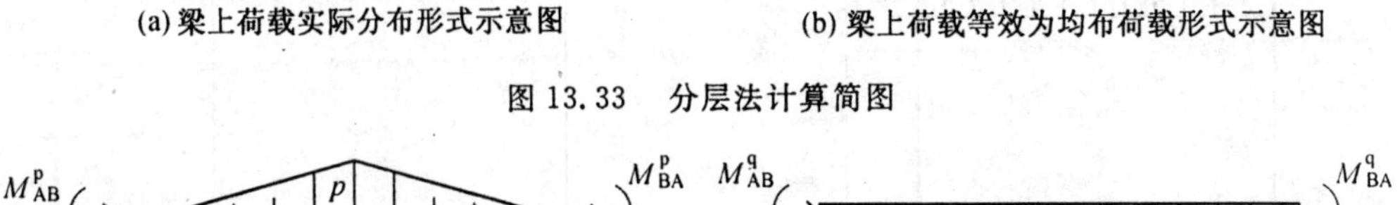


图 13.33　分层法计算简图

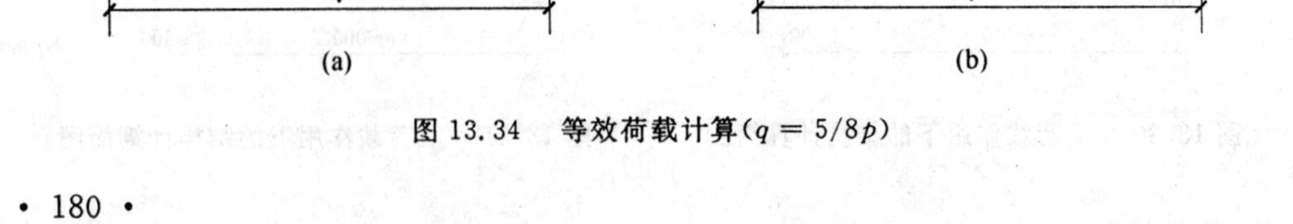


图 13.34　等效荷载计算($q = 5/8p$)

图 13.33(b) 所示结构内力可用弯矩分配法计算并可利用结构对称性取 1/2 结构计算。固端弯矩边跨为$\frac{1}{12}(g+q)l^2$，中间跨两端分别取$\frac{1}{3}(g+q)l^2$ 和$\frac{1}{6}(g+q)l^2$。恒载分布、固端弯矩和计算简图如图 13.35 所示，分层法计算内力过程如图 13.36 所示。

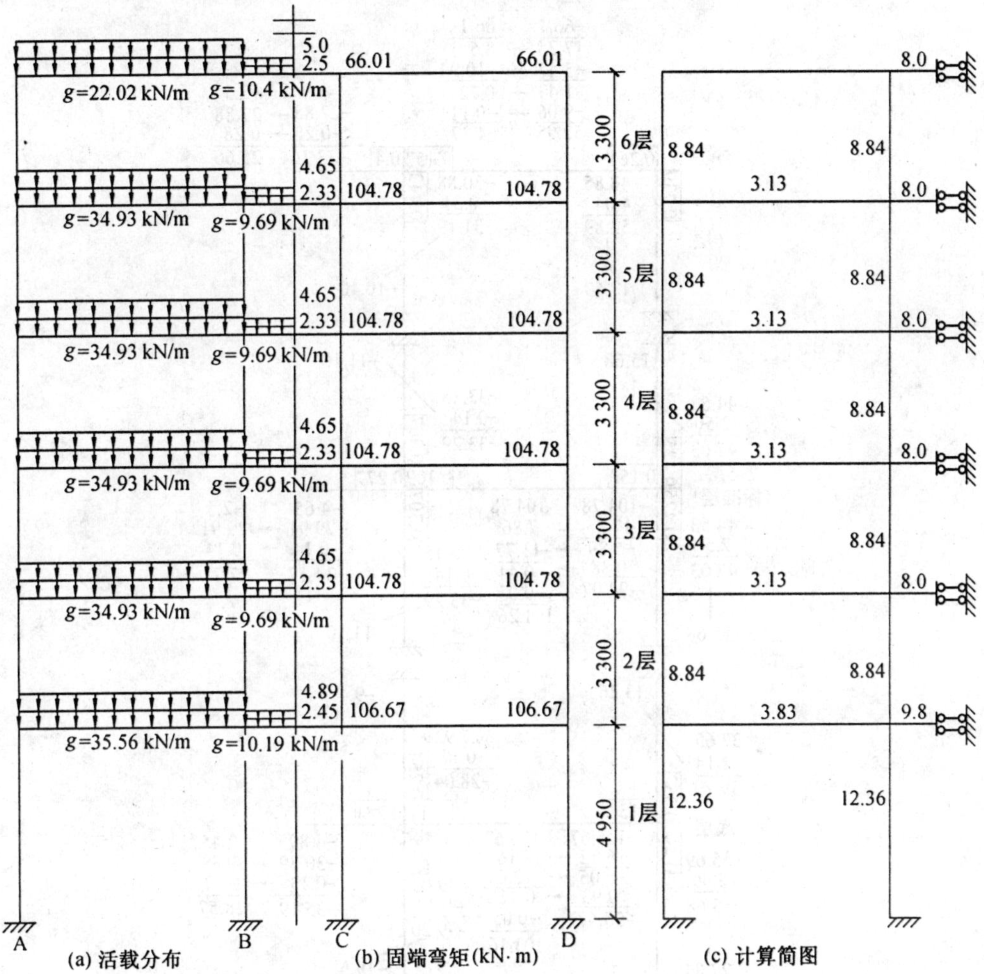


图 13.35　恒荷载分布与杆件固端弯矩及计算简图

最后弯矩图如图 13.37 所示。为了简化计算（结果误差不大），梁剪力值取$\frac{1}{2}(g+q)l_0$，$l_0$ 为净跨，剪力图和轴力图如图 13.38 所示。

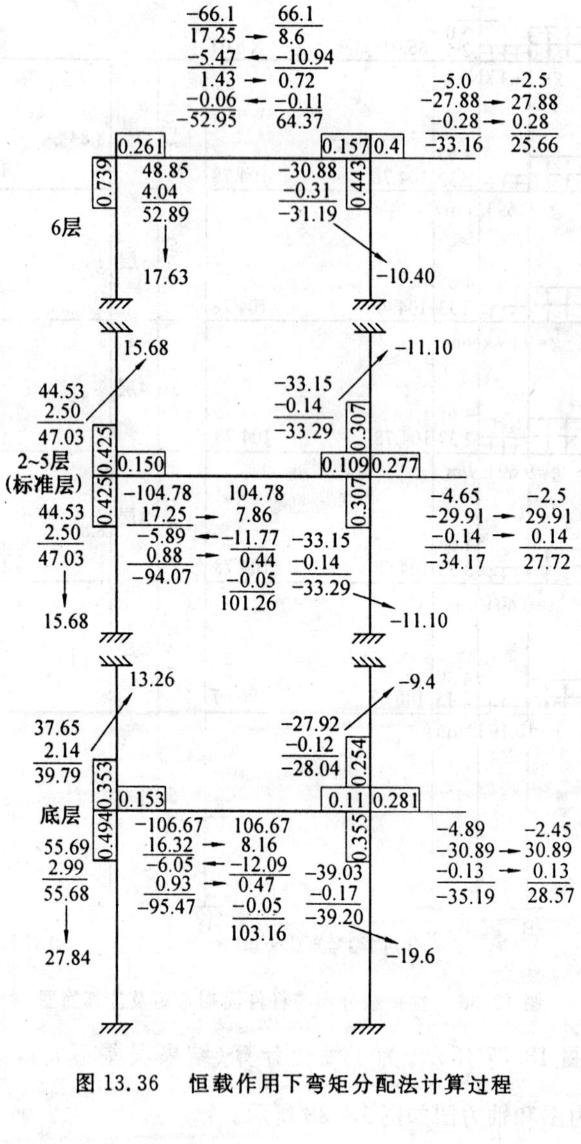


图 13.36　恒载作用下弯矩分配法计算过程

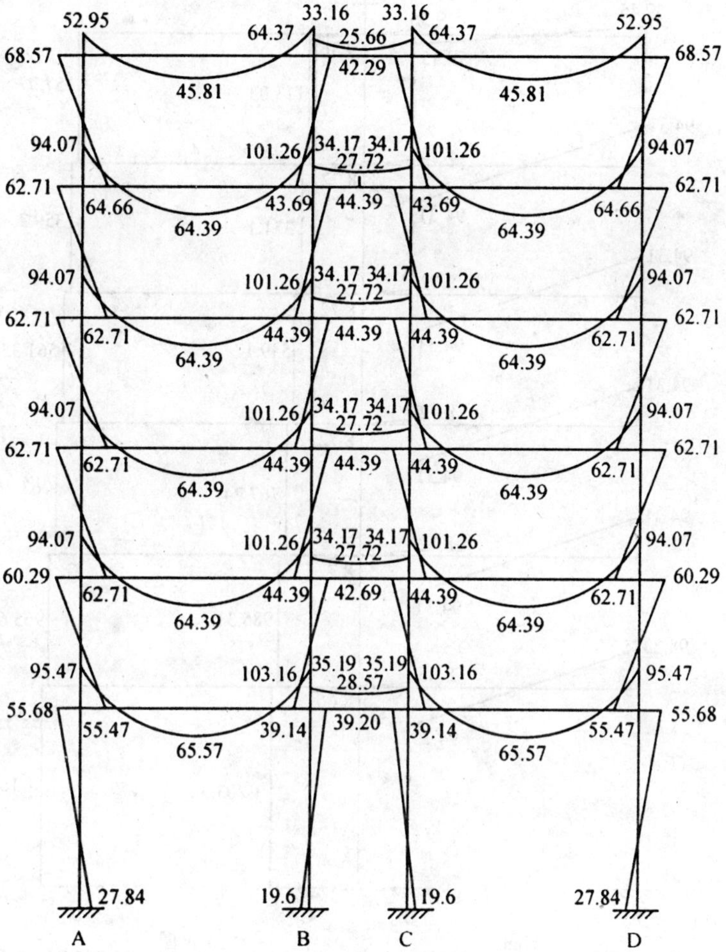


图 13.37　恒载作用下弯矩(*M*)图(单位:kN·m)

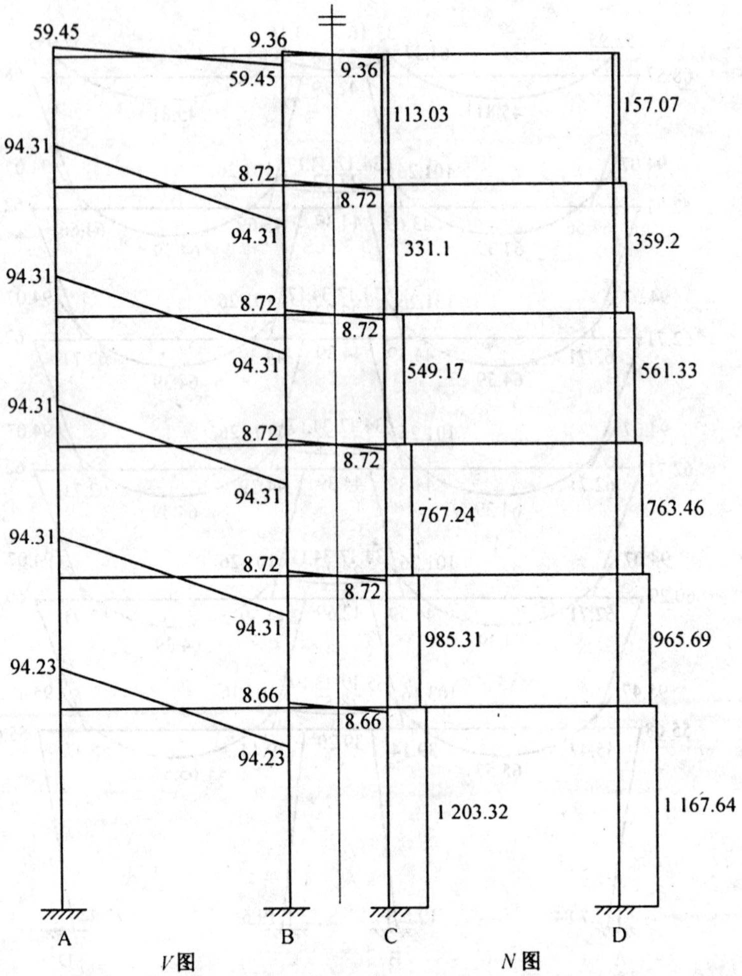


图 13.38 竖向恒载作用下梁的剪力(V)图和柱的轴力(N)图(单位:kN)

**2. 活荷载作用下的内力计算**

计算方法同恒载,其结果如图 13.39、图 13.40、图 13.41 和图 13.42 所示。

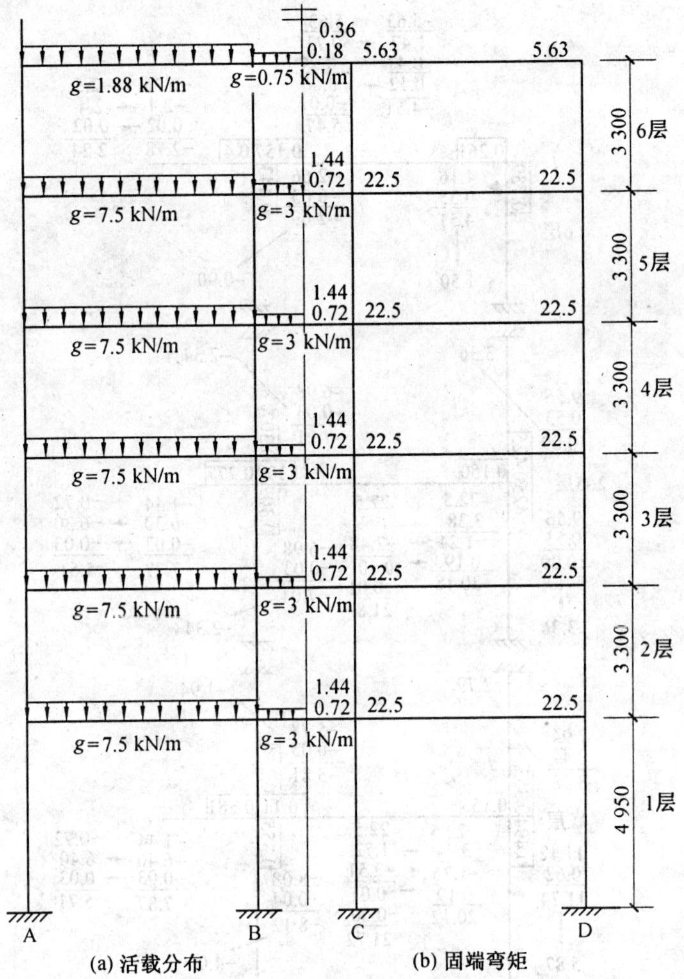


图 13.39　活荷载分布与杆件固端弯矩

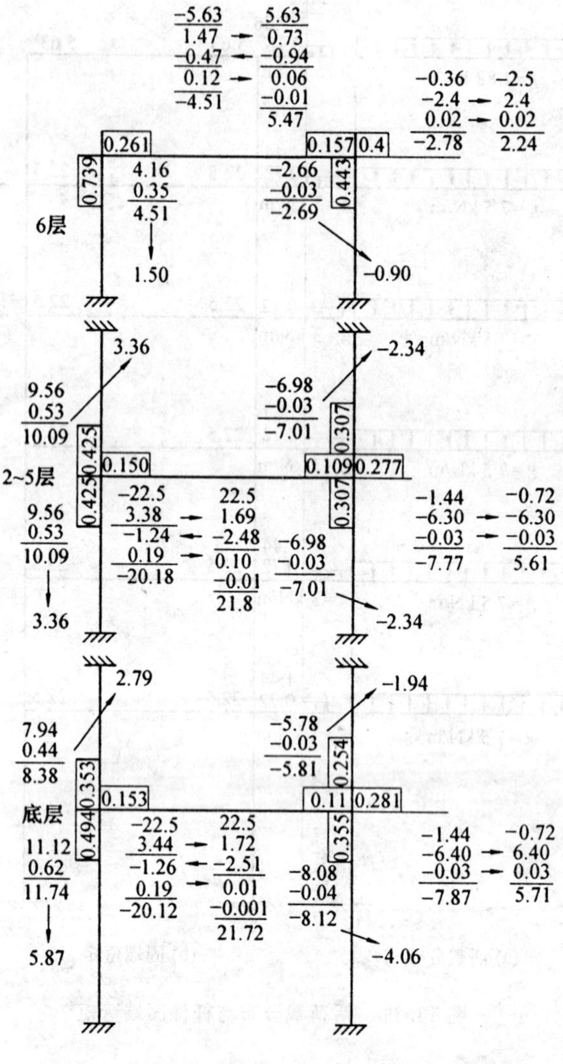


图 13.40　活荷载作用下弯矩分配法计算过程

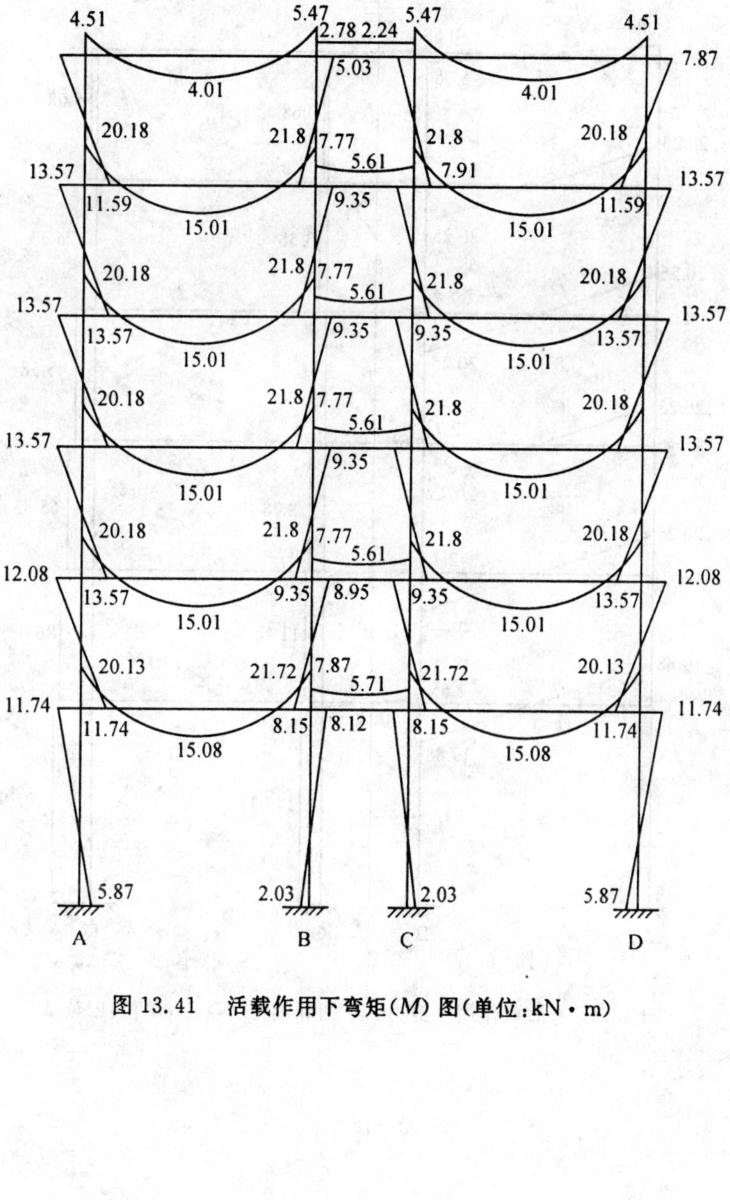


图 13.41　活载作用下弯矩($M$)图(单位:kN·m)

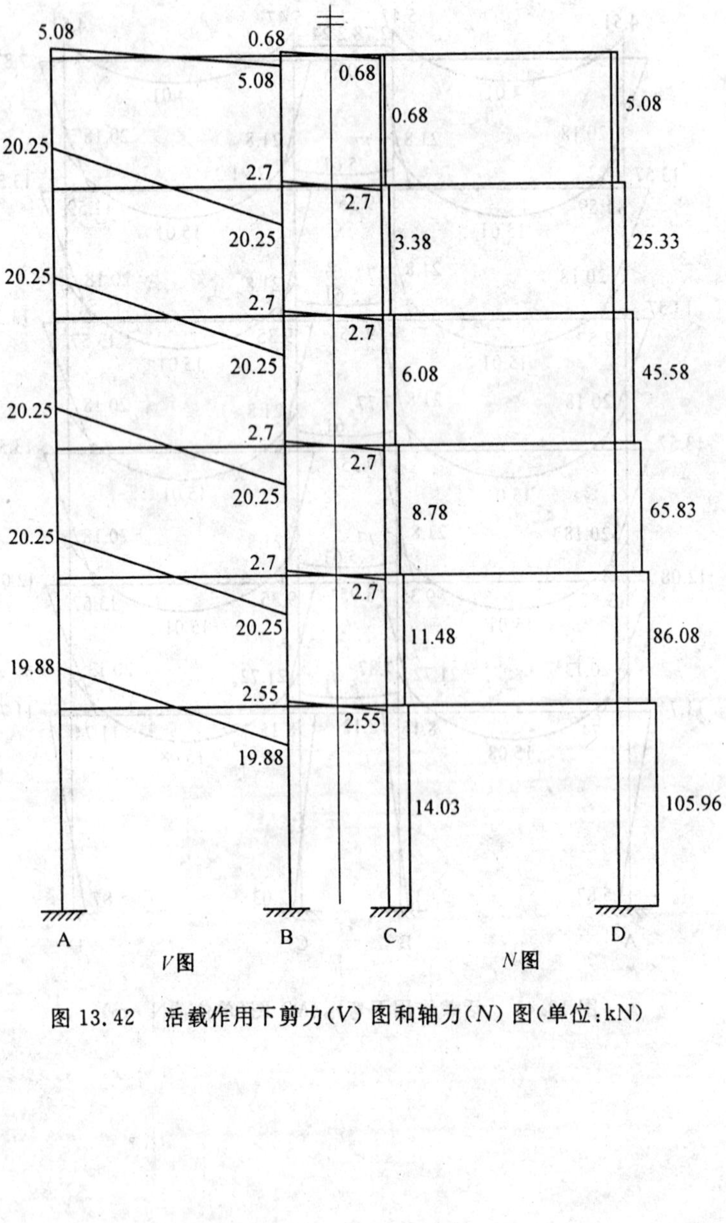


图 13.42　活载作用下剪力(V)图和轴力(N)图(单位:kN)

3. **风荷载作用下的内力计算**

风荷载作用下的内力计算采用 $D$ 值法，计算过程如图 13.43、图 13.44、图 13.45 所示。

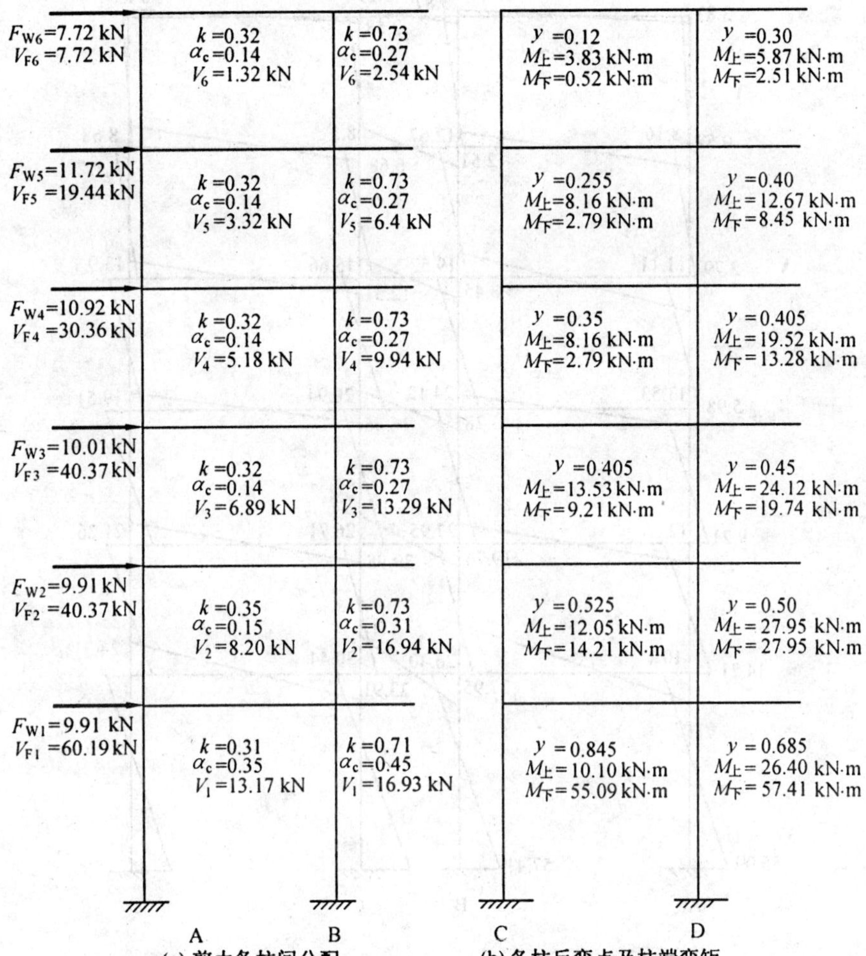


(a) 剪力各柱间分配　　(b) 各柱反弯点及柱端弯矩

图 13.43　风荷载作用下的内力计算

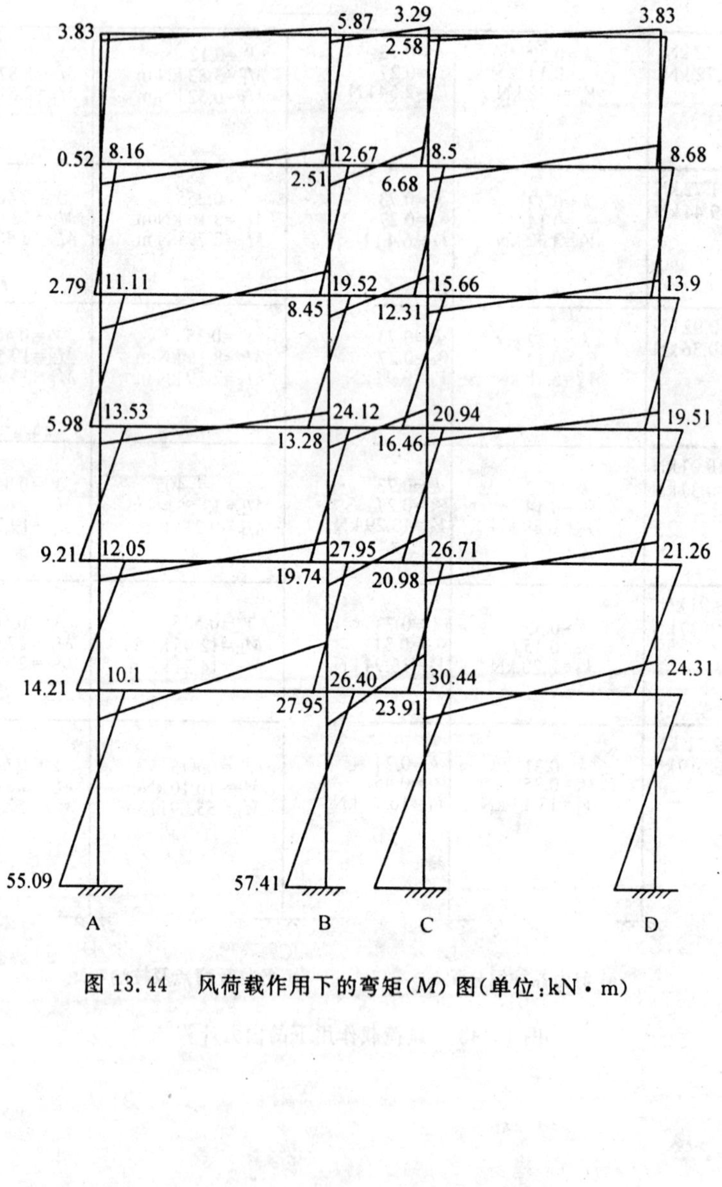


图 13.44　风荷载作用下的弯矩($M$)图(单位:kN·m)

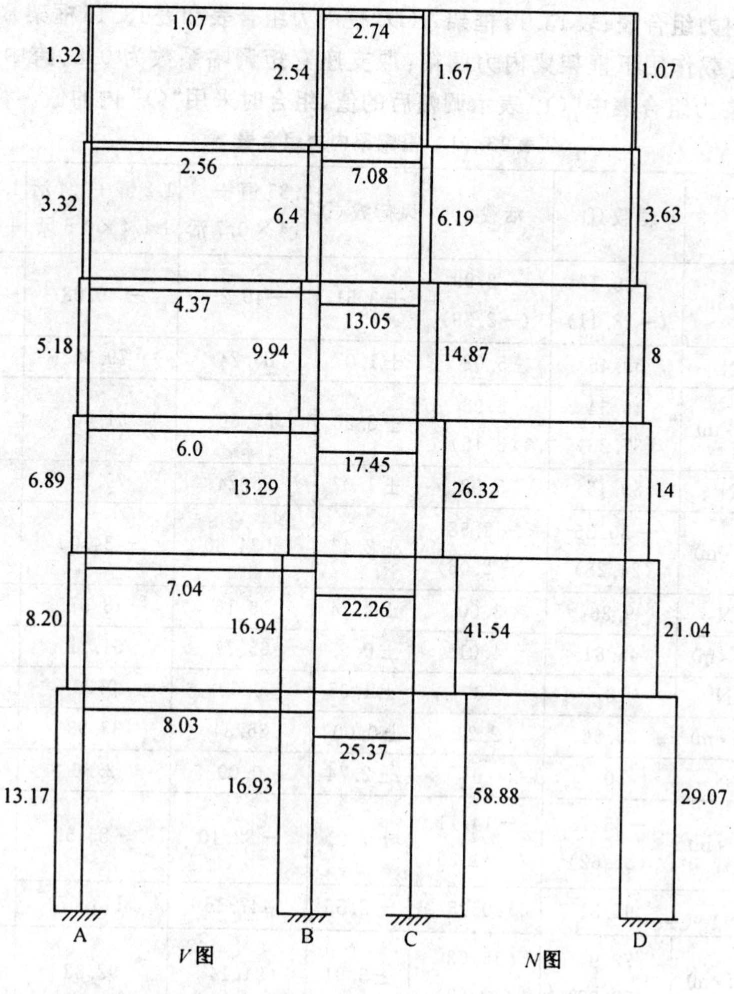


图 13.45　风荷载作用下的梁柱的剪力(V)图和柱的轴力(N)图(单位:kN)

## 3.8.5 内力组合

根据内力计算结果,即可进行框架各梁柱各控制截面的内力组合,其中梁的控制截面为梁端柱边及跨中,柱的控制截面为每层柱的上端(梁边)和下端(梁边)。组合结果见表13.13框架梁内力组合表、表13.14框架A(D)柱内力组合表和表13.15框架B(C)柱内力组合表。竖向荷载作用下框架梁内力调幅:取支座弯矩调幅系数为0.8、跨中不调,在表13.13框架梁内力组合表中"()"表示调幅后的值,组合时采用"()"内的值。

表13.13 框架梁内力组合表

| 层次 | 截面 | 内力 | 恒载① | 活载② | 风荷载③ | 1.35恒+1.4×0.7活 | 1.2恒+1.4活+1.4×0.6风 | 1.2恒+1.4风+1.4×0.7活 |
|---|---|---|---|---|---|---|---|---|
| 6层 | A | M/(kN·m) | −35.13<br>(−28.11) | −2.99<br>(−2.39) | ±3.51 | −40.29 | −40.03 | −40.99 |
| | | V/kN | 59.45 | 5.08 | ±1.07 | 85.24 | 79.35 | 77.82 |
| | B左 | M/(kN·m) | 46.54<br>(37.23) | 3.95<br>(3.16) | ±2.26 | 53.36 | 51.00 | 50.94 |
| | | V/kN | 59.45 | 5.08 | ±1.07 | 85.24 | 79.35 | 77.82 |
| | B右 | M/(kN·m) | −30.35<br>(24.28) | −2.58<br>(−2.06) | ±2.47 | −34.80 | −34.09 | −34.61 |
| | | V/kN | 9.36 | 3.60 | ±2.74 | 16.16 | 18.57 | 18.60 |
| | AB跨 | M/(kN·m) | 45.81 | 4.01 | ±0.62 | 65.77 | 61.11 | 59.77 |
| | | V/kN | 0 | 0 | ±1.07 | 0.00 | 0.90 | 1.50 |
| | BC跨 | M/(kN·m) | 25.66 | 2.24 | ±0.002 | 36.84 | 33.93 | 32.99 |
| | | V/kN | 0 | 0 | ±2.74 | 0.00 | 2.30 | 3.84 |
| 5层 | A | M/(kN·m) | −65.78<br>(52.62) | −14.11<br>(−11.29) | ±7.91 | −82.10 | −85.59 | −85.28 |
| | | V/kN | 94.31 | 20.25 | ±2.56 | 147.16 | 143.67 | 136.60 |
| | B左 | M/(kN·m) | 72.94<br>(58.38) | 15.73<br>(12.58) | ±5.91 | 91.14 | 92.63 | 90.66 |
| | | V/kN | 94.31 | 20.25 | ±2.56 | 147.16 | 143.67 | 136.60 |
| | B右 | M/(kN·m) | −31.55<br>(−25.24) | −6.96<br>(−5.57) | ±6.38 | −39.53 | −43.45 | −44.68 |
| | | V/kN | 8.72 | 2.7 | ±7.08 | 14.42 | 20.19 | 23.02 |
| | AB跨 | M/(kN·m) | 64.39 | 15.01 | ±1.0 | 101.64 | 99.12 | 93.38 |
| | | V/kN | 0 | 0 | ±2.56 | 0.00 | 2.15 | 3.58 |
| | BC跨 | M/(kN·m) | 27.72 | 5.61 | ±0.004 | 42.92 | 41.12 | 38.77 |
| | | V/kN | 0 | 0 | ±7.08 | 0.00 | 5.95 | 9.91 |

**续表 13.13**

| 层次 | 截面 | 内力 | 恒载① | 活载② | 风荷载③ | 1.35恒＋<br>1.4×0.7活 | 1.2恒＋1.4活<br>＋1.4×0.6风 | 1.2恒＋1.4风<br>＋1.4×0.7活 |
|---|---|---|---|---|---|---|---|---|
| 4层 | A | M/(kN·m) | －65.78<br>(52.62) | －14.11<br>(－11.29) | ±12.59 | －82.10 | －89.53 | －91.83 |
| | | V/kN | 94.31 | 20.25 | ±4.37 | 147.16 | 145.19 | 139.14 |
| | $B_{左}$ | M/(kN·m) | 72.94<br>(58.38) | 15.73<br>(12.58) | ±11.0 | 91.14 | 96.91 | 97.78 |
| | | V/kN | 94.31 | 20.25 | ±4.37 | 147.16 | 145.19 | 139.14 |
| | $B_{右}$ | M/(kN·m) | －31.55<br>(－25.24) | －6.96<br>(－5.57) | ±11.57 | －39.53 | －47.80 | －51.94 |
| | | V/kN | 8.72 | 2.7 | ±13.5 | 14.42 | 25.58 | 32.01 |
| | AB跨 | M/(kN·m) | 64.39 | 15.01 | ±0.79 | 101.64 | 98.95 | 93.08 |
| | | V/kN | 0 | 0 | ±4.37 | 0.00 | 3.67 | 6.12 |
| | BC跨 | M/(kN·m) | 27.72 | 5.61 | ±0 | 42.92 | 41.12 | 38.76 |
| | | V/kN | 0 | 0 | ±13.5 | 0.00 | 11.34 | 18.90 |
| 3层 | A | M/(kN·m) | －65.78<br>(52.62) | －14.11<br>(－11.29) | ±17.71 | －82.10 | －93.83 | －99.00 |
| | | V/kN | 94.31 | 20.25 | ±6.0 | 147.16 | 146.56 | 141.42 |
| | $B_{左}$ | M/(kN·m) | 72.94<br>(58.38) | 15.73<br>(12.58) | ±14.66 | 91.14 | 99.98 | 102.91 |
| | | V/kN | 94.31 | 20.25 | ±6.0 | 147.16 | 146.56 | 141.42 |
| | $B_{右}$ | M/(kN·m) | －31.55<br>(－25.24) | －6.96<br>(－5.57) | ±15.71 | －39.53 | －51.28 | －57.74 |
| | | V/kN | 8.72 | 2.7 | ±17.45 | 14.42 | 28.90 | 37.54 |
| | AB跨 | M/(kN·m) | 64.39 | 15.01 | ±1.51 | 101.64 | 99.55 | 94.09 |
| | | V/kN | 0 | 0 | ±6.0 | 0.00 | 5.04 | 8.40 |
| | BC跨 | M/(kN·m) | 27.72 | 5.61 | ±1.08 | 42.92 | 42.03 | 40.27 |
| | | V/kN | 0 | 0 | ±17.45 | 0.00 | 14.66 | 24.43 |

**续表** 13.13

| 层次 | 截面 | 内力 | 恒载 ① | 活载 ② | 风荷载 ③ | 1.35 恒＋1.4×0.7 活 | 1.2 恒＋1.4 活＋1.4×0.6 风 | 1.2 恒＋1.4 风＋1.4×0.7 活 |
|---|---|---|---|---|---|---|---|---|
| 2层 | A | $M/(\mathrm{kN\cdot m})$ | －65.78<br>(52.62) | －14.11<br>(－11.29) | ±19.15 | －82.10 | －95.04 | －101.02 |
| | | $V/\mathrm{kN}$ | 94.31 | 20.25 | ±7.04 | 147.16 | 147.44 | 142.87 |
| | $B_{左}$ | $M/(\mathrm{kN\cdot m})$ | 72.94<br>(58.38) | 15.73<br>(12.58) | ±18.87 | 91.14 | 103.52 | 108.80 |
| | | $V/\mathrm{kN}$ | 94.31 | 20.25 | ±7.04 | 147.16 | 147.44 | 142.87 |
| | $B_{右}$ | $M/(\mathrm{kN\cdot m})$ | －31.55<br>(－25.24) | －6.96<br>(－5.57) | ±20.03 | －39.53 | －54.91 | －63.79 |
| | | $V/\mathrm{kN}$ | 8.72 | 2.7 | ±22.26 | 14.42 | 32.94 | 44.27 |
| | AB跨 | $M/(\mathrm{kN\cdot m})$ | 64.39 | 15.01 | ±0.14 | 101.64 | 98.40 | 92.17 |
| | | $V/\mathrm{kN}$ | 0 | 0 | ±7.04 | 0.00 | 5.91 | 9.86 |
| | BC跨 | $M/(\mathrm{kN\cdot m})$ | 27.72 | 5.61 | ±0.002 | 42.92 | 41.12 | 38.76 |
| | | $V/\mathrm{kN}$ | 0 | 0 | ±22.26 | 0.00 | 18.70 | 31.16 |
| 1层 | A | $M/(\mathrm{kN\cdot m})$ | －62.49<br>(－49.99) | －13.17<br>(－10.54) | ±21.5 | －77.82 | －56.68 | －40.22 |
| | | $V/\mathrm{kN}$ | 94.23 | 19.88 | ±8.03 | 146.69 | 147.65 | 143.80 |
| | $B_{左}$ | $M/(\mathrm{kN\cdot m})$ | 70.18<br>(56.14) | 14.76<br>(11.81) | ±21.1 | 87.36 | 101.63 | 108.48 |
| | | $V/\mathrm{kN}$ | 94.23 | 19.88 | ±8.03 | 146.69 | 147.65 | 143.80 |
| | $B_{右}$ | $M/(\mathrm{kN\cdot m})$ | －32.16<br>(－25.73) | －6.98<br>(5.58) | ±21.56 | －40.20 | －56.80 | －66.53 |
| | | $V/\mathrm{kN}$ | 8.66 | 19.88 | ±25.37 | 31.17 | 59.53 | 65.39 |
| | AB跨 | $M/(\mathrm{kN\cdot m})$ | 65.57 | 15.08 | ±0.22 | 103.30 | 99.98 | 93.77 |
| | | $V/\mathrm{kN}$ | 0 | 0 | ±8.03 | 0.00 | 6.75 | 11.24 |
| | BC跨 | $M/(\mathrm{kN\cdot m})$ | 28.57 | 5.71 | ±0.004 | 44.17 | 42.28 | 39.89 |
| | | $V/\mathrm{kN}$ | 0 | 0 | ±25.37 | 0.00 | 21.31 | 35.52 |

表 13.14　框架 A(D) 柱内力组合表

| 层次 | 截面 | 内力 | 恒载① | 活载② | 风荷载③ | 1.35 恒＋1.4×0.7 活 | 1.2 恒＋1.4 活＋1.4×0.6 风 | 1.2 恒＋1.4 风＋1.4×0.7 活 |
|---|---|---|---|---|---|---|---|---|
| 6 层 | 柱顶 | M/(kN·m) | 68.57 | 7.87 | ±3.5 | 100.28 | 96.24 | 94.90 |
| | | N/kN | 254.69 | 10.48 | 1.07 | 354.10 | 321.20 | 317.40 |
| | 柱底 | M/(kN·m) | 64.66 | 11.59 | ±0.19 | 98.65 | 93.98 | 89.22 |
| | | N/kN | 286.3 | 10.48 | 1.07 | 396.78 | 359.13 | 355.33 |
| | | V/kN | 40.37 | 5.90 | 1.32 | 60.2815 | 60.28 | 57.81 |
| 5 层 | 柱顶 | M/(kN·m) | 62.71 | 13.57 | ±7.33 | 97.96 | 100.41 | 98.81 |
| | | N/kN | 564.64 | 52.33 | 3.63 | 813.55 | 753.88 | 733.93 |
| | 柱底 | M/(kN·m) | 62.71 | 13.57 | ±1.96 | 97.96 | 95.90 | 91.29 |
| | | N/kN | 596.22 | 52.33 | 3.63 | 856.18 | 791.78 | 771.83 |
| | | V/kN | 38.01 | 8.24 | 2.56 | 59.3887 | 59.39 | 59.30 |
| 4 层 | 柱顶 | M/(kN·m) | 62.71 | 13.57 | ±9.82 | 97.96 | 102.50 | 102.30 |
| | | N/kN | 874.59 | 94.18 | 8 | 1272.99 | 1188.08 | 1153.00 |
| | 柱底 | M/(kN·m) | 62.71 | 13.57 | ±4.69 | 97.96 | 98.19 | 95.12 |
| | | N/kN | 906.17 | 94.18 | 8 | 1 315.63 | 1 225.98 | 1 190.90 |
| | | V/kN | 38.01 | 8.24 | 5.18 | 59.3887 | 59.39 | 61.50 |
| 3 层 | 柱顶 | M/(kN·m) | 62.71 | 13.57 | ±11.81 | 97.96 | 104.17 | 105.08 |
| | | N/kN | 1 184.54 | 136.03 | 14 | 1 732.44 | 1 623.65 | 1 574.36 |
| | 柱底 | M/(kN·m) | 62.71 | 13.57 | ±7.49 | 97.96 | 100.54 | 99.04 |
| | | N/kN | 1 216.12 | 136.03 | 14 | 1775.07 | 1 661.55 | 1 612.25 |
| | | V/kN | 38.01 | 8.24 | 6.89 | 59.3887 | 59.39 | 62.94 |
| 2 层 | 柱顶 | M/(kN·m) | 60.29 | 12.08 | ±10 | 93.23 | 97.66 | 98.19 |
| | | N/kN | 1 495.59 | 177.88 | 21.04 | 2 193.37 | 2 061.41 | 1 998.49 |
| | 柱底 | M/(kN·m) | 55.47 | 11.74 | ±12.16 | 86.39 | 93.21 | 95.09 |
| | | N/kN | 1 526.17 | 177.88 | 21.04 | 2 234.65 | 2 098.11 | 2 035.18 |
| | | V/kN | 35.08 | 7.22 | 7.04 | 54.4336 | 54.43 | 58.12 |
| 1 层 | 柱顶 | M/(kN·m) | 55.68 | 11.74 | ±6.81 | 86.67 | 88.97 | 87.86 |
| | | N/kN | 1 804.36 | 219.36 | 29.07 | 2 650.86 | 2 496.75 | 2 420.90 |
| | 柱底 | M/(kN·m) | 27.84 | 5.87 | ±55.09 | 43.34 | 87.90 | 116.29 |
| | | N/kN | 1 868.5 | 219.36 | 29.07 | 2 737.45 | 2 573.72 | 2 497.87 |
| | | V/kN | 16.87 | 3.56 | 13.17 | 26.2633 | 26.26 | 36.29 |

**表 13.15　框架 B(C) 柱内力组合表**

| 层次 | 截面 | 内力 | 恒载 ① | 活载 ② | 风荷载 ③ | 1.35 恒＋1.4×0.7 活 | 1.2 恒＋1.4 活＋1.4×0.6 风 | 1.2 恒＋1.4 风＋1.4×0.7 活 |
|---|---|---|---|---|---|---|---|---|
| 6 | 柱顶 | M/(kN·m) | －42.29 | －5.03 | ±5.87 | －62.02 | －62.72 | －63.90 |
| | | N/kN | 216.7 | 9.32 | 1.67 | 301.68 | 274.49 | 271.51 |
| | 柱底 | M/(kN·m) | －43.69 | －7.91 | ±2.51 | －66.73 | －65.61 | －63.69 |
| | | N/kN | 248.28 | 9.32 | 1.67 | 344.31 | 312.39 | 309.41 |
| | | V/kN | 26.05 | 5.67 | 2.54 | 40.72 | 40.72 | 41.33 |
| 5 | 柱顶 | M/(kN·m) | －44.39 | －9.35 | ±12.67 | －69.09 | －77.00 | －80.17 |
| | | N/kN | 644.02 | 46.58 | 6.19 | 915.08 | 843.24 | 827.14 |
| | 柱底 | M/(kN·m) | －44.39 | －9.35 | ±8.45 | －69.09 | －73.46 | －74.26 |
| | | N/kN | 675.7 | 46.58 | 6.19 | 957.84 | 881.25 | 865.15 |
| | | V/kN | 26.91 | 5.67 | 6.4 | 41.89 | 41.89 | 45.61 |
| 4 | 柱顶 | M/(kN·m) | －44.39 | －9.35 | ±19.52 | －69.09 | －82.75 | －89.76 |
| | | N/kN | 1071.54 | 83.84 | 14.87 | 1 528.74 | 1 415.71 | 1 388.83 |
| | 柱底 | M/(kN·m) | －44.39 | －9.35 | ±13.28 | －69.09 | －77.51 | －81.02 |
| | | N/kN | 1 103.12 | 83.84 | 14.87 | 1 571.38 | 1 453.61 | 1 426.73 |
| | | V/kN | 26.91 | 5.67 | 9.94 | 41.89 | 41.89 | 48.58 |
| 3 | 柱顶 | M/(kN·m) | －44.39 | －9.35 | ±24.12 | －69.09 | －86.62 | －96.20 |
| | | N/kN | 1498.96 | 121.1 | 26.32 | 2142.27 | 1990.40 | 1954.28 |
| | 柱底 | M/(kN·m) | －44.39 | －9.35 | ±19.74 | －69.09 | －82.94 | －90.07 |
| | | N/kN | 1 530.54 | 121.1 | 26.32 | 2 184.91 | 2 028.30 | 1 992.17 |
| | | V/kN | 26.91 | 5.67 | 13.29 | 41.89 | 41.89 | 51.39 |
| 2 | 柱顶 | M/(kN·m) | －42.69 | －8.95 | ±27.95 | －66.40 | －87.24 | －99.13 |
| | | N/kN | 1 926.38 | 158.36 | 41.54 | 2 755.81 | 2 568.25 | 2 525.00 |
| | 柱底 | M/(kN·m) | －39.14 | －8.15 | ±27.95 | －60.83 | －81.86 | －94.09 |
| | | N/kN | 1 957.96 | 158.36 | 41.54 | 2 798.44 | 2 606.15 | 2 562.90 |
| | | V/kN | 24.80 | 5.18 | 16.94 | －60.88 | 38.56 | 51.24 |
| 1 | 柱顶 | M/(kN·m) | －39.20 | －8.12 | ±26.40 | －60.88 | －80.58 | －91.96 |
| | | N/kN | 2 353.74 | 195.47 | 58.88 | 3 369.11 | 3 147.61 | 3 098.48 |
| | 柱底 | M/(kN·m) | －19.6 | －2.03 | ±57.41 | －28.45 | －74.59 | －105.88 |
| | | N/kN | 2 417.88 | 195.47 | 58.88 | 3 455.70 | 3 224.57 | 3 175.45 |
| | | V/kN | 11.88 | 2.05 | 16.93 | 18.05 | 18.05 | 31.35 |

## 13.8.6　截面设计

**1. 框架梁的配筋计算**

以第 1 层 AB、BC 跨梁计算为例，说明计算方法和过程，其他层梁的配筋结果见表 13.16。

(1) 梁正截面受弯承载力计算

对于楼面现浇的框架结构，梁支座负弯矩按矩形截面计算纵筋数量，跨中正弯矩按 T 形 截面计算纵筋数量。

① 边跨跨中(AB 跨)

混凝土为 C35，$\alpha_1 f_c = 16.7\ \mathrm{N/mm^2}$，$f_t = 1.57\ \mathrm{N/mm^2}$；钢筋 HRB400，$\xi_b = 0.518$，$f_y = 360\ \mathrm{N/mm^2}$。

当梁的下部受拉时，按 T 形截面设计，当梁的上部受拉时，按矩形截面设计。

翼缘计算宽度 $b'_f$ 按跨度考虑时，$b'_f/\mathrm{mm} = \frac{1}{3}l = \frac{1}{3} \times 6\ 000 = 2\ 000$；

按梁间距考虑时，$b'_f/\mathrm{mm} = b + s_n = 350 + 3\ 600 - \frac{350}{2} - \frac{300}{2} = 3\ 625$；

按翼缘厚考虑时，$h_0/\mathrm{mm} = h - a_s = 500 - 35 = 465$；$\frac{h'_f}{h_0} = \frac{100}{465} = 0.215 > 0.1$，故此情况不起控制作用，取 $b'_f = 2\ 000\ \mathrm{mm}$。

$$\alpha_1 f_c b'_f h'_f (h_0 - \frac{h'_f}{2}) = 1.0 \times 16.7 \times 2\ 000 \times 100 \times (465 - \frac{100}{2})\mathrm{kN \cdot m} =$$

$$1\ 386.10\ \mathrm{kN \cdot m} > 10.3.3\ \mathrm{kN \cdot m}$$

属第一类 T 形截面。

$$\alpha_s = \frac{M}{\alpha_1 f_c b'_f h_0^2} = \frac{103.3 \times 10^6}{1.0 \times 16.7 \times 2\ 000 \times 465^2} = 0.014$$

$$\xi = 1 - \sqrt{1 - 2\alpha_s} = 1 - \sqrt{1 - 2 \times 0.014} = 0.014 < \xi_b = 0.518$$

$$A_s/\mathrm{mm^2} = \frac{\alpha_1 f_c b'_f \xi h_0}{f_y} = \frac{16.7 \times 2\ 000 \times 0.014 \times 465}{360} = 603.9$$

实配钢筋 2 ⌀ 22($A_s = 760\ \mathrm{mm^2}$)。

$$\rho = \frac{A_s}{bh_0} = \frac{760}{350 \times 465} = 0.47\% > 0.25\%，满足要求。$$

②A 支座

将下部跨间截面的 2 ⌀ 20 钢筋伸入支座，作为支座负弯矩作用下的受压钢筋，$A'_s = 760\ \mathrm{mm^2}$，再计算相应的受拉钢筋 $A_s$。

支座 A 上部：

$$\alpha_s = \frac{M - f'_y A'_s (h_0 - a_s)}{\alpha_1 f_c b h_0^2} = \frac{77.82 \times 10^6 - 360 \times 760 \times (465 - 35)}{16.7 \times 350 \times 465^2} = 0.032$$

$$\xi = 1 - \sqrt{1 - 2\alpha_s} = 1 - \sqrt{1 - 2 \times 0.032} = 0.033 < \xi_b = 0.518$$

则　$$A_s/\mathrm{mm^2} = \frac{\alpha_1 f_c b \xi h_0}{f_y} + A'_s = \frac{16.7 \times 350 \times 0.033 \times 465}{360} + 760 = 986.5$$

实配钢筋 3$\phi$22($A_s = 1\ 140\ mm^2$)。

③B 支座左

下部取 2$\phi$22($A_s = 760\ mm^2$)；

上部取 3$\phi$22($A_s = 1\ 140\ mm^2$)。

抵抗负弯矩时

$$\xi = \frac{(A_s - A'_s)f_y}{\alpha_1 f_c b h_0} = \frac{380 \times 360}{16.7 \times 350 \times 465} = 0.05$$

$$\alpha_s = \xi(1 - 0.5\xi) = 0.048$$

$$M = \alpha_s \alpha_1 f_c b h_0^2 + (A_s - A'_s) f_y (h_0 - a'_s) = 119.49\ kN \cdot m > 108.48\ kN \cdot m$$

符合要求。

④BC 跨 B 支座右

下部取 2$\phi$22($A_s = 760\ mm^2$)。

上部：

$$\alpha_s = \frac{M - f'_y A'_s (h_0 - a_s)}{\alpha_1 f_c b h_0^2} = \frac{66.53 \times 10^6 - 360 \times 760 \times (465 - 35)}{16.7 \times 350 \times 465^2} = 0.031$$

$$\xi = 1 - \sqrt{1 - 2\alpha_s} = 1 - \sqrt{1 - 2 \times 0.031} = 0.031 < \xi_b = 0.518$$

则 $$A_s/mm^2 = \frac{\alpha_1 f_c b \xi h_0}{f_y} + A'_s = \frac{16.7 \times 350 \times 0.031 \times 465}{360} + 760 = 935.4$$

实配钢筋 3$\phi$22($A_s = 1\ 140\ mm^2$)。

⑤BC 跨跨中

选 2$\phi$22($A_s = 760\ mm^2$) 直通即可(上、下部)。

(2) 梁斜截面受剪承载力计算

①A 支座

$$V_{Amax} = 143.8\ kN$$

$$0.2\beta_c f_c b h_0 / kN = 0.2 \times 1.0 \times 16.7 \times 350 \times 465 = 543.59$$

故截面尺寸符合要求。

箍筋选取 2 肢$\phi$10@150，箍筋用 HPB235 级钢筋($f_{yv} = 210\ N/mm^2$)，则

$$0.07 f_t b h_0 + 1.25 f_{yv} \frac{A_{sv}}{s} h_0 = \left(0.07 \times 1.57 \times 350 \times 465 + 1.25 \times 210 \times \frac{157}{150} \times 465\right) kN =$$

$$145.64\ kN > V_{max} = 143.8\ kN$$

②B 支座

$$V_{B右max} = 65.39\ kN$$

箍筋选取 2 肢$\phi$10@200，经验算承载力符合要求。其他层的计算过程同一层，计算结果见表 13.16。

2. 框架柱

以第一层 B 柱为例说明配筋计算过程：

$b \times h = 700\ mm \times 700\ mm, h_0 = 660\ mm, H_0 = 1.0H = 1.0 \times (4.95 - 0.5) m = 4.45\ m,$
$f_c = 16.7\ N/mm^2, f_t = 1.57\ N/mm^2, f_y = 360\ N/mm^2, M = 105.88\ kN \cdot m, N = 3\ 175.45\ kN$。

(1)$e_0/\text{mm}=\dfrac{M}{N}=\dfrac{105.88}{3\ 175.45}=33.3$，$e_a=\max(20\ \text{mm},\dfrac{h}{30})=23.3\ \text{mm}$

$$e_i/\text{mm}=e_0+e_a=33.3+23.3=56.6$$

$$\frac{l_0}{h}=\frac{4\ 450}{700}=6.36<15，取\ \zeta_2=1.0$$

$$\zeta_1=\frac{0.5f_cA}{N}=\frac{0.5\times16.7\times700\times700}{3\ 175.45\times10^3}=1.29>1.0，取\ \zeta_1=1.0$$

$$\eta=1+\frac{1}{1\ 400(\frac{e_i}{h})}(\frac{l_0}{h})^2\zeta_1\zeta_2=$$

$$1+\frac{1}{1\ 400\times(\frac{53.9}{700})}(\frac{4\ 450}{700})^2\times1.0\times1.0=1.37$$

(2) 判别大小偏心受压

$$x/\text{mm}=\frac{N}{\alpha_1f_cb}=\frac{3\ 175.45\times10^3}{16.7\times700}=271.64\ \text{mm}<$$

$$x_b/\text{mm}=\xi_bh_0=0.518\times660=341.88$$

属于大偏心受压。

(3) 计算钢筋面积

$$e/\text{mm}=\eta e_i+\frac{h}{2}-a_s=1.37\times56.6+350-40=387.54$$

$$A_s/\text{mm}^2=A'_s=\frac{Ne-\alpha_1f_cbx(h_0-0.5x)}{f_y(h_0-a'_s)}=$$

$$\frac{3\ 175.45\times10^3\times387.54-16.7\times700\times271.64\times(660-0.5\times271.64)}{360\times(660-40)}<0$$

(4) 选配钢筋

取 $A_s/\text{mm}^2=A'_s=0.002bh=0.002\times700\times700=980$

$A_s=A'_s$，选取 4 ⏀20（$A_s=1\ 256\ \text{mm}^2$）。

箍筋选取 4 肢φ 8 @200。

其他层和柱的计算过程同上，计算过程略，其计算结果汇总于表 13.17 及结构施工图（图 13.46、图 13.47）。

**表 13.16　框架梁配筋汇总**

| 梁 | 截面尺寸 /(mm × mm) | 截面位置 | M/(kN · m) | 钢筋面积 /mm² | 选筋 | V/kN | 钢筋面积 /mm² | 选筋 |
|---|---|---|---|---|---|---|---|---|
| 1层 | 350 × 500 | AB 跨跨中 | 103.30 | 603 | 2 ⏀22 | — | | 2 肢φ 10 @150 |
| | | 支座 A | −77.82 | 986.5 | 3 ⏀22 | 147.65 | 156 | |
| | | 支座 $B_左$ | 108.48 | 1 058 | 3 ⏀22 | 147.65 | 156 | |
| | 350 × 400 | BC 跨跨中 | 44.17 | 450 | 2 ⏀22 | — | | 2 肢φ 10 @200 |
| | | 支座 $B_右$ | −66.53 | 935.4 | 3 ⏀22 | 65.39 | 107 | |

续表 13.16

| 梁 | 截面尺寸/(mm×mm) | 截面位置 | $M/(kN\cdot m)$ | 钢筋面积/$mm^2$ | 选筋 | $V/kN$ | 钢筋面积/$mm^2$ | 选筋 |
|---|---|---|---|---|---|---|---|---|
| 2~5层 | 300×500 | AB跨跨中 | 101.64 | 646 | 2⌀22 | — | | 2肢ϕ10@150 |
| | | 支座A | 101.2 | 933 | 3⌀22 | 147.44 | 162 | |
| | | 支座$B_{左}$ | 108.8 | 1 075 | 3⌀22 | 147.44 | 162 | |
| | 300×400 | BC跨跨中 | 42.92 | 329 | 2⌀22 | — | | 2肢ϕ10@200 |
| | | 支座$B_{右}$ | 63.79 | 1 108 | 3⌀22 | 44.27 | 67.3 | |
| 6层 | 300×500 | AB跨跨中 | 65.77 | 407 | 2⌀20 | — | | 2肢ϕ10@150 |
| | | 支座A | 40.99 | 883 | 3⌀20 | 85.24 | 85 | |
| | | 支座$B_{左}$ | 53.36 | 905 | 3⌀20 | 85.24 | 85 | |
| | 300×400 | BC跨跨中 | 36.84 | 218 | 2⌀20 | — | | 2肢ϕ10@200 |
| | | 支座$B_{右}$ | 34.80 | 932 | 3⌀20 | 18.60 | 13.7 | |

表 13.17　框架柱配筋汇总

| 柱 | 截面尺寸/$mm^2$ | 截面位置 | $M/(kN\cdot m)$ | $N/kN$ | 钢筋面积/$mm^2$ | 纵筋选筋 | 箍筋选筋 |
|---|---|---|---|---|---|---|---|
| 6层 | 600×600 | A柱下 | 98.65 | 396.78 | 构造 | 4⌀20 | 4ϕ8@100/200 |
| | | B柱下 | 66.73 | 344.31 | 构造 | 4⌀20 | 4ϕ8@100/200 |
| 5层 | 600×600 | A柱下 | 97.96 | 856.18 | 构造 | 4⌀20 | 4ϕ8@100/200 |
| | | B柱下 | 73.46 | 881.25 | 构造 | 4⌀20 | 4ϕ8@100/200 |
| 4层 | 600×600 | A柱下 | 98.19 | 1 225.98 | 构造 | 4⌀20 | 4ϕ8@100/200 |
| | | B柱下 | 81.02 | 1 426.73 | 构造 | 4⌀20 | 4ϕ8@100/200 |
| 3层 | 600×600 | A柱下 | 100.54 | 1 661.55 | 构造 | 4⌀20 | 4ϕ8@100/200 |
| | | B柱下 | 90.07 | 1 992.17 | 构造 | 4⌀20 | 4ϕ8@100/200 |
| 2层 | 600×600 | A柱下 | 95.09 | 2035.18 | 构造 | 4⌀20 | 4ϕ8@100/200 |
| | | B柱下 | 94.09 | 2 562.90 | 构造 | 4⌀20 | 4ϕ8@100/200 |
| 1层 | 700×700 | A柱下 | 116.29 | 2 497.87 | 构造 | 4⌀20 | 4ϕ8@100/200 |
| | | B柱下 | 105.88 | 3 175.45 | 构造 | 4⌀20 | 4ϕ8@100/200 |

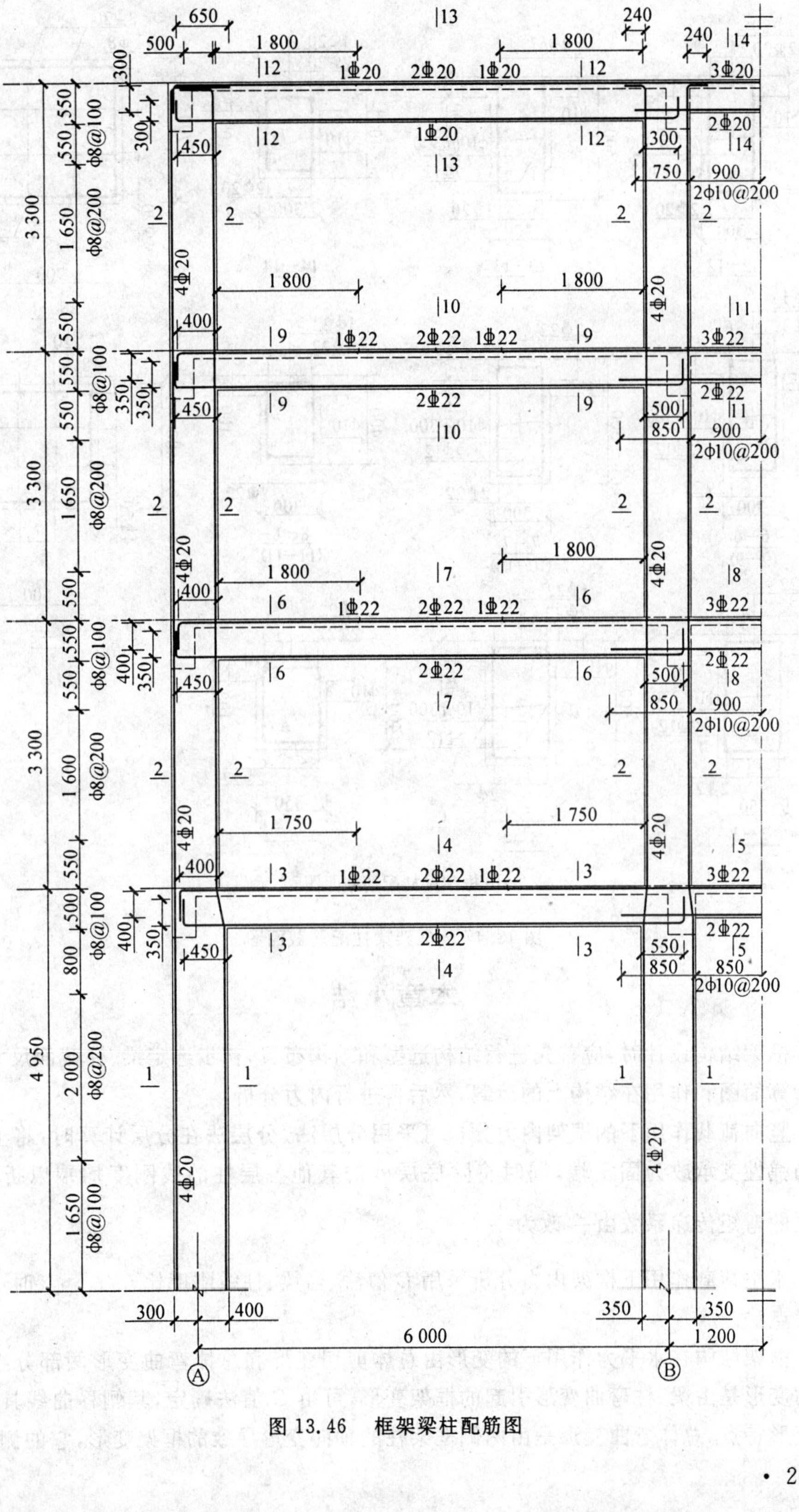


图 13.46　框架梁柱配筋图

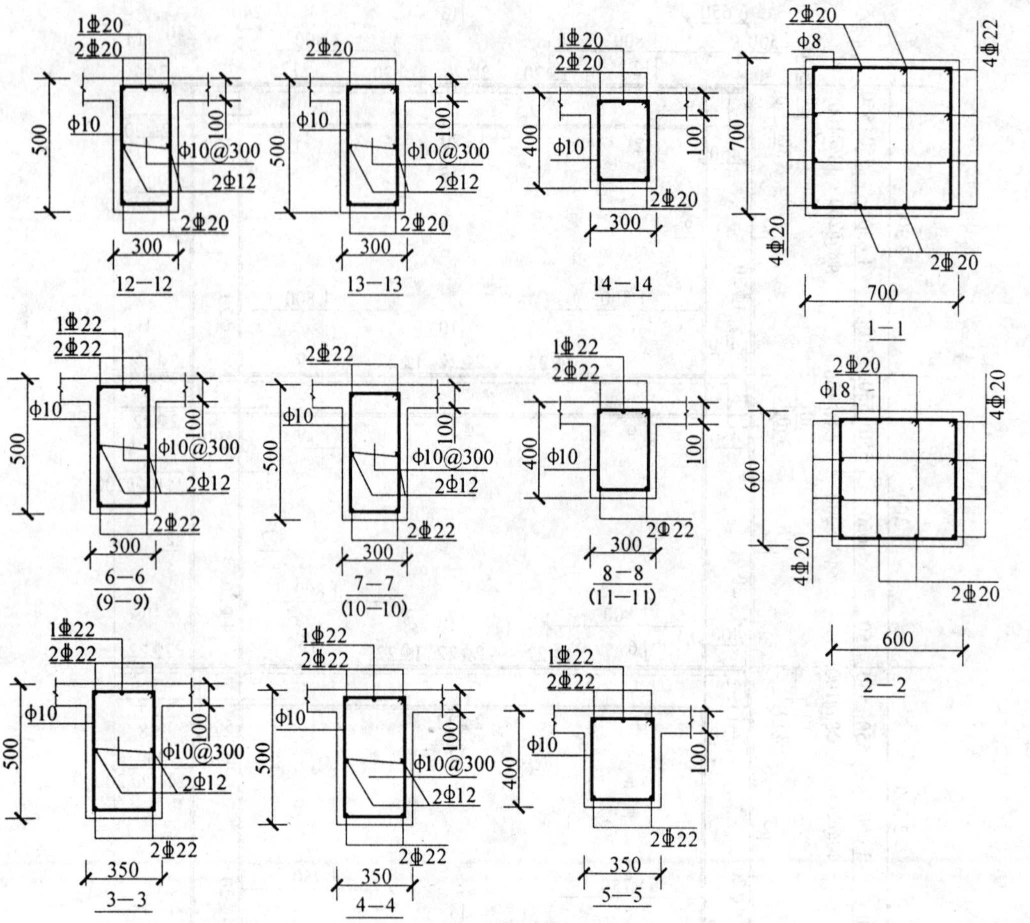


(b) 框架梁柱配筋截面图

图 13.47　框架梁柱配筋截面图

## 本章小结

1. 框架结构设计时，应首先进行结构选型和结构布置，初步选定梁、柱截面尺寸，确定结构计算简图和作用在结构上的荷载，然后再进行内力分析。

2. 竖向荷载作用下的框架内力分析可采用分层法。分层法在分层计算时，将上、下柱远端的弹性支承改为固定端，同时将除底层外的其他各层柱的线刚度均乘以折减系数 0.9，柱的弯矩传递系数由 $\frac{1}{2}$ 改为 $\frac{1}{3}$。

3. 水平荷载作用下框架内力分析采用 $D$ 值法。当梁、柱线刚度比 $i_b/i_c > 3$ 时，也可采用反弯点法。

4. 框架结构在水平力作用下的变形由总体剪切变形和总体弯曲变形两部分组成，总体剪切变形是由梁、柱弯曲变形引起的框架变形，可由 $D$ 值法确定，其侧移曲线具有整体剪切变形特点。总体弯曲变形是由两侧框架柱的轴向变形导致的框架变形，它的侧移曲线与悬臂梁的弯曲变形形状类似，对于较高、较柔的框架结构，需考虑柱轴向变形影响。

5. 内力组合的目的就是要找出框架梁、柱控制截面的最不利内力，并以此作为梁、柱截面配筋的依据。框架梁的控制截面通常是梁端支座截面和跨中截面，框架柱的控制截面通常是柱上、下两端截面。

6. 框架梁截面设计时，可考虑塑性内力重分布进行梁端弯矩调幅，框架柱截面设计时一般采用对称配筋，并应注意选取最大的一组内力计算截面配筋。

## 思考题

1. 钢筋混凝土框架结构按施工方法的不同有哪些形式？各有何优缺点？

2. 框架梁柱截面尺寸如何确定？框架结构房屋的计算简图如何确定？

3. 简述竖向荷载作用下计算框架内力的分层法的基本假定及计算步骤？

4. 水平荷载作用下计算框架内力的方法有哪些？有何异同？

5. 影响水平荷载作用下柱反弯点位置的主要因素是什么？框架顶层、中部各层和底层的反弯点位置变化有什么规律？

6. 如何进行框架梁柱截面内力组合？

## 练习题

1. 用 $D$ 值法和反弯点法分别计算图13.47中的框架内力及侧移，梁柱线刚度均在图中给出。

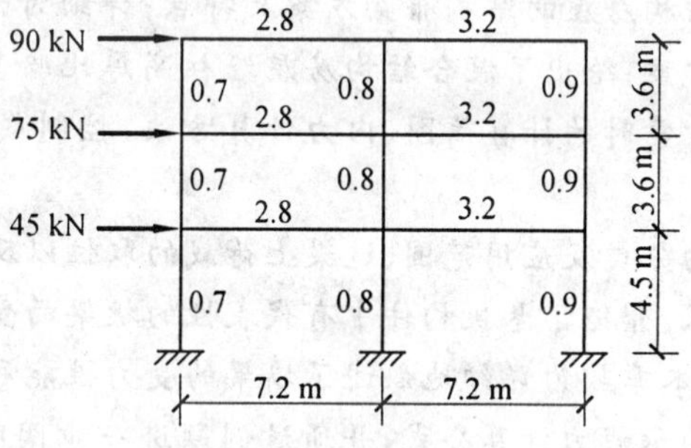


图13.47　习题1图

# 第14章 砌体结构

【知识要点】

1. 本章叙述了砌体材料及其强度等级，介绍了常见砌体种类，较详细地叙述了砌体受压、受拉、受弯、受剪的性能以及影响砌体抗压强度的主要因素，给出了各种受力条件下的砌体强度计算公式。还介绍了砌体的弹性模量、膨胀系数及摩擦系数等变形及其他基本物理力学性能。

2. 本章叙述了砌体结构以概率理论为基础的极限状态设计方法的基本概念，以及砌体强度标准值和设计值的取位原则。较详细地介绍了无筋和配筋砌体结构构件受压、局部受压、轴心受拉、受弯和受剪承载力的计算方法，并给出了相应例题。

3. 本章叙述了混合结构房屋的结构布置方案及特点；详细讨论了不同空间作用程度的房屋采用的静力计算方案；给出了混合结构房屋墙柱高厚比验算方法；分析了单层、多层房屋在不同静力计算方案时的计算简图、内力计算方法、控制截面的选取，以便进行墙体截面承载力的验算。

4. 本章介绍了过梁的分类及应用范围、过梁上荷载的取位以及过梁的计算方法。介绍了圈梁的设置和构造要求。介绍了悬挑构件中有代表性的挑梁的受力性能及破坏形态，并给出了挑梁的计算公式。本章较为详细地叙述了墙梁的受力性能和破坏形态，给出了墙梁在使用阶段和施工阶段的承载力计算公式，并通过例题进一步阐明了墙梁计算的方法和步骤。本章还叙述了墙体的一般构造要求和为了防止或减轻墙体开裂可采取的构造措施。

## 14.1 概　述

砌体是由砖、石或各种砌块组成，并用砂浆砌筑黏结而成的材料。砖砌体、砌块砌体、石砌体建筑而成的结构统称为砌体结构。在我国悠久的历史上，砌体结构应用非常广泛，其中，石砌体与砖砌体更是源远流长。

我国各种天然石材分布较广，生产工艺简单，易于开采和加工。砌体结构具有良好的耐火性，较好的化学稳定性和大气稳定性。此外，砌体的保温、隔热性能好，节能效果好。通常砌体的强度较低，因而必须采用较大截面的墙、柱构件，材料用量大、自重加大，运输量也随之加大；砌体结构基本上采用手工作业的方式，砌筑工作量要占整个施工工作量的

25% 以上，劳动量大，生产效率低。在我国目前的砌体结构应用中黏土砖比例仍然很大，因此大量生产势必耗用过多的农田。

早在数千年前，砌体结构就在世界上许多文明古国得到了广泛的应用。例如，举世闻名的埃及金字塔、希腊雅典卫城以及罗马大斗兽场等，都是历史上应用砌体结构建成的至今仍备受推崇和瞻仰的宝贵遗产。目前，砌体结构在世界各国都得到了更为广泛的应用和发展，在砌体结构的理论研究和设计方法上取得了许多成果，推动了砌体结构的发展。国外砖的强度一般均达 30 ～ 60 MPa，而且能生产高于 100 MPa 的砖。空心砖的重力密度一般为 13 kN/$m^3$（即容重 1 300 kg/$m^3$），轻的达 6 kN/$m^3$（即容重 600 kg/$m^3$）。为了得到高强度的砖砌体，国外采用高粘度粘合性高强砂浆或有机化合物树脂砂浆砌筑，用砌体结构承重修建十几层或更高的高层楼房已经不再是困难的事情了。

砌体结构在我国也有着悠久的历史，原始社会末期就有大型石砌祭坛遗址。隋代李春所建造的河北赵县安济桥，是世界上现存最早、跨度最大的空腹式单孔圆弧石拱桥，设计合理，造型美观，无论在结构受力，还是经济和艺术造型上都达到了很高的水平。还有世界七大奇迹之一的万里长城，更是古代劳动人民应用砌体结构的最佳典范。

新中国成立以来，我国砌体结构的应用得到了迅速的发展。多层住宅、办公楼等民用建筑的基础、墙、柱等都可用砌体结构建造。一般来讲，建造配筋砌块剪力墙结构房屋可达 8 ～ 18层，无筋砌体房屋可达 5 ～ 7层。20 世纪 80 年代以来，承重黏土多孔砖和空心砖、混凝土空心砌块、轻骨料混凝土砌块、加气混凝土砌块、硅酸盐砖、粉煤灰砌块等轻质、高强块材新品种逐年增长，让过去单一的墙砌体承重结构发展为大型墙板、内浇外砌、内框架结构等结构形式。在大跨度的砌体结构以及应用新技术方面的研究和实践也取得了相当丰富的成果。

我国在经过了长期的工程实践和大量的科学研究后，逐步建立起了一套比较完整的砌体结构设计计算理论和方法，制订了符合我国国情的设计施工规范。1955 年，国家建筑工程部参照苏联破损阶段设计法并结合我国国情颁布了《砖石及钢筋砖石结构临时设计规范》；经过大量的实践和研究，1973 年颁布了新中国的第一本《砖石结构设计规范》(GBJ3 － 1973)；到 2001 年，新修订的《砌体结构设计规范》(GB 50003 － 2001)，已将配筋砌块砌体剪力墙中高层、高层结构体系等多项内容列入其中，并明确了设计方法、计算公式以及构造要求等，更加适合现代社会建筑业发展的需要，也标志了我国砌体结构发展进入了现代砌体结构发展阶段。

砌体结构有其一系列独特的优点，因此，在土木工程中今后相当长的一段时期内仍将占有重要地位，并广泛使用。按照我国"可持续发展" 的战略方针，发展轻质、高强的砌体，尽量减少材料的消耗，采用配筋砌筑结构尤其是配筋砌块剪力墙结构，提高砌体的强度和抗裂性，有效的提高砌体结构的整体性和抗震性能，将是今后砌体结构发展的重要方向。另外，我国对砌体的各项力学性能、破坏机理、动力反应和抗震性能等发面的研究也有待于进一步深入，以不断提高砌体结构的设计水平和施工水平，让砌体结构为现代社会的建设发挥更加重要的作用。

# 14.2　砌体材料的力学性能

## 14.2.1　块材和砂浆

**1. 块材**

块材通常占砌体结构总体积的78%，主要分为砖、砌块和石材3大类，块材的强度等级一般以符号MU(Masonry Unit)表示。

(1) 砖

砖石是一种常用的建筑材料，用于承重结构的砖可分为烧结砖和非烧结硅酸盐砖两大类。

① 烧结砖。烧结砖是以黏土、页岩、煤矸石和粉煤灰为主要原料，经过高温焙烧而成的。其中实心或孔洞率不大于15%的砖，可用于建筑物的墙体、基础等砌体结构，称为烧结普通砖，烧结普通砖具有全国统一的规格尺寸：240 mm × 115 mm × 53 mm，重力密度为16 ~ 18 kN/m$^3$；孔洞率不小于25%，孔的尺寸小而数量多，主要用于承重部位的砖称为烧结多孔砖或承重烧结多孔砖；孔洞率等于或大于40%，孔的尺寸大而数量少，主要用于框架填充墙和非承重隔墙的砖称为烧结空心砖或非承重烧结多孔砖。我国主要采用的空心砖规格有三种：KP1型、KP2型(图14.1)和KM1型(图14.2)。

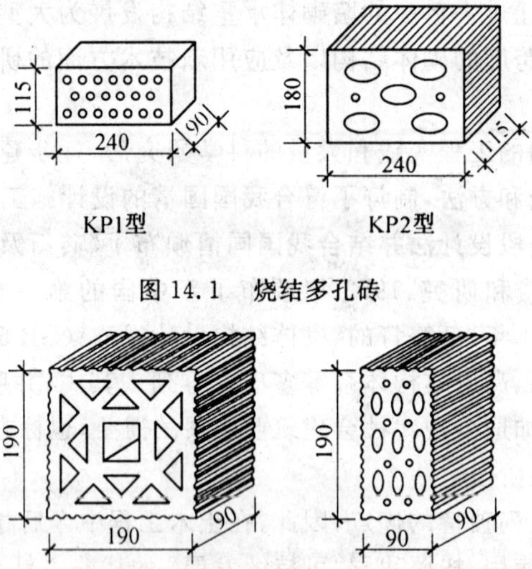


图14.1　烧结多孔砖

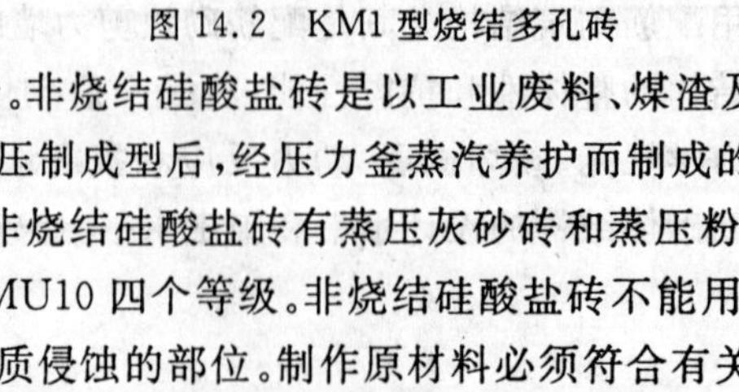


图14.2　KM1型烧结多孔砖

② 非烧结硅酸盐砖。非烧结硅酸盐砖是以工业废料、煤渣及粉煤灰加生石灰和少量石膏等硅酸盐材料振动压制成型后，经压力釜蒸汽养护而制成的实心砖，其规格尺寸与烧结普通砖相同。常用的非烧结硅酸盐砖有蒸压灰砂砖和蒸压粉煤灰砖，其强度等级分为MU25、MU20、MU15、MU10四个等级。非烧结硅酸盐砖不能用于温度长期超过200 ℃、受急热急冷或有酸性介质侵蚀的部位。制作原材料必须符合有关材料检验标准，以保证质量要求。

(2) 砌块

砌块是指尺寸较大，用普通混凝土或轻质混凝土以及硅酸盐材料制作的实心或空心块材，一般高度在 180 ～ 350 mm 的砌块称为小型砌块；高度在 360 ～ 900 mm 的砌块称为中型砌块；高度大于 900 mm 的砌块称为大型砌块。混凝土小型空心砌块的主要规格尺寸为 190 mm × 390 mm × 190 mm，空心率为 25% ～ 50%，块型如图 14.3 所示。

现行砌块的强度等级是按照 5 个砌块试样毛面积截面抗压强度的平均值和最小值进行划分的，主要分为 MU20、MU15、MU10、MU7.5 和 MU5 五个等级。

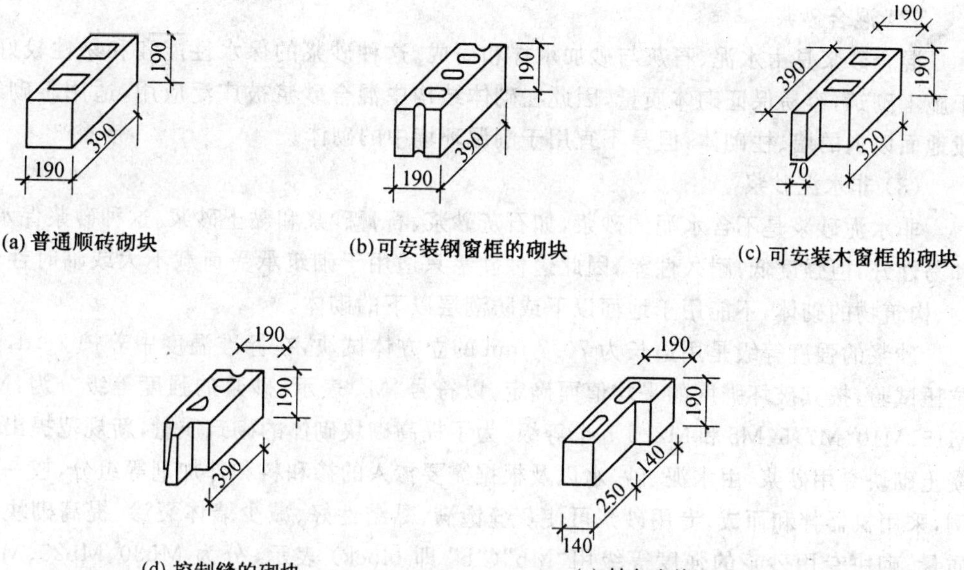


(a) 普通顺砖砌块　(b) 可安装钢窗框的砌块　(c) 可安装木窗框的砌块

(d) 控制缝的砌块　(e) 转角砌块

图 14.3　混凝土小型空心砌块

(3) 石材

在承重结构中，一般采用重质天然石，如花岗岩、石灰岩、凝灰岩等。天然石材中当自重大于 18 kN/m$^3$ 时，称为重石(如花岗石、石灰石、砂石等)；自重小于 18 kN/m$^3$ 时，称为轻石(如凝灰岩、贝壳灰岩等)。

石材按照其外形规则程度分为两种，中部厚度不小于 200 mm，长度约为 300 ～ 400 mm，形状不规则的称为毛石；高度与宽度不小于 200 mm 的比较规则的六面体称为料石，料石按加工平整程度不同分为细料石、半细料石、粗料石和毛料石。其中毛石和粗料石、毛料石一般用于承重结构，而细料石和半细料石由于成本较高一般用于镶面材料。

石材的强度等级用边长为 70 mm 的立方体试块的抗压强度的平均值来划分，分为 MU100、MU80、MU60、MU50、MU40、MU30 和 MU20 七个等级。

**2. 砂浆**

砂浆是由胶凝材料(石灰、水泥)和细骨料(砂)加水搅拌而成的混合材料。砂浆在砌体中的作用是使块材和砂浆接触表面产生黏结力和摩擦力，将散放的单个块材连结成一个整体，并因抹平块体表面而促使应力的分布较为均匀，起到黏结、衬垫和传递应力的作用，同时砂浆填满块体间的缝隙，可以减少砌体的透气性，提高了砌体的保温性能与抗冻性能。

砂浆按原料成分可分为以下 3 类:

(1) 水泥砂浆

水泥砂浆是由水泥与砂加水拌和而成。这种砂浆具有较高的强度和耐久性,但是和易性和保水性较差。在运输过程中会游离出较多的水分,砌筑在砖面上以后这部分水分很快被砖吸走,使铺砌发生困难,会降低砌筑质量。砂浆失去过多的水分后还影响了砂浆的正常硬化,降低强度,并减小砖和砂浆的黏结。因此,水泥砂浆适用于砂浆强度要求较高和潮湿环境中的砌体。

(2) 混合砂浆

混合砂浆是由水泥、石灰与砂加水拌和而成。这种砂浆的保水性能和和易性较好,便于施工砌筑,容易保证砌体质量,因此在砌体结构中混合砂浆被广泛应用,适用于砌筑一般地面以上的墙、柱砌体,但是不宜用于潮湿环境中的砌体。

(3) 非水泥砂浆

非水泥砂浆是不含水泥的砂浆,如石灰砂浆、石膏砂浆和黏土砂浆。这种砂浆保水性、和易性好,但强度低,耐久性差,因此这种砂浆只适用于砌筑承受荷载不大或临时性建筑物、构筑物的砌体,不能用于地面以下或防潮层以下的砌体。

砂浆的强度等级是用边长为 70.7 mm 的立方体试块,在标准温度中养护 28 d,进行抗压试验,按其破坏强度的平均值而确定,以符号“M” 表示。砂浆的强度等级分为:M20、M15、M10、M7.5、M5 和 M2.5 五个等级。为了提高砌块砌体的砌筑质量,新规范提出了混凝土砌块专用砂浆,由水泥、砂、水以及根据需要掺入的掺和料和外加剂等组分,按一定比例,采用机器拌和而成。专用砂浆可使灰缝饱满、黏结性好、减少墙体裂渗、提高砌块建筑质量。砌块专用砂浆的强度等级用“Mb”(“b” 即 block) 表示,分为 Mb30、Mb25、Mb20、Mb15、Mb10、Mb7.5 和 Mb5 七个等级。

**3. 砌体材料的选择**

在砌体结构设计中,对块材和砂浆的选用,应根据房屋的使用要求、使用年限、房屋的层数和层高、砌体的受力特点、工作环境、施工条件等因素,本着因地制宜,就地取材,充分利用工业废料的原则综合考虑。从材料使用功能要求出发,主要考虑强度和耐久性两方面的要求。尤其在潮湿环境下,必须保证砌体具有长期不变的强度及其他正常使用性能,《砌体结构设计规范》对地面以下或防潮层以下的砌体、潮湿房间的墙所用材料的最低强度等级提出了具体的要求,见表 14.1。

**表 14.1　地面以下或防潮层以下的砌体、潮湿房间的墙所用材料的最低强度等级**

| 基土的潮湿程度 | 烧结普通砖、蒸压灰砂砖 | | 混凝土砌块 | 石材 | 水泥砂浆 |
|---|---|---|---|---|---|
| | 严寒地区 | 一般地区 | | | |
| 稍潮湿的 | MU10 | MU10 | MU7.5 | MU30 | MU5 |
| 很潮湿的 | MU15 | MU10 | MU7.5 | MU30 | MU7.5 |
| 含水饱和的 | MU20 | MU15 | MU10 | MU40 | MU10 |

注:1. 在冻胀地区,在地面以下或防潮层以下的砌体,不宜采用多孔砖,如采用时,其孔洞应用水泥砂浆灌实;当采用混凝土砌块砌体时,其孔洞应采用强度等级不低于 Cb20 的混凝土灌实;

2. 对安全等级为一级或设计使用年限大于 50 年的房屋,表中材料强度等级应至少提高一级。

## 14.2.2　砌体种类

砌体按照其是否配有钢筋可以分为无筋砌体和配筋砌体；按照受力情况可分为承重砌体与非承重砌体；按照材料的不同可分为砖砌体、石砌体和砌块砌体；按照砌筑形式的不同可分为实心砌体和空心砌体。

下面我们介绍几种按照砌体是否配有钢筋划分的砌体类别：

1. 无筋砌体

无筋砌体是仅由块体和砂浆组成的砌体，在现代建筑中被广泛应用，但是抗震性能较差，主要包括砖砌体、砌块砌体和石砌体。

(1) 砖砌体

砖砌体在建筑中通常用于承重外墙、内墙砖柱、围护墙及隔墙。砖砌体按照采用砖的类型不同可以分为烧结普通砖砌体、烧结多孔砖砌体以及各种硅酸盐砖砌体。按照砌筑形式的不同可分为实心砖砌体和空心砖砌体。

实心砖砌体由实心砖组成，砌筑方式主要有一顺一丁、梅花丁(同一皮内，丁顺间砌)和三顺一丁砌筑法(图 14.4)。实心砖砌体实砌的墙厚一般有 120 mm(半砖)、240 mm(一砖)、370 mm(一砖半)、490 mm(两砖)、620 mm(两砖半)、740 mm(三砖) 等。实心砖砌体整体性和受力性能较好，但是自重较大，可用作一般房屋的墙和柱。

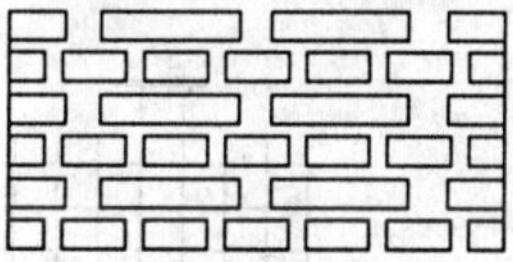

(a) 一顺一丁

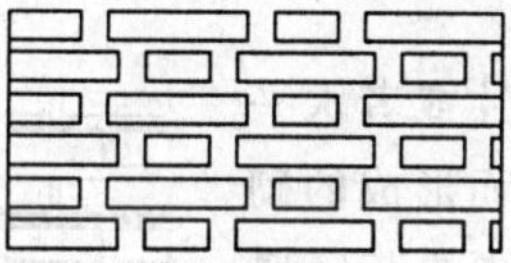

(b) 梅花丁

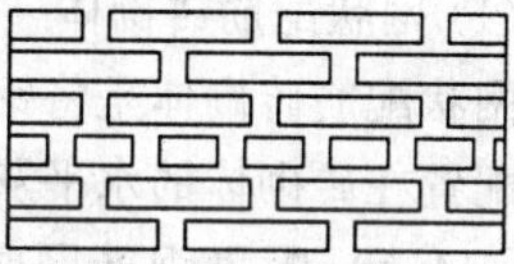

(c) 三顺一丁

图 14.4　砖砌体的砌筑方式

实心砖还可以砌成空心砌体，将砖砌成两片薄壁，中间形成空洞，可以填以岩棉或苯板等轻质松散材料。这种砌体对于节省材料和减轻自重有一定的好处，热工性能较好，但是整体性和抗震性能较差，对施工及砌筑质量要求也比较高，因此现行规范已不提倡使用。

多孔砖表观密度比实心砖小很多，可减轻建筑自重约 30% ～35%，使地震力减小，其保温和隔热性能较好，是目前大力推广使用的砖砌体。目前国内常用的烧结多孔砖规格可砌成 90 mm、180 mm、190 mm、240 mm、290 mm、370 mm 和 390 mm 等厚度墙体。

(2) 砌块砌体

砌块砌体是有砂浆和砌块砌筑而成的整体，我国目前应用的砌块砌体有：混凝土小型空心砌块砌体、混凝土中型空心砌块砌体和粉煤灰中型实心砌块砌体。砌块砌体自重较轻，保温和隔热性能较好，有利于加快工程施工进度，提高经济效益。

混凝土小型空心砌块砌体是我国目前使用最为广泛的砌块砌体，块体小利于手工砌筑，使用比较灵活。在砌筑前应设计各配套砌块的排列方式，选用砌块的规格尺寸和型号，使砌块的类型尽量少，并不得与黏土砖等混合砌筑，以满足砌块直接的搭接要求。砌块砌体可用于多层民用建筑和工业建筑的墙体结构之中。

(3) 石砌体

石砌体是指由天然石材和砂浆(或混凝土)砌筑而成的砌体。按照石材的种类不同,一般可分为料石砌体、毛石砌体和毛石混凝土砌体(图 14.5)。

料石砌体和毛石砌体都是用砂浆砌筑,前者可用于民用房屋的承重墙、柱和基础,以及建筑石拱桥、石坝和涵洞等构筑物;后者用于一般民用建筑房屋、规模不大的构筑物基础、挡土墙和护坡等。毛石混凝土砌体是在模板内交替铺砌混凝土与毛石形成的,多用于一般民用房屋和构筑物的基础及挡土墙中。

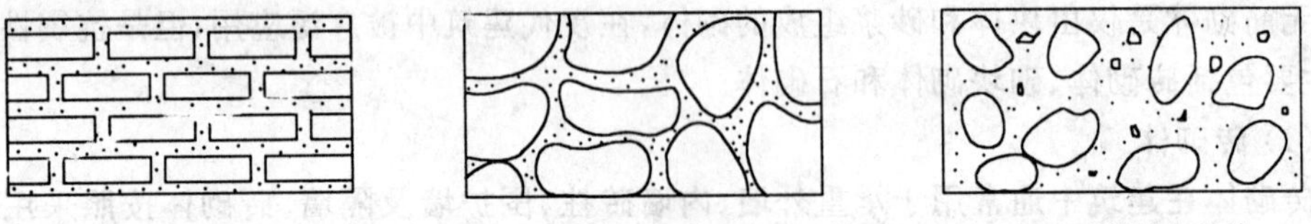

(a) 料石砌体　　(b) 毛石砌体　　(c) 毛石混凝土砌体

图 14.5　石砌体的类型

2. 配筋砌体

配筋砌体是指在砌体中配置了钢筋或者钢筋混凝土材料的砌体。配筋砌体大大提高了砌体的强度、整体性和抗震性,减少了构件的截面尺寸,可以应用于中高层和高层砌体结构房屋中。配筋砌体主要分为网状配筋砖砌体、组合砖砌体和配筋砌块砌体。

(1) 网状配筋砖砌体

网状配筋砖砌体是将钢筋网片或者水平钢筋配置在砖砌体的水平灰缝内而形成的砌体(图 14.6)。配置钢筋网时,砌体的灰缝厚度要使钢筋上下至少各有 2 mm 厚,强度等级不低于 M7.5 的砂浆层,以保证砌体所承受的轴心受压和偏心距较小的受压构件的抗压承载力,提高构件的变形能力。

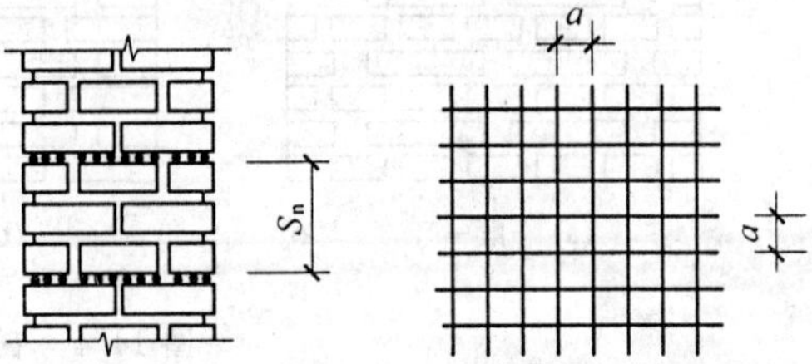


图 14.6　网状配筋砖砌体

(2) 组合砖砌体

组合砖砌体是在砖砌体外侧或内部预留的竖向凹槽内配有钢筋,用混凝土浇灌而成的砌体。目前组合砖砌体在我国应用较多的有外包式组合砖砌体和内嵌式组合砖砌体(图 14.7)。工程实践证明,组合砖砌体柱对增强房屋的变形能力和抗倒塌能力十分有效,砖砌体和钢筋混凝土构造柱组合墙能改善墙体的受力性能,提高墙体的承载力和抗震能力。

(3) 配筋砌块砌体

配筋砌块砌体也称为配筋混凝土空心砌块砌体,是指在混凝土空心砌块砌体的竖向孔洞中配置钢筋,然后用混凝土灌孔注芯,同时在横向的水平灰缝中配置钢筋所形成的砌体结构(图 14.8)。配筋砌块砌体的强度高、自重轻、延性好、抗震性能强,可用于大开间建筑和高层建筑结构中,有着十分广阔的应用前景。

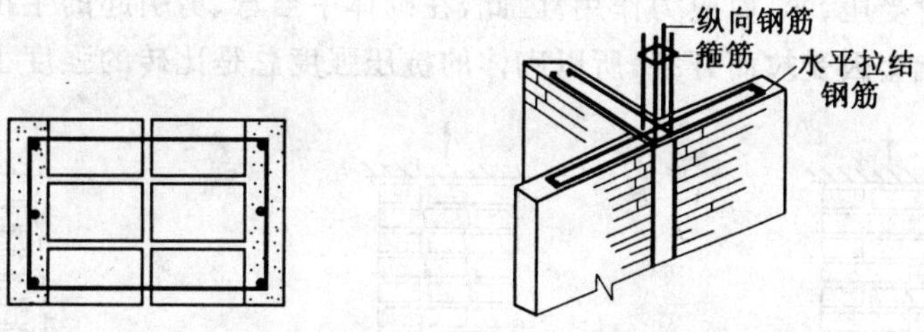


(a) 外包式组合砖砌体　　(b) 内嵌式组合砖砌体

图 14.7　组合砖砌体形式

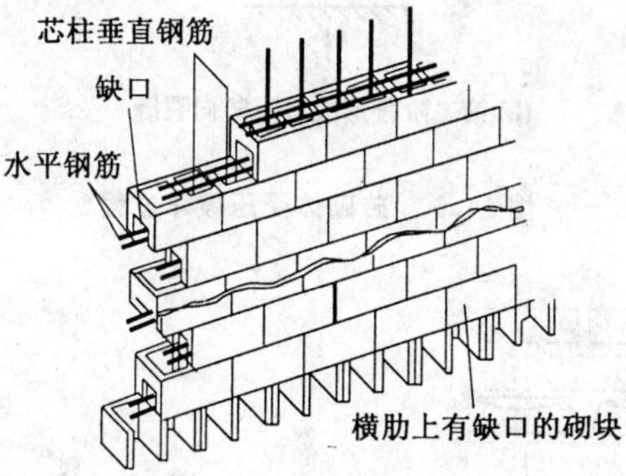


图 14.8　配筋砌块砌体

## 14.2.3　砌体抗压强度

**1.砖砌体的受压破坏特性**

(1) 轴心受压砖柱的破坏过程

国内外大量试验研究证明，砌体轴心受压时从加荷直至破坏，大致可分为 3 个阶段：

① 第一阶段。从加荷开始至砌体中个别砖出现裂缝(图 14.9(a))。单砖出现第一条(批)裂缝时的荷载值约为破坏荷载的 50% ~ 70%，这一阶段如不继续加载，裂缝不会继续扩展或增加。

② 第二阶段。当荷载继续增加，个别砖裂缝将继续增大和扩展，并上下贯通穿过若干皮砖(图14.9(b))。当荷载约为极限荷载的 80% ~ 90% 时，即使荷载不再增加，裂缝仍继续发展。

③ 第三阶段。当荷载进一步增加，裂缝迅速延长、加宽，其中砌体被贯通的几条主要竖向裂缝分割成若干根截面尺寸为半砖左右的独立小柱体，整个砌体明显向外鼓出，最后某些小柱体失稳或压碎，而导致整个砌体破坏(图 14.9(c))。

(2) 单块砖在砌体中的受力特点

砖砌体的受压实验表明：砖砌体的抗压强度明显低于它所用砖的抗压强度，这是因为单块砖在砌体中并非处于均匀受压状态，而是受多种因素影响处于复杂的应力状态所决定的。

① 块体在砌体中处于压、弯、剪复合受力状态。砌体在砌筑的过程中，由于砖块受压面并不平整，水平砂浆铺设厚度和密实性不均匀、不饱满，导致单块砖在砌体内不是均匀

受压,而是同时受压、弯、剪应力作用。因此,在砌体中当弯、剪引起的主拉应力超过砖的抗拉强度后,砖就会因受拉而开裂,所以砌体的抗压强度总是比砖的强度小(图 14.10)。

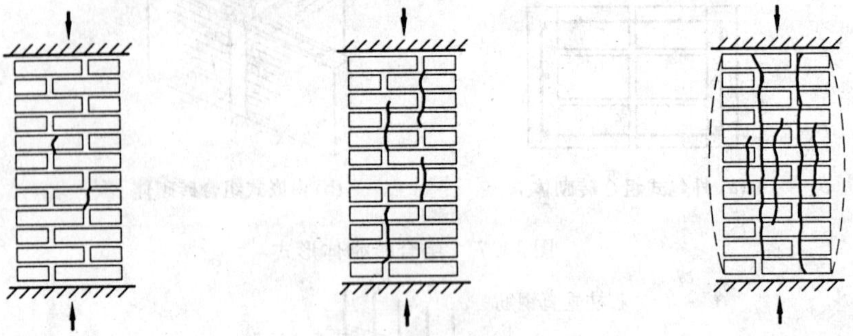

(a) 第一阶段出现单砖裂缝　　(b) 第二阶段形成贯通竖向裂缝　　(c) 第三阶段极限状态

图 14.9　砖砌体受压破坏过程

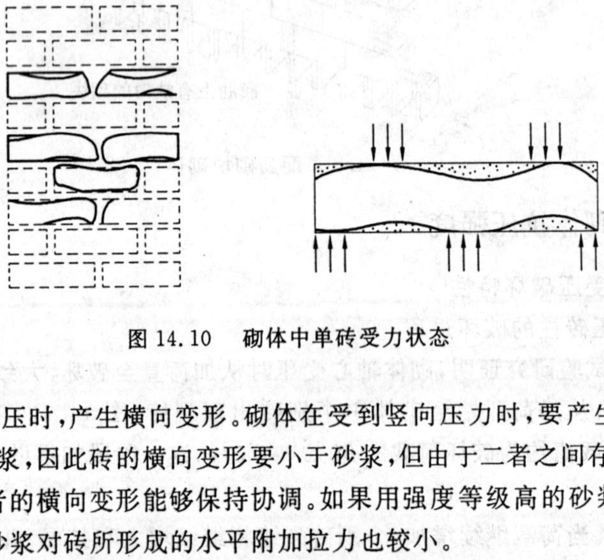

图 14.10　砌体中单砖受力状态

② 砌体竖向受压时,产生横向变形。砌体在受到竖向压力时,要产生横向的变形。砖的弹性模量大于砂浆,因此砖的横向变形要小于砂浆,但由于二者之间存在摩擦力和黏结力的作用,使得二者的横向变形能够保持协调。如果用强度等级高的砂浆,二者的横向变形差异就会变小,砂浆对砖所形成的水平附加拉力也较小。

③ 竖向灰缝处于应力集中状态。一般砌体中的竖向灰缝达不到十分密实饱满,而砂浆在硬化过程中收缩,使得砌体在竖向灰缝处整体性明显减弱,也降低了砌体的抗压强度。

**2.影响砌体抗压强度的主要因素**

(1) 块材的强度及外形尺寸

块材的强度等级是影响砌体抗压强度的重要因素,当其他条件相同时,块材强度等级越高,抗压、抗拉、抗弯能力也越高,砌体的抗压强度也越高。

块材的外形和厚度对砌体的抗压强度也有很大影响。砌体强度随块材厚度增加而增大,随块材长度增加而降低。块材的尺寸将直接影响它的抗弯、抗剪和抗拉能力。块材的外形规则、平整,则块材在砌体中所受弯剪应力相对较小,从而使砌体强度相对得到提高。

(2) 砂浆的强度及性能

砂浆的强度也是影响砌体强度的重要因素。当砂浆强度等级较低时，提高砂浆强度等级，砌体抗压强度增长速度较快，当砂浆强度等级较高时，再提高砂浆强度等级，砌体抗压强度增长速度减慢。砂浆的强度等级越高，不但砂浆自身的承载能力提高，而且受压后的横向变形越小，可减小或避免砂浆对砖产生的水平拉力，在一定程度上可提高砌体的抗压强度。

另外，砂浆的变形性能和和易性(流动性)、保水性对砌体抗压强度也有一定影响。砌体中使用变形率大的砂浆，会使块材中受到的弯、剪应力增大，同时使块材的水平拉应力增大，从而导致砌体抗压强度的降低。砂浆的流动性和保水性好，容易使灰缝均匀、饱满、密实，保证砌筑质量，从而提高砌体强度，但过大的流动性会使砂浆变形率增大，反而会造成砌体强度降低。

(3) 灰缝厚度及饱满度

灰缝厚度及饱满度对砌体抗压强度也有很重要的影响，灰缝铺的厚，容易做到饱满，但会增大砂浆层的横向变形，难以保证均匀，砌体强度降低；灰缝铺的太薄，砂浆不易铺砌均匀，也不易饱满和密实，同样会使砌体强度降低。一般来讲，灰缝厚度采用 10 mm 为宜，应控制在 8 ～ 12 mm 之间；水平灰缝的饱满度不得低于 80%。

(4) 砌筑质量

砌体的砌筑质量对砌体的抗压强度有较大影响，如砖的含水率、工人的技术水平及块材的搭接方式等。

砖的含水率过低，将过多吸收砂浆的水分，影响砌体的抗压强度；若砖的含水率过高，将影响砖与砂浆的黏结力等。块材的搭接方式会影响砌体的整体性，整体性不好会导致砌体强度的降低。在不同受力情况下，宜采用不同的砌合方式，以提高砌体的承载能力。一般砖砌体应上下错缝，内外错接。实心砌体宜选用一顺一丁、梅花丁、三顺一丁的砌筑方法，砖柱不得用包心砌法。

此外，砌体的龄期及受荷方式等，也将影响砌体的抗压强度。

3. 砌体抗压强度平均值

根据各国多年来广泛的砌块砌体轴心受压实验结果，《砌体结构设计规范》给出了适用于各类砌体的轴心抗压强度平均值的计算公式，即

$$f_m = k_1 f_1^{\alpha}(1 + 0.07 f_2)k_2 \qquad (14.1)$$

式中　$f_m$—— 砌体的抗压强度平均值，$N/mm^2$；

$f_1$—— 块体(砖、石、砌块) 的抗压强度平均值，$N/mm^2$；

$f_2$—— 砂浆的抗压强度平均值，$N/mm^2$；

$\alpha$—— 与块材有关的参数；

$k_1$—— 与块材类别和砌筑方法有关的参数；

$k_2$—— 低强度等级砂浆砌筑的砌体强度修正系数。

砌体轴心抗压强度平均值见表 14.2。

表 14.2　轴心抗压强度平均值 $f_m$(N/mm²)

| 砌体种类 | $f_m = k_1 f_1^{\alpha}(1+0.07f_2)k_2$ | | |
|---|---|---|---|
| | $k_1$ | $\alpha$ | $k_2$ |
| 烧结普通砖、烧结多孔砖、蒸压灰砂砖、蒸压粉煤灰砖 | 0.78 | 0.5 | 当 $f_2 < 1$ 时，$k_2 = 0.6 + 0.4f_2$ |
| 混凝土砌块 | 0.46 | 0.9 | 当 $f_2 = 0$，$k_2 = 0.8$ |
| 毛料石 | 0.79 | 0.5 | 当 $f_2 < 1$ 时，$k_2 = 0.6 + 0.4f_2$ |
| 毛石 | 0.22 | 0.5 | 当 $f_2 < 2.5$ 时，$k_2 = 0.4 + 0.24f_2$ |

注：1. $k_2$ 在表列条件以外时均等于 1；

2. 表中的混凝土砌块指混凝土小型砌块；

3. 混凝土小型空心砌块体的轴心抗压强度平均值，当 $f_2 > 10$ N/mm² 时，应乘系数 $1.1 - 0.01f_2$，MU20 的砌体应乘系数 0.95，且满足 $f_1 \geqslant f_2$，$f_1 \leqslant 20$ N/mm²。

**4. 砌体结构的强度计算指标**

砌体结构按承载能力极限状态设计时，应按下列公式中最不利组合进行计算：

$$\gamma_0(1.2S_{Gk} + 1.4S_{Qk} + \sum_{i=2}^{n}\gamma_{Qi}\psi_{ci}S_{Qik}) \leqslant R(f, \alpha_k, \cdots) \tag{14.2}$$

$$\gamma_0(1.35S_{Gk} + 1.4\sum_{i=1}^{n}\psi_{ci}S_{Qik}) \leqslant R(f, \alpha_k, \cdots) \tag{14.3}$$

式中　$\gamma_0$——结构的重要性系数。对安全等级为一级或设计使用年限为 50 年以上的结构构件，不应小于 1.1；对安全等级为二级或设计使用年限为 50 年的结构构件，不应小于 1.0；对安全等级为三级或设计使用年限为 1～5 年的结构构件，不应小于 0.9；

$S_{Gk}$——永久荷载标准值的效应；

$S_{Qk}$——在基本组合中起控制作用的一个可变荷载标准值的效应；

$\gamma_{Qi}$——第 $i$ 个可变荷载的分项系数；

$\psi_{ci}$——第 $i$ 个可变荷载的组合值系数，一般情况下应取 0.7，对书库、档案库、储藏室或通风机房、电梯机房应取 0.9；

$S_{Qik}$——第 $i$ 个可变荷载标准值的效应；

$R(\cdot)$——结构构件的抗力函数；

$\alpha_k$——几何参数标准值；

$f$——砌体的强度设计值，可按其值也可查表 14.3～14.8，《砌体结构设计规范》还规定表 14.9 的情况下 $f$ 应乘以调整系数 $\gamma_a$，其值可按下式计算

$$f = f_k / \gamma_f$$

式中　$f_k$——砌体的强度标准值，$f_k = f_m - 1.645\sigma_f$，$f_m$ 为砌体的强度平均值，$\sigma_f$ 为砌体强度的标准差；

$\gamma_f$——砌体结构的材料性能分项系数，在确定该系数时，引入了施工质量控制等级的概念，一般情况下，宜按施工控制等级为 B 级考虑，取 $\gamma_f = 1.6$，当为 C 级时，取 $\gamma_f = 1.8$。

当楼面活荷载标准值大于 4 kN/m² 时，式(14.2)、式(14.3)中的系数 1.4 应为 1.3。

表 14.3　烧结普通砖和烧结多孔砖砌体的抗压强度设计值(MPa)

| 砖强度等级 | 砂浆强度等级 | | | | | 砂浆强度 |
|---|---|---|---|---|---|---|
| | M15 | M10 | M7.5 | M5 | M2.5 | 0 |
| MU30 | 3.94 | 3.27 | 2.93 | 2.59 | 2.26 | 1.15 |
| MU25 | 3.60 | 2.98 | 2.68 | 2.37 | 2.06 | 1.05 |
| MU20 | 3.22 | 2.67 | 2.39 | 2.12 | 1.84 | 0.94 |
| MU15 | 2.79 | 2.31 | 2.07 | 1.83 | 1.60 | 0.82 |
| MU10 | — | 1.89 | 1.69 | 1.50 | 1.30 | 0.67 |

表 14.4　蒸压灰砂砖和粉煤灰砖砌体的抗压强度设计值(MPa)

| 砖强度等级 | 砂浆强度等级 | | | | 砂浆强度 |
|---|---|---|---|---|---|
| | M15 | M10 | M7.5 | M5 | 0 |
| MU25 | 3.60 | 2.98 | 2.68 | 2.37 | 1.05 |
| MU20 | 3.22 | 2.67 | 2.39 | 2.12 | 0.94 |
| MU15 | 2.79 | 2.31 | 2.07 | 1.83 | 0.82 |
| MU10 | — | 1.89 | 1.69 | 1.50 | 0.67 |

表 14.5　单排孔混凝土和轻骨料混凝土砌块砌体的抗压强度设计值(MPa)

| 砖强度等级 | 砂浆强度等级 | | | | 砂浆强度 |
|---|---|---|---|---|---|
| | M15 | M10 | M7.5 | M5 | 0 |
| MU20 | 5.68 | 4.95 | 4.44 | 3.94 | 2.33 |
| MU15 | 4.61 | 4.02 | 3.61 | 3.20 | 1.89 |
| MU10 | — | 2.79 | 2.50 | 2.22 | 1.31 |
| MU7.5 | — | — | 1.93 | 1.71 | 1.01 |
| MU5 | — | — | — | 1.19 | 0.70 |

注:1.对错孔砌筑的砌体,应按表中数值乘以 0.8;

2.对独立柱或厚度为双排组砌的砌块砌体,应按表中数值乘以 0.7;

3.对 T 形截面砌体,应按表中数值乘以 0.85;

4.表中轻骨料混凝土砌块为煤矸石和水泥煤渣混凝土砌块。

表 14.6　轻骨料混凝土砌块砌体的抗压强度设计值(MPa)

| 砖强度等级 | 砂浆强度等级 | | | 砂浆强度 |
|---|---|---|---|---|
| | Mb10 | Mb7.5 | Mb5 | 0 |
| MU10 | 3.08 | 2.76 | 2.45 | 1.44 |
| MU7.5 | — | 2.13 | 1.88 | 1.12 |
| MU5 | — | — | 1.31 | 0.78 |

注:1.表中的砌块为火山渣、浮石和陶粒轻骨料混凝土砌块;

2.对厚度方向为双排组砌的轻骨料混凝土砌块砌体的抗压强度设计值,应按表中数值乘以 0.8。

表 14.7 毛料石砌体的抗压强度设计值(MPa)

| 毛料石强度等级 | 砂浆强度等级 | | | 砂浆强度 |
|---|---|---|---|---|
| | M7.5 | M5 | M2.5 | 0 |
| MU100 | 5.42 | 4.80 | 4.18 | 2.13 |
| MU80 | 4.85 | 4.29 | 3.73 | 1.91 |
| MU60 | 4.20 | 3.71 | 3.23 | 1.65 |
| MU50 | 3.83 | 3.39 | 2.95 | 1.51 |
| MU40 | 3.43 | 3.04 | 2.64 | 1.35 |
| MU30 | 2.97 | 2.63 | 2.29 | 1.17 |
| MU20 | 2.42 | 2.15 | 1.87 | 0.95 |

注:对下列各类料石砌体,应按表中数值分别乘以系数:细料石砌体 1.5;半细料石砌体 1.3;粗料石砌体 1.2;干砌勾缝石砌体 0.8。

表 14.8 毛石砌体的抗压强度设计值(MPa)

| 毛石强度等级 | 砂浆强度等级 | | | 砂浆强度 |
|---|---|---|---|---|
| | M7.5 | M5 | M2.5 | 0 |
| MU100 | 1.27 | 1.12 | 0.98 | 0.34 |
| MU80 | 1.13 | 1.00 | 0.87 | 0.30 |
| MU60 | 0.98 | 0.87 | 0.76 | 0.26 |
| MU50 | 0.90 | 0.80 | 0.69 | 0.23 |
| MU40 | 0.80 | 0.71 | 0.62 | 0.21 |
| MU30 | 0.69 | 0.61 | 0.53 | 0.18 |
| MU20 | 0.56 | 0.51 | 0.44 | 0.15 |

表 14.9 砌体强度设计值的调整系数

| 使用情况 | | $\gamma_a$ |
|---|---|---|
| 有吊车房屋砌体、跨度大于9 m的梁下烧结砖砌体、跨度大于7.5 m的梁下烧结多孔砖、蒸压灰砂砖、蒸压粉煤灰砂砖砌体、混凝土和轻骨料混凝土砌块砌体 | | 0.9 |
| 构件截面面积 $A$ 小于 0.3 m 的无筋砌体 | | $0.7+A$ |
| 构件截面面积 $A$ 小于 0.2 m 的无筋砌体 | | $0.8+A$ |
| 采用水泥砂浆砌筑的砌体(若为配筋砌体,仅对其强度设计值进行调整) | 对抗压强度设计值 | 0.9 |
| | 对抗拉、抗弯、抗剪强度设计值 | 0.8 |
| 施工质量控制等级为C级时 | | 0.89 |
| 验算施工中房屋的构件时 | | 1.1 |

当砌体结构作为一个刚体,需要验算整体稳定性,如倾覆、滑移、漂浮等,应按下式计算

$$\gamma_0(1.2S_{G2k}+1.4S_{Q1k}+\sum_{i=2}^{n}S_{Qik})\leqslant 0.8S_{G1k} \tag{14.4}$$

式中 $S_{G1k}$——起有利作用的永久荷载标准值的效应;

$S_{G2k}$——起不利作用的永久荷载标准值的效应。

因此,在验算稳定性时,首先要区分对整体稳定性起有利作用还是不利作用的荷载类别,对起有利作用的永久荷载,荷载分项系数 $\gamma_G=0.8$,其他永久荷载和可变荷载分项系数不予改变。

### 14.2.4　砌体抗拉、抗弯和抗剪性能

**1. 砌体的抗拉性能**

(1) 砌体轴心受拉的破坏形态

砌体在受到的轴心拉力与水平灰缝平行时，砌体可能产生沿齿缝截面破坏(图 14.11(a))，或者沿块体和竖向灰缝截面破坏(图 14.11(b))；在轴向拉力与砌体的水平灰缝垂直时，砌体发生沿水平通缝截面破坏(图 14.11(c))。

砌体破坏大多数情况发生在砂浆和块材的连接面，而砌体抗拉承载力取决于砂浆与块体之间的黏结力。竖向灰缝的黏结强度由于很难保证，一般不予考虑。水平灰缝中的黏结力有两种：与轴向拉力垂直的灰缝中砂浆与块体的法向黏结力和与轴向拉力水平的灰缝中砂浆与块体的切向黏结力。当砌体破坏时，法向黏结力一般是不可靠的，起决定作用的是水平灰缝的切向黏结力，因此在计算中应当予以考虑。

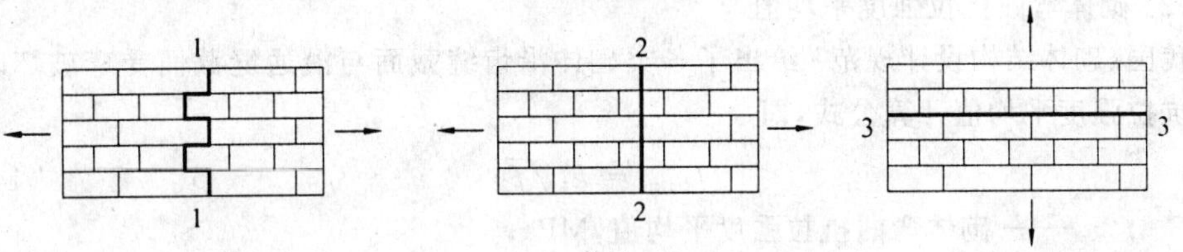


(a) 沿齿缝破坏　(b) 沿块体和竖向灰缝破坏　(c) 沿水平通缝截面破坏

图 14.11　砌体轴心受拉破坏形态

(2) 砌体轴心抗拉强度平均值

我国《砌体结构设计规范》给出了各类砌体沿齿缝截面破坏的轴心抗拉强度平均值计算公式，即

$$f_{t,m} = k_3\sqrt{f_2} \tag{14.5}$$

式中　$f_{t,m}$—— 砌体轴心抗拉强度平均值，MPa；

$k_3$—— 与砌体种类有关的影响系数，取值见表 14.10；

$f_2$—— 砂浆抗压强度平均值，MPa。

表 14.10　影响系数 $k_3$

| 砌体种类 | $k_3$ |
| --- | --- |
| 烧结普通砖、烧结多孔砖砌体 | 0.141 |
| 蒸压灰砂砖、蒸压粉煤灰砖砌体 | 0.090 |
| 混凝土砌块砌体 | 0.069 |
| 毛石砌体 | 0.075 |

**2. 砌体的抗弯性能**

(1) 砌体受弯破坏形态

砌体受弯破坏通常是从受拉一侧开始的，当弯矩所产生的拉应力与水平灰缝平行时，可能产生沿齿缝截面发生的破坏(图 14.12(a))，或者沿块体和竖向灰缝破坏(图 14.12(b))；当弯矩产生的拉应力使水平通缝受拉时，可能产生沿水平通缝截面发生的破坏(图 14.12(c))。

沿齿缝截面受弯破坏发生于灰缝黏结强度低于块体本身抗拉强度的情况，故与砂浆的强度等级和块体的强度等级有关。因此《砌体结构设计规范》提高了块体的最低强度等级，就是为了防止沿块体与竖向灰缝截面的受弯破坏。

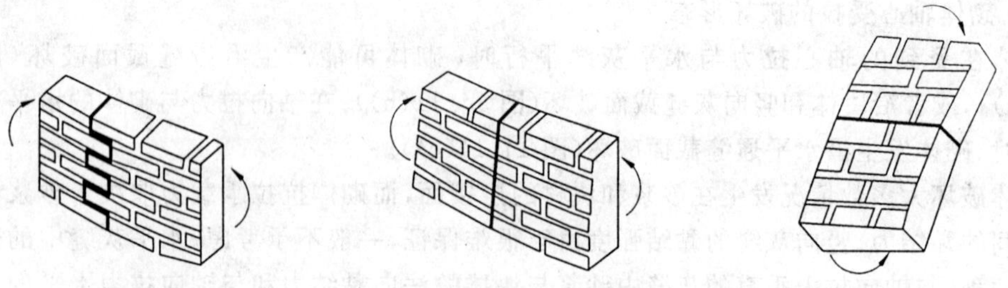

(a) 沿齿缝破坏　(b) 沿块体和竖向灰缝破坏　(c) 沿水平通缝截面破坏

图 14.12　砌体弯曲受拉破坏形态

(2) 砌体弯曲抗拉强度平均值

我国《砌体结构设计规范》给出了各类砌体沿齿缝截面与沿通缝截面受弯破坏时的弯曲抗拉强度平均值计算公式，即

$$f_{tm,m} = k_4\sqrt{f_2} \tag{14.6}$$

式中　$f_{tm,m}$—— 砌体弯曲抗拉强度平均值，MPa；

$k_4$—— 与砌体种类有关的影响系数，取值见表 14.11。

表 14.11　影响系数 $k_4$

| 砌体种类 | $k_4$ | |
|---|---|---|
| | 沿齿缝 | 沿通缝 |
| 烧结普通砖、烧结多孔砖砌体 | 0.250 | 0.125 |
| 蒸压灰砂砖、蒸压粉煤灰砖砌体 | 0.180 | 0.090 |
| 混凝土砌块砌体 | 0.081 | 0.056 |
| 毛石砌体 | 0.113 | — |

3. 砌体的抗剪性能

(1) 砌体抗剪破坏形态

砌体抗剪强度主要取决于水平灰缝中砂浆与块体的黏结强度。砌体在剪力作用下，可能发生沿水平通缝破坏(图 14.13(a))、沿齿缝截面破坏(图 14.13(b))或者沿阶梯型截面破坏(图 14.13(c))。

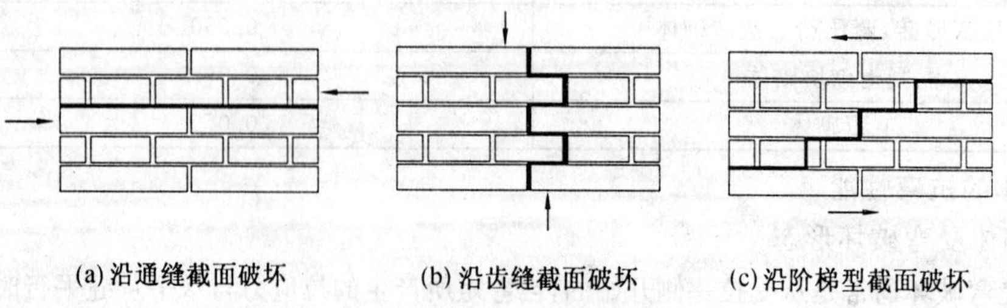

(a) 沿通缝截面破坏　(b) 沿齿缝截面破坏　(c) 沿阶梯型截面破坏

图 14.13　砌体受剪破坏形态

(2) 砌体抗剪强度平均值

我国《砌体结构设计规范》给出了砌体的抗剪强度平均值计算公式，即

$$f_{v,m} = k_5\sqrt{f_2} \tag{14.7}$$

式中　$f_{v,m}$—— 砌体抗剪强度平均值，MPa；

$k_5$—— 与砌体种类有关的影响系数，取值见表 14.12。

表 14.12　影响系数 $k_5$

| 砌体种类 | $k_5$ |
| --- | --- |
| 烧结普通砖、烧结多孔砖砌体 | 0.125 |
| 蒸压灰砂砖、蒸压粉煤灰砖砌体 | 0.090 |
| 混凝土砌块砌体 | 0.069 |
| 毛石砌体 | 0.188 |

## 14.2.5　砌体的弹性模量和摩擦系数

### 1. 砌体的弹性模量

砌体为弹塑性材料，其应力与应变之间的关系从受压开始就不呈现直线变化，而是一条曲线(图 14.14)。随应力增长，其应变增长速度将逐渐加快，在接近破坏时，荷载即使变化很小，变形也会很大。从应力-应变曲线的原点作切线的斜率为初始弹性模量 $E_0$，经过原点与曲线上任一点连线的斜率为割线模量 $E$。

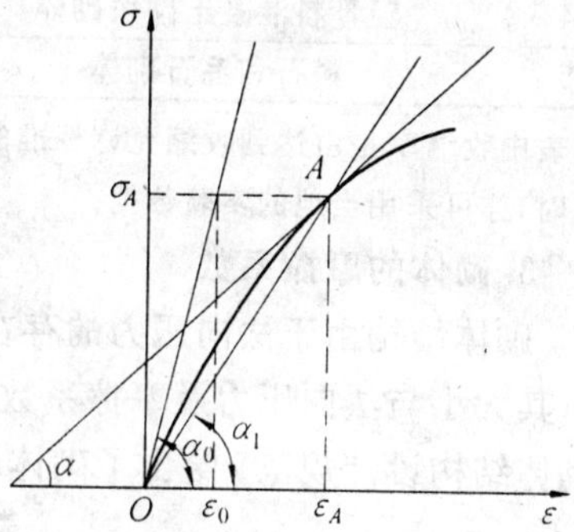


图 14.14　砌体受压变形模量的表示方法

在应力-应变曲线上的任意一点 $A(\varepsilon_A, \sigma_A)$ 作一切线，斜率即为 $A$ 点的切线模量，即

$$E = \frac{d\sigma_A}{d\varepsilon_A} = \tan\alpha \tag{14.8}$$

式中　$\alpha$—— 曲线上任一点 $A$ 处的切线与横坐标的夹角。

工程上实际应用时规定按 $\sigma = 0.43f_m$ 时的变形模量作为砌体的弹性模量，《砌体结构设计规范》根据采用砂浆强度等级的不同，给出了砌体弹性模量(表 14.13)。

表 14.13　砌体的弹性模量($N/mm^2$)

| 序号 | 砌体种类 | 砂浆强度等级 | | | |
| --- | --- | --- | --- | --- | --- |
| | | ≥ M10 | M7.5 | M5 | M2.5 |
| 1 | 烧结普通砖、烧结多孔砖砌体 | $1\,600f$ | $1\,600f$ | $1\,600f$ | $1\,390f$ |
| 2 | 蒸压灰砂砖、蒸压粉煤灰砖砌体 | $1\,060f$ | $1\,060f$ | $1\,060f$ | $960f$ |
| 3 | 混凝土砌块砌体 | $1\,700f$ | $1\,600f$ | $1\,500f$ | — |
| 4 | 粗料石、毛料石、毛石砌体 | 7 300 | 5 650 | 4 000 | 2 250 |
| 5 | 细料石、半细料石砌体 | 22 000 | 17 000 | 12 000 | 6 750 |

注：轻骨料混凝土砌块砌体的弹性模量，可按表中混凝土砌块砌体的弹性模量采用。$f$ 为砌体抗压强度设计值。

2. 砌体的线膨胀系数、收缩率

目前关于砌体的剪变模量 $G$ 试验研究资料很少,《砌体结构设计规范》中取 $G=0.4E$。

砌体在受到温度变化引起的热胀、冷缩变形,会产生附加内力、附加变形和裂缝;砌体材料含水量降低时,会产生较大的干缩变形,当这种变形受到约束时,砌体中就会出现干缩收缩裂缝。因此,在计算时砌体的线膨胀系数和收缩率都是重要的参数。《砌体结构设计规范》给出了各类砌体的线膨胀系数和收缩系数见表 14.14。

表 14.14　砌体的线膨胀系数和收缩系数

| 序号 | 砌体类别 | 线膨胀系数 /($10^{-6}\cdot℃^{-1}$) | 收缩率 /($mm\cdot m^{-1}$) |
|---|---|---|---|
| 1 | 烧结黏土砖砌体 | 5 | -0.1 |
| 2 | 蒸压灰砂砖、蒸压粉煤灰砖砌体 | 8 | -0.2 |
| 3 | 混凝土砌块砌体 | 10 | -0.2 |
| 4 | 轻骨料混凝土砌块砌体 | 10 | -0.3 |
| 5 | 料石和毛石砌体 | 8 | — |

注:表中收缩率是由达到收缩允许标准的块体砌筑 28 d 的砌体收缩率,当地有可靠的砌体收缩实验数据时,亦可采用当地的实验数据。

3. 砌体的摩擦系数

砌体结构由于法向压力的存在,使得在沿某种材料发生滑移时,在滑移面产生摩擦阻力,其大小与法向压力及摩擦系数有关,而摩擦系数又与摩擦面的材料及干湿程度有关,《砌体结构设计规范》给出了砌体摩擦系数见表 14.15。

表 14.15　砌体的摩擦系数

| 序号 | 材料类别 | 摩擦面情况 | |
|---|---|---|---|
| | | 干燥的 | 潮湿的 |
| 1 | 砌体沿砌体或混凝土滑动 | 0.70 | 0.60 |
| 2 | 木材沿砌体滑动 | 0.60 | 0.50 |
| 3 | 钢沿砌体滑动 | 0.45 | 0.35 |
| 4 | 砌体沿砂或卵石滑动 | 0.60 | 0.50 |
| 5 | 砌体沿粉土滑动 | 0.55 | 0.40 |
| 6 | 砌体沿黏性土滑动 | 0.50 | 0.30 |

## 14.3　砌体结构构件的承载力

### 14.3.1　无筋砌体构件的受压承载力

1. 受压构件的高厚比

混合房屋的窗间墙和砖柱承受上部传来的竖向荷载和自重,作用于构件截面中心的称为轴心受压,作用于截面的一根对称轴上的称为偏心受压,一般情况下二者均属于无筋砌体受压构件,其承载力与柱的高厚比 $\beta$ 有关。

受压构件的计算高度 $H_0$ 与截面在偏心方向的高度 $h$ 的比值，称为受压构件的高厚比，当 $\beta \leqslant 3$ 时为短柱，$\beta > 3$ 时为长柱，用公式表示为

$$\beta = \frac{H_0}{h} \tag{14.9}$$

式中　$H_0$—— 受压构件的计算高度，各类常用受压构件的计算高度见表 14.16。

表 14.16　受压构件的计算高度 $H_0$

| 房屋类别 | | | 柱 | | 带壁柱墙或周边拉结的墙 | | |
|---|---|---|---|---|---|---|---|
| | | | 排架方向 | 垂直排架方向 | $s > 2H$ | $2H \geqslant s > H$ | $s \leqslant H$ |
| 有吊车的单层房屋 | 变截面柱上段 | 弹性方案 | $2.50H_u$ | $1.25H_u$ | $2.50H_u$ | | |
| | | 刚性、刚弹性方案 | $2.00H_u$ | $1.25H_u$ | $2.00H_u$ | | |
| | 变截面柱下段 | | $1.00H_l$ | $0.80H_l$ | $1.00H_l$ | | |
| 无吊车的单层和多层房屋 | 单跨 | 弹性方案 | $1.50H$ | $1.00H$ | $1.50H$ | | |
| | | 刚弹性方案 | $1.20H$ | $1.00H$ | $1.20H$ | | |
| | 多跨 | 弹性方案 | $1.25H$ | $1.00H$ | $1.25H$ | | |
| | | 刚弹性方案 | $1.10H$ | $1.00H$ | $1.10H$ | | |
| | 刚性方案 | | $1.00H$ | $1.00H$ | $1.00H$ | $0.40s + 0.20H$ | $0.60s$ |

注：1. 表中 $H_0$ 为变截面柱上段高度，$H_l$ 为变截面柱的下段高度。

2. 对于上端为自由端的构件，$H_0 = 2H$。

3. 独立砖柱，当无柱间支撑时，柱在垂直排架方向的 $H_0$ 应按表中数值乘以 1.25 后采用。

4. $s$ 为房屋横墙间距。

5. $H$ 为构件高度，在房屋中即楼板或其他水平支点间的距离，在单层房屋或多层房屋的底层，构件下端的支点，一般可以取基础顶面，当基础埋置较深且有刚性地坪时，可取室外地坪下 500 mm；山墙的 $H$ 值，可取层高加山墙端尖高度的 1/2；山墙壁柱的 $H$ 值可取壁柱处的山墙高度。

**2. 受压构件承载力计算**

(1) 受压短柱

受压构件在受到轴心荷载的作用时，砌体结构截面中的应力均匀分布，当构件承载力达到极限值时，截面中的应力值就是砌体的轴心抗压强度 $f$(图 14.15(a))。由于砌体材料的弹塑性性能，当偏心距较小时，构件截面上的应力呈曲线分布，截面近轴力侧边缘的压应力大于砌体的抗压强度 $f$(图 14.15(b))；当偏心距进一步增大，截面远离轴力侧边缘的压应力将减小，并由受压逐渐过渡到受拉，受压区边缘的压应力随着偏心距的增大有所提高(图 14.15(c))；随着荷载的增大，压应力也随之不断增加，受拉区边缘的应力将大于砌体沿通缝截面的弯曲抗拉强度，砌体受拉区将出现沿截面通缝的水平裂缝(图14.15(d))，当剩余受力截面减小到一定程度时，砌体受压边出现竖向裂缝，最后导致构件破坏。

不同偏心距的偏心受压短柱试验表明，受压短柱随着偏心距增大，构件所能承受的纵向压力明显降低。偏压短柱的承载力设计值可用下式计算

$$N \leqslant \varphi_1 A f \tag{14.10}$$

式中 $\varphi_1$ ——偏心受压构件与轴心受压构件承载能力的比值,即偏心影响系数;

$A$ ——构件截面面积;

$f$ ——砌体抗压强度设计值。

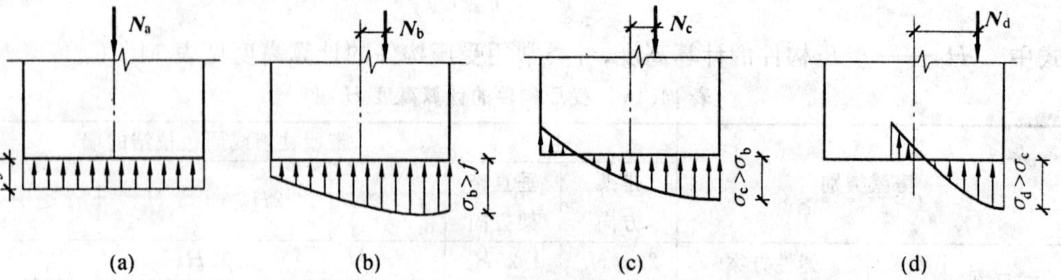


图 14.15　砌体偏心受压构件截面应力变化

根据国内用矩形、T 形、十字形和环形截面受压短柱所做的破坏试验,可得偏心影响系数 $\varphi_1$ 和 $e/i$ 大致接近反二次抛物线的关系(图 14.16),故此我们得到如下关系式

$$\varphi_1=\frac{1}{1+(e/i)^2} \tag{14.11}$$

式中 $e$—— 轴向力偏心距;

$i$—— 截面的回转半径,$i=\sqrt{I/A}$,其中 $I$ 为截面沿偏心方向的惯性矩。

当矩形截面 $i=h/\sqrt{12}$ 时,则

$$\varphi_1=\frac{1}{1+12(e/h)^2} \tag{14.12}$$

式中 $h$—— 矩形截面在偏心方向的边长。对于 T 形截面受压构件,可以取折算厚度 $h_T=3.5i$。

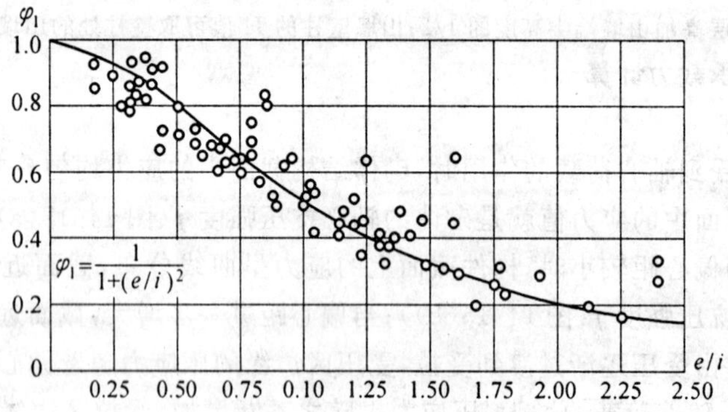


图 14.16　砌体偏心受压构件影响系数

(2) 受压长柱

偏心压力作用于长柱时,砌体将产生纵向弯曲,从而产生的侧向挠度加大了偏心距,导致产生了一个附加偏心距 $e_i$,加剧了柱子的破坏,此时在计算偏心受压长柱的承载力时,就要通过修正偏心距的方法来解决附近偏心距的影响(图 14.17),即

$$\varphi=\frac{1}{1+(e+e_i)^2/i^2} \tag{14.13}$$

当轴心受压，即 $e=0$ 时，$\varphi=\varphi_0$，$\varphi_0$ 为轴心受压的纵向弯曲系数，得到

$$\varphi_0=\frac{1}{1+(e_i/i)^2} \tag{14.14}$$

即

$$(e_i/i)^2=1/\varphi_0-1$$

得

$$e_i=i\sqrt{1/\varphi_0-1}$$

当截面为矩形时

$$e_i=\frac{h}{\sqrt{12}}\sqrt{1/\varphi_0-1} \tag{14.15}$$

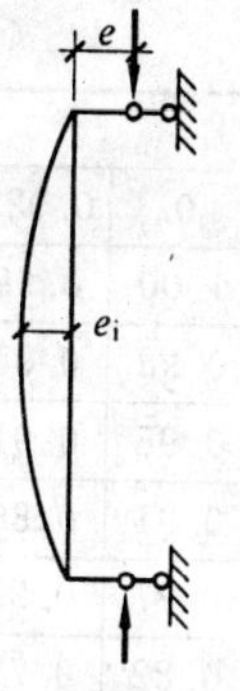

图 14.17　偏心受压构件计算图形

把式(14.15) 代入式(14.13) 得到

$$\varphi=\frac{1}{1+12\left(e/h+\sqrt{\dfrac{1/\varphi_0-1}{12}}\right)} \tag{14.16}$$

计算 T 形和十字形等受压构件时，可以采用折算厚度 $h_T$ 取代上式中的 $h$，$h_T=3.5i$。

对于轴心受压的纵向弯曲系数 $\varphi_0$，我们可以按下式进行计算

$$\varphi_0=\frac{1}{1+\alpha\beta^2} \tag{14.17}$$

为了考虑不同种类砌体在受力性能上的差异，在确定影响系数 $\varphi$ 时，要按照砌体的类型，先对构件的高厚比乘以不同砌体材料的高厚比修正系数 $\gamma_\beta$(表 4.17)。

表 14.17　高厚比修正系数 $\gamma_\beta$

| 序号 | 砌体材料类别 | $\gamma_\beta$ |
|---|---|---|
| 1 | 烧结普通砖、烧结多孔砖 | 1.0 |
| 2 | 混凝土及轻骨料混凝土砌块 | 1.1 |
| 3 | 蒸压灰砂砖、蒸压粉煤灰砖、细料石、半细料石 | 1.2 |
| 4 | 粗料石、毛石 | 1.5 |

将式(14.17) 代入式(14.16) 得到系数 $\varphi$ 的最终公式为

$$\varphi=\frac{1}{1+12\left(e/h+\beta\sqrt{\alpha/12}\right)^2} \tag{14.18}$$

如果偏心受压构件的偏心距过大，则构件的承载力明显下降，容易使截面受拉边出现过大的水平裂缝，造成构件刚度降低，故《砌体结构设计规范》规定轴向力偏心距不应超过截面重心到轴向压力所在偏心方向截面边缘距离 $y$ 的 0.6 倍(即 $e\leqslant 0.6y$)。

由于计算较繁琐，《砌体结构设计规范》给出了影响系数 $\varphi$ 的计算值表格(表 14.18，14.19，14.20)。根据构件所用的砂浆强度等级、偏心距以及高厚比可直接查用。

**表 14.18　影响系数 $\varphi$(砂浆强度等级 $\geqslant$ M5)**

| $\beta$ | $e/h$ 或 $e/h_T$ | | | | | | | | | | | | |
|---|---|---|---|---|---|---|---|---|---|---|---|---|---|
| | 0 | 0.025 | 0.05 | 0.075 | 0.1 | 0.125 | 0.15 | 0.175 | 0.2 | 0.225 | 0.25 | 0.275 | 0.3 |
| $\leqslant 3$ | 1.00 | 0.99 | 0.97 | 0.94 | 0.89 | 0.84 | 0.79 | 0.73 | 0.68 | 0.62 | 0.57 | 0.52 | 0.48 |
| 4 | 0.98 | 0.95 | 0.90 | 0.85 | 0.80 | 0.74 | 0.69 | 0.64 | 0.58 | 0.53 | 0.49 | 0.45 | 0.41 |
| 6 | 0.95 | 0.91 | 0.86 | 0.81 | 0.75 | 0.69 | 0.64 | 0.59 | 0.54 | 0.49 | 0.45 | 0.42 | 0.38 |
| 8 | 0.91 | 0.86 | 0.81 | 0.76 | 0.70 | 0.64 | 0.59 | 0.54 | 0.50 | 0.46 | 0.42 | 0.39 | 0.36 |
| 10 | 0.87 | 0.82 | 0.76 | 0.71 | 0.65 | 0.60 | 0.55 | 0.50 | 0.46 | 0.42 | 0.39 | 0.36 | 0.33 |
| 12 | 0.82 | 0.77 | 0.71 | 0.66 | 0.60 | 0.55 | 0.51 | 0.47 | 0.43 | 0.39 | 0.36 | 0.33 | 0.31 |
| 14 | 0.77 | 0.72 | 0.66 | 0.61 | 0.56 | 0.51 | 0.47 | 0.43 | 0.40 | 0.36 | 0.34 | 0.31 | 0.29 |
| 16 | 0.72 | 0.67 | 0.61 | 0.56 | 0.52 | 0.47 | 0.44 | 0.40 | 0.37 | 0.34 | 0.31 | 0.29 | 0.27 |
| 18 | 0.67 | 0.62 | 0.57 | 0.52 | 0.48 | 0.44 | 0.40 | 0.37 | 0.34 | 0.31 | 0.29 | 0.27 | 0.25 |
| 20 | 0.62 | 0.57 | 0.63 | 0.48 | 0.44 | 0.40 | 0.37 | 0.34 | 0.32 | 0.29 | 0.27 | 0.25 | 0.23 |
| 22 | 0.58 | 0.53 | 0.49 | 0.45 | 0.41 | 0.38 | 0.35 | 0.32 | 0.30 | 0.27 | 0.25 | 0.24 | 0.22 |
| 24 | 0.54 | 0.49 | 0.45 | 0.41 | 0.38 | 0.35 | 0.32 | 0.30 | 0.28 | 0.26 | 0.24 | 0.22 | 0.21 |
| 26 | 0.50 | 0.46 | 0.42 | 0.38 | 0.35 | 0.33 | 0.30 | 0.28 | 0.26 | 0.24 | 0.22 | 0.21 | 0.19 |
| 28 | 0.46 | 0.42 | 0.39 | 0.36 | 0.33 | 0.30 | 0.28 | 0.26 | 0.24 | 0.22 | 0.21 | 0.19 | 0.18 |
| 30 | 0.42 | 0.39 | 0.36 | 0.33 | 0.31 | 0.28 | 0.26 | 0.24 | 0.22 | 0.21 | 0.20 | 0.18 | 0.17 |

**表 14.19　影响系数 $\varphi$(砂浆强度等级 $\geqslant$ M2.5)**

| $\beta$ | $e/h$ 或 $e/h_T$ | | | | | | | | | | | | |
|---|---|---|---|---|---|---|---|---|---|---|---|---|---|
| | 0 | 0.025 | 0.05 | 0.075 | 0.1 | 0.125 | 0.15 | 0.175 | 0.2 | 0.225 | 0.25 | 0.275 | 0.3 |
| $\leqslant 3$ | 1.00 | 0.99 | 0.97 | 0.94 | 0.89 | 0.84 | 0.79 | 0.73 | 0.68 | 0.62 | 0.57 | 0.52 | 0.48 |
| 4 | 0.97 | 0.94 | 0.89 | 0.84 | 0.78 | 0.73 | 0.67 | 0.62 | 0.57 | 0.52 | 0.48 | 0.44 | 0.40 |
| 6 | 0.73 | 0.89 | 0.84 | 0.78 | 0.73 | 0.67 | 0.62 | 0.57 | 0.52 | 0.48 | 0.44 | 0.40 | 0.37 |
| 8 | 0.89 | 0.84 | 0.78 | 0.72 | 0.67 | 0.62 | 0.57 | 0.52 | 0.48 | 0.44 | 0.40 | 0.37 | 0.34 |
| 10 | 0.83 | 0.78 | 0.72 | 0.67 | 0.61 | 0.56 | 0.52 | 0.47 | 0.43 | 0.40 | 0.37 | 0.34 | 0.31 |
| 12 | 0.78 | 0.72 | 0.67 | 0.61 | 0.56 | 0.52 | 0.47 | 0.43 | 0.40 | 0.37 | 0.34 | 0.31 | 0.29 |
| 14 | 0.72 | 0.66 | 0.61 | 0.56 | 0.51 | 0.47 | 0.43 | 0.40 | 0.36 | 0.34 | 0.31 | 0.29 | 0.27 |
| 16 | 0.66 | 0.61 | 0.56 | 0.51 | 0.47 | 0.43 | 0.40 | 0.36 | 0.34 | 0.31 | 0.29 | 0.26 | 0.25 |
| 18 | 0.61 | 0.56 | 0.51 | 0.47 | 0.43 | 0.40 | 0.36 | 0.33 | 0.31 | 0.29 | 0.26 | 0.24 | 0.23 |
| 20 | 0.56 | 0.51 | 0.47 | 0.43 | 0.39 | 0.36 | 0.33 | 0.31 | 0.28 | 0.26 | 0.24 | 0.23 | 0.21 |
| 22 | 0.51 | 0.47 | 0.43 | 0.39 | 0.36 | 0.33 | 0.31 | 0.28 | 0.26 | 0.24 | 0.22 | 0.21 | 0.20 |
| 24 | 0.46 | 0.43 | 0.39 | 0.36 | 0.33 | 0.31 | 0.28 | 0.26 | 0.24 | 0.23 | 0.21 | 0.20 | 0.18 |
| 26 | 0.42 | 0.39 | 0.36 | 0.32 | 0.31 | 0.28 | 0.26 | 0.24 | 0.22 | 0.21 | 0.20 | 0.18 | 0.17 |
| 28 | 0.39 | 0.36 | 0.33 | 0.30 | 0.28 | 0.26 | 0.24 | 0.22 | 0.21 | 0.20 | 0.18 | 0.17 | 0.16 |
| 30 | 0.36 | 0.33 | 0.30 | 0.28 | 0.26 | 0.24 | 0.22 | 0.21 | 0.20 | 0.18 | 0.17 | 0.16 | 0.15 |

表 14.20　影响系数 $\varphi$(砂浆强度等级 0)

| $\beta$ | $e/h$ 或 $e/h_T$ | | | | | | | | | | | | |
|---|---|---|---|---|---|---|---|---|---|---|---|---|---|
| | 0 | 0.025 | 0.05 | 0.075 | 0.1 | 0.125 | 0.15 | 0.175 | 0.2 | 0.225 | 0.25 | 0.275 | 0.3 |
| ≤3 | 1.00 | 0.99 | 0.97 | 0.94 | 0.89 | 0.84 | 0.79 | 0.73 | 0.68 | 0.62 | 0.57 | 0.52 | 0.48 |
| 4 | 0.87 | 0.82 | 0.77 | 0.71 | 0.66 | 0.60 | 0.55 | 0.51 | 0.46 | 0.43 | 0.39 | 0.36 | 0.33 |
| 6 | 0.76 | 0.70 | 0.65 | 0.59 | 0.54 | 0.50 | 0.46 | 0.42 | 0.39 | 0.36 | 0.33 | 0.30 | 0.28 |
| 8 | 0.63 | 0.58 | 0.54 | 0.49 | 0.45 | 0.41 | 0.38 | 0.35 | 0.32 | 0.30 | 0.28 | 0.25 | 0.24 |
| 10 | 0.53 | 0.48 | 0.44 | 0.41 | 0.37 | 0.34 | 0.32 | 0.29 | 0.27 | 0.25 | 0.23 | 0.22 | 0.20 |
| 12 | 0.44 | 0.40 | 0.37 | 0.34 | 0.31 | 0.29 | 0.27 | 0.25 | 0.23 | 0.21 | 0.20 | 0.19 | 0.17 |
| 14 | 0.36 | 0.33 | 0.31 | 0.28 | 0.26 | 0.24 | 0.23 | 0.21 | 0.20 | 0.18 | 0.17 | 0.16 | 0.15 |
| 16 | 0.30 | 0.28 | 0.26 | 0.24 | 0.22 | 0.21 | 0.19 | 0.18 | 0.17 | 0.16 | 0.15 | 0.14 | 0.13 |
| 18 | 0.26 | 0.24 | 0.22 | 0.21 | 0.19 | 0.18 | 0.17 | 0.16 | 0.15 | 0.14 | 0.13 | 0.12 | 0.12 |
| 20 | 0.22 | 0.20 | 0.19 | 0.18 | 0.17 | 0.16 | 0.15 | 0.14 | 0.13 | 0.12 | 0.12 | 0.11 | 0.10 |
| 22 | 0.19 | 0.18 | 0.16 | 0.15 | 0.14 | 0.14 | 0.13 | 0.12 | 0.12 | 0.11 | 0.10 | 0.10 | 0.09 |
| 24 | 0.16 | 0.15 | 0.14 | 0.13 | 0.13 | 0.12 | 0.11 | 0.11 | 0.10 | 0.10 | 0.09 | 0.09 | 0.08 |
| 26 | 0.14 | 0.13 | 0.13 | 0.12 | 0.11 | 0.11 | 0.10 | 0.10 | 0.09 | 0.09 | 0.08 | 0.08 | 0.07 |
| 28 | 0.12 | 0.12 | 0.11 | 0.11 | 0.10 | 0.10 | 0.09 | 0.09 | 0.08 | 0.08 | 0.08 | 0.07 | 0.07 |
| 30 | 0.11 | 0.10 | 0.10 | 0.09 | 0.09 | 0.09 | 0.08 | 0.08 | 0.07 | 0.07 | 0.07 | 0.07 | 0.06 |

**【例 14.1】**　已知一柱高 3 m,截面尺寸 $b\times h=370\ \text{mm}\times 490\ \text{mm}$ 的轴心受压砖柱,两端为不动铰支座,柱的计算高度 $H_0=3\ \text{m}$,采用的砖强度等级为 MU10,砂浆强度等级为 M5,砖砌体容重 $\gamma=19\ \text{kN/m}^3$,施工质量控制等级为 B 级,柱顶承受轴心压力设计值为 150 kN,试验算该柱截面承载力。

**解**　查表知砖强度等级为 MU10 及砂浆强度等级为 M5 的砌体抗压设计强度 $f=1.5\ \text{N/mm}^2$。

由 $A=0.37\ \text{m}\times 0.49\ \text{m}=0.181\ 3\ \text{m}^2<0.3\ \text{m}^2$,得

$$\gamma_a=0.7+A=0.7+0.181\ 3=0.881\ 3$$

$$f/(\text{N}\cdot\text{mm}^{-2})=0.881\ 3\times 1.5=1.322$$

又由 $\beta=\gamma_\beta\dfrac{H_0}{h}=1.0\times\dfrac{3}{0.37}=8.11$,查表得 $\varphi=0.91$。

按受压构件承载力计算公式计算

$$N_u/\text{kN}=\varphi A\gamma_a f=0.91\times 0.181\ 3\times 10^6\times 1.322\times 10^{-3}=218.11$$

柱底截面轴向压力为

$$N/\text{kN}=150+19\times 0.181\ 3\times 3\times 1.2=162.4<218.11$$

即 $N<N_u$,因此满足要求。

**【例 14.2】**　如图 14.18 所示为某工业厂房窗间带壁柱砖墙,柱的计算高度 $H_0=5\ \text{m}$,砖强度等级为 MU10,混合砂浆强度等级为 M5,承受轴心压力设计值为 180 kN,试验算该柱截面承载力。

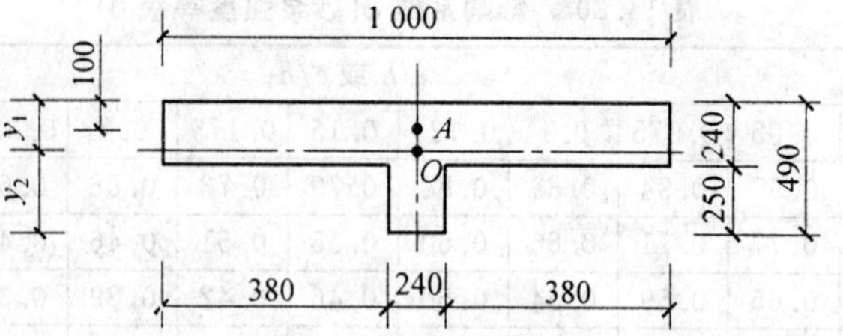


图 14.18　例 14.2 图

**解**　(1) 截面几何特征

$$截面面积\ A/\text{mm}^2 = 1\,000 \times 240 + 240 \times 250 = 300\,000$$

截面重心位置

$$y_1/\text{mm} = \frac{1\,000 \times 240 \times 120 + 240 \times 250 \times (240 + 125)}{300\,000} = 169$$

$$y_2/\text{mm} = 490 - 169 = 321$$

截面惯性矩

$$I/\text{mm}^4 = \frac{1\,000 \times 240^3}{12} + 1\,000 \times 240 \times (169 - 120)^2 + \frac{240 \times 250^3}{12} +$$
$$240 \times 250 \times (321 - 125)^2 = 0.42 \times 10^{10}$$

回转半径

$$i/\text{mm} = \sqrt{I/A} = \sqrt{0.42 \times 10^{10}/300\,000} = 118$$

T 形截面折算高度　　$h_T/\text{mm} = 3.5i = 3.5 \times 120 = 420$

(2) 承载力计算

高厚比　　$\beta = H_0/h_T = 500/420 = 11.9$

偏心距

$$e = y_1 - 100 = 69\ \text{mm} < 0.6y_1 = 101\ \text{mm}，符合要求$$

$$e/h_T = 69/420 = 0.164$$

查表得 $\varphi = 0.489$，$f = 1.5$ MPa，$A = 0.3$ m$^2$，$\gamma_a = 1.0$。

砌体抗压设计强度为

$$N_u/\text{kN} = \varphi A \gamma_a f = 0.489 \times 0.3 \times 10^6 \times 1.5 \times 10^{-3} = 220.1 > 180$$

即 $N < N_u$，因此满足要求。

## 14.3.2　无筋砌体局部受压承载力计算

局部受压是砌体结构中常见的受力状态，此时，其局部承压面上的压应力可能均匀分布，也可能不均匀分布。下面介绍实际工程中可能出现的 4 种局部受压情形。

### 1. 砌体局部均匀受压

砌体局部受压强度主要取决于砌体原有的抗压强度 $f$ 与周围砌体对局部受压区的约束程度，表 14.21 中表示了砌体在材料相同、四周约束情况不同时，局部受压强度的情况。

表 14.21　砌体局部抗压强度计算面积 $A_0$ 与抗压强度提高系数 $\gamma$

| 受约束面 | 示意图 | 计算面积 $A_0$ | $\gamma$ 最大值 | |
|---|---|---|---|---|
| | | | 普通砖砌体 | 多孔砖与灌孔砌块砌体 |
| 一面 | 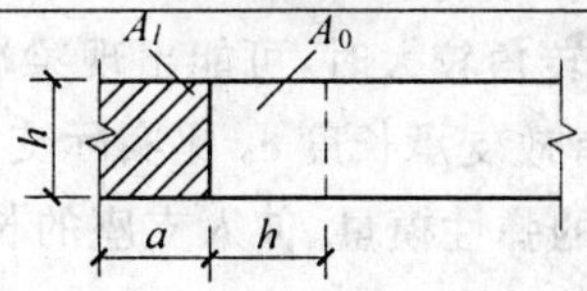 | $(a+h)h$ | $\leqslant 1.25$ | $\leqslant 1.25$ |
| 两面 | 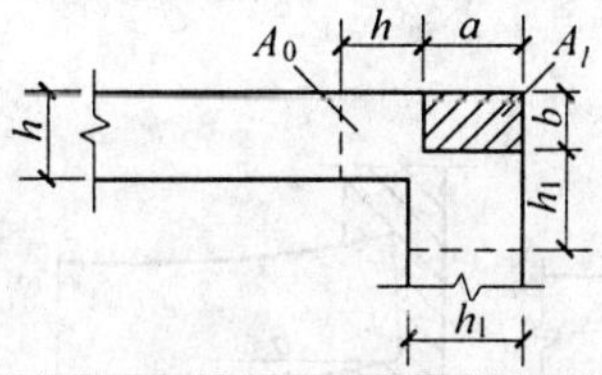 | $(a+h)h+(b+h_1-h)h_1$ | $\leqslant 1.5$ | $\leqslant 1.5$ |
| 三面 | 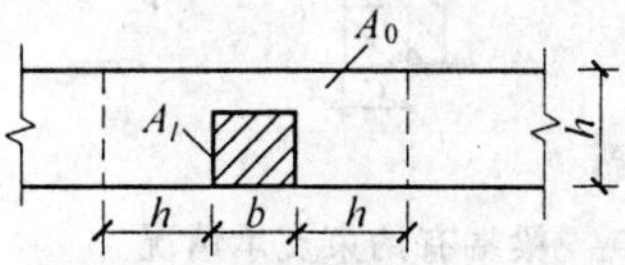 | $(b+2h)h$ | $\leqslant 2.0$ | $\leqslant 1.5$ |
| 四面 | 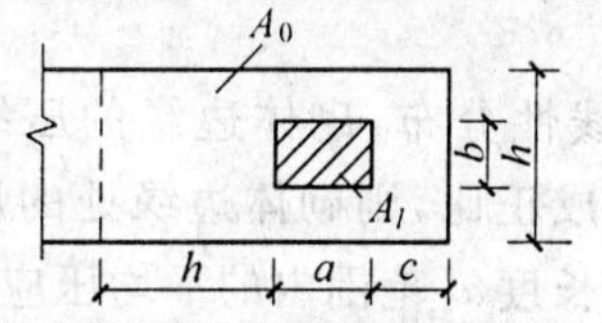 | $(a+c+h)h$ | $\leqslant 2.5$ | $\leqslant 1.5$ |

注:1. 未灌孔砌块砌体,$\gamma=1.0$;

2. $h$、$h_1$ 为墙厚或柱的较小边长、墙厚;

3. $c$ 为矩形局部受压面积的外边缘至构件边缘的较小距离,当大于 $h$ 时,应取 $h$。

砌体局部受压面积上抗压强度的提高可用局部抗压强度提高系数 $\gamma$ 反映,提高系数 $\gamma$ 与周边约束局部受压面积的砌体面积大小有关,因此 $\gamma$ 可由下式确定

$$\gamma=1+\xi\sqrt{\frac{A_0}{A_l}-1} \tag{14.19}$$

《砌体结构设计规范》规定 $\xi$ 值为 0.35,因此上式可以写成

$$\gamma=1+0.35\sqrt{\frac{A_0}{A_l}-1} \tag{14.20}$$

式中　$A_0$—— 影响砌体局部抗压强度的计算面积;

$A_l$—— 砌体局部受压面积。

《砌体结构设计规范》对 $\gamma$ 值做了规定,可按表 14.21 中的图形确定。

砌体的抗压强度为 $f$,则砌体的局部抗压强度可取为 $\gamma f$,那么砌体截面中受局部均匀压力时,承载力可按下式计算

$$N_l\leqslant\gamma f A_l \tag{14.21}$$

式中　$N_l$—— 局部受压面积上荷载产生的轴向力设计值;

$\gamma$—— 砌体局部抗压强度提高系数,可按式(14.20)计算。

**2.梁端支承处砌体的局部受压**

(1) 梁端有效支承长度

钢筋混凝土梁支承于砌体上或者砌体的某个部位时,砌体支承面处的压缩变形与压应力的分布是不均匀的,当梁的支承长度 $a$ 较大或梁端转角较大时,可能出现梁端部分面积与砌体脱开的情况,则梁底端未离开砌体的长度,即有效支承长度 $a_0$ 比实际支承长度 $a$ 小(图 14.19 和图 14.20)。梁端有效支承长度 $a_0$ 与砌体的弹性模量、伸入支座的长度 $a$、局部受压荷载及梁的刚度等有很大关系。

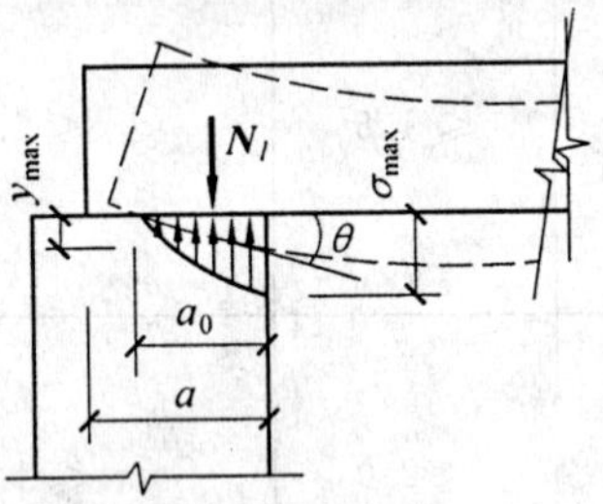


图 14.19　梁端支承情况

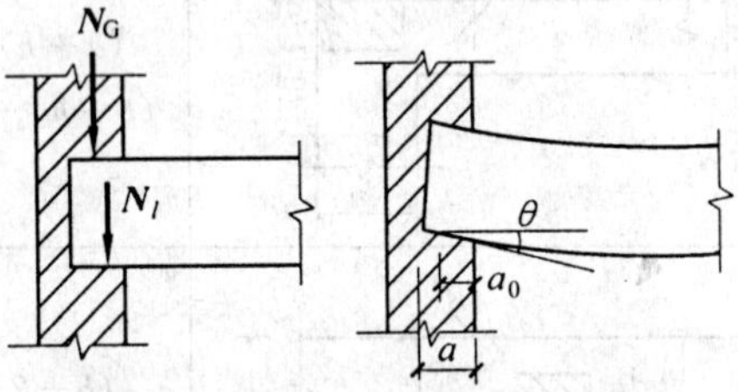


图 14.20　梁端有约束支承情况

我们假设砌体梁端的变形和压应力的分布是呈线性分布,砌体边缘的压缩变形为 $y_{max} = a_0 \tan\theta$,并假设此压缩变形与该点处的压应力成正比,则砌体边缘处的压应力为 $\delta_l = k y_{max}$。设压应力图形的完整系数为 $\eta$,则有效支承长度 $a_0$ 范围内的平均压应力为 $\eta\delta_l$,按梁端竖向应力的平衡条件可得

$$N_l = \eta\,\delta_l a_0 b = \eta\, k y_{max} a_0 b = \eta\, k a_0^2 b \tan\theta \tag{14.22}$$

式中　$\delta_l$—— 砌体边缘处的压应力;

$\eta$—— 压应力图形的完整系数,当应力均匀分布时 $\eta = 1.0$;当应力为三角形分布时 $\eta = 1/2$;

$b$—— 梁的截面宽度,mm;

$k$—— 梁端支承处砌体的压缩刚度系数;

$\theta$—— 砌体梁端的转角;

$y_{max}$—— 砌体边缘的压缩变形;

$\tan\theta$—— 梁变形时,梁端轴线倾角的正切值。

根据试验结果 $\eta k$ 与砌体强度设计值 $f$ 的比值比较稳定,为了简化计算可取 $\eta k = 0.000\,7f$。$a_0$、$b$ 的单位取 mm,$N_l$ 的单位取 kN,$f$ 的单位取 N/mm²,则

$$a_0 = \sqrt{\frac{N_l}{\eta\, kb\tan\theta}} = 38\sqrt{\frac{N_l}{bf\tan\theta}} \tag{14.23}$$

为了进一步简化,对跨度小于 6 m 的均布荷载作用的钢筋混凝土简支梁进行试验,取 $N_l = \frac{1}{2}ql$,$\tan\theta = \frac{ql^3}{24B_l}$,在经济配筋率范围内,梁的刚度近似取 $B_l = 0.33E_c I_c$,$I_c = bh_c^3/12$,$h_c/l = 1/11$,当采用常用的等级为 C20 的混凝土时 $E_c = 25.5\ \text{kN/mm}^2$,则式(14.23) 可简化成

$$a_0 = 10\sqrt{\frac{h_c}{f}} \tag{14.24}$$

式中　$h_c$——梁的截面高度；

$f$——砌体抗压强度设计值。

为了计算简便，不产生争议，《砌体结构设计规范》规定采用式(14.24)计算 $a_0$。

(2) 梁端支承处砌体局部受压承载力计算

作用在梁端砌体上的轴向压力除了有梁端支承压力 $N_l$ 外，还有由上部荷载产生的轴向力 $N_0$，当梁受荷载后，如果梁端底部砌体局部变形较大，会使梁端顶部与上部砌体逐渐脱开，原作用在这部分砌体的上部荷载会逐渐通过砌体内形成的卸载内拱传给两边砌体，这时轴向力 $N_0$ 就需要乘上折减系数 $\psi$ 来处理该影响。

根据试验结果，内拱的卸载作用与 $A_0/A_l$ 的大小有关；当 $A_0/A_l = 1$ 时，$\psi = 1$，即上部砌体传来的压力 $N_0$ 将全部作用在梁端局部受压面积上；当 $A_0/A_l > 2$ 时，可以不考虑上部荷载对砌体局部抗压强度的影响。《砌体结构设计规范》规定当 $A_0/A_l \geqslant 3$ 时，$\psi = 0$，不考虑上部荷载的影响。

梁端局部受压承载力应可按下列公式计算

$$\psi N_0 + N_l \leqslant \eta\gamma f A_l \tag{14.25}$$

式中　$\psi$——上部荷载的折减系数，$\psi = 1.5 - 0.5A_0/A_l$，当 $A_0/A_l \geqslant 3$ 时，取 $\psi = 0$；

$N_0$——局部受压面积内上部轴向力设计值，$N_0 = \delta_0 A_l$，$\delta_0$ 为上部平均压应力设计值；

$\eta$——梁端底面压力图形完整系数，一般取 0.7，过梁和墙梁取 1.0；

$A_l$——局部受压面积，$A_l = a_0 b$，其中 $a_0$ 为梁端有效支承长度，当 $a_0 > a$ 时，取 $a_0 = a$，$b$ 为梁的截面宽度；

$f$——砌体抗压强度设计值。

**3. 梁端下设有刚性垫块的砌体局部受压**

当梁端支承处砌体的局部受压承载力不能满足式(14.25)的要求时，可以通过在梁的支承下设置预置垫块，或者将垫块与梁现浇成整体的办法，使局部受压面积增大，来解决局部受压承载力不足的问题，如图 14.21 所示。

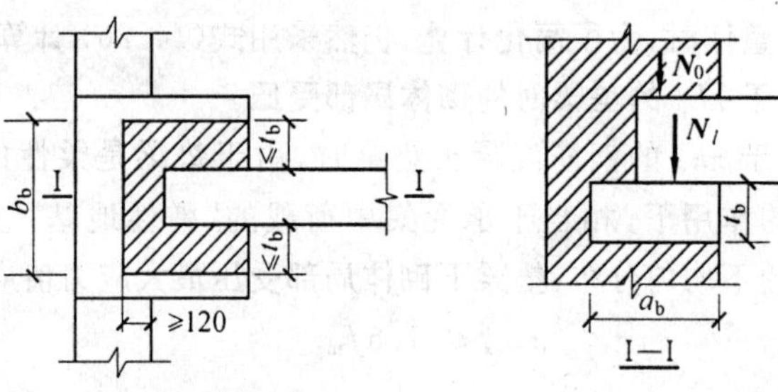


图 14.21　壁柱上设有垫块时梁端局部受压

《砌体结构设计规范》对刚性垫块的构造规定有：刚性垫块的高度 $t_b \geqslant 180$ mm，且垫块自梁边缘起挑出的长度不大于垫块高度 $t_b$。在带壁柱墙的壁柱内设置预制或现浇刚性垫块(图 14.21)时，其计算面积不应计算翼缘部分，只取壁柱范围内的截面，且壁柱上垫块伸入墙内的长度不应小于 120 mm。现浇的刚性垫块与梁端整体浇注时，垫块可在梁高范围内设置。

刚性垫块下的砌体的局部受压可用砌体偏心受压强度公式进行复核，即

$$N_0 + N_l \leqslant \varphi\gamma_1 f A_b \tag{14.26}$$

式中 $N_0$—— 垫块面积 $A_b$ 内上部轴向力设计值，$N_0 = \delta_0 A_b$；

$\varphi$—— 垫块上 $N_0$ 与 $N_l$ 合力的影响系数，按表 11.18 ～ 11.20 中 $\beta \leqslant 3$ 取值，或按式(14.16) 确定；

$A_b$—— 垫块面积，$A_b = a_b b_b$；

$a_b$—— 垫块伸入墙内的长度；

$b_b$—— 垫块的宽度；

$\gamma_1$—— 垫块外砌体面积的有利影响系数，$\gamma_1 = 0.8\gamma$，但不小于 1.0，$\gamma$ 为砌体局部抗压强度提高系数，按式(14.20) 以 $A_b$ 代替 $A_l$ 计算，即

$$\gamma_1 = 0.8 + 0.28\sqrt{\frac{A_0}{A_b} - 1} \tag{14.27}$$

式中 $A_0$—— 应按垫块面积 $A_b$ 作为 $A_l$ 计算的影响砌体局部抗压强度的计算面积，按照表 14.21 取值。

根据试验结果，《砌体结构设计规范》还规定了刚性垫块上表面梁端有效支承长度 $a_0$ 的计算公式，即

$$a_0 = \delta_l\sqrt{\frac{h}{f}} \tag{14.28}$$

式中 $\delta_l$—— 刚性垫块影响系数，依据上部平均压应力设计值 $\delta_0$ 与砌体抗压强度设计值 $f$ 的比值查表 14.22。

表 14.22 刚性垫块的影响系数 $\delta_l$

| $\delta_0/f$ | 0 | 0.2 | 0.4 | 0.6 | 0.8 |
|---|---|---|---|---|---|
| $\delta_l$ | 5.4 | 5.7 | 6.0 | 6.9 | 7.8 |

注：1. 表中间的数值可采用插入法求得；

2. $\delta_0$ 为上部荷载传来作用于整个窗间墙上的均匀压应力。

当垫块与梁端浇成整体时，为了简化计算，仍然采用式(14.26) 计算。

**4. 梁下设有长度大于 $\pi h_0$ 的垫梁时的砌体局部受压**

当梁下设有长度大于 $\pi h_0$ 的钢筋混凝土垫梁时，由于垫梁是柔性的，当垫梁置于墙上，在屋面梁或楼面梁的作用下，相当于承受集中荷载的“弹性地基”上的无限长梁(图 14.22)。考虑到压应力的不均匀分布，垫梁下砌体局部受压最大应力值应符合

$$\sigma_{ymax} \leqslant 1.5 f_m \tag{14.29}$$

则

$$N_0 + N_l \leqslant \frac{1}{2}\pi h_0 b_b \times 1.5 f = 2.356 f h_0 b_b \approx 2.4 f b_b h_0 \tag{14.30}$$

当垫梁的长度大于 $\pi h_0$ 时，考虑到墙厚沿荷载方向分布不均匀，上式右边应乘以系数 $\delta_2$，则垫梁下砌体的局部受压承载力应按下式计算

$$N_0 + N_l \leqslant 2.4\delta_2 h_0 b_b f \tag{14.31}$$

$$N_0 = \frac{1}{2}\pi h_0 b_b \sigma_0 \tag{14.32}$$

$$h_0 = 2\sqrt[3]{\frac{E_b I_b}{Eh}} \tag{14.33}$$

式中　$N_0$—— 垫梁在$\frac{1}{2}\pi h_0 b_b$范围内上部荷载产生的纵向力；

$h_0$—— 将垫梁高度 $h_b$ 折算成砌体时的折算高度；

$\delta_2$—— 当荷载沿墙厚方向均匀分布时取 1.0，不均匀分布时可取 0.8；

$E$—— 砌体的弹性模量；

$b_b$—— 垫梁的宽度；

$h$—— 墙体的厚度；

$E_b, I_b$—— 垫梁的混凝土弹性模量和截面惯性矩。

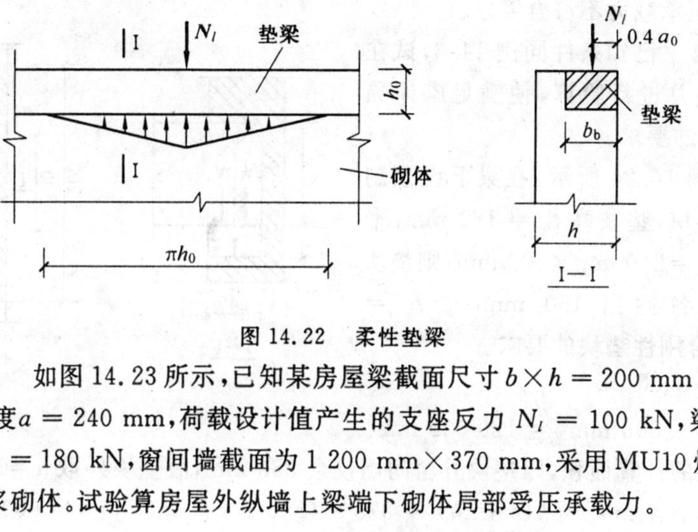


图 14.22　柔性垫梁

**【例 14.3】**　如图 14.23 所示，已知某房屋梁截面尺寸 $b \times h = 200\ \text{mm} \times 550\ \text{mm}$，梁端实际支承长度$a = 240\ \text{mm}$，荷载设计值产生的支座反力 $N_l = 100\ \text{kN}$，梁底墙体截面由上部荷载 $N_u = 180\ \text{kN}$，窗间墙截面为 1 200 mm × 370 mm，采用 MU10 烧结普通砖及 M2.5 混合砂浆砌体。试验算房屋外纵墙上梁端下砌体局部受压承载力。

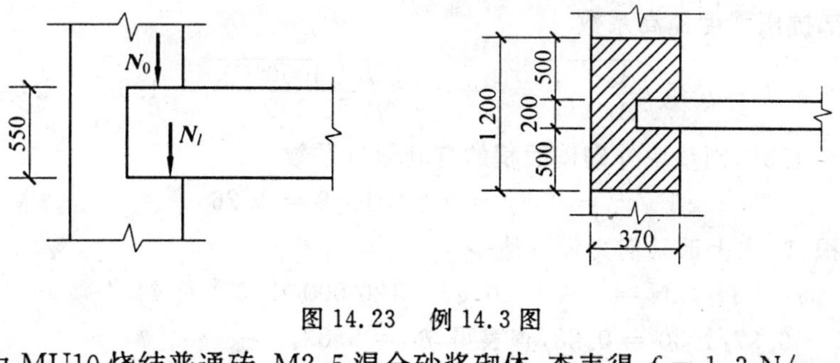


图 14.23　例 14.3 图

**解**　由 MU10 烧结普通砖、M2.5 混合砂浆砌体，查表得 $f = 1.3\ \text{N/mm}^2$，梁端底面压应力图形完整性系数 $\eta = 0.7$。

有效支承长度　　$a_0/\text{mm} = 10\sqrt{h_c/f} = 10\sqrt{550/1.3} = 205.69$

局部受压面积　　$A_l/\text{mm}^2 = a_0 b = 205.69 \times 200 = 41\ 138$

局部受压的计算面积

$$A_0/\text{mm}^2 = h(b+2h) = 370\times(200+2\times370) = 347\ 800$$

砌体局部抗压强度提高系数

$$\gamma = 1+0.35\sqrt{\frac{A_0}{A_l}-1} = 1+0.35\sqrt{\frac{347\ 800}{41\ 138}-1} = 1.96 < 2.0\text{,因此 }\gamma = 1.96$$

由于上部荷载 $N_u$ 作用在整个窗间墙上,则

$$\sigma_0/(\text{N}\cdot\text{mm}^{-2}) = \frac{180\ 000}{370\times1\ 200} = 0.41$$

局部受压面积内上部轴向力设计值为

$$N_0/\text{kN} = \sigma_0 A_l = 0.41\times41\ 138\times10^{-3} = 16.87$$

因$\frac{A_0}{A_l} = \frac{347\ 800}{41\ 138} = 8.45 > 3$,取 $\psi = 0$,故 $\psi N_0 + N_l = 85\ \text{kN}$

梁端支承处砌体局部受压承载力计算

$$\eta\gamma A_l f = (0.7\times1.96\times1.3\times41\ 138\times10^{-3})\text{kN} = 73.37\ \text{kN} < N_l = 85\ \text{kN}$$

因此,局部抗压承载力不符合要求。

**【例 14.4】** 已知条件同例 14.3,试在梁端设置垫块并进行验算,使满足砌体局部抗压承载力的要求。

**解** 如图 14.24 所示,在梁下设预制钢筋混凝土垫块,垫块高 $t_b = 180$ mm,平面尺寸 $a_b\times b_b = 240\ \text{mm}\times500\ \text{mm}$,则垫块自梁边两侧各挑出 150 mm($< t_b = 180$ mm),符合刚性垫块的要求。

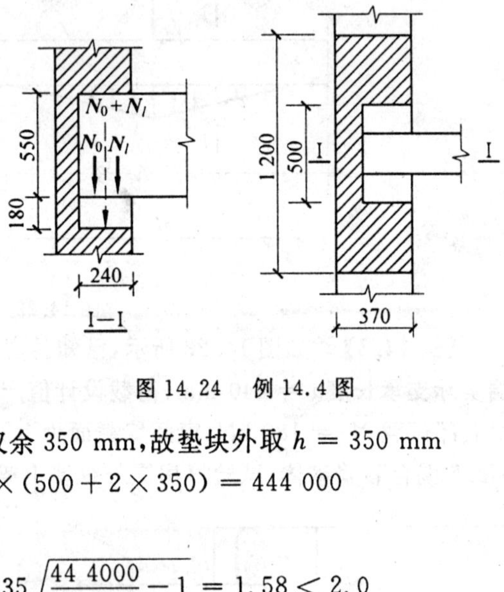


图 14.24 例 14.4 图

垫块面积

$$a_b\times b_b = 240\times500\ \text{mm}^2 = 120\ 000\ \text{mm}^2$$

局部受压的计算面积,因垫块外窗间墙仅余 350 mm,故垫块外取 $h = 350$ mm

$$A_0/\text{mm}^2 = h(b+2h) = 370\times(500+2\times350) = 444\ 000$$

砌体局部抗压强度提高系数

$$\gamma = 1+0.35\sqrt{\frac{A_0}{A_l}-1} = 1+0.35\sqrt{\frac{44\ 4000}{120\ 000}-1} = 1.58 < 2.0$$

因此 $\gamma = 1.58$,则垫块外砌体面积的有利影响系数

$$\gamma_1 = 0.8\gamma = 0.8\times1.58 = 1.26$$

垫块面积 $A_b$ 内上部轴向力设计值

$$N_0/\text{kN} = \sigma_0 A_b = 0.37\times120\ 000\times10^{-3} = 44.4$$

由 $\sigma_0/f = 0.37/1.30 = 0.28$,查表得,$\delta_1 = 5.82$。

则设有刚性垫块时,梁端有效支承长度的计算公式为

$$a_0/\text{mm} = \delta_l\sqrt{h_c/f} = 5.82\times\sqrt{550/1.30} = 119.7$$

垫块上 $N_l$ 作用点的位置可取为 $0.4a_0 = 0.4\times119.7\ \text{mm} = 47.9\ \text{mm}$

$N_l$ 对垫块形心的偏心距为 $e/\text{mm} = \frac{240}{2} - 47.9 = 72.1$

局部受压面积内上部轴向力设计值 $N_0$ 作用于垫块形心，全部轴向力 $N_0 + N_l$ 对垫块形心的偏心距为

$$e/\text{mm} = \frac{N_l \times 72.1}{N_0 + N_l} = \frac{85 \times 72.1}{44.4 + 85} = 47.36$$

由 $\frac{e}{h} = \frac{e}{a_b} = \frac{47.36}{240} = 0.197$，并按 $\beta \leqslant 3$ 的情况查得 $\varphi = 0.68$。

梁端支承处砌体局部受压承载力计算

$$\varphi \gamma f A_b/\text{kN} = 0.68 \times 1.26 \times 1.3 \times 120\,000 \times 10^{-3} = 133.7 >$$
$$44.4 + 85 - 129.4 = N_0 + N_l$$

因此，局部抗压承载力符合要求。

### 14.3.3　轴心受拉、受弯、受剪承载力计算

**1. 轴心受拉构件**

工程中采用轴心抗拉的构件比较少见，因为砌体的抗拉能力很低，一般只有在容积不大的圆形水池或筒仓中采用。

砌体轴心受拉构件承载力可按下式计算

$$N_l \leqslant f_t A \tag{14.34}$$

式中　$N_l$—— 轴心拉力设计值；

$f_t$—— 砌体的轴心抗拉强度设计值，按表 14.23 选用。

**2. 受弯构件**

常见的受弯构件有平拱过梁、挡土墙等砌体，受弯构件的承载力应按下式计算

$$M \leqslant f_{tm} W \tag{14.35}$$

式中　$M$—— 弯矩设计值；

$f_{tm}$—— 砌体的弯曲抗拉强度设计值，按照表 14.23 选取相应的强度指标；

$W$—— 截面抵抗矩。

受弯构件的截面内还存在有剪力，因此除计算受弯承载力外，还要进行受剪承载力计算。砌体受弯构件的受剪承载力计算公式如下

$$V \leqslant f_v b Z \tag{14.36}$$

$$Z = I/S \tag{14.37}$$

式中　$V$—— 剪力设计值；

$f_v$—— 砌体的抗剪强度设计值，按表 14.23 取用；

$b$—— 截面宽度；

$Z$—— 内力臂，当截面为矩形时，取 $\frac{2}{3}h$；

$I$—— 截面惯性矩；

$S$—— 截面面积矩；

$h$—— 矩形截面高度。

表 14.23　沿砌体灰缝截面破坏时砌体的轴心抗拉强度设计值 $f_t$、弯曲抗拉强度设计值 $f_{tm}$ 和抗剪强度设计值 $f_v$(MPa)

| 强度类别 | 破坏特征及砌体种类 | | 砂浆强度等级 | | | |
|---|---|---|---|---|---|---|
| | | | ≥M10 | M7.5 | M5 | M2.5 |
| 轴心抗拉 | 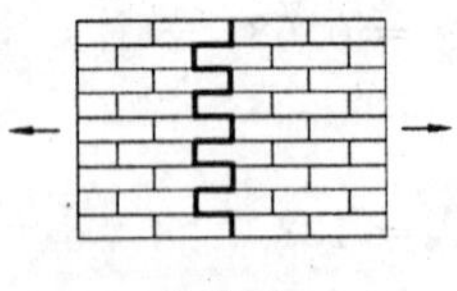<br>沿齿缝 | 烧结普通砖、烧结多孔砖、蒸压灰砂砖、蒸压粉煤灰砖、混凝土砌块、毛石 | 0.19<br>0.12<br>0.09<br>0.08 | 0.16<br>0.10<br>0.08<br>0.07 | 0.13<br>0.08<br>0.07<br>0.06 | 0.09<br>0.06<br>—<br>0.04 |
| 弯曲抗拉 | <br>沿齿缝 | 烧结普通砖、烧结多孔砖、蒸压灰砂砖、蒸压粉煤灰砖、混凝土砌块、毛石 | 0.33<br>0.24<br>0.11<br>0.13 | 0.29<br>0.20<br>0.09<br>0.11 | 0.23<br>0.16<br>0.08<br>0.09 | 0.17<br>0.12<br>—<br>0.07 |
| | 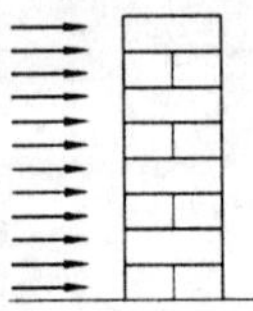<br>沿通缝 | 烧结普通砖、烧结多孔砖、蒸压灰砂砖、蒸压粉煤灰砖、混凝土砌块 | 0.17<br>0.12<br>0.08 | 0.11<br>0.10<br>0.06 | 0.11<br>0.08<br>0.05 | 0.08<br>0.06<br>— |

3. **受剪构件**

砌体结构中单纯受剪的构件比较少,通常是存在于过梁及挡土墙等受弯构件中,以及墙体在风荷载作用下或无拉杆的拱支座处在水平截面砌体受剪。随着剪力的增大,砂浆产生大的剪切变形,继而导致灰缝间发生滑移,最终结构破坏。

《砌体结构设计规范》规定,当轴压比 $\sigma_0/f=0\sim0.8$ 时,沿通缝或阶梯形截面破坏时受剪构件的承载力应按如下公式进行计算

$$V\leqslant(f_v+\alpha\mu\sigma_0)A \tag{14.38}$$

当 $\gamma_G=1.2$ 时

$$\mu=0.26-0.082\frac{\sigma_0}{f} \tag{14.39}$$

当 $\gamma_G=1.35$ 时

$$\mu=0.23-0.065\frac{\sigma_0}{f} \tag{14.40}$$

式中　$V$——截面剪力设计值;

$A$——构件水平截面面积,当有空洞时,取净截面面积;

$f_v$——砌体的抗剪强度设计值,对灌孔的混凝土砌块砌体取其抗剪强度的设计值 $f_{vg}$;

$\alpha$—— 修正系数，当 $\gamma_G = 1.2$ 时，砖砌体取 0.60，混凝土砌块砌体取 0.64；当 $\gamma_G = 1.35$ 时，砖砌体取 0.64，混凝土砌块砌体取 0.66。

$\mu$—— 剪压复合受力影响系数，查表 14.24；

$\sigma_0$—— 永久荷载设计值产生的水平截面平均压应力；

$f$—— 砌体的抗压强度设计值；

$\frac{\sigma_0}{f}$—— 轴压比，不大于 0.8。

**表 14.24　$\gamma_G = 1.2$ 和 $\gamma_G = 1.35$ 时的 $\mu$ 值**

| $\gamma_G$ | $\sigma_0/f$ 砌体种类 | 0.1 | 0.2 | 0.3 | 0.4 | 0.5 | 0.6 | 0.7 | 0.8 |
|---|---|---|---|---|---|---|---|---|---|
| 1.2 | 砖砌体 | 0.15 | 0.15 | 0.14 | 0.14 | 0.13 | 0.13 | 0.12 | 0.12 |
| | 砌块砌体 | 0.16 | 0.16 | 0.15 | 0.15 | 0.14 | 0.13 | 0.13 | 0.12 |
| 1.35 | 砖砌体 | 0.14 | 0.14 | 0.13 | 0.13 | 0.13 | 0.12 | 0.12 | 0.11 |
| | 砌块砌体 | 0.15 | 0.14 | 0.14 | 0.13 | 0.13 | 0.13 | 0.12 | 0.12 |

**【例 14.5】**　混凝土小型空心砌块砌体墙长 1.6 m，厚 190 mm，其上作用正压力标准值 $N_k = 50$ kN(其中永久荷载包括自重产生的压力 35 kN)，在水平推力标准值 $P_k = 20$ kN(其中可变荷载产生的推力 15 kN) 作用下，试求该墙段的抗剪承载力。砌体墙采用 MU10 砌块、M5 混合砂浆砌筑。

**解**　由可变荷载起控制作用的情况，即取 $\gamma_G = 1.2, \gamma_Q = 1.4$ 的荷载分项系数组合时，该墙段的正应力为

$$\sigma_0/(\text{N}\cdot\text{mm}^{-2}) = \frac{N}{A} = \frac{1.2 \times 35\,000 + 1.4 \times 15\,000}{1\,600 \times 190} = 0.2$$

MU10 砌块、M5 混合砂浆砌筑查表得 $f = 2.22$ MPa，$f_v = 0.06$ MPa

$$\alpha = 0.64, \mu = 0.26 - 0.82\frac{\sigma_0}{f} = 0.253$$

则

$$V/\text{kN} = (f_v + \alpha\mu\sigma_0)A = (0.06 + 0.64 \times 0.253 \times 0.2) \times 1\,600 \times 190 \times 10^{-3} = 28.085$$

$$P/\text{kN} = 1.2 \times 5 + 1.4 \times 15 = 27 < 28.085$$

满足抗剪承载力要求。

当由永久荷载起控制作用的情况，即取 $\gamma_G = 1.35, \gamma_Q = 1.0$ 的组合时

$$\sigma_0/(\text{N}\cdot\text{mm}^{-2}) = \frac{N}{A} = \frac{1.35 \times 35\,000 + 1.0 \times 15\,000}{1\,600 \times 190} = 0.205$$

$$\alpha = 0.66, \mu = 0.23 - 0.65\frac{\sigma_0}{f} = 0.224$$

则

$$V/\text{kN} = (f_v + \alpha\mu\sigma_0)A = (0.06 + 0.66 \times 0.224 \times 0.205) \times 1\,600 \times 190 \times 10^{-3} = 27.453$$

$$P/\text{kN} = 1.35 \times 5 + 1.0 \times 15 = 21.750 < 27.453$$

满足抗剪承载力要求。

## 14.3.4 配筋砌体构件

### 1.网状配筋砖砌体构件

网状配筋砖砌体是指在水平灰缝内配置钢筋网的砖砌体，即采用每隔几皮砖在砌体水平灰缝中设置一层水平方格钢筋网片的办法，或者每隔几皮砖在两相邻的上下灰缝中设置两个交错设置的连弯钢筋网的办法来提高砌体的抗压强度(图 14.25、14.26、14.27)。

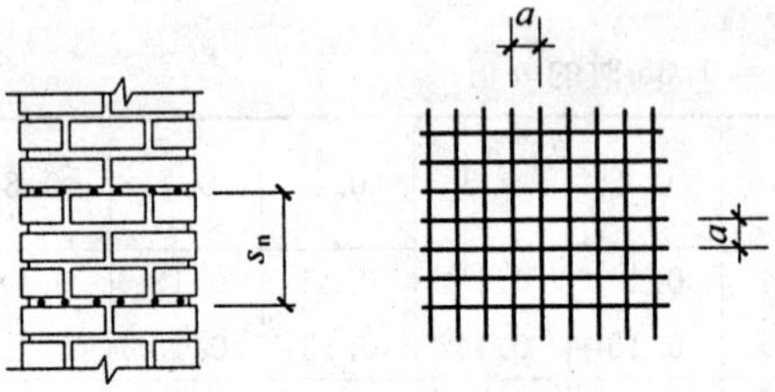


图 14.25 用方格网配筋的砖柱

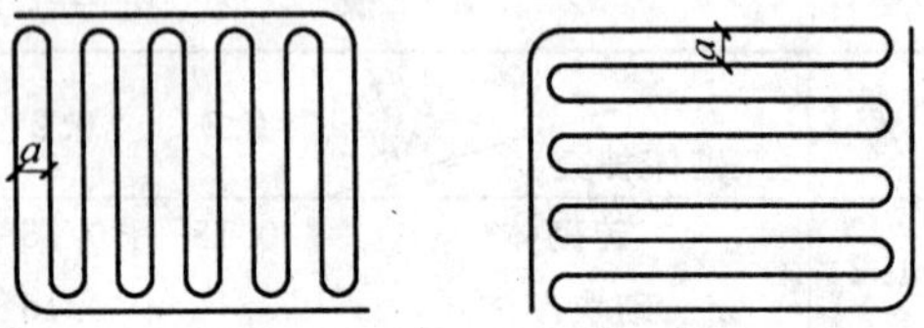


图 14.26 连弯钢筋网

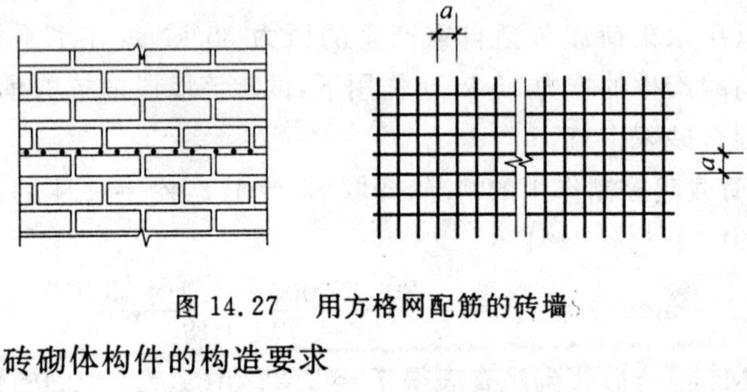


图 14.27 用方格网配筋的砖墙

(1) 网状配筋砖砌体构件的构造要求

《砌体结构设计规范》明确规定网状配筋砖砌体构件的构造应符合下列要求：

① 网状配筋砖砌体中的体积配筋率，不应小于 0.1%，并不应大于 1%；

② 采用钢筋网时，钢筋的直径宜采用 3～4 mm，当采用连弯钢筋时，钢筋的直径不应大于 8 mm；

③ 钢筋网中钢筋的间距，不应大于 120 mm，并不应小于 30 mm；

④ 钢筋网的竖向间距，不应大于五皮砖，并不应大于 400 mm；

⑤ 网状配筋砖砌体所用的砂浆强度等级不应低于 M7.5；

⑥ 钢筋网应设置在砌体的水平灰缝中，灰缝厚度应保证钢筋上下至少各有 2 mm 厚的砂浆层。

(2) 受力性能

当砖砌体上作用有轴向压力时，砖砌体发生纵向压缩，同时也产生横向膨胀变形。在砌体砌筑时，如果按照一定的间距在砖砌体的水平灰缝处放置事先制作好的钢筋网片，由于砂浆的黏结作用，钢筋网片被嵌固在灰缝内与砌体共同工作。当砌体纵向受压时，钢筋横向受拉。由于钢筋的弹性模量较大，变形较小，可以阻止砌体横向变形的发展，防止砌体因纵向裂缝的延伸导致失稳破坏，这相当于对砌体的横向加压，使砌体处于三向受压状态，从而间接提高砌体的受压承载力。砖砌体和钢筋网的共同工作，可一直维持到砖砌体被压碎。

(3) 配筋砌体的承载力计算

《砌体结构设计规范》规定，对于网状配筋砌体受压构件，采用类似于无筋砌体的计算公式

$$N \leqslant \varphi_n A f_n \tag{14.41}$$

式中　$A$—— 截面面积；

$\varphi_n$—— 网状配筋砌体构件矩形截面的影响系数，可按照公式(14.43)计算，或者按照表 14.25 查用。

$f_n$—— 网状配筋砌体抗压强度设计值，按下式计算

$$f_n = f + 2\left(1 - \frac{2e}{y}\right)\frac{\rho}{100}f_y \tag{14.42}$$

$e$—— 纵向力的偏心距；

$y$—— 截面形心到偏心一侧截面边缘的距离；

$f_y$—— 钢筋的抗拉强度设计值，当 $f_y > 300\ \text{N/mm}^2$ 时，采用 $300\ \text{N/mm}^2$；

$\rho$—— 钢筋网配筋率，$\rho = \frac{V_s}{V} \times 100$ 或 $\rho = \frac{2A_s}{as_n} \times 100$，$V_s$ 为钢筋的体积，$V$ 为砌体的体积。

$$\varphi_n = \frac{1}{1 + 12\left[\frac{e}{h} + \sqrt{\frac{1}{12}\left(\frac{1}{\varphi_{0n}} - 1\right)}\right]^2} \tag{14.43}$$

$$\varphi_{0n} = \frac{1}{1 + \frac{1 + 3\rho}{667}\beta^2} \tag{14.44}$$

式中　$\varphi_{0n}$—— 稳定系数。

表 14.25　影响系数 $\varphi_n$

| $\rho$ | $\beta$ \ $e/h$ | 0 | 0.05 | 0.01 | 0.15 | 0.17 |
|---|---|---|---|---|---|---|
| 0.1 | 4 | 0.97 | 0.89 | 0.78 | 0.67 | 0.63 |
| | 6 | 0.93 | 0.84 | 0.73 | 0.62 | 0.58 |
| | 8 | 0.89 | 0.78 | 0.67 | 0.57 | 0.53 |
| | 10 | 0.84 | 0.72 | 0.62 | 0.52 | 0.48 |
| | 12 | 0.78 | 0.67 | 0.56 | 0.48 | 0.44 |
| | 14 | 0.72 | 0.61 | 0.52 | 0.44 | 0.41 |
| | 16 | 0.67 | 0.56 | 0.47 | 0.40 | 0.37 |
| 0.3 | 4 | 0.96 | 0.87 | 0.76 | 0.65 | 0.61 |
| | 6 | 0.91 | 0.80 | 0.69 | 0.59 | 0.55 |
| | 8 | 0.84 | 0.74 | 0.62 | 0.53 | 0.49 |
| | 10 | 0.78 | 0.67 | 0.56 | 0.47 | 0.44 |
| | 12 | 0.71 | 0.60 | 0.51 | 0.43 | 0.40 |
| | 14 | 0.64 | 0.54 | 0.46 | 0.38 | 0.36 |
| | 16 | 0.58 | 0.49 | 0.41 | 0.35 | 0.32 |

续表 14.25

| ρ | β \ e/h | 0 | 0.05 | 0.01 | 0.15 | 0.17 |
|---|---|---|---|---|---|---|
| 0.5 | 4 | 0.94 | 0.85 | 0.71 | 0.63 | 0.59 |
| | 6 | 0.88 | 0.77 | 0.66 | 0.56 | 0.52 |
| | 8 | 0.81 | 0.69 | 0.59 | 0.50 | 0.46 |
| | 10 | 0.73 | 0.61 | 0.52 | 0.44 | 0.41 |
| | 12 | 0.65 | 0.55 | 0.46 | 0.39 | 0.36 |
| | 14 | 0.58 | 0.49 | 0.41 | 0.35 | 0.32 |
| | 16 | 0.51 | 0.43 | 0.36 | 0.31 | 0.29 |
| 0.7 | 4 | 0.93 | 0.83 | 0.72 | 0.61 | 0.57 |
| | 6 | 0.86 | 0.75 | 0.63 | 0.53 | 0.50 |
| | 8 | 0.77 | 0.66 | 0.56 | 0.47 | 0.43 |
| | 10 | 0.68 | 0.58 | 0.49 | 0.41 | 0.38 |
| | 12 | 0.60 | 0.50 | 0.42 | 0.36 | 0.33 |
| | 14 | 0.52 | 0.44 | 0.37 | 0.31 | 0.30 |
| | 16 | 0.46 | 0.38 | 0.33 | 0.28 | 0.26 |
| 0.9 | 4 | 0.91 | 0.82 | 0.71 | 0.60 | 0.56 |
| | 6 | 0.83 | 0.72 | 0.61 | 0.52 | 0.48 |
| | 8 | 0.73 | 0.63 | 0.53 | 0.45 | 0.42 |
| | 10 | 0.64 | 0.54 | 0.46 | 0.38 | 0.36 |
| | 12 | 0.55 | 0.47 | 0.39 | 0.33 | 0.31 |
| | 14 | 0.48 | 0.40 | 0.34 | 0.29 | 0.27 |
| | 16 | 0.41 | 0.35 | 0.30 | 0.25 | 0.24 |
| 1.0 | 4 | 0.91 | 0.81 | 0.70 | 0.59 | 0.55 |
| | 6 | 0.82 | 0.71 | 0.60 | 0.51 | 0.47 |
| | 8 | 0.72 | 0.61 | 0.52 | 0.43 | 0.41 |
| | 10 | 0.62 | 0.53 | 0.44 | 0.37 | 0.35 |
| | 12 | 0.54 | 0.45 | 0.38 | 0.32 | 0.30 |
| | 14 | 0.46 | 0.39 | 0.33 | 0.28 | 0.26 |
| | 16 | 0.39 | 0.34 | 0.28 | 0.24 | 0.23 |

**2.组合砖砌体构件**

组合砖砌体是指在砖砌体内配置部分混凝土或钢筋砂浆面层组成的构件(图14.28)。

(1) 组合砖砌体构件的构造要求

① 面层混凝土强度等级宜采用C20,面层水泥砂浆强度等级不宜低于M10,砌筑砂浆的强度等级不宜低于M7.5。

② 混凝土保护层厚度要求:柱内竖向受力钢筋距砖砌体表面不小于5 mm;室温下,墙内不小于15 mm,柱内不小于25 mm;露天或室内潮湿环境,墙内不小于25 mm,柱内不下于35 mm;面层为水泥砂浆的柱的保护层厚度可减少5 mm。

③ 砂浆面层的厚度宜为30 ~ 45 mm,当面层厚度大于45 mm时宜采用混凝土。

④ 对于墙体等截面长短边相差较大的构件,应采用穿通墙体的拉结钢筋作为箍筋,

并设置竖向间距及拉结钢筋的水平间距不大于 500 mm 的水平分布钢筋。

⑤ 竖向受力钢筋宜采用 HPB235 级钢筋，混凝土面层还可采用 HRB335 级钢筋。

⑥ 箍筋的直径，不宜小于 4 mm 及 0.2 倍的受压钢筋直径，并不宜大于 6 mm。箍筋的间距，不应大于 20 倍受压钢筋的直径及 500 mm，并不应小于 120 mm。

⑦ 当组合砖砌体构件一侧的竖向受力钢筋多于 4 根时，应设置附加箍筋或拉结钢筋。

⑧ 组合砖砌体构件的顶部、底部以及牛腿部位，必须设置钢筋混凝土垫块。竖向受力钢筋伸入垫块的长度，必须满足锚固要求。

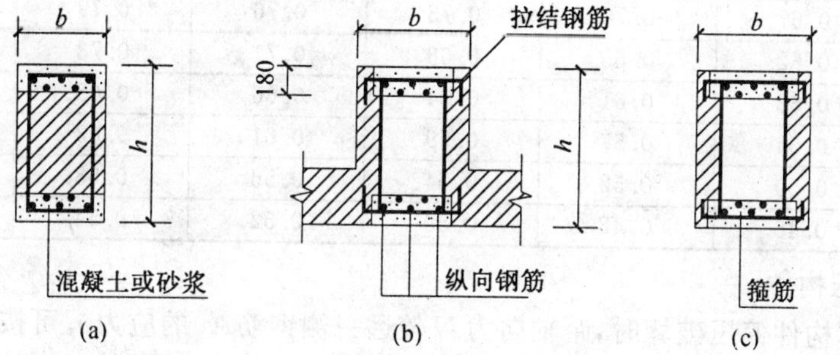


图 14.28　组合砖砌体构件截面

(2) 受力性能

当荷载较小时，钢筋、混凝土(或砂浆) 和砖砌体均处于弹性阶段共同工作，由于 3 种材料的弹性模量各不同，所以在变形协调的条件下，各自的压应力不同。随着荷载的增大，在砖砌体和面层混凝土(面层砂浆) 的交界处开始出现第一批裂缝。当荷载进一步加大时，砖砌体内首先产生单砖裂缝，进而逐渐形成贯通竖向裂缝。由于钢筋混凝土(或砂浆) 对砖砌体的约束作用，砖砌体内的裂缝发展较缓慢。如荷载继续增加，则竖向钢筋在箍筋范围内压屈，面层混凝土(或砂浆) 及砌体内的砖局部脱落或被压碎，最后组合砌体构件破坏。

(3) 组合砖砌体的承载力计算

① 轴心受压构件

组合砖砌体轴心受压构件的承载力可按下列公式计算

$$N = \varphi_{com}(fA + f_c A_c + \eta_s f'_y A'_s) \tag{14.45}$$

式中　$\varphi_{com}$—— 组合砖砌体的稳定系数，查表 14.26；

$A$—— 砖砌体的截面面积；

$f_c$—— 混凝土或面层砂浆的轴心抗压强度设计值，砂浆的轴心抗压强度设计值可取为同等级混凝土的轴心抗压强度设计值的 70%，当砂浆为 M10 时，其值取 3.5 MPa；当砂浆为 M7.5 时，其值取 2.6 MPa；

$A_c$—— 混凝土或砂浆面层的截面面积；

$\eta_s$—— 受压钢筋的强度系数，当为混凝土面层时，可取为 1.0；当为砂浆面层时，可取 0.9；

$f'_y$—— 受压钢筋的强度设计值；

$A'_s$—— 受压钢筋的截面面积。

表 14.26 组合砖砌体构件的稳定系数 $\varphi_{com}$

| 高厚比 $\beta$ | 配筋率 $\rho$ | | | | | |
|---|---|---|---|---|---|---|
| | 0 | 0.2 | 0.4 | 0.6 | 0.8 | ≥1.0 |
| 8 | 0.91 | 0.93 | 0.95 | 0.97 | 0.99 | 1.00 |
| 10 | 0.87 | 0.90 | 0.92 | 0.94 | 0.96 | 0.98 |
| 12 | 0.82 | 0.85 | 0.88 | 0.91 | 0.93 | 0.95 |
| 14 | 0.77 | 0.80 | 0.83 | 0.86 | 0.89 | 0.92 |
| 16 | 0.72 | 0.75 | 0.78 | 0.81 | 0.84 | 0.87 |
| 18 | 0.67 | 0.70 | 0.73 | 0.76 | 0.79 | 0.81 |
| 20 | 0.62 | 0.65 | 0.68 | 0.71 | 0.73 | 0.75 |
| 22 | 0.58 | 0.61 | 0.64 | 0.66 | 0.68 | 0.70 |
| 24 | 0.54 | 0.57 | 0.59 | 0.61 | 0.63 | 0.65 |
| 26 | 0.50 | 0.52 | 0.54 | 0.56 | 0.58 | 0.60 |
| 28 | 0.46 | 0.48 | 0.50 | 0.52 | 0.54 | 0.56 |

② 偏心受压构件

组合砖砌体构件偏压破坏时，距轴向力 $N$ 较远一侧钢筋 $A_s$ 的应力 $\sigma_s$ 可按平截面假定并经线性处理求得

$$\sigma_s = 650 - 800\xi \leqslant f \tag{14.46}$$

式中 $\xi$—— 受压区折算高度 $x$ 与截面有效高度 $h_0$ 的比值。

对于界限受压区 HPB235 和 HRB335 级钢筋，相对高度 $\xi_b$ 分别取 0.55 和 0.425。

组合砖砌体偏心受压构件的承载力可按下列公式计算

$$N \leqslant fA' + f_c A'_c + \eta_s f'_y A'_s - \sigma_s A_s \tag{14.47}$$

或

$$Ne_N \leqslant fS_s + f_c S_{c,s} + \eta_s f'_y A'_s (h_0 - a') \tag{14.48}$$

此时，受压区高度 $x$ 可按下式确定

$$fS_N + f_c S_{c,N} + \eta_s f'_y A'_s e'_N - \sigma_s A_s e_N = 0 \tag{14.49}$$

式中 $A'$—— 砖砌体受压部分的面积；

$A'_c$—— 混凝土或砂浆面层受压部分的面积；

$S_s$—— 砖砌体受压部分的面积对钢筋 $A_s$ 重心的面积矩；

$S_{c,s}$—— 混凝土或砂浆面层受压部分的面积对钢筋 $A_s$ 重心的面积矩；

$S_N$—— 砖砌体受压部分的面积对轴向力 $N$ 作用点的面积矩；

$S_{c,N}$—— 混凝土或砂浆面层受压部分的面积对轴向力 $N$ 作用点的面积矩；

$h_0$—— 组合砖砌体构件截面的有效高度，取 $h_0 = h - a$；

$e'_N$—— 钢筋 $A'_s$ 重心至轴向力 $N$ 作用点的距离，按式(14.50)计算(图 14.29(a))；

$e_N$—— 钢筋 $A_s$ 重心至轴向力 $N$ 作用点的距离，按式(14.51)计算(图 14.29(b))；

$$e'_N = e + e_i - \left(\frac{h}{2} - a'_s\right) \tag{14.50}$$

$$e_N = e + e_i - \left(\frac{h}{2} - a_s\right) \tag{14.51}$$

式中 $e$—— 轴向力的初始偏心距，按荷载设计值计算，当 $e < 0.05h$ 时，取 $e = 0.05h$；

$a_s, a'_s$—— 钢筋 $A_s$ 和 $A'_s$ 重心至截面较近边的距离；

$e_i$—— 组合砖砌体构件在轴向作用下的附近偏心距，可按下式计算

$$e_i = (1 - 0.022\beta)\frac{\beta^2 h}{2200} \tag{14.52}$$

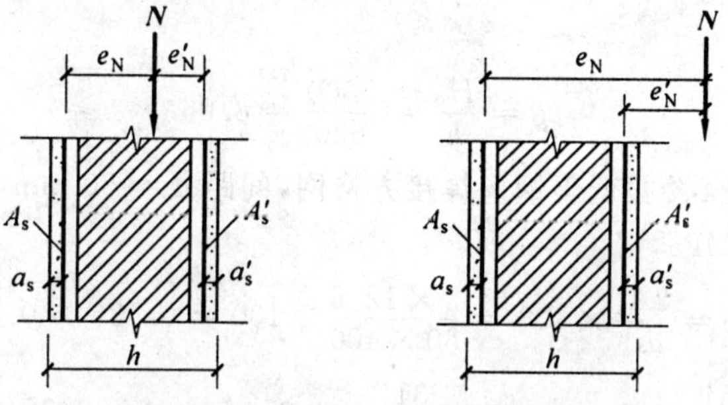


(a) 小偏心受压　　(b) 大偏心受压

图 14.29　组合砖砌体偏心受压构件

(4) 砖砌体和钢筋混凝土构造柱组合墙

组合砖墙砌体轴心受压构件承载力的计算公式如下

$$N \leqslant \varphi_{com}[fA_n + \eta(f_c A_c + f'_y A'_s)] \tag{14.53}$$

$$\eta = \left[\frac{1}{l/b_c - 3}\right]^{1/4} \tag{14.54}$$

式中　$\varphi_{com}$—— 组合墙的稳定系数，可按组合砖砌体的稳定系数采用；

$\eta$—— 强度系数，当 $l/b_c < 4$ 时，取 $l/b_c = 4$；

$l$—— 沿墙长方向构造柱的间距；

$b_c$—— 沿墙长方向构造柱的宽度；

$A_n$—— 砖砌体的净截面面积；

$A_c$—— 构造柱的截面面积。

《砌体结构设计规范》规定，组合砖墙的材料和构造应符合下列规定：

① 砂浆的强度等级不应低于 M5，构造柱的混凝土强度等级不宜低于 C20。

② 组合砖墙砌体结构房屋，应在纵横墙交接处、墙端部和较大洞口的洞边设置间距不宜大于 4 m 的构造柱，各层洞口宜设置在相应位置，并宜上下对齐。

③ 组合砖墙砌体结构房屋应在基础顶面、有组合墙的楼层处设置现浇钢筋混凝土圈梁。

④ 构造柱的截面尺寸不宜小于 240 mm × 240 mm，其厚度不应小于墙厚，边柱、角柱的截面宽度宜适当加大。

⑤ 柱内竖向受力钢筋，中柱不宜少于 4 ϕ 12；边柱、角柱不宜少于 4 ϕ 14。构造柱的竖向受力钢筋的直径也不宜大于 16 mm。其箍筋，一般部位宜采用ϕ 6 @200 ，楼层上下 500 mm 范围内宜采用ϕ 6 @100。构造柱的竖向受力钢筋应在基础梁和楼层圈梁中锚固，并应符合受拉钢筋的锚固要求。

⑥ 砖砌体与构造柱的连接处应砌成马牙槎，并应沿墙高每隔 500 mm 设 2 ϕ 6 拉结钢筋，且每边伸入墙内不宜小于 600 mm。

⑦ 组合砖墙的施工程序应为先砌墙后浇混凝土构造柱。

**【例 14.6】** 已知某截面尺寸为 490 mm × 620 mm 的网状配筋砖柱，柱的计算高度为 $H_0 = H = 5$ m，设承受轴向力设计值 $N = 450$ kN，沿长边方向弯矩设计值 $M = 14$ kN·m，施工质量为 B 级，采用 MU10 砖、M7.5 混合砂浆砌筑。试验算该柱是否满足要求。

**解** 由 MU10 砖、M7.5 混合砂浆查表得 $f = 1.69$ MPa

(1) 长边方向

高厚比
$$\beta = \frac{H_0}{h} = \frac{5000}{620} = 8.06$$

网状配筋采用$\phi^b 4$ 冷拔低碳钢丝焊接方格网，间距 $a = 50$ mm，$s_n = 400$ mm，$f_y = 430$ MPa，采用 320 MPa，则

$$\rho = \frac{2A_s}{as_n} \times 100 = \frac{2 \times 12.6}{50 \times 400} \times 100 = 0.126 > 0.1$$

$$e = \frac{M}{N} = 31 \text{ mm}, \frac{e}{h} = \frac{31}{620} = 0.05, \frac{e}{y} = 2 \times 0.05 = 0.1$$

$$f_n/\text{MPa} = f + 2(1 - \frac{2e}{y}) \times \frac{\rho}{100} f_y =$$

$$1.69 + 2 \times (1 - 2 \times 0.1) \times \frac{0.126}{100} \times 320 = 2.33$$

$$A/\text{m}^2 = 0.49 \times 0.62 = 0.3038 > 0.3$$

$$\varphi_{0n} = \frac{1}{1 + \frac{1 + 3\rho}{667}\beta^2} = 0.882$$

$$\varphi_n = \frac{1}{1 + 12\left[\frac{e}{h} + \sqrt{\frac{1}{12}\left(\frac{1}{\varphi_{0n}} - 1\right)}\right]^2} = \frac{1}{1 + 12\left[0.05 + \sqrt{\frac{1}{12}\left(\frac{1}{0.882} - 1\right)}\right]^2} = 0.774$$

$\varphi_n f_n A = (0.774 \times 2.33 \times 620 \times 490)\text{N} = 548.2 \times 10^3 \text{ N} = 548.2 \text{ kN} > N = 450 \text{ kN}$

因此，满足要求。

(2) 短边方向

$$\beta = \frac{H_0}{b} = \frac{5\,000}{490} = 10.2$$

$$\varphi_{0n} = \frac{1}{1 + \frac{1 + 3\rho}{667}\beta^2} = 0.823$$

$\varphi_n f_n A = (0.823 \times 2.33 \times 620 \times 490)\text{N} = 582.6 \times 10^3 \text{ N} = 582.6 \text{ kN} > N = 450 \text{ kN}$

因此，满足要求。

## 14.4 混合结构房屋墙体设计

### 14.4.1 混合结构房屋墙体设计的基本原则

**1. 混合结构房屋承重墙体的布置**

(1) 横墙承重方案

横墙承重方案是指主要由横墙承受屋面、楼面荷载的结构布置方案。对于房间大小固定、横墙间距较小(一般为 2.7 ～ 4.8 m) 的房屋，如住宅、宿舍、旅馆等，可采用横墙承重体系，将屋盖和楼盖构件均搁置在横墙上，横墙将承担屋盖和各层楼盖的荷载，而纵墙仅承受墙体自重。这类房屋荷载的主要传递路径为：

楼面(屋面) → 横墙 → 基础 → 地基

横墙承重方案房屋的横墙间距小，横墙与纵墙在构造上有很好的连接，因此房屋的空间刚度大、整体性好，且屋(楼) 盖结构一般采用钢筋混凝土板，因此屋(楼) 盖结构较简单，施工方便，但其横墙占面积较多，房屋布置的灵活性差。

(2) 纵墙承重方案

纵墙承重方案是指纵墙直接承受屋面、楼面荷载的结构方案。对于使用上要求有较大空间的房屋，或隔断墙位置可能变化的房屋，如教学楼、图书馆、食堂、办公楼、医院、中小型工业厂房等单层和多层空旷房屋，可采用纵墙承重体系。这种方案一般有两种方式：一种是楼板沿横向布置，仅支承在纵墙上；另一种是楼板沿纵向布置，支承在横向布置的钢筋混凝土梁上，而钢筋混凝土梁支承在纵墙上。纵墙承重方案房屋荷载的主要传递路径为：

楼面(屋面) → 纵墙 → 基础 → 地基

纵墙承重方案房屋的横墙布置比较灵活，可布置大开间用房；但是纵墙上的门窗洞口受到限制，房屋空间的刚度较小、整体性较差。

(3) 纵横墙混合承重方案

纵横墙混合承重方案是指由一部分纵墙和一部分横墙直接承受楼盖(屋盖) 荷载的结构布置方案。适用于建筑施工功能较为多样、开间较小的房屋，如宿舍、住宅、旅馆等。这类房屋荷载的主要传递路径为：

楼面（屋面）→ 纵墙 / 横墙 → 基础 → 地基

纵横墙混合承重方案兼有纵墙承重和横墙承重的优点，结构布置较为灵活，纵横方向的刚度均较大，通常可以满足抗震要求。

(4) 内框架承重方案

内框架承重方案是指内部由钢筋混凝土框架，外部由砖墙、砖柱构成的房屋。一般适用于层数不多的工业厂房、仓库和商店等需要较大空间的建筑。这类房屋内部空间较大，平面布置灵活，但是由于横墙少，房屋的空间刚度和整体性较差，抵抗地基的不均匀沉降和抗震能力都比较差。

**2.混合结构房屋的静力计算方案**

(1) 水平荷载情况下房屋的受力情况

砌体结构房屋的纵墙、横墙、屋(楼) 盖和基础等主要承重构件组成了空间受力体系，共同承受作用在房屋上的各种竖向荷载和水平荷载。以图 14.30 某单层纵墙承重体系为例，若不考虑两端山墙的作用，而按平面受力体系进行分析，可取一独立的计算单元进行排架的平面受力分析，排架柱顶的侧移为 $u_p$，其变形如图 14.30(a) 所示。

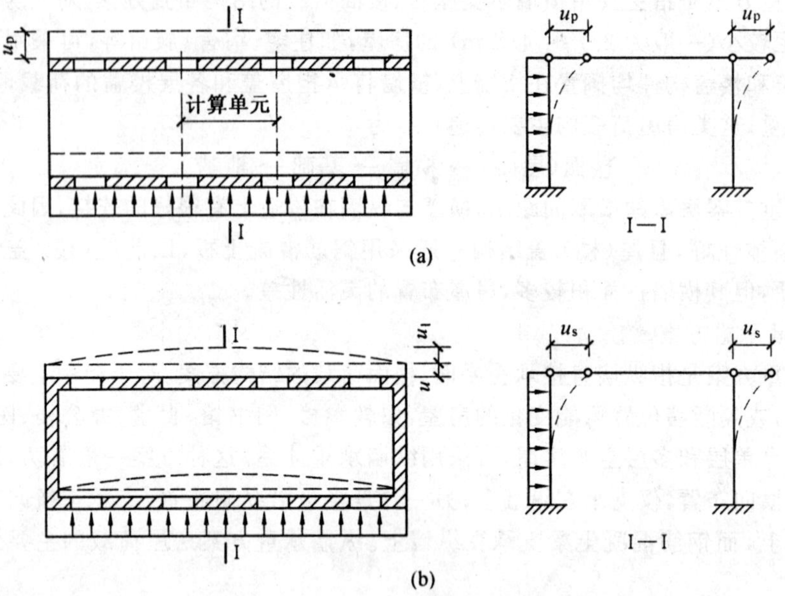


图 14.30　单层纵墙承重体系

但是，当房屋在水平荷载作用下，山墙(或横墙)、屋盖均与纵墙共同参加工作，屋盖自身平面内产生弯曲变形，其中纵向中部变形 $u_1$ 最大。此时，整个屋盖可以看成是水平方向跨度为房屋长度 $s$ 的梁，两端支承于山墙，而山墙可以看成竖向悬臂梁支承于基础。山墙顶在墙身平面内产生弯剪变形，产生的水平侧移量为 $u$。于是，房屋纵墙顶的最大侧移量 $u_s$ 为屋盖中部最大变形 $u_1$ 与山墙顶侧移值 $u$ 之和(图 14.30(b))，即 $u_s = u + u_1$。由于在空间受力体系中横墙(山墙)协同工作，对抗侧移起了重要的作用，因此 $u_s$ 小于平面受力体系中排架的柱顶侧移值 $u_p$。

$u_p$ 的大小一般取决于纵墙、柱的刚度，$u_s$ 的大小主要与两端山墙(横墙)间的水平距离、屋盖的水平刚度及山墙在自身平面内的刚度有关。当山墙的距离很远时，也即屋盖水平梁的跨度很大时，跨中水平位移大。山墙的刚度差时，山墙顶的水平位移大，也即屋盖水平梁的支座位移大，因而屋盖水平梁的跨中水平位移也大。屋盖本身的刚度差时，也加大了屋盖水平梁的跨中水平位移。反之，房屋中部纵墙顶的水平侧移较小，则空间性能较好。房屋空间作用的性能，可用空间性能影响系数 $\eta$ 表示，$\eta$ 小说明空间刚度大，空间作用大。通常可按下式计算

$$\eta = u_s / u_p \tag{14.55}$$

式中　$u_s$—— 考虑空间工作时，荷载作用下房屋排架水平位移的最大值；

$u_p$—— 在外荷载作用下，平面排架的水平位移值。

(2) 房屋的静力计算方案

为方便设计，《砌体结构设计规范》以屋盖或楼盖类型(刚度大小)及横墙间距作为主要因素，将混合结构房屋的静力计算方案划分为刚性方案、弹性方案和刚弹性方案 3 种(表 14.27)。

① 刚性方案

刚性方案房屋是指房屋的空间刚度很大时，在水平荷载作用下，房屋的最大位移 $u_{max}$ 很小，这时可以忽略房屋水平位移的影响，屋盖可视为纵向墙体上端的不动铰支座，墙柱内力可按上端有不动铰支承的竖向构件进行计算(图 14.31(a))。当房屋的空间性能影响系数 $\eta < 0.33$ 时，均可按刚性方案计算。

② 弹性方案

弹性方案房屋是指房屋的空间刚度很差时，在水平荷载作用下，房屋的最大位移 $u_{max}$ 已接近平面排架或框架的水平位移 $u_p$，这时墙柱内力可按不考虑空间作用的平面排架或框架计算(图 14.31(b))。当空间性能影响系数 $\eta > 0.77$ 时，均可按弹性方案计算。

③ 刚弹性方案

刚弹性方案房屋是指当房屋的空间刚度介于刚性方案和弹性方案房屋之间时，在水平荷载作用下，纵墙顶端水平位移比弹性方案要小，却又不能忽略，即 $0 < u_s < u_p$。在静力计算时，应按考虑空间工作的平面排架或框架计算(图 14.31(c))。刚弹性方案房屋的计算方法是将楼盖或屋盖视为平面排架或框架的弹性水平支承，将其水平荷载作用下的反力进行折减，然后按平面排架或框架进行计算。当空间性能影响系数 $0.33 < \eta < 0.77$ 时，按刚弹性方案计算。

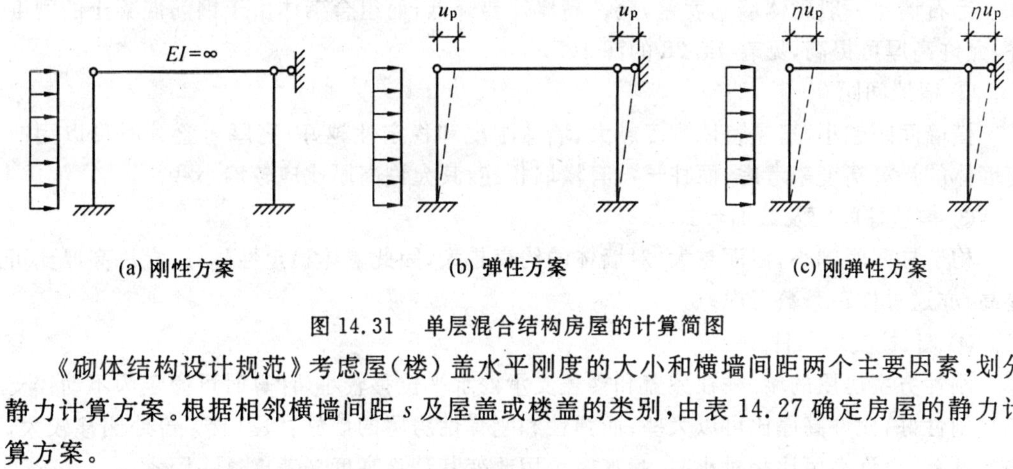


图 14.31　单层混合结构房屋的计算简图

《砌体结构设计规范》考虑屋(楼)盖水平刚度的大小和横墙间距两个主要因素，划分静力计算方案。根据相邻横墙间距 $s$ 及屋盖或楼盖的类别，由表 14.27 确定房屋的静力计算方案。

**表 14.27　房屋的静力计算方案**

| 屋盖(楼盖)类别 | 刚性方案 | 刚弹性方案 | 弹性方案 |
|---|---|---|---|
| 整体式、装配整体式和装配式无檩体系钢筋混凝土屋(楼)盖 | $s < 32$ | $32 \leqslant s \leqslant 72$ | $s > 72$ |
| 装配式有檩体系钢筋混凝土屋盖、轻钢屋盖和有密铺望板的木屋盖或木楼盖 | $s < 20$ | $20 \leqslant s \leqslant 48$ | $s > 48$ |
| 瓦材屋面的木屋盖和轻钢屋盖 | $s < 16$ | $16 \leqslant s \leqslant 36$ | $s > 36$ |

注：1. 表中 $s$ 为房屋横墙间距，其长度单位为 m；

2. 当屋盖、楼盖类别不同或横墙间距不同时，可按《砌体结构设计规范》第 4.2.7 条的规定确定房屋的静力计算方案；

3. 对无山墙或伸缩缝处无横墙的房屋，应按弹性方案考虑。

3. 墙柱高厚比验算

(1) 墙、柱的允许高厚比

高厚比是指墙、柱的高度和其厚度的比值。墙、柱的允许高厚比就是指墙、柱高厚比的限值,用[$\beta$]表示。墙、柱的允许高厚比是保证墙体具备必要的稳定性和刚度的一项重要措施。影响墙、柱允许高厚比的因素包括:

① 砂浆强度等级及砌体类型

砂浆强度直接影响砌体的弹性模量,而砌体弹性模量的大小又直接影响砌体的刚度。所以砂浆强度是影响允许高厚比的重要因素,砂浆强度越高,允许高厚比亦相应增大。《砌体结构设计规范》规定按砂浆强度等级来规定墙、柱的允许高厚比限值(表 14.28)。

表 14.28 墙、柱的允许高厚比[$\beta$]值

| 砂浆强度等级 | 墙 | 柱 |
|---|---|---|
| M2.5 | 22 | 15 |
| M5 | 24 | 16 |
| ≥M7.5 | 26 | 17 |

注:1. 毛石墙、柱允许高厚比应该按表中数值降低 20%;

2. 组合砖砌体构件的允许高厚比可按表中的数值提高 20%,但不得大于 28;

3. 验算施工阶段砂浆尚未硬化的新砌砌体高厚比时,允许高厚比对墙取 14,对柱取 11。

毛石墙比一般砌体墙刚度差,允许高厚比要降低,而组合砌体由于钢筋混凝土的刚度好,允许高厚可提高,见表 14.28 的注 1、2。

② 横墙间距

横墙间距越小,房屋整体刚度越大,墙体刚度和稳定性越好,高厚比验算时可以用改变墙体的计算高度来考虑,而柱子没有横墙相连,其允许高厚比应较墙小些。

③ 构造柱间距及截面形式

构造柱间距越小,截面越大,对墙体的约束越大,因此墙体稳定性越好,允许高厚比可提高。亦通过修正系数考虑。

④ 墙、柱支承条件

刚性方案房屋的墙、柱在屋盖和楼盖支承处水平位移较小(计算时可假定为不动铰支座),刚性好,允许高厚比可以大些;而弹性和刚弹性房屋的墙柱在屋(楼) 盖处侧移较大,稳定性差,允许高厚比相对小些。验算时可用改变其计算高度来考虑这一因素。

⑤ 构件的重要性

对次要构件,如自承重墙允许高厚比可以增大,通过修正系数考虑;对于使用时有振动的房屋则应酌情降低。

(2) 墙、柱的高厚比验算

① 矩形截面墙、柱的高厚比验算

$$\beta = H_0/h \leqslant \mu_1\mu_2[\beta] \tag{14.56}$$

式中 $H_0$—— 墙、柱的计算高度,按表 14.16 取用;

$h$—— 墙厚或矩形柱与所考虑的 $H_0$ 相对应的边长;

$\mu_1$—— 非承重墙允许高厚比的修正系数;

$\mu_2$—— 有门、窗洞口墙允许高厚比的修正系数，按 $\mu_2 = 1 - 0.4b_s/s$ 计算，其中 $b_s$ 为在宽度 $s$ 范围内门窗洞口总宽度，$s$ 为相邻窗间墙或壁柱之间的距离；

$[\beta]$—— 墙、柱的允许高厚比，按表 14.28 取用。

确定计算高度 $H_0$ 和允许高厚比$[\beta]$时，应注意：当与墙连接的相邻两横墙间的距离 $s \leqslant \mu_1\mu_2[\beta]h$ 时，墙的高度可不受式(14.56) 的限制；变截面柱的高厚比可按上、下截面分别验算，验算上柱高厚比时，柱的允许高厚比$[\beta]$可按表 14.28 的数值乘以 1.3 后取用。

② 带壁柱墙的高厚比验算

a. 整片墙的高厚比验算。带有壁柱的整片墙计算截面时，应考虑为 T 形截面，在按式(14.56) 进行验算时，式中的墙厚 $h$ 应采用 T 形截面的折算厚度 $h_T$，即

$$\beta = H_0/h_T \leqslant \mu_1\mu_2[\beta] \tag{14.57}$$

式中　$H_0$—— 带壁柱墙的计算高度，按表 14.16 取用，此时表中的 $s$ 为该带壁柱墙的相邻横墙间的距离；

$h_T$—— 带壁柱墙截面的折算厚度，$h_T = 3.5i$，其中 $i = \sqrt{I/A}$，$I$、$A$ 分别为带壁柱墙截面的惯性矩和面积。

在确定截面回转半径 $i$ 时，带壁柱墙计算截面的翼缘宽度 $b_f$，对于多层房屋，当有门、窗洞口时，可取窗间墙宽度；当无门、窗洞口时，每侧翼缘墙的宽度可取壁柱高度的 1/3。对于单层房屋，$b_f$ 可取壁柱宽度加 2/3 墙高，但不大于窗间墙的宽度或相邻壁柱间的距离。计算带壁柱墙的条形基础时，可取相邻壁柱间的距离。

对于设置构造柱的墙，在使用阶段的高厚比，仍采用式(14.56) 计算，但$[\beta]$可乘以系数 $\mu_c$ 予以提高，$h_T$ 取墙厚，即

$$\beta = H_0/h_T \leqslant \mu_1\mu_2\mu_c[\beta] \tag{14.58}$$

式中　$\mu_c$—— 考虑构造柱影响时墙的允许高厚比$[\beta]$的提高系数，可按下式计算

$$\mu_c = 1 + \gamma b_c/l \tag{14.59}$$

式中　$b_c$—— 构造柱沿墙长方向的宽度；

$l$—— 构造柱的间距；

$\gamma$—— 系数，细料石、半细料石砌体 $\gamma = 0$，混凝土砌块、粗料石、毛料石砌体 $\gamma = 1.0$，砌体砌体 $\gamma = 1.5$。

《砌体结构设计规范》规定，当 $b_c/l > 0.25$ 时，取 $b_c/l = 0.25$；当 $b_c/l < 0.05$ 时，取 $b_c/l = 0$。

b. 壁柱间墙的高厚比验算。壁柱间墙的高厚比可按无壁柱墙的公式(14.56) 进行验算，这时墙的长度 $s$ 取壁柱间的距离。无论带壁柱墙的静力计算采用何种方案，在确定计算高度 $H_0$ 时，可一律按刚性方案考虑。

对于设有钢筋混凝土圈梁的带壁柱墙，当 $b/s \geqslant 1/30$ 时，圈梁视作壁柱间墙不动铰支点($b$ 为圈梁的宽度)。如具体条件不允许增加圈梁宽度，可按等刚度原则增加圈梁高度，以满足柱间墙不动铰支点的要求。

**【例 14.7】**　如图 14.32 所示为某办公楼的平面图，底层墙高 4.1 m，以上各层墙高 3.6 m，外纵墙底层厚 370 mm，以上各层墙厚 240 mm，横墙及内纵墙厚均为 240 mm，隔墙厚 120 mm，采用钢筋混凝土预制板，砂浆等级为 M5，试验算各墙的高厚比。

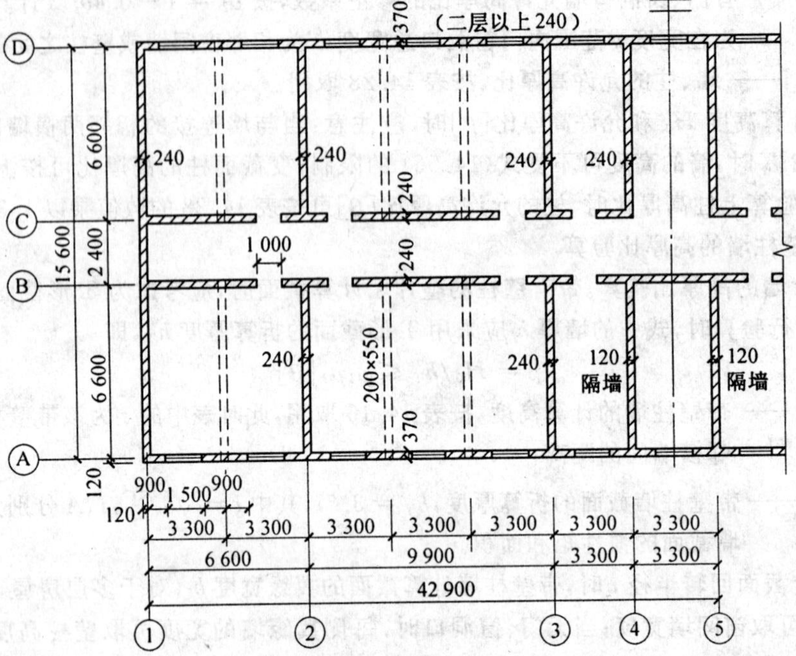


图 14.32　例 14.7 图

**解**　(1) 最大横墙间距 $s = 9.9\ \text{m} < 32\ \text{m}$,根据表 14.27 判断为刚性方案。

承重墙由表 14.28 查得$[\beta] = 24$。

非承重隔墙　$d = 120\ \text{mm}, \mu_1 = 1.44, \mu_2[\beta] = 1.44 \times 24 = 34.6$

(2) 外纵墙高厚比验算

$$\mu_2 = 1 - 0.4b_s/s = 1 - 0.4 \times 1.5/3.3 = 0.82$$

$s = 9.9\ \text{m} > 2H = 2 \times 4.1\ \text{m} = 8.2\ \text{m}$,查表 14.16 得

$$\text{底层}\ H_0 = 1.0H = 4.1\ \text{m},\text{其他各层}\ H_0 = 3.6\ \text{m}$$

底层高厚比　$\beta = H_0/h = 4.1/0.37 = 11.1 < \mu_2[\beta] = 19.7$

二层高厚比　$\beta = H_0/h = 3.6/0.24 = 15 < \mu_2[\beta] = 19.7$

满足要求。

(3) 内纵墙高厚比验算

$$\mu_2 = 1 - 0.4b_s/s = 1 - 0.4 \times 2 \times 1/9.9 = 0.92$$

$$s = 9.9\ \text{m} > 2H = 2 \times 4.1\ \text{m} = 8.2\ \text{m}, H_0 = 4.1\ \text{m}$$

高厚比 $\beta = H_0/h = 4.1/0.24 = 17.1 < \mu_2[\beta] = 22.1$,满足要求。

(4) 横墙高厚比的验算

$$2H > s = 6.6\ \text{m} > H$$

$$H_0 = 0.4s + 0.2H = (0.4 \times 6.6 + 0.2 \times 4.1)\ \text{m} = 3.46\ \text{m}$$

高厚比 $\beta = H_0/h = 3.64/0.24 = 14.4 < [\beta] = 24$,满足要求。

(5) 隔墙高厚比的验算

隔墙一般是后砌在地面垫层上,上端用斜放立砖顶住楼面或楼板,故可简化为按不动铰支点考虑。因两侧与纵墙拉结不好,可按两侧无拉结墙计算,即 $H_0 = 3.6\ \text{m}$。

$\beta = H_0/h = 3.6/0.12 = 30 < [\beta] = 34.6$,满足要求。

### 14.4.2　刚性方案房屋墙体设计计算

**1.刚性构造方案房屋承重纵墙计算**

(1) 计算简图

刚性方案房屋通常选取有代表性的一个开间的窗洞中线间距内的竖向墙带作为计算单元，当纵墙上开有门窗洞口时，取窗间墙截面作为计算截面；当承重纵墙或横墙没有门窗洞口时，可取 1 m 的墙长为计算单元。

由于刚性方案房屋中屋盖和楼盖可以视为纵墙的不动铰支点，因此竖向墙带在承受竖向荷载及水平荷载时，好像一个支承于楼盖及屋盖的竖向连续梁(图 14.33(a))，但是楼盖大梁支承处的墙体截面自内墙向外墙被削弱，可认为大梁顶面位置不能承受内侧受拉的弯矩，将大量支承处视为铰接。底层砖墙与基础连接处，底端也认为是铰接支承。因此，墙体在承受竖向荷载时，每层高度范围内就成了梁端铰接的竖向构件(如图 14.33(b) 为偏心荷载引起的弯矩图)；承受水平荷载时，仍按照支承于楼盖及屋盖的竖向连续梁进行内力计算(图 14.33(c) 为水平荷载引起的弯矩图)。

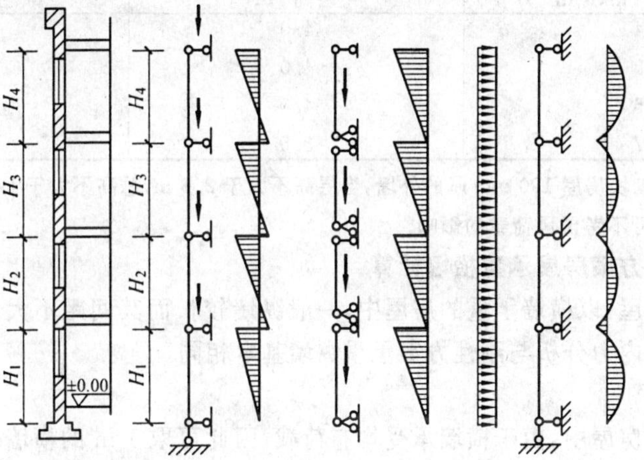


图 14.33　外纵墙计算图形

(2) 内力分析与截面承载力计算

以图 14.33(a) 所示为例，墙带承受着墙体自重、屋盖及楼盖传来的永久荷载和可变荷载等竖向荷载。如图 14.34 所示，楼盖大梁支座处的压力为 $N_l$，是所计算的楼层内，楼盖传来的永久荷载及可变荷载，其合力 $N_l$ 至墙内皮的距离可取 $0.4a_0$。$N_u$ 是由上面各层楼盖或屋盖及墙体自重传来的竖向荷载，作用于上一楼层墙柱的截面重心。

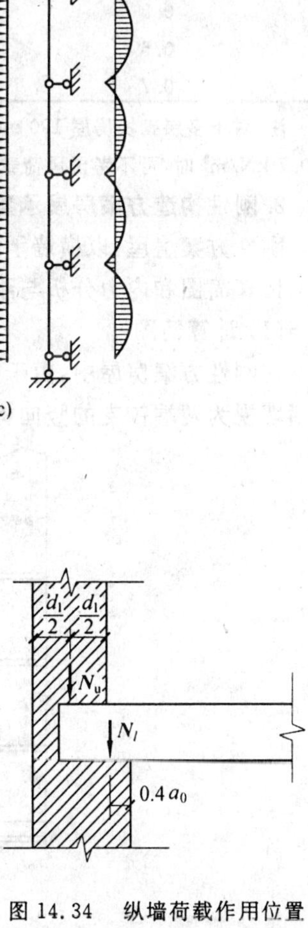


图 14.34　纵墙荷载作用位置

对于每层墙体，楼盖大梁底面、窗口上端、窗台以及下层楼盖大梁底面和《砌体结构设计规范》规定为偏于安全等处的截面面积均以窗间墙计算。其中墙体上端楼盖底面处截面由于弯矩较大，比较不利，但如果弯矩影响较小，有时上层楼盖顶面处截面可能更不利。一般可仅取这两个截面作为控制截面进行墙体的竖向承载力计算。当求出最不利截面的竖向力 $N$ 和竖向力偏心距 $e$ 之后就可按受压构件强度公式进行计算。

在水平荷载(风荷载)作用下，墙体被视作竖向连续梁(图 14.33(c))。为简化计算，《规范》规定，由风荷载设计值所引起的弯矩可按下式计算

$$M=\frac{qH_i^2}{12} \tag{14.60}$$

式中 $H_i$—— 第 $i$ 层层高；

$q$—— 计算单元上沿墙高分布的风荷载设计值。

对刚性方案的房屋，风荷载所引起的内力，往往不足全部内力的5%，而且风荷载参与组合时，可以乘以小于1的组合系数。因此，《砌体结构设计规范》规定，当刚性方案多层房屋的外墙口水平截面面积不超过全截面面积的2/3，层高和总高不超过表14.29的规定，屋面自重不小于0.8 kN/m² 时，静力计算可不考虑风荷载的影响，仅按竖向荷载进行计算。

表 14.29 刚性方案多层房屋外墙不考虑风荷载影响时的最大高度

| 基本风压值 /(kN·m⁻²) | 层高 /m | 总高 /m |
|---|---|---|
| 0.4 | 4.0 | 28 |
| 0.5 | 4.0 | 24 |
| 0.6 | 4.0 | 18 |
| 0.7 | 3.5 | 18 |

注：对于多层砌块房屋 190 mm 厚的外墙，当层高不大于 2.8 m，总高不大于 19.6 m，基本风压不大于 0.7 kN/m² 时，可不考虑风荷载的影响。

**2. 刚性构造方案房屋承重横墙计算**

刚性方案房屋，以横墙承重的房屋中，一般纵墙较长而其间距不大，这种房屋的承重墙的计算简图和内力分析与刚性方案承重纵墙基本相同。

(1) 计算简图

在刚性方案房屋中，由于横墙承受均布荷载，因此可取 1 m 的横墙作为计算单元，每层横墙视为两端铰支的竖向构件(图 14.35)。中间各层的计算高度取楼板底至上层楼板

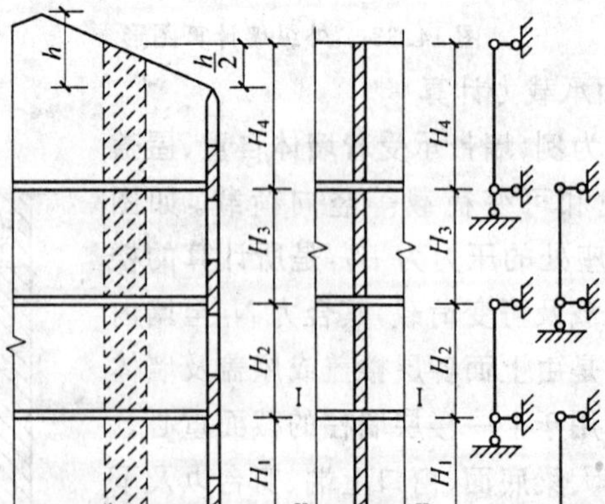


图 14.35 横墙计算简图

底即层高；顶层如为坡屋顶则取层高加山墙尖高的平均高度；底层墙柱下端支点取至条形基础顶面，如基础埋深较大时，一般可取地坪标高 ±0.00 以下 300 ～ 500 mm。

(2) 内力分析与截面承载力计算

横墙除自重外主要承受本层两侧楼(屋) 盖传来的力 $N_l$、$N'_l$ 以及以上各层传来的轴力 $N_0$(图 14.36)，$N_0$ 包括屋盖和楼盖的永久荷载和活荷载以及上部墙体的自重。

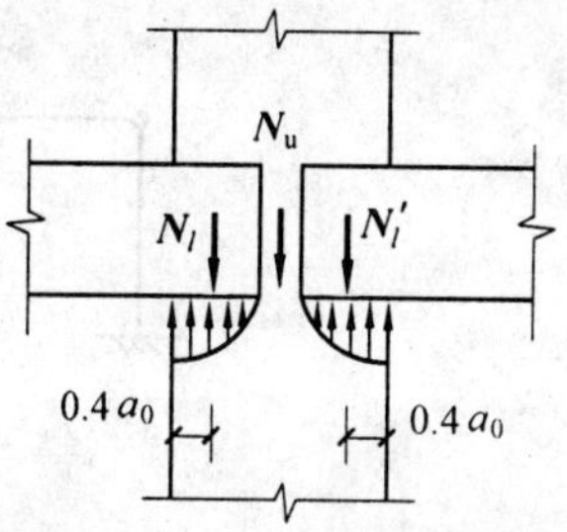


图 14.36　横墙承受的荷载

承重横墙每层墙体控制截面的选取与承重纵墙相同。当墙两侧开间相等且楼面荷载相等时，楼盖传来的轴向力 $N_l$ 与 $N'_l$ 相同，一般按轴心受压计算，此时可只以各层墙体底部截面 Ⅱ—Ⅱ 作为控制截面计算截面的承载力，该截面轴力最大。若相邻两开间不等或楼面荷载不相等时横墙两边楼盖传来的荷载不同，则作用于该层墙体顶部 Ⅰ—Ⅰ 截面的偏心荷载将产生弯矩，Ⅰ—Ⅰ 截面应按偏心受压验算截面承载力。当横墙上设有门窗洞口时，则应取洞口中心线之间的墙体作为计算单元；当有楼面大梁支承于横墙时，应取大梁间距作为计算单元，且进行两端砌体局部受压验算。

### 14.4.3　弹性和刚弹性方案房屋墙体设计计算

**1. 弹性方案房屋墙体的内力计算**

当房屋的横墙间距较大，屋盖和楼盖平面内的刚度较小时，房屋的空间刚度就会很弱，在水平荷载作用下，房屋的水平位移较大。在这种情况下，可将屋盖和楼盖看做是纵墙、柱的滚动铰支承。这种在水平荷载作用下，不考虑房屋空间工作的平面排架或框架的计算方案，墙、柱内力按屋架、梁与墙柱为铰接的，就是弹性方案。弹性方案房屋的计算简图，对于单层房屋，墙、柱内力按单层平面铰接排架进行内力分析(图 14.37(a))；对于多层房屋，墙、柱内力按多层平面框架进行内力分析(图 14.37(b))。

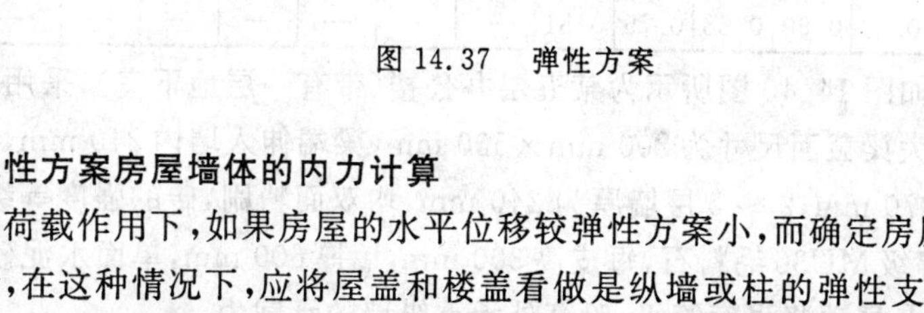


图 14.37　弹性方案

**2. 刚弹性方案房屋墙体的内力计算**

在水平荷载作用下，如果房屋的水平位移较弹性方案小，而确定房屋计算简图时又不能忽略不计，在这种情况下，应将屋盖和楼盖看做是纵墙或柱的弹性支承。这种在水平荷载作用下，墙、柱内力按在横梁处具有弹性支承的平面排架计算的方案，称为刚弹性方案。房屋的计算简图，对于单层房屋，墙、柱内力按在横梁(屋盖) 处具有弹性支承的隔层平面排架计算(图 14.38(a));对于多层房屋,按在横梁(屋盖和楼盖)处具有弹性支承的多层平面排架计算(图 14.38(b))。

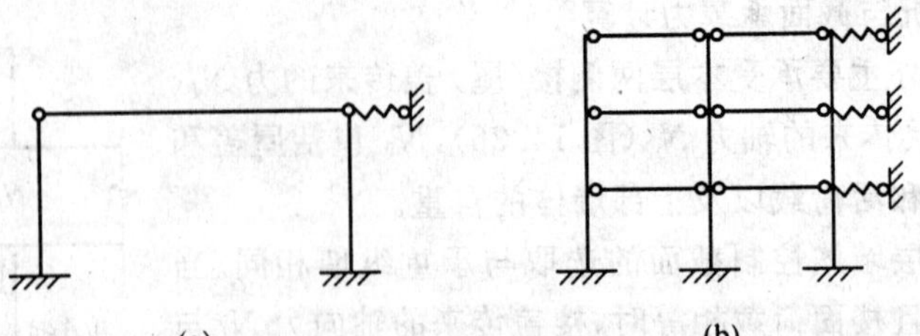

图 14.38　刚弹性方案

本文以最简单的两层单跨对称的刚弹性方案房屋为例(图 14.39(a)),说明刚弹性方案房屋墙柱内力分析可按照下面三个步骤进行:

第一步:在排架横梁与柱节点处附加水平不动铰支座,按刚性方案计算出其在水平荷载作用下无侧移时,两柱的内力 $R_1$ 和不动铰支座反力 $R_2$(图 14.39(b));

第二步:考虑房屋的空间影响作用,将 $R_1$、$R_2$ 分别乘以空间性能影响系数 $\eta_i$(空间性能影响系数,可查表 14.30),反向作用于节点上(图 14.39(c)),计算出两柱的弯矩;

第三步:将第一步与第二步的计算结果累加,即得到最后的弯矩值。

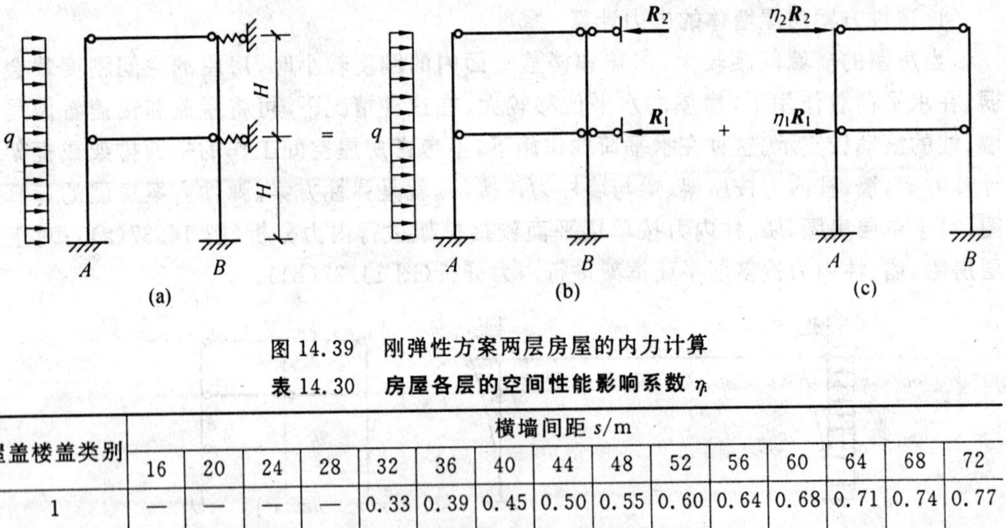


(a)　(b)　(c)

图 14.39　刚弹性方案两层房屋的内力计算

表 14.30　房屋各层的空间性能影响系数 $\eta_i$

| 屋盖楼盖类别 | 横墙间距 s/m | | | | | | | | | | | | | | |
|---|---|---|---|---|---|---|---|---|---|---|---|---|---|---|---|
| | 16 | 20 | 24 | 28 | 32 | 36 | 40 | 44 | 48 | 52 | 56 | 60 | 64 | 68 | 72 |
| 1 | — | — | — | — | 0.33 | 0.39 | 0.45 | 0.50 | 0.55 | 0.60 | 0.64 | 0.68 | 0.71 | 0.74 | 0.77 |
| 2 | — | 0.35 | 0.45 | 0.54 | 0.61 | 0.68 | 0.73 | 0.78 | 0.82 | — | — | — | — | — | — |
| 3 | 0.37 | 0.49 | 0.60 | 0.68 | 0.75 | 0.81 | — | — | — | — | — | — | — | — | — |

**【例 14.8】**　如图 14.40 图所示为某五层办公楼(带有一层地下室),采用装配式钢筋混凝土梁板结构,大梁截面尺寸为 200 mm×500 mm,梁端伸入墙内 240 mm,大梁间距为 3.6 m。底层墙厚 370 mm,2～5 层墙厚为 240 mm,均双面粉刷,砖的强度等级 MU10,地下室墙采用强度等级 MU30 毛料石,每皮高 300 mm,墙厚 600 mm,单面水泥砂浆粉刷,厚度 20 mm,试确定各层砂浆强度等级,验算外承重纵墙的承载力。

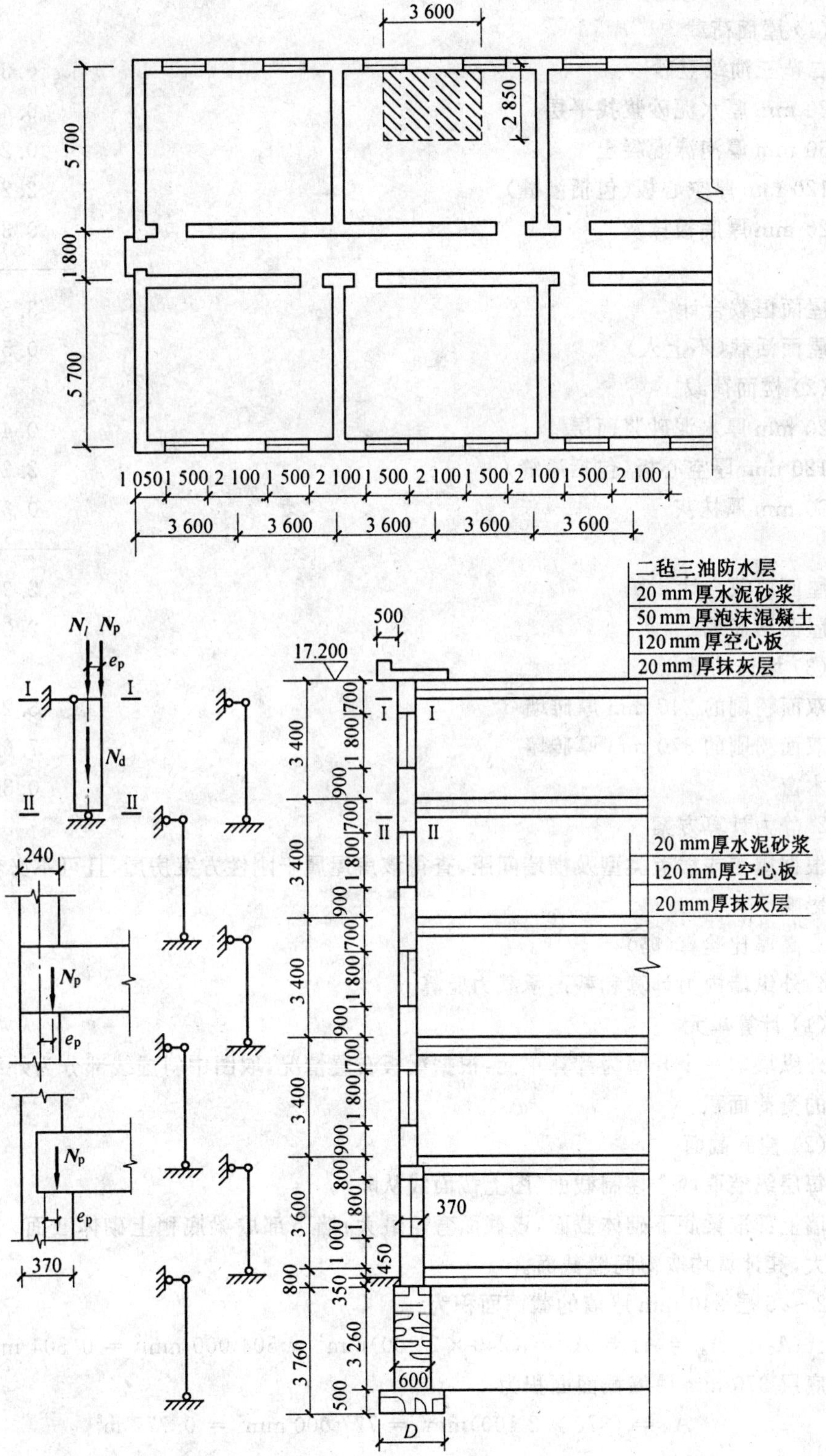

3 600
2 850
5 700
1 800
5 700
1 050 1 500 2 100 1 500 2 100 1 500 2 100 1 500 2 100 1 500 2 100
3 600　3 600　3 600　3 600　3 600
二毡三油防水层
20 mm厚水泥砂浆
50 mm厚泡沫混凝土
120 mm厚空心板
20 mm厚抹灰层
500
17.200
20 mm厚水泥砂浆
120 mm厚空心板
20 mm厚抹灰层
N_l N_p
e_p
N_d
I　I
II　II
240
370
3 400
3 400
3 400
3 400
3 600
800
3 760
700 1 800 900
800 1 800 1 000 450 350
3 260
500
600
D


图 14.40　例 14.8 图

解　1.荷载计算

(1) 屋面荷载

| | |
|---|---|
| 二毡三油绿豆砂 | 0.35 kN/m² |
| 20 mm 厚水泥砂浆找平层 | 0.40 kN/m² |
| 50 mm 厚泡沫混凝土 | 0.25 kN/m² |
| 120 mm 厚空心板(包括灌缝) | 2.20 kN/m² |
| 20 mm 厚底板抹灰 | 0.34 kN/m² |
| 屋面恒载合计 | 3.54 kN/m² |
| 屋面活载(不上人) | 0.50 kN/m² |

(2) 楼面荷载

| | |
|---|---|
| 20 mm 厚水泥砂浆面层 | 0.40 kN/m² |
| 120 mm 厚空心板(包括灌缝) | 2.20 kN/m² |
| 20 mm 厚抹灰 | 0.34 kN/m² |
| 屋面恒载合计 | 2.94 kN/m² |
| 屋面活荷载 | 2.00 kN/m² |

(3) 墙体荷载

| | |
|---|---|
| 双面粉刷的 240 mm 厚砖墙 | 5.24 kN/m² |
| 双面粉刷的 370 mm 厚砖墙 | 7.62 kN/m² |
| 木窗 | 0.30 kN/m² |

2.静力计算方案

根据屋盖或楼盖类型及横墙间距，查得该房屋属于刚性方案房屋，且可不必考虑风荷载的影响。

3.高厚比验算(略)

4.外纵墙内力计算和截面承载力验算

(1) 计算单元

外纵墙取一个开间为计算单元，根据梁板布置情况，取图中斜虚线部分为外纵墙计算单元的受荷面积。

(2) 控制截面

每层纵墙取两个控制截面(图上截面线从略)。

墙上部取梁底下砌体截面，该截面弯矩最大；墙下部取梁底稍上砌体截面，该截面轴力最大，其计算均取窗间墙截面。

2～5 层 240 mm 厚墙的截面面积为

$$A_2 = A_3 = A_4 = A_5 = (240 \times 2\,100)\text{mm}^2 = 504\,000\ \text{mm}^2 = 0.504\ \text{m}^2$$

底层 370 mm 厚墙截面面积为

$$A_1 = (370 \times 2\,100)\text{mm}^2 = 777\,000\ \text{mm}^2 = 0.777\ \text{m}^2$$

(3) 荷载计算

此办公楼为一般民用建筑物，安全等级为二级。按《建筑结构荷载规范》(GB 50009－2001) 规定：

结构的重要性系数：$\gamma_0 = 1.0$；

永久荷载的分项系数：$\gamma_G = 1.2$；

可变荷载的分项系数：$\gamma_Q = 1.4$。

当设计墙、柱和基础时，计算截面以上各楼层活荷载应乘以折减系数，当计算截面以上楼层数为 2～3 层时，折减系数为 0.85；4～5 层时，折减系数为 0.70。

屋面荷载：

$$q_1/(\mathrm{kN}\cdot\mathrm{m}^{-2}) = 1.2\times3.54+1.4\times0.50 = 4.948$$

楼面荷载：静荷载

$$q_2/(\mathrm{kN}\cdot\mathrm{m}^{-2}) = 1.2\times2.94 = 3.528$$

活荷载

$$q_3/(\mathrm{kN}\cdot\mathrm{m}^{-2}) = 1.4\times2.00 = 2.800$$

墙体自重：

第 5 层 Ⅰ—Ⅰ 截面以上 240 mm 墙体自重为

$$N'_{d5}/\mathrm{kN} = 1.2\times3.6\times(0.5+0.12+0.02)\times5.24 = 14.50$$

第 3～5 层 Ⅰ—Ⅰ 截面到 Ⅱ—Ⅱ 截面 240 mm 厚墙体自重为

$$N_{d3}/\mathrm{kN} = N_{d4} = N_{d5} = 1.2\times(3.6\times3.4-1.5\times1.8)\times5.24+1.2\times1.5\times1.8\times0.3 = 60.96$$

第 2 层 Ⅰ—Ⅰ 截面到 Ⅱ—Ⅱ 截面墙体自重为(370 mm 厚的部分为 0.64 m 高)

$$N_{d2}/\mathrm{kN} = 60.96-14.5+1.2\times3.6\times0.64\times7.62 = 67.54$$

底层 370 mm 厚墙体自重为

$$N_{d1}/\mathrm{kN} = 1.2\times[3.6\times(3.6+0.8-0.64)-1.5\times1.8]\times7.62+1.2\times1.5\times1.8\times0.3 = 100.06$$

大梁自重(线荷载)：

$$q_4/(\mathrm{kN}\cdot\mathrm{m}^{-1}) = 1.2\times0.2\times0.5\times25 = 3.0$$

(4) 内力分析

屋面传来的集中荷载

$$N_{p5}/\mathrm{kN} = 3.6\times(2.85+0.5)\times4.948+2.85\times3.0 = 68.22$$

楼面传来的集中荷载：

当折减系数为 0.85 时

$$N_{p1}/\mathrm{kN} = N_{p2} = N_{p3} = N_{p4} = 3.6\times2.85\times(3.528+0.85\times2.8)+2.85\times3.0 = 69.2$$

当折减系数为 0.70 时

$$N'_{p1}/\mathrm{kN} = N'_{p2} = N'_{p3} = N'_{p4} = 3.6\times2.85\times(3.528+0.70\times2.8)+2.85\times3.0 = 65.0$$

第 2～5 层墙顶大梁反力偏心距：

当选用 M5 砂浆时

$$a_0/\text{mm} = 10\sqrt{\frac{h_c}{f}} = 10 \times \sqrt{\frac{500}{1.5}} = 182$$

$$e_p/\text{mm} = \frac{d}{2} - 0.4a_0 = \frac{240}{2} - 0.4 \times 182 = 47.2$$

当选用 M2.5 砂浆时

$$a_0/\text{mm} = 10\sqrt{\frac{h_c}{f}} = 10 \times \sqrt{\frac{500}{1.3}} = 196$$

$$e_p/\text{mm} = \frac{d}{2} - 0.4a_0 = \frac{240}{2} - 0.4 \times 196 = 41.6$$

底层墙顶大梁反力偏心距:

当选用 M5 砂浆时

$$e_p/\text{mm} = \frac{d}{2} - 0.4a_0 = \frac{370}{2} - 0.4 \times 182 = 112.2$$

2 层对底层墙的偏心距:

$$e_u/\text{mm} = \frac{370}{2} - \frac{240}{2} = 65$$

(5) 内力组合及截面验算

① 第 3 层墙体

从第 3 层开始验算,假定第 3 层及以上各层墙体均采用 M2.5 砂浆,取两个控制截面进行验算,上截面 Ⅰ—Ⅰ 为墙体顶部位于大梁底的砌体截面,下截面 Ⅱ—Ⅱ 为墙体下部截面。

第 3 层 Ⅰ—Ⅰ 截面的内力组合及承载力验算

$$N_{Ⅰ-3}/\text{kN} = N_{p5} + N_{p4} + N_{p3} + N'_{d5} + N_{d5} + N_{d4} =$$
$$68.22 + 2 \times 69.2 + 14.5 + 2 \times 60.96 = 343.04$$

$$M_{Ⅰ-3}/(\text{kN} \cdot \text{mm}) = N_{p3}e_p = 69.2 \times 41.6 = 2\,878.7$$

当采用 MU10 砖、M2.5 砂浆时,查表得砌体的抗压强度设计值 $f = 1.30\ \text{N/mm}^2$

截面面积 $A/\text{mm}^2 = 240 \times 2\,100 = 504\,000$

墙的计算高度 $H_0 = 3\,400\ \text{mm}$

墙的高厚比 $\beta = \frac{H_0}{h} = \frac{3\,400}{240} = 14.2$

$$e/\text{mm} = \frac{M_{Ⅰ-3}}{N_{Ⅰ-3}} = \frac{2\,878.7}{343.04} = 8.39$$

$$\frac{e}{h} = \frac{8.39}{240} = 0.035$$

由 M2.5,$\beta = 14.2$,$\frac{e}{h} = 0.035$,查表可得 $\varphi = 0.64$,则

$$N_u/\text{kN} = \varphi f A = 0.64 \times 1.30 \times 0.504 \times 10^3 = 419.3 > N_{Ⅰ-3} = 343.04\ \text{kN}$$

截面承载力满足要求。

第 3 层 Ⅱ—Ⅱ 截面内力组合及承载力验算

$$N_{\text{II-3}}/\text{kN} = N_{\text{I-3}} + N_{d3} = 343.04 + 60.96 = 404$$
$$M_{\text{II-3}} = 0$$

由 M2.5，$\beta = 14.2$，$\frac{e}{h} = 0$，查表可得 $\varphi = 0.71$，则

$$N_u/\text{kN} = \varphi f A = 0.71 \times 1.30 \times 0.504 \times 10^3 = 465.20 > N_{\text{II-3}} = 404\ \text{kN}$$

截面承载力满足要求。

② 第 2 层墙体

第 2 层 Ⅰ—Ⅰ 截面内力组合及承载力验算

$$N_{\text{I-2}}/\text{kN} = N_{\text{II-3}} + N_{p2} = 404 + 69.2 = 473.20$$
$$M_{\text{I-2}}/(\text{kN}\cdot\text{mm}) = N_{p2}e_p = 69.2 \times 41.6 = 2\,878.7$$
$$e/\text{mm} = \frac{M_{\text{I-2}}}{N_{\text{I-2}}} = \frac{2\,878.7}{473.20} = 6.08$$
$$\frac{e}{h} = \frac{6.08}{240} = 0.025$$

由 M2.5，$\beta = 14.2$，$\frac{e}{h} = 0.025$，查表可得 $\varphi = 0.655$，则

$$N_u/\text{kN} = \varphi f A = 0.655 \times 1.30 \times 0.504 \times 10^3 = 429.16 > N_{\text{I-2}} = 473.20\ \text{kN}$$

截面承载力不足，把砂浆由 M2.5 提高到 M5，$f = 1.50\ \text{N/mm}^2$，则

$$M_{\text{I-2}}/(\text{kN}\cdot\text{mm}) = N_{p2}e_p = 69.2 \times 47.2 = 3\,266.2$$
$$e/\text{mm} = \frac{M_{\text{I-2}}}{N_{\text{I-2}}} = \frac{3\,266.2}{473.20} = 6.90$$
$$\frac{e}{h} = \frac{6.90}{240} = 0.029$$

由 M5，$\beta = 14.2$，$\frac{e}{h} = 0.029$，查表可得 $\varphi = 0.705$，则

$$N_u/\text{kN} = \varphi f A = 0.705 \times 1.50 \times 0.504 \times 10^3 = 533.0 > N_{\text{I-2}} = 473.20\ \text{kN}$$

截面承载力满足要求。

第 2 层 Ⅱ—Ⅱ 截面内力组合及承载力验算

$$N_{\text{II-2}}/\text{kN} = N_{\text{I-2}} + N_{d2} = 473.20 + 67.54 = 540.74$$
$$M_{\text{II-2}} = 0$$

由 M5，$\beta = 14.2$，$\frac{e}{h} = 0$，查表可得 $\varphi = 0.765$，则

$$N_u/\text{kN} = \varphi f A = 0.765 \times 1.50 \times 0.504 \times 10^3 = 578.3 > N_{\text{II-2}} = 540.74\ \text{kN}$$

截面承载力满足要求。

③ 底层墙体

墙体厚 370 mm，$A = 370 \times 2\,100\ \text{mm}^2 = 777\,000\ \text{mm}^2 = 0.777\ \text{m}^2$

采用 M5 砂浆

底层 Ⅰ—Ⅰ 截面内力组合及承载力验算：

因截面以上楼盖有 4 层，活荷载折减系数为 0.70，把 $N_p$ 改为 $N'_p$，则

$$N_{\text{I-1}}/\text{kN}=N_{\text{II-2}}-(N_{p2}+N_{p3}+N_{p4})+(N'_{p1}+N'_{p2}+N'_{p3}+N'_{p4})=$$
$$540.74-3\times 69.2+4\times 65.0=593.14$$
$$M_{\text{I-1}}/(\text{kN}\cdot\text{mm})=(N_{\text{I-1}}-N'_{p1})e_u-N'_{p1}e_p=$$
$$(593.14-65)\times 65-65\times 112.2=27\ 036.1$$
$$e/\text{mm}=\frac{M_{\text{I-1}}}{N_{\text{I-1}}}=\frac{27\ 036.1}{593.14}=45.58$$
$$\frac{e}{h}=\frac{45.58}{370}=0.123$$
$$\beta=\frac{H_0}{h}=\frac{3\ 760}{370}=10.1$$

由 M5,$\beta=10.1$,$\frac{e}{h}=0.123$,查表可得 $\varphi=0.6$,则

$$N_u/\text{kN}=\varphi fA=0.6\times 1.50\times 0.777\times 10^3=699.3>N_{\text{I-1}}=593.14\ \text{kN}$$

底层 Ⅱ—Ⅱ 截面内力组合及承载力验算

$$N_{\text{II-1}}/\text{kN}=N_{\text{I-1}}+N_{d1}=593.14+100.06=693.20$$
$$M_{\text{II-1}}=0$$

由 M5,$\beta=10.1$,$\frac{e}{h}=0$,查表可得 $\varphi=0.87$,则

$$N_u/\text{kN}=\varphi fA=0.87\times 1.50\times 0.777\times 10^3=1\ 014.0>N_{\text{II-1}}=693.20\ \text{kN}$$

截面承载力满足要求。

## 14.5 过梁、墙梁、挑梁及墙体的构造措施

### 14.5.1 过梁

过梁就是设在门窗洞口上部,用于承受门窗洞口上部墙体以及梁板传来的荷载而设置的梁。

**1.过梁的类型及构造要求**

常用的过梁有砖砌过梁和钢筋混凝土过梁两种类型。砖砌过梁又可细分为砖砌平拱过梁、砖砌弧拱过梁和钢筋砖过梁、钢筋混凝土过梁 4 种类型(图 14.41)。

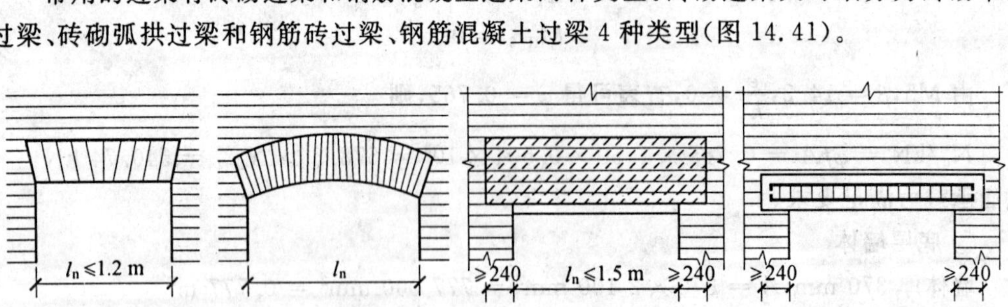


(a) 砖砌平拱过梁　(b) 砖砌弧拱过梁　(c) 钢筋砖过梁　(d) 钢筋混凝土过梁

图 14.41　砌体过梁

(1) 砖砌平拱过梁

砖砌平拱过梁跨度 $l_n$ 一般不应超过 1.2 m，用砖强度等级不宜低于 MU10，砂浆的强度等级不宜低于 M5。

(2) 砖砌弧拱过梁

砖砌弧拱过梁的矢高 $f = (1/12 \sim 1/8)l_n$ 时，最大跨度为 2.5 ～ 3.0 m；矢高 $f = (1/6 \sim 1/5)l_n$ 时，最大跨度为 3.0 ～ 4.0 m。

(3) 钢筋砖过梁

钢筋砖过梁跨度不应超过 1.5 m，砂浆层内钢筋直径不应小于 5 mm，间距不宜大于 120 mm，钢筋伸入支座砌体内长度不应小于 240 mm。

(4) 钢筋混凝土过梁

钢筋混凝土过梁一般采用预制构件，支承长度不宜小于 240 mm，对有较大震动荷载或可能产生不均匀沉降的房屋，应采用钢筋混凝土过梁。

**2. 过梁上的荷载**

所谓过梁上的荷载就是作用于过梁上的墙体自重和过梁计算高度范围内的梁、板荷载。

大量的过梁试验表明，当过梁上墙体达到一定高度时，过梁上墙体形成的内拱将使一部分荷载直接传给支座。《砌体结构设计规范》规定过梁的荷载应按下列规定采用(表 14.31)。

**表 14.31　过梁上的荷载取值表**

| 类型 | $h_w$ | 砌体种类 | 荷载取值 | |
|---|---|---|---|---|
| 墙体荷载 | 过梁上墙体高度 | 砖砌体 | $h_w < l_n/3$ | 按墙体的均布自重采用 |
| | | | $h_w \geqslant l_n/3$ | 按高度为 $l_n/3$ 的墙体的均布自重采用 |
| | | 混凝土砌块砌体 | $h_w < l_n/2$ | 按墙体的均布自重采用 |
| | | | $h_w \geqslant l_n/2$ | 按高度为 $l_n/2$ 的墙体的均布自重采用 |
| 梁板荷载 | 梁板下墙体高度 | 砖或小型砌块砌体 | $h_w < l_n$ | 按梁板传来的荷载采用 |
| | | | $h_w \geqslant l_n$ | 梁板荷载不予考虑 |

**3. 过梁承载力的计算**

砖砌平拱过梁的截面计算高度一般取 $l_n/3$，如需要考虑上部梁板的荷载，则计算高度取梁板底至过梁底的高度。砖砌平拱过梁跨中截面受弯承载力可按式(14.35) 计算，即

$$M \leqslant f_{tm}W$$

过梁由于两端墙体的抗推力而提高了沿通缝的弯曲抗拉强度，因此，砌体弯曲抗拉强度取沿齿缝截面的数值，平拱截面受剪承载力可按式(14.36) 计算，即

$$V \leqslant f_v bZ$$

过梁的弯曲抗剪承载力与平拱过梁计算方法相同，钢筋砖过梁跨中正截面承载力可按下式计算

$$M \leqslant 0.85 h_0 A_s f_y \tag{14.61}$$

式中　$h_0$ —— 过梁截面有效高度，用过梁的截面计算高度 $h$ 减去受拉钢筋重心至梁截面下边缘的距离 $a_s$ 计算得，一般取 $a_s = 15 \sim 20$ mm；

$A_s$—— 受拉钢筋的截面面积；

$f_y$—— 受拉钢筋强度设计值。

钢筋混凝土过梁按钢筋混凝土受弯构件计算，且要验算过梁下砌体局部受压承载力，由于过梁与上部墙体共同工作，梁端的变形很小，可取其有效支承长度 $a_0$ 与实际支承长度相等，且局部压应力图形完整系数 $\eta = 1.0$，在计算时取 $\psi = 0$ 不考虑上层荷载的影响。

**【例 14.9】** 已知钢筋砖过梁净跨 $l_n = 1.2$ m，墙厚为 240 mm，在离窗口顶面标高 500 mm 处作用有楼板传来的均布恒荷载标准值 6.0 kN/m，均布活荷载标准值 5.0 kN/m，采用 MU15 烧结多孔砖、M7.5 混合砂浆砌筑，试验算过梁的承载力。

**解** (1) 内力计算

$h_w = 0.5\ \text{m} < l_n = 1.2\ \text{m}$，故必须考虑梁板荷载，过梁计算高度取 500 mm。

过梁自重标准值(计入两面抹灰)

$$0.5 \times (0.24 \times 19 + 2 \times 0.02 \times 17)\text{kN/m} = 2.62\ \text{kN/m}$$

按永久荷载控制时，作用在过梁上的均布荷载设计值为

$$q/(\text{kN} \cdot \text{m}^{-1}) = 1.35 \times (6.0 + 2.62) + 1.4 \times 0.7 \times 5.0 = 16.57$$

$$M/(\text{kN} \cdot \text{m}) = \frac{ql_n^2}{8} = 16.57 \times \frac{1.2^2}{8} = 2.98$$

$$V/\text{kN} = \frac{ql_n}{2} = 16.57 \times \frac{1.2}{2} = 9.94$$

(2) 受弯承载力

$$h_0/\text{mm} = 500 - 15 = 485$$

采用 HPB235 级钢筋，$f_y = 210\ \text{N/mm}^2$，$2\phi 6(A_s = 57\ \text{mm}^2)$。

$$0.85 f_y A_s h_0 = (0.85 \times 210 \times 57 \times 485 \times 10^{-6})\text{kN} \cdot \text{m} = 4.93\ \text{kN} \cdot \text{m} > 2.98\ \text{kN} \cdot \text{m}$$

满足要求。

(3) 受剪承载力计算

砌体抗剪强度设计值查表得 $f_v = 0.17\ \text{N/mm}^2$，则

$$z/\text{mm} = \frac{2}{3}h = \frac{2}{3} \times 500 = 333$$

$$f_v bz = (0.17 \times 240 \times 333)\ \text{N} = 13.58\ \text{kN} > V = 9.94\ \text{kN}$$

满足要求。

### 14.5.2 墙梁

**1. 墙梁的构造要求**

墙梁就是指由钢筋混凝土托梁，以及托梁以上计算高度范围内的墙体组成的组合构件。墙梁包括简支墙梁、连续墙梁和框支墙梁，可划分为承重墙梁和自承重墙梁。墙梁可用于一般的工业与民用建筑，如商场、住宅以及工业厂房的围护墙等建筑。墙梁的构造要符合《砌体结构设计规范》和《混凝土结构设计规范》的有关构造规定，此外，还要符合以下要求：

(1) 材料

① 托梁的混凝土强度等级不低于 C30；

② 墙梁的纵向钢筋宜采用强度等级为 HRB335、HRB400、RRB400 的钢筋；

③ 用于承重墙梁的砖、块体的强度等级不宜低于 MU10，计算高度范围内墙体的砂浆强度等级不应低于 M10。

(2) 墙体

① 设有承重的简支墙梁、连续墙梁的房屋，及框支墙梁的上部砌体房屋，应满足刚性方案房屋的要求。

② 墙梁计算高度范围内的墙体，每天可砌高度不应超过 1.5 m，超过时要加设临时支撑；

③ 墙梁洞口上方需设置支承长度不应小于 240 mm 的混凝土过梁，且洞口范围内不应施加集中荷载；

④ 墙梁的计算高度范围内的墙体厚度，对砖砌体不应小于 240 mm，对混凝土小型砌块砌体不应小于 190 mm；

⑤ 框支墙梁的框架柱上方应设置构造柱，墙梁顶面及托梁标高的翼墙应设置圈梁，构造柱应与每层圈梁连接；

⑥ 承重墙梁的支座处应设置落地翼墙，对于砖砌体翼墙厚度不应小于 240 mm，对于混凝土砌块砌体翼墙厚度不应小于 190 mm，且翼墙宽度不应小于墙体墙梁厚度的 3 倍，并与墙体墙梁同时砌筑。当不能设置翼墙时，应设置落地混凝土构造柱。

(3) 托梁

① 承重墙梁的托梁跨中截面纵向受力钢筋总配筋率不应小于 0.6%；

② 托梁每跨底部的纵向钢筋不得在跨中段弯起或截断，均应通长设置，钢筋接长宜采用机械连接或焊接；

③ 承重墙梁的托梁的纵向受力钢筋应伸入支座，并应符合受拉钢筋的最小锚固要求，在砌体墙、柱上的支承长度不应小于 350 mm；

④ 托梁截面高度 $h \geqslant 500$ mm 时，应沿梁高设置直径不小于 12 mm，间距不应大于 200 mm 的通长水平腰筋；

⑤ 有墙梁的房屋的托梁两边各一个开间及相邻开间处应采用现浇钢筋混凝土楼盖，楼板的厚度不宜小于 120 mm，当楼板厚度大于 150 mm 时，宜采用双层双向钢筋网，楼板上应少开洞，洞口尺寸大于 800 mm 时应设洞边梁。

⑥ 在托梁距边支座 $l_0/4$ 范围内，其上部钢筋面积不应小于跨中下部钢筋面积的 1/3；连续墙梁或多跨框支墙梁的托梁中支座上部附加纵向钢筋从支座边算起每边延伸不少于 $l_0/4$；

⑦ 现浇托梁需要在混凝土达到设计强度 80% 后拆模，否则应加设临时支撑；冬季施工托梁下应加设临时支撑，在墙梁计算高度范围内的砌体强度达到设计强度的 80% 以前，不得拆除。

**2. 受力性能与破坏形态**

(1) 墙梁的受力性能

无洞口梁在未出现裂缝前，其受力性能如图 14.42(a) 所示，为根据有限元计算结果得到简支墙梁在均布荷载作用下墙梁的主应力迹线。作用在墙梁上的荷载是通过墙体拱作用传向两边支座,两边主应力迹线直接指向支座,在支座附近托梁的上方形成很大的主压应力集中,两者形成一个带拉杆拱的受力机构(图 14.42(b)),内力分布示意如图 14.42(c) 所示,这种受力格局从墙梁受力开始一直延续到破坏。

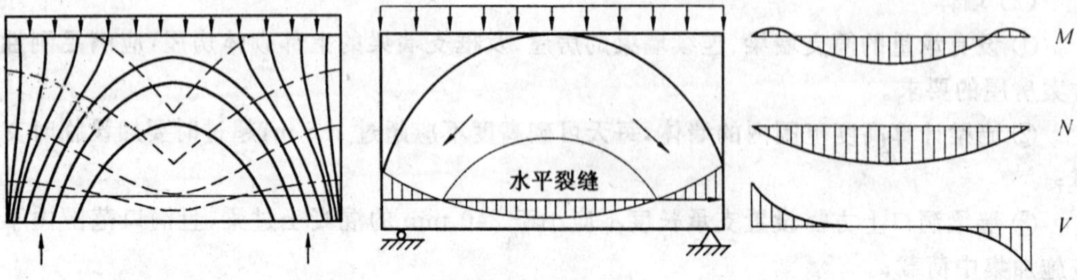


(a) 主应力迹线　　(b) 受力机构　　(c) 内力分布

图 14.42　均布荷载作用下的应力状态

当墙梁上有洞口时,通常有中开洞口和偏开洞口两种形式,随洞口位置的不同,具有不同的受力性能。当中开洞口时(图 14.43),墙体虽有所削弱,但并不影响墙梁的组合拱受力性能,其应力分布和主应力迹线与无洞口墙梁基本一致。当洞口为偏开时(图 14.44(a)),墙体顶部荷载一部分向两支座传递,另一部分则向门洞内侧附近的托梁上传递,形成一个大拱内套一个小拱的受力形式(图 14.44(b)),托梁既是大拱的拉杆,又是小拱的弹性支座,形成梁拱组合受力机构(内力分布如图 14.44(c) 所示)。墙体开洞使墙梁的刚度明显削弱,但仍然比一般的钢筋混凝土梁的强度大很多。

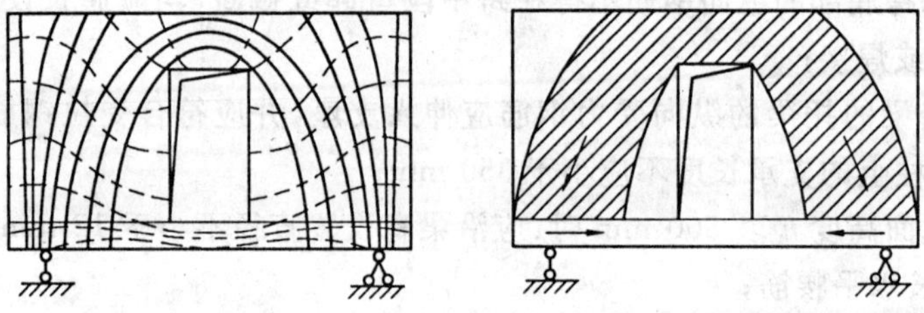

(a) 主应力迹线　　(b) 受力机构

图 14.43　中开洞口墙梁的应力状态

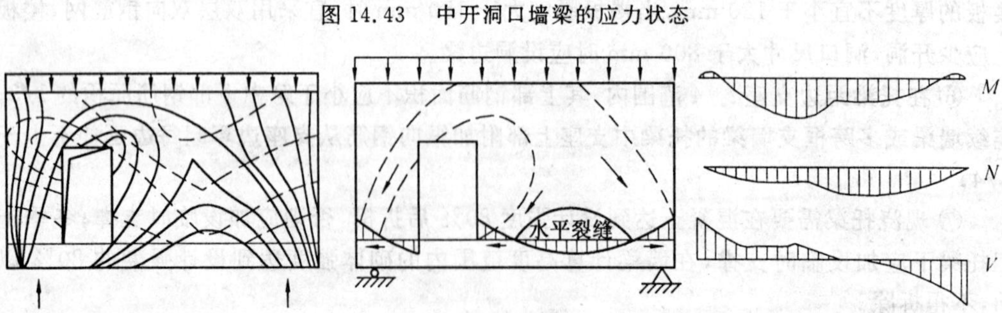


(a) 主应力迹线　　(b) 受力机构　　(c) 内力分布

图 14.44　偏开洞口墙梁的应力状态

(2) 墙梁的破坏形态

墙梁的破坏与墙体高跨比、托梁高跨比、砌体及混凝土强度、墙体开洞、荷载施加方式等因素有关，主要有以下几种破坏形态。

① 弯曲破坏

当墙梁中的托梁纵向受力钢筋配置较弱，砌体强度相对较高时，在均布荷载作用下，钢筋混凝土托梁受拉开裂后，钢筋应力随荷载增加而增大，直至托梁的下部及上部钢筋先后屈服，沿跨中垂直截面发生拉弯破坏(图 14.45(a))。

偏洞口墙梁的受弯破坏截面出现在近跨中的洞口边，洞口内侧边缘托梁垂直截面下部开裂，裂缝宽度随荷载的增大而增大，并向上延伸。托梁下部受拉钢筋屈服后，托梁刚度迅速降低，引起托梁与墙体之间的内力重分布，墙体随之破坏(图 14.45(b))。

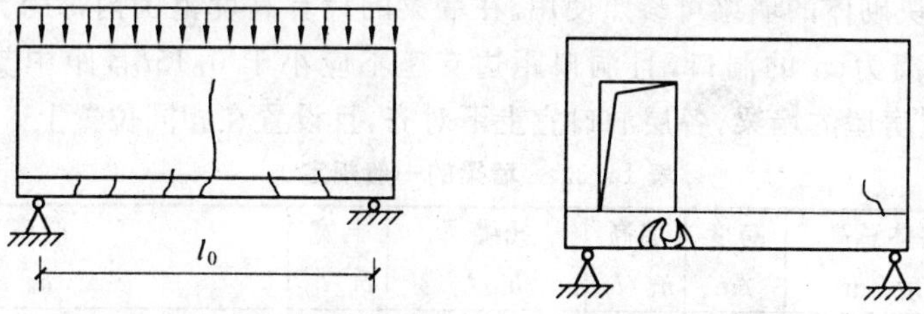


(a)　　　　　　(b)

图 14.45　墙梁弯曲破坏

② 剪切破坏

当无洞口墙梁中墙体的强度较低，在上部竖向荷载作用下，常发生沿墙体斜截面的剪切破坏。当托梁配筋较多，并且梁端砌体局部受压承载力得到保证时，一般发生墙体剪切破坏。当墙体高跨比较小($h_w/l_{0i} \leqslant 0.5$)时，发生斜拉破坏，墙体在主拉应力作用下产生比较平缓的阶梯形斜拉裂缝，斜拉破坏的承载能力较低(图 14.46(a))；当墙体高跨比较大($h_w/l_{0i} > 0.5$)时，发生斜压破坏，当墙体在主压应力作用下沿支座斜上方产生较陡的斜裂缝，并贯穿到墙顶后，墙梁破坏(图14.46(b))，斜压破坏的承载力较高；无洞口墙梁在集中荷载作用下，当荷载较大，砌体强度较低时，往往在荷载作用点与支座垫板的连线上突然出现一条或几条斜裂缝，并迅速扩展，贯穿墙体全高，墙梁发生劈裂破坏(图 14.46(c))。

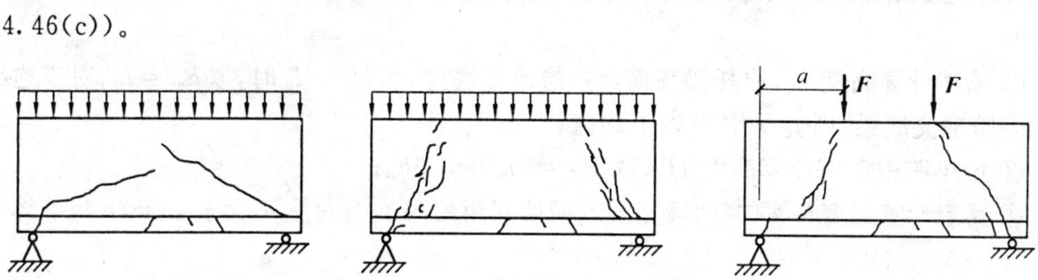


(a) 斜拉破坏　　　　(b) 斜压破坏　　　　(c) 劈裂破坏

图 14.46　无洞口墙梁破坏形态

有洞口墙梁的墙体在达到 60% ～ 80% 的破坏荷载时，距洞口较小一侧的支座斜上方出现趋势较陡的斜裂缝；随着荷载的增加，最后砌体沿裂缝方向压碎，这种破坏为斜压破坏。当洞口距较小、托梁混凝土强度较低、箍筋数量较少时，洞口处托梁因为过大的剪力而发生斜截面剪切破坏。

③ 局压破坏

一般当托梁配筋较多,砌体高跨比较大($h_w/l_{0i}>0.75$),且强度不高时,在顶部荷载的作用下,支座上部垂直应力高度集中,首先出现多条细微垂直裂缝,裂缝随荷载的增大而增多,最后该处砌体剥落,最后压碎,导致墙梁丧失承载能力。开洞口墙梁除了在梁端支座上方托梁与墙体交界面上发生较大竖向压应力集中外,在洞口上部与小墙肢交接处也有较大竖向压应力集中,当砌体抗压强度过低时,在这些地方均可能发生局部受压破坏。

**3. 墙梁结构设计规定**

(1) 墙梁计算的一般规定

当墙梁采用烧结普通砖、烧结多孔砖和配筋砌体时设计应符合表 14.32 的规定。当采用混凝土小型砌块砌体的墙梁可参照使用。在墙梁的计算高度范围内每跨允许设置一个到支座中心的距离为 $a_i$ 的洞口,且洞口距边支座不应小于 $0.15l_{0i}$,距中支座不应小于 $0.07l_{0i}$。对于多层房屋的墙梁,各层洞口宜上下对齐,且设置在相同位置上。

**表 14.32　墙梁的一般规定**

| 墙梁类别 | 墙体总高度 /m | 跨度 /m | 墙高 $h_w/l_{0i}$ | 托梁高 $h_b/l_{0i}$ | 洞宽 $b_h/l_{0i}$ | 洞高 $h_h$ |
|---|---|---|---|---|---|---|
| 承重墙梁 | ≤18 | ≤9 | ≥0.4 | ≥1/10 | ≤0.3 | $\leqslant 5h_w/6$ 且 $h_w-h_b\geqslant 0.4$ m |
| 自承重墙梁 | ≤18 | ≤12 | ≥1/3 | ≥1/15 | ≤0.8 | |

注:1. 采用混凝土小型砌块砌体的墙梁可参照使用。

2. 墙体总高度指托梁顶面到檐口的高度,带阁楼的坡屋面应算到山尖墙 1/2 高度处。

3. 对自承重墙梁,洞口至边支座中心的距离不宜小于 $0.1l_{0i}$,门窗洞上口至墙顶的距离不应小于 0.5 m。

4. $h_w$ 为墙体计算高度,按图 14.47 墙梁计算简图的规定取用;$h_b$ 为托梁截面高度;$l_{0i}$ 为墙梁计算跨度,按图 14.47 墙梁计算简图的规定取用;$b_h$ 为洞口宽度;$h_h$ 为洞口高度,对窗洞取洞顶至托梁顶面距离。

(2) 墙梁计算简图

墙梁的计算简图(图 14.47),各参数的计算要符合以下规定:

① 墙梁的计算跨度 $l_0(l_{0i})$,对简支墙梁和连续墙梁取净跨的 1.1 倍即 $1.1l_n(1.1l_{ni})$ 与支座中心线距离 $l_c(l_{ci})$ 两者的较小值;若为框支墙梁则取框架柱中心线间的距离 $l_c(l_{ci})$;

② 墙体计算高度 $h_w$,取托梁顶面上一层墙体高度,当 $h_w>l_0$ 时,取 $h_w=l_0$,对于连续梁和多跨框支墙梁,则 $l_0$ 取各跨的平均值;

③ 墙梁跨中截面计算高度 $H_0$,取 $H_0=h_w+0.5h_b$;

④ 翼墙计算宽度 $b_f$,取窗间墙宽度或横墙间距的 2/3,且每边不大于 $3.5h$($h$ 为墙体厚度)和 $l_0/6$;

⑤ 框架柱计算高度 $H_c$,取 $H_c=H_{cn}+0.5h_b$,其中 $H_{cn}$ 为框架柱的基础顶面至托梁底面的距离(即净高)。

(3) 墙梁的计算荷载

① 使用阶段墙梁上的荷载

当墙梁为承重墙梁时,只有在墙梁顶面荷载作用下考虑荷载组合,其他情况不予考

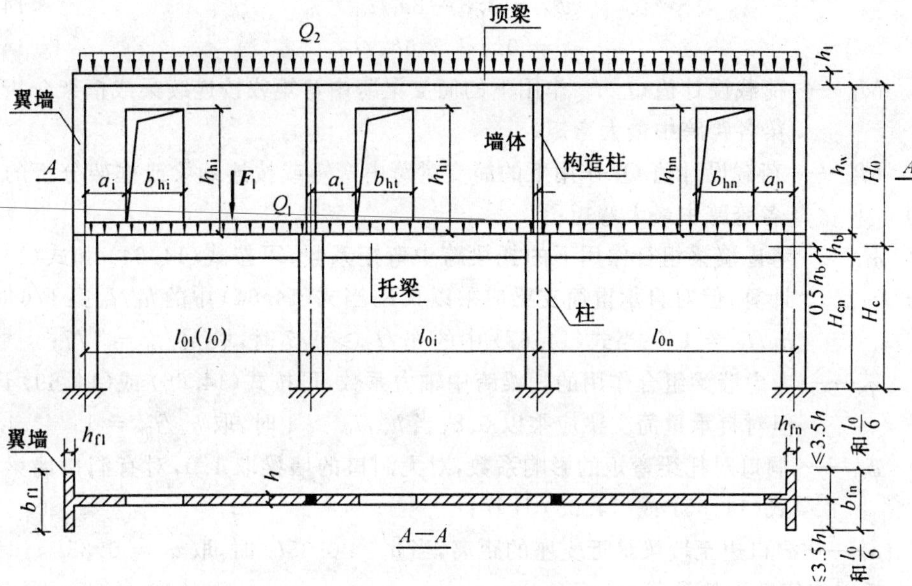


图 14.47　墙梁的计算简图

虑；托梁顶面的荷载设计值 $Q_1$、$F_1$，取托梁以上各层墙体的自重以及本层楼盖的恒荷载和活荷载；墙梁顶面荷载设计值 $Q_2$，取托梁以上各层墙体自重、墙梁顶面及以上各层楼盖的恒荷载和活荷载，集中荷载可沿作用的跨度近似化为均布荷载。

当墙梁为自承重墙梁，则墙梁顶面的荷载设计值 $Q_2$，取托梁自重及托梁以上墙体自重。

② 施工阶段托梁上的荷载

施工阶段托梁上的荷载可取托梁自重及本层楼盖的恒荷载；本层楼盖的施工荷载；墙体自重可取高度为各计算跨度的最大值 $l_{0\max}$ 的 1/3 的墙体自重，开洞时尚应按洞顶以下实际分布的墙体自重复核。

4. 墙梁的计算

(1) 墙梁正截面承载力计算

① 托梁跨中截面的承载力计算

托梁跨中正截面承载力按混凝土偏心受拉构件进行计算，其弯矩 $M_{bi}$ 和轴心拉力 $N_{bti}$ 按以下公式进行计算

$$M_{bi} = M_{1i} + \alpha_M M_{2i} \tag{14.62}$$

$$N_{bti} = \eta_N M_{2i}/H_0 \tag{14.63}$$

对于简支墙梁

$$\alpha_M = \psi_M(1.7h_b/l_0 - 0.03) \tag{14.64}$$

$$\psi_M = 4.5 - 10a_i/l_0 \tag{14.65}$$

$$\eta_N = 0.44 + 2.1h_w/l_0 \tag{14.66}$$

对于连续墙梁和框支墙梁

$$\alpha_M = \psi_M(2.7h_b/l_{0i} - 0.08) \tag{14.67}$$

$$\psi_M = 3.8 - 8a_i/l_{0i} \quad (14.68)$$

$$\eta_N = 0.8 + 2.6h_w/l_{0i} \quad (14.69)$$

式中 $M_{1i}$—— 荷载设计值 $Q_1$、$F_1$ 作用下的简支梁跨中弯矩或按连续梁或框架分析的托梁各跨跨中最大弯矩；

$M_{2i}$—— 荷载设计值 $Q_2$ 作用下的简支梁跨中弯矩或按连续梁或框架分析的托梁各跨跨中最大弯矩；

$\alpha_M$—— 考虑墙梁组合作用下的托梁跨中弯矩系数，可按式(14.64)和式(14.65)计算，但对自承重简支梁应乘以0.8；当式(14.64)中的 $h_b/l_0 > 1/6$ 时，取 $h_b/l_0 = 1/6$；当式(14.67)中的 $h_b/l_0 > 1/7$ 时，取 $h_b/l_0 = 1/7$；

$\eta_N$—— 考虑墙梁组合作用的托梁跨中轴力系数，可按式(14.66)或(14.69)计算，但对自承重简支梁应乘以0.8；当 $h_w/l_{0i} > 1$ 时，取 $h_w/l_{0i} = 1$；

$\psi_M$—— 洞口对托梁弯矩的影响系数，对无洞口的墙梁取1.0，对有洞口墙梁可按式(14.65)或(14.68)计算；

$a_i$—— 洞口边至墙梁最近支座的距离，当 $a_i > 0.35l_{0i}$ 时，取 $a_i = 0.35l_{0i}$。

② 托梁支座截面的承载力计算

托梁支座截面应按混凝土受弯构件计算，其弯矩 $M_{bi}$ 可按下式计算

$$M_{bi} = M_{1j} + \alpha_M M_{2j} \quad (14.70)$$

$$\alpha_M = 0.75 - a_i/l_{0i} \quad (14.71)$$

式中 $M_{1j}$—— 荷载设计值 $Q_1$、$F_1$ 作用下，按连续梁或框架分析的托梁支座弯矩；

$M_{2j}$—— 荷载设计值 $Q_2$ 作用下，按连续梁或框架分析的托梁支座弯矩；

$\alpha_M$—— 考虑组合作用的托梁支座弯矩系数，无洞口墙梁取0.4，有洞口墙梁按式(14.71)计算。

对在墙梁顶面荷载 $Q_2$ 作用下的多跨框支墙梁的框支柱，当边柱的轴力不利时，应乘以修正系数1.2。

(2) 墙梁斜截面承载力计算

墙梁的斜截面抗剪承载力很少发生托梁的剪切破坏，一般总是由墙体的剪切破坏来控制的，为了切实保证墙梁的承载力，《砌体结构设计规范》规定必须分别对墙体和托梁进行抗剪承载力计算。

① 墙梁的墙体受剪承载力计算

墙体斜截面受剪承载力应以斜压破坏形态为依据进行计算，墙梁的墙体受剪承载力可按如下公式计算

$$V_2 \leqslant \xi_1 \xi_2 \left(0.2 + \frac{h_b}{l_{0i}} + \frac{h_t}{l_{0i}}\right) fhh_w \quad (14.72)$$

式中 $V_2$—— 荷载设计值 $Q_2$ 作用下墙梁支座边剪力的最大值；

$\xi_1$—— 翼墙或构造柱影响系数。单层墙梁取1.0；多层墙梁，当 $b_f/h \leqslant 3$ 时取1.3，当 $b_f/h \geqslant 7$ 时取1.5，当 $3 < b_f/h < 7$ 时，按线性插入法取值；

$\xi_2$—— 洞口影响系数，无洞口墙梁取1.0，多层有洞口墙梁取0.9，单层有洞口墙梁取0.6；

$h_t$—— 墙梁顶面圈梁的截面高度。

② 托梁的受剪圈梁承载力计算

当托梁的混凝土强度等级很低(如 C10 或 C15),且无箍筋或者箍筋很少时,托梁可能发生剪切破坏。因此,我们要计算托梁斜截面的受剪承载力。托梁的斜截面受剪承载力应按钢筋混凝土受弯构件计算,其剪力 $V_{bi}$ 为

$$V_{bi} = V_{1j} + \beta_v V_{2j} \tag{14.73}$$

式中　$V_{1j}$—— 荷载设计值 $Q_1$、$F_1$ 作用下,按连续梁或框架分析的托梁支座边剪力或简支梁支座边剪力;

$V_{2j}$—— 荷载设计值 $Q_2$ 作用下,按连续梁或框架分析的托梁支座边剪力或简支梁支座边剪力;

$\beta_v$—— 考虑墙梁组合作用的托梁剪力系数,无洞口墙梁边支座取 0.6. 中支座取 0.7;有洞口墙梁边支座取0.7,中支座取 0.8;对于自承重简支墙梁,无洞口时取 0.45,有洞口时取 0.5。

(3) 墙梁局部受压承载力计算

试验表明,当墙梁砌体强度较低,两端无翼墙,且 $h_w/l_0 > 0.75$ 时,托梁支座上部砌体容易因竖向正应力集中而引起砌体的局部受压破坏。设应力系数 $c$ 为托梁界面上墙体最大压应力 $\sigma_{ymax}$ 与墙梁顶面荷载 $Q_2/h$ 之比;局部强度提高系数 $\gamma$ 为 $\sigma_{ymax}$ 与砌体抗压强度 $f$ 之比,局部受压系数 $\zeta = \gamma/c$,则托梁支座上部砌体局部受压承载力按下式计算

$$Q_2 \leqslant \zeta h f \tag{14.74}$$

$$\zeta = 0.25 + 0.08 b_f/h \tag{14.75}$$

式中　$\zeta$—— 局部受压系数,当 $\zeta > 0.81$ 时,取 $\zeta = 0.81$。

当 $b_f/h \geqslant 5$ 或墙梁支座处设置上下贯通的构造柱时,可不验算局部受压承载力。

(4) 施工阶段托梁的验算

考虑施工阶段作用在托梁上的荷载设计值产生的最大弯矩和剪力,按钢筋混凝土受弯构件验算其受弯和受剪承载力。此时,可取结构重要性系数 $\gamma_0 = 0.9$。

### 14.5.3　挑梁

**1. 挑梁的构造要求**

(1) 纵向受力钢筋不少于 2ф12,且至少应有 1/2 的钢筋面积伸入梁尾端,其余钢筋伸入支座的长度不应小于挑梁埋入砌体长度的 $l_1$ 的 2/3。

(2) 挑梁埋入砌体的长度与挑出长度,宜 $l_1/l > 1.2$;当挑梁上无砌体时,宜 $l_1/l > 2$。

**2. 受力性能与破坏形态**

挑梁在悬挑端集中力 $F$ 及砌体上荷载作用下,要经历弹性、水平裂缝发展及破坏 3 个受力阶段。

(1) 弹性阶段

在砌体自重及上部荷载作用下,在挑梁埋入部分上下界面将产生压应力 $\sigma_0$。当在悬挑端施加集中力 $F$ 后,在墙边截面处的挑梁内将产生弯矩和剪力,并形成如图 14.48 所示的竖向正应力分布,此正应力应与 $\sigma_0$ 叠加。

(2) 水平裂缝发展

当挑梁与砌体的上界面墙边竖向拉应力超过砌体沿通缝的抗拉强度时，将出现水平裂缝①(图 14.49)，随着荷载的增大，水平裂缝不断向内发展，随后在挑梁埋入端下界面出现水平裂缝②，并随着荷载的增大逐步向墙边发展，挑梁有上翘的趋势。随后在挑梁埋入端上角出现阶梯形斜裂缝③，试验表明，其与竖向轴线的夹角平均值为 57°。水平裂缝②的发展使挑梁下砌体受压区不断减小，有时会出现局部受压裂缝④。

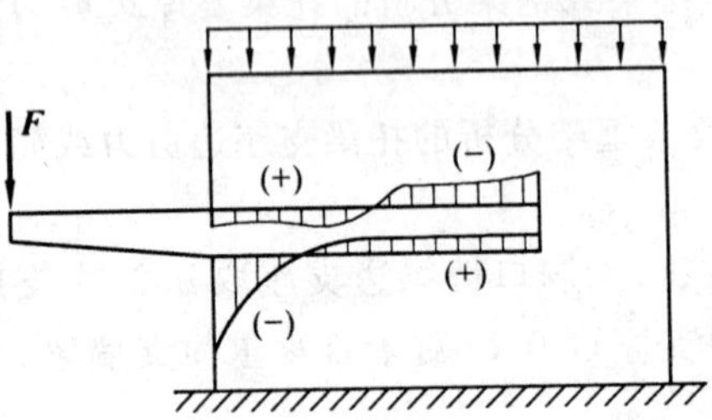


图 14.48　挑梁应力分布

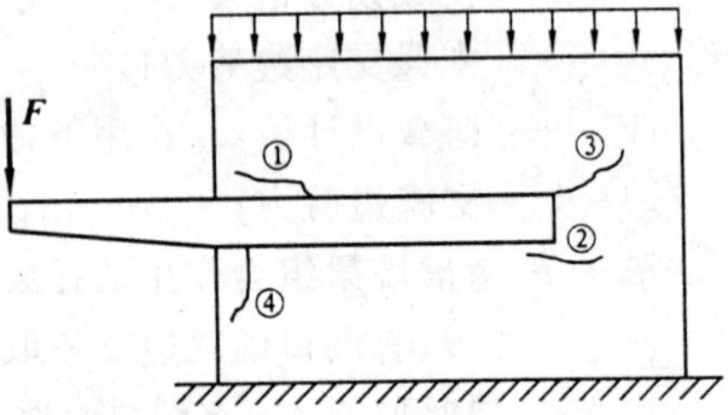


图 14.49　挑梁裂缝

(3) 破坏阶段

随着荷载不断的增大，挑梁最后可能发生两种破坏形态：

① 倾覆破坏。当挑梁埋入墙较短且砌体强度较高时，随着荷载的增加，裂缝③迅速延伸并可能穿通墙体，发生倾覆破坏(图 14.50(a))。

② 局部受压破坏。倾覆破坏之前挑梁埋入墙体下界面前端砌体的最大应力超过砌体的局部抗压强度，产生一系列局部裂缝④，而发生局部受压破坏(图 14.50(b))。

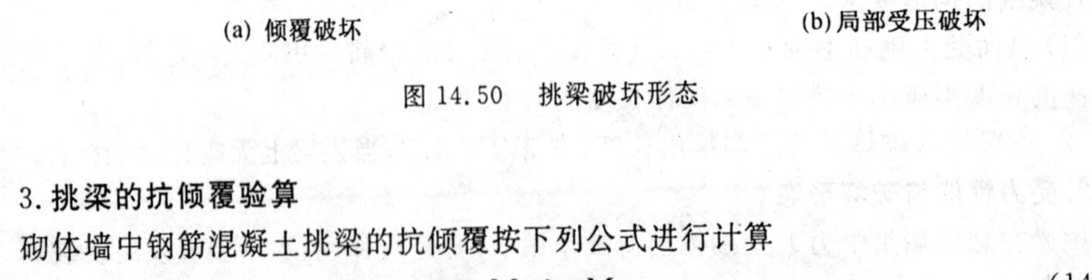


(a) 倾覆破坏　　(b) 局部受压破坏

图 14.50　挑梁破坏形态

3. 挑梁的抗倾覆验算

砌体墙中钢筋混凝土挑梁的抗倾覆按下列公式进行计算

$$M_{ov} \geqslant M_r \tag{14.76}$$

式中　$M_{ov}$—— 挑梁的荷载设计值对计算倾覆点产生的倾覆力矩；

$M_r$—— 挑梁的抗倾覆力矩设计值。

挑梁抗倾覆力矩设计值 $M_r$ 可按下列公式进行计算

$$M_r = 0.8G_r(l_2 - x_0) \tag{14.77}$$

式中　$G_r$—— 挑梁的抗倾覆荷载，为挑梁尾端上部 45° 扩散角的阴影范围的砌体自重和本层楼面永久荷载标准值之和(如图 14.51，$l_3$ 为 45° 扩散角边线的水平投影长度)；

$l_2$——$G_r$ 作用点至墙外边缘的距离；

$x_0$—— 挑梁倾覆点至墙外边缘的距离为 $x_0$，当 $l_1 \geqslant 2.2h_b$ 时，$x_0 = 0.3h_b$，且不大于 $0.13l_1$；当 $l_1 < 2.2h_b$ 时，$x_0 = 0.13l_1$。其中 $h_b$ 为挑梁的截面高度；$l_1$ 为挑梁埋入砌体墙中的长度。当挑梁下有钢筋混凝土构造柱时，计算倾覆点至墙外边缘的距离可取 $0.5x_0$。

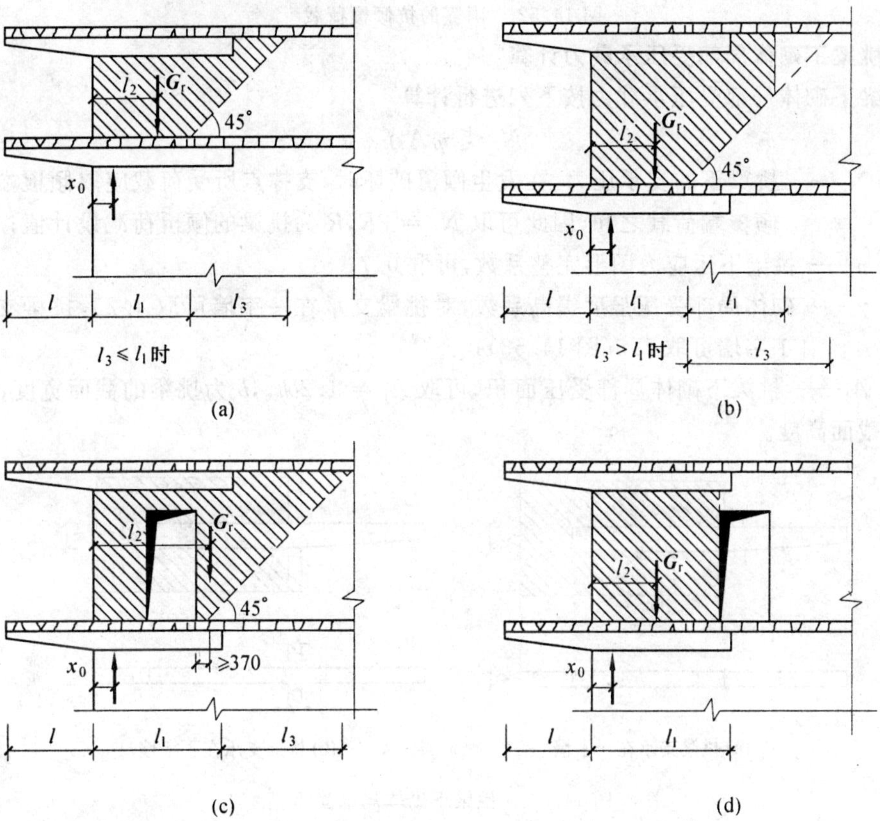


图 14.51　挑梁的抗倾覆荷载

雨篷的抗倾覆计算仍按照上述公式进行计算，其中抗倾覆荷载 $G_r$ 距墙外边缘的距离分别为 $l_2 = l_1/2$，$l_3 = l_n/2$(图 14.52)。

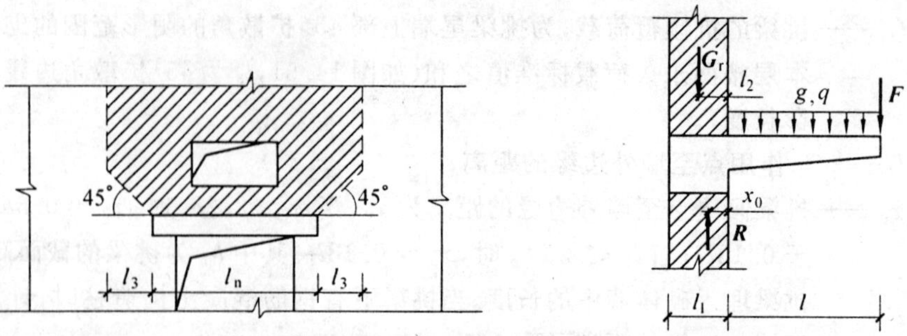


图 14.52　雨篷的抗倾覆荷载

**4. 挑梁下砌体局部受压承载力计算**

挑梁下砌体局部受压承载力按下列进行计算

$$N_l \leqslant \eta\gamma A_l f \tag{14.78}$$

式中　$N_l$—— 挑梁下的支承压力。在发生倾覆破坏时，支撑点所受荷载应取倾覆端和抗倾覆端荷载之和，因此可取 $N_l = 2R$，$R$ 为挑梁的倾覆荷载设计值；

$\eta$—— 挑梁下压应力图形完整系数，可取 0.7；

$\gamma$—— 砌体局部受压强度提高系数，对挑梁支承在一字墙可取 1.25，挑梁支承在丁字墙可取 1.5(图 14.53)；

$A_l$—— 挑梁下砌体局部受压面积，可取 $A_l = 1.2bh_b$，$b$ 为挑梁的截面宽度，$h_b$ 为挑梁的截面高度。

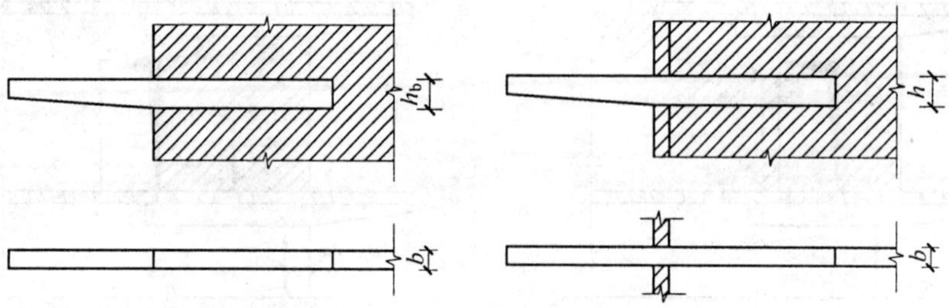


(a) 挑梁支承在一字墙　　(b) 挑梁支承在丁字墙

图 14.53　挑梁下砌体局部受压

**5. 挑梁的承载力计算**

挑梁自身的受弯、受剪承载力计算与一般的钢筋混凝土受弯构件进行正截面受弯承载力和斜截面受剪承载力计算相同。

挑梁自身的正截面受弯承载力最大弯矩设计值 $M_{max}$ 为

$$M_{max} = M_{ov} \tag{14.79}$$

挑梁自身的斜截面受剪承载力最大剪力设计值 $V_{max}$ 为

$$V_{max} = V_0 \tag{14.80}$$

式中　$V_0$—— 挑梁荷载设计值在挑梁的墙外边缘处截面产生的剪力。

**【例 14.10】**　某钢筋混凝土挑梁埋于带翼墙的丁字形截面的墙体中，如图 14.54 所示，挑梁截面 $b \times h_b = 240\ \text{mm} \times 350\ \text{mm}$，挑梁上、下墙厚均为 240 mm，挑梁挑出长度 $l =$

1.8 m，埋入长度 $l_1 = 2.2$ m，顶层埋入长度为 3.6 m，挑梁间墙体净高为 2.95 m，房屋开间为3.6 m，采用 C25 混凝土，MU10 烧结普通砖和 M2.5 的混合砂浆砌筑，施工质量控制等级为 B 级。试设计该挑梁。

已知荷载标准值：

墙面荷载标准值：5.24 kN/m²；

楼面恒荷载标准值：2.64 kN/m²；活荷载标准值：2.0 kN/m²；

屋面恒荷载标准值：4.44 kN/m²；活荷载标准值：2.0 kN/m²；

阳台恒荷载标准值：2.64 kN/m²；活荷载标准值：2.5 kN/m²；

挑梁自重标准值：2.1 kN/m²。

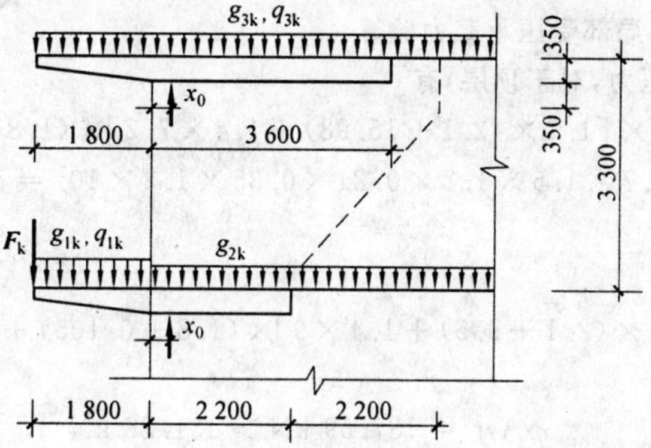


图 14.54　例 14.10 图

**解**　(1) 荷载计算

屋面均布荷载标准值为

$$g_{3k}/(\mathrm{kN \cdot m^{-1}}) = 4.44 \times 3.6 = 15.98$$

$$q_{3k}/(\mathrm{kN \cdot m^{-1}}) = 2.0 \times 3.6 = 7.2$$

楼面均布荷载标准值为

$$g_{2k}/(\mathrm{kN \cdot m^{-1}}) = 2.64 \times 3.6 = 9.5, g_{1k}/(\mathrm{kN \cdot m^{-1}}) = 2.5 \times 3.6 = 9$$

$$F_k/\mathrm{kN} = 3.5 \times 3.6 = 12.6$$

挑梁自重标准值为　　$g_k = 2.1$ kN/m

(2) 挑梁抗倾覆验算

① 计算倾覆点

因 $l_1 = 2.2\ \mathrm{m} > h_b = 0.77\ \mathrm{m}$，取 $x_0 = 0.3h_b = 0.105\ \mathrm{m} < 0.13l_1 = 0.286\ \mathrm{m}$

② 倾覆力矩

对于顶层，有

$$M_{ov}/(\mathrm{kN \cdot m}) = \frac{1}{2} \times [1.2 \times (2.1 + 15.98) + 1.4 \times 7.2] \times (1.8 + 0.105)^2 = 57.66$$

对于楼层，有

$$M_{ov}/(\mathrm{kN \cdot m}) = \frac{1}{2} \times [1.2 \times (2.1 + 9.5) + 1.4 \times 9] \times (1.8 + 0.105)^2 + 1.2 \times 12.6 \times (1.8 + 0.105) = 76.92$$

(3) 抗倾覆力矩

挑梁的抗倾覆力矩由本层挑梁尾端上部扩展角45°范围内的墙体和楼面恒荷载标准值产生。

对于顶层,有

$$G_r/\text{kN} = (2.1 + 15.98) \times (3.6 - 0.105) = 63.19$$

$$M_r = 0.8G_r(l_2 - x_0) = 88.34\ \text{kN} \cdot \text{m}$$

满足要求。

对于楼层,有

$$M_r = 0.8\sum G_r(l_2 - x_0) = 98.24\ \text{kN} \cdot \text{m}$$,满足要求。

(3) 挑梁下砌体局部受压承载力验算

挑梁下的支承压力,对于顶层,有

$$N_l/\text{kN} = 2R = 2 \times [1.2 \times (2.1 + 15.98) + 1.4 \times 7.2] \times (1.8 + 0.105) = 121.07$$

$$\eta\gamma A_l f/\text{kN} = 0.7 \times 1.5 \times 1.2 \times 0.24 \times 0.35 \times 1.3 \times 10^3 = 137.59 > 121.07$$

满足要求。

对于楼层,有

$$N_l/\text{kN} = 2 \times \{[1.2 \times (2.1 + 9.5) + 1.4 \times 9] \times (1.8 + 0.105) + 1.2 \times 12.6\} = 131.28$$

则

$$\eta\gamma A_l f = 137.59\ \text{kN} > 131.28\ \text{kN}$$

满足要求。

(4) 钢筋混凝土梁承载力计算

以楼层挑梁为例,有

$$V_{max}/\text{kN} = V_0 = 1.2 \times 12.6 + [1.2 \times (2.1 + 9.5) + 1.4 \times 9] \times 1.8 = 62.86$$

$$M_{max} = M_{ov} = 76.92\ \text{kN} \cdot \text{m}$$

按钢筋混凝土受弯构件计算梁的正截面和斜截面承载,采用C25混凝土、HRB335级钢筋,有

$$\alpha_s = \frac{M}{a_1 f_c b h_0^2} = 0.271$$

$$\xi = 1 - \sqrt{1 - 2\alpha_s} = 0.324 < \xi_b$$

$$A_s = a_1 f_c b h_0 \xi / f_y = 971.6\ \text{mm}^2$$

选用2ϕ25($A_s = 982\ \text{mm}^2$),因为$0.7 f_1 b h_0 = 67.21\ \text{kN} > 62.86\ \text{kN}$,所以可按构造配置箍筋,选用ϕ8@200。

### 14.5.4 墙体的构造措施

要保证房屋空间的刚度和整体性,除了墙、柱必须满足高厚比,设置圈梁外,《砌体结构设计规范》还规定了一系列要求。

1.墙、柱构造的一般要求

(1)5层及5层以上房屋的墙,以及受振动或层高大于6 m的墙、柱所用材料的最低强度等级为:砖MU10;砌块MU7.5;石材MU30;砂浆MU5。对安全等级为一级或设计使用

年限大于 50 年的房屋，材料的最低强度等级至少要提高一级。地面以下或防潮层以下的砌体所用的材料最低强度等级要符合表 14.1 的要求。

(2) 毛石墙的厚度不宜小于 350 mm；毛料石较小边长不宜小于 400 mm；承重的独立砖柱截面尺寸不应小于 240 mm × 370 mm。当有振动荷载时，墙、柱不宜采用毛石砌体。

(3) 下列梁应在支承处砌体上设置混凝土或钢筋混凝土垫块，当墙中有圈梁时，垫块与圈梁宜浇成整体：

① 跨度大于 6 m 的屋架；

② 跨度大于 3.9 m 的毛石砌体；

③ 跨度大于 4.8 m 的砖砌体；

④ 跨度大于 4.2 m 的砖块和料石砌体。

(4) 对于砌块、料石墙梁跨度 $\geqslant 4.8$ m、240 mm 厚的砖墙梁跨度 $\geqslant 6$ m、180 mm 厚的砖墙梁跨度 $\geqslant 4.8$ m，其支承处宜加设壁柱，或采取其他加强措施。

(5) 预制钢筋混凝土板的支承长度，在墙上不宜小于 100 mm；在钢筋混凝土圈梁上不宜小于 80 mm；当利用板端伸出钢筋拉结和混凝土灌缝时，其支承长度可为 40 mm，但板端缝宽不小于 80 mm，灌缝混凝土不宜低于 C20。

(6) 当支承在砖砌体、砌块和料石砌体墙、柱上的吊车梁、屋架及跨度分布大于或等于 9 m 和 7.2 m 的预制梁的端部，应采用锚固件与墙、柱上的垫块锚固。

(7) 砌块砌体应分皮错缝搭砌，上下皮搭砌长度不得小于 90 mm。否则应在水平灰缝内设置不少于 2ϕ4、横向钢筋的间距不大于 200 mm 的焊接钢筋网片，网片每端均应超过该垂直缝，其长度不得小于 300 mm。

(8) 填充墙、隔墙应分别采取措施与周边构件可靠连接；山墙处的壁柱宜砌至山墙顶部，屋面构件应与山墙可靠拉结。

(9) 混凝土砌块房屋，宜将纵横交接处、距墙中心线每边不小于 300 mm 范围内的孔洞，采用不低于 Cb20 灌孔混凝土灌实，灌实高度应为墙身全高。

(10) 混凝土砌块墙体的下列部位，如未设圈梁或混凝土垫块，应采用不低于 Cb20 灌孔混凝土将孔洞灌实。

① 搁栅、檩条和钢筋混凝土楼板的支承面下，高度不应小于 200 mm 的砌体；

② 屋架、梁等构件的支承面下，高度不应小于 600 mm，长度不应小于 600 mm 的砌体；

③ 挑梁支承面下，距墙中心线每边不应小于 300 mm，高度不应小于 600 mm 的砌体。

(11) 在砌体中留槽洞及埋设管道时，不应在截面长边小于 500 mm 的承重墙体、独立柱内埋设管线；不宜在墙体中穿行暗线或预留、开凿沟槽，无法避免时应采取必要的措施或按削弱后的截面验算墙体的承载力；对受力较小或未灌孔的砌块砌体，允许在墙体的竖向孔洞中设置管线。

**2. 防止墙体裂缝的措施**

(1) 严格按规范要求进行墙体设计

① 在墙体抹灰砂浆中掺一定量纤维，增强抗裂能力；

② 砌体墙的窗台采用混凝土窗台；

③ 外墙装修增设钢丝网;

④ 在不同材料界面增设钢丝网,管线预埋位置增设抗钢网;

⑤ 避免多种材料混合使用,尽可能使用一种墙体砌筑用的材料;

⑥ 尽可能保证墙体所用砌块、砌筑砂浆、抹灰砂浆的强度、吸水率、热胀冷缩等统一协调,基本一致。

(2) 防止地基不均匀沉降

① 合理设置沉降缝。当地基很不均匀,建筑体形复杂,结构布置不当时,建筑物易产生过大的不均匀沉降而引起裂缝。合理设置沉降缝,正确布置墙体、设置圈梁以减少或防止裂缝产生。

② 大窗口下部应考虑设混凝土梁,加强基础整体性外,也可采取通长配筋等。

③ 对于复杂的地基,在基槽开挖后应进行普遍钎探,对探出的软弱部位加固处理后,方可进行基础施工。

④ 混凝土浇筑时用明构造柱 240 mm×240 mm或 240 mm×190 mm代替“暗芯柱”,并按要求留置马牙槎和拉结筋,以提高抗震能力。

(3) 防止温度变化引起墙体裂缝

① 当砌体结构采用混凝土屋盖时,屋盖结构层上设置保温层或隔热层。

② 现浇混凝土屋面挑梁可留置伸缩缝,当挑檐的长度大于 12 m 时,宜设置宽度大于 20 mm 的分隔缝,缝内用弹性油膏嵌缝。

③ 合理设置灰缝钢筋。

④ 避免楼盖的错层布置,若有错层则在错层处设置伸缩缝,或在错层处墙体内局部配筋予以加固。

⑤ 在顶层圈梁上设置宽 40 ～ 50 mm 的遮阳板,防止太阳直接照射钢筋混凝土圈梁,减小因温差产生的应力。

⑥ 对于已经产生温度裂缝的砌体,裂缝稳定后应及时采取处理措施。

(4) 规范施工

① 预留施工孔洞应按要求留设和封堵;

② 采用符合设计要求质量的原材料;

③ 砌体施工每日砌筑的高度不能超过 1.8 m 的规范要求;

④ 采取有效措施加强基层的施工质量管理;

⑤ 认真做好墙体装修施工方案,做好平层、面层及各分项施工的技术交底工作;

⑥ 对局部墙体太厚要采用加钢丝来加强,墙体抹灰层加钢丝网的,应确保钢丝网处于砂浆层的中间位置,以利钢丝网能充分发挥抗裂作用;

⑦ 屋面施工尽量避免高温季节。

## 本章小结

1. 砌体的种类有无筋砌体、配筋砌体。砖砌体轴心受压破坏过程可分为 3 个阶段,在不同阶段,裂缝的开展情况有所不同。砌体在轴心受拉、弯曲受拉、受剪时分别有不同的破坏形态。其轴心抗拉、弯曲抗拉受剪强度均低于砌体抗压强度。

2. 受压构件截面破坏时的极限轴向力随偏心距的增大而明显降低。《砌体结构设计规范》采用偏心影响系数 $\varphi$ 来反映截面承载力受偏心距的影响。$\varphi$ 值与砂浆强度等级、构件高厚比以及偏心程度有关。轴向力设计值的偏心距 $e$ 不应超过 $0.6y$。

3. 梁端下砌体承受非均匀的局部压力。梁端受荷变形后，有效的支承长度 $a_0$ 与砌体的压缩刚度、梁端的翘曲变形有关。对于梁端未设梁垫的情况，考虑到"内拱卸荷"的有利作用，上部墙体传来的轴向力 $N_0$ 可作折减。梁端与垫块形成整体时，其下砌体的受力状态相当于未设梁垫而把梁端加宽时的受力情况。梁端设有预制刚度垫块时，垫块砌体的局部受压接近于偏心受压，借助于砌体偏心受压的承载力计算公式进行计算。

4. 由于钢筋对砌体横向变形的约束，网状配筋砖砌体受压使砌体处于三向应力状态，从而间接地提高了砌体承担竖向荷载的能力。网状配筋砖砌体的破坏过程也可分为 3 个阶段，但受力性能与无筋砌体有着本质上的区别。网状配筋砌体不宜应用于偏心距较大或高厚比较大的场合，为了使构件能充分发挥出承载能力，还应符合有关构造要求。

5. 构造柱的组合砖墙与组合砖砌体构件的受力性能较为类似。在影响设置构造柱砖墙承载力的诸多因素中，构造柱间距的影响最为显著。由于钢筋与砌块和混凝土的共同作用，使配筋砌块砌体成为很好的横向抗侧力体系。它具有很高的抗拉强度和抗压强度，尤其具有优良的抗剪强度，能有效地抵抗由地震、风或土压力产生的横向荷载。

6. 砌体结构房屋的主要承重构件组成了空间受力体系。房屋空间作用的性能，用空间性能影响系数 $\eta$ 表示，$\eta$ 值较大，表示房屋空间刚度较差；反之，房屋空间刚度较好。空间刚度大小是确定房屋静力计算方案的依据。静力计算方案依据空间刚度的大小，分为刚性方案、弹性方案和刚弹性方案 3 种。

7. 墙、柱等构件要满足承载力计算和高厚比验算的要求。

8. 常用的过梁类型有砖砌平拱过梁、钢筋砖过梁和钢筋混凝土过梁。砖砌平拱、钢筋砖过梁仅适用于跨度较小、无振动、地基均匀及无抗震设防要求的建筑物，否则应采用钢筋混凝土过梁。

9. 墙梁在未出现裂缝前，其受力性能与深梁相似。无洞口墙梁可视为一个带拉杆拱的受力机构；偏开洞口墙梁可视为梁拱组合的受力机构，而且这种受力格局从墙梁受力开始至破坏，也不会发生实质性变化。

10. 挑梁的受力过程可分为弹性、界面水平裂缝发展和破坏 3 个受力阶段。挑梁的破坏形态有倾覆破坏、挑梁下砌体局部受压破坏和挑梁自身的破坏。为此，对挑梁应进行抗倾覆验算、挑梁下砌体局部受压验算和挑梁自身承载力验算。此外，挑梁的配筋及埋入砌体内的长度还应符合有关构造要求。

11. 产生墙体裂缝的一般原因主要是因地基不均匀沉降和温度变化及收缩变形引起的。在压缩性较大的地基上，要合理设置沉降缝，控制长高比，正确布置墙体及设置圈梁，才能有效地控制地基的不均匀沉降。为防止因温度变化和收缩变形引起墙体的裂缝，要注意处理好屋盖结构的保温与隔热层，合理留置房屋的伸缩缝，正确设置圈梁，或在可能发生较大拉应力的墙体处采取局部适当配筋的方法，避免墙体出现裂缝。

## 思考题

1.砌体材料的强度等级确定依据与混凝土强度等级的确定依据有何主要区别?选择砌体种类应从哪几方面考虑?

2.砖砌体轴心受压时分哪几个受力阶段?它们的特征如何?

3.影响砌体抗压强度的主要因素有哪几方面?

4.砖砌体的抗压强度平均值 $f_m$、砖砌体抗压强度标准值 $f_k$ 及设计值 $f$ 三者有什么关系?

5.砌体在弯曲受拉时有哪几种破坏形态?

6.砌体受压时,随着偏心距的变化,截面应力状态如何变化?

7.受压构件承载力计算时偏心距的限值是多少?当轴向力偏心距超过规定的限值时,应采取哪些措施?

8.在砌体结构中,配筋砌体有哪几类?适用范围如何?网状配筋砖砌体与无筋砖砌体承载力计算公式有哪些异同点?怎样才能较好地发挥网状配筋的作用?简述网状配筋砖砌体受压构件的破坏特征。

9.什么是组合砖砌体?简述组合砖砌体的受压性能。组合砖砌体构件和设置构造柱的组合墙分别有哪些构造要求?

10.什么是配筋砌块砌体构件?这种类型构件目前在我国应用情况如何?

11.砌体结构房屋有哪几种承重体系?各有何优缺点?砌体结构房屋的静力计算有哪几种方案?如何确定房屋的静力计算方案?

12.绘制单层砌体房屋3种静力方案的计算简图。

13.简述刚性方案、弹性方案、刚弹性方案单层房屋在水平风荷载作用下墙、柱内力计算步骤。

14.常用的过梁类型有哪几种?各适合什么情况下采用?

15.墙梁的破坏形态主要有哪几种?它们分别是在什么情况下发生的?墙梁使用阶段和施工阶段承载力计算时,荷载分别如何取?

16.挑梁的破坏形态有哪几种?挑梁的承载力计算内容包括哪几方面?挑梁的倾覆点和抗倾覆分别如何确定?

17.墙体开裂有哪些常见情形?有何特征?为了防止或减轻房屋顶层墙体的裂缝,可采取哪些措施?

## 计算题

1.已知一截面尺寸为370 mm×490 mm的轴心受压柱,计算高度 $H_0 = 3.6$ m,采用MU10烧结普通砖,M5混合砂浆,试验算该柱承载力。

2.某医院窗间墙截面如图14.55所示,轴向力设计值 $N = 480$ kN,$M = 3.3$ kN·m,荷载偏向翼缘一侧,由荷载设计值产生的偏心距 $e = 10$ mm,医院层高3.6 m,计算高度 $H_0 = 3.6$ m,采用MU10烧结普通砖,M5混合砂浆,试验算该医院窗间墙的承载力。

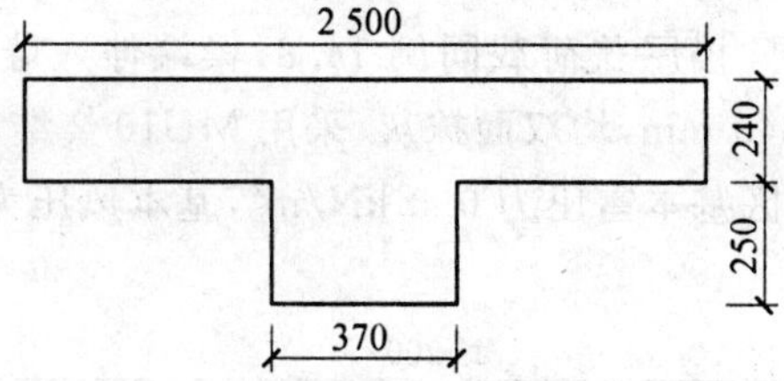


图 14.55　习题 2 图

3. 已知如图 14.56 所示的某房屋大梁截面尺寸为 $b \times h = 200\ \mathrm{mm} \times 500\ \mathrm{mm}$，支承长度 $a = 240\ \mathrm{mm}$，支座反力 $N_l = 98\ \mathrm{kN}$，梁端墙体截面处的上部荷载设计值为 245 kN，窗间墙截面为 370 mm × 1 200 mm，采用 MU10 烧结普通砖，M2.5 混合砂浆，试验算该房屋外纵墙上跨度为 5.8 m 的大梁端部下砌体局部受压承载力，若不能满足要求，请设置刚性垫块，重新验算。

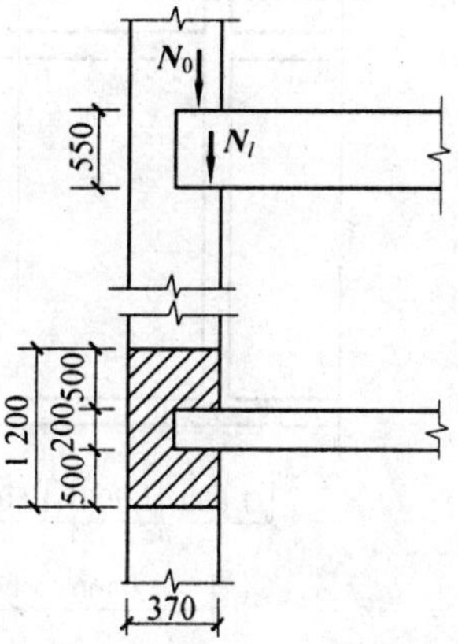


图 14.56　习题 3 图

4. 某单跨商业、住宅共 5 层，如图 14.57 所示为平面、剖面图。托梁 $b_b \times h_b = 300\ \mathrm{mm} \times 850\ \mathrm{mm}$，混凝土等级为 C30，纵筋为 HRB335 级钢筋，箍筋为 HPB235 级钢筋，墙体厚 240 mm，采用 MU10 烧结多孔砖，计算范围内用 M10 混合砂浆砌筑，其余用 M7.5 混合砂浆砌筑，试设计墙梁。

各层荷载标准值如下：

2 层楼面：恒荷载 $4.0\ \mathrm{kN/m^2}$，活荷载 $2.0\ \mathrm{kN/m^2}$；

3 ～ 5 层楼面：恒荷载 $3.5\ \mathrm{kN/m^2}$，活荷载 $2.0\ \mathrm{kN/m^2}$；

屋面：恒荷载 $4.5\ \mathrm{kN/m^2}$，活荷载 $0.5\ \mathrm{kN/m^2}$。

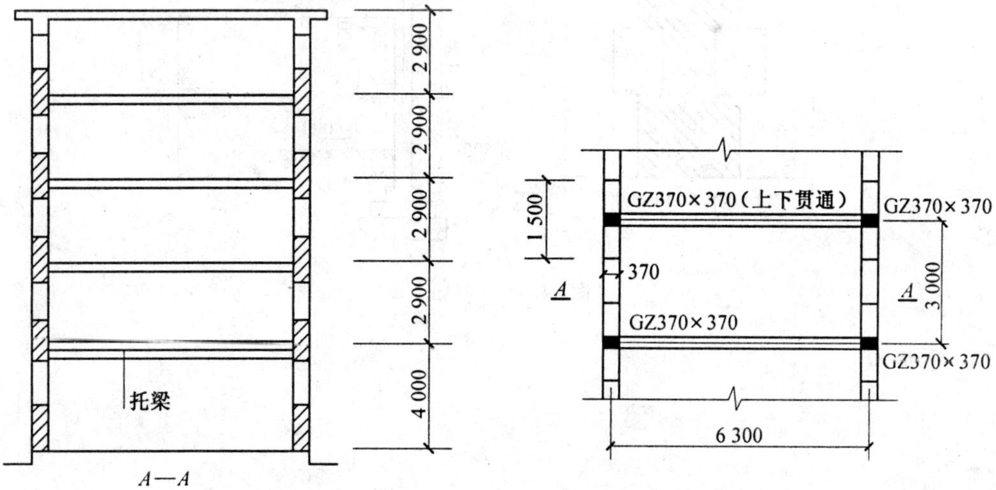


图 14.57　习题 4 图

5.如图 14.58 所示，某办公楼采用装配式钢筋混凝土梁板结构，梁截面尺寸为 200 mm×500 mm，共 3 层，楼屋盖荷载同例 14.8，梁端伸入墙内 240 mm，底层纵墙厚 370 mm，二、三层纵墙厚 240 mm，均双面抹灰，采用 MU10 烧结普通砖和 M2.5 混合砂浆砌筑，钢框玻璃窗。建造地区基本雪压为 0.3 kN/m²，基本风压为 0.35 kN/m²，试验算承重墙的承载力。

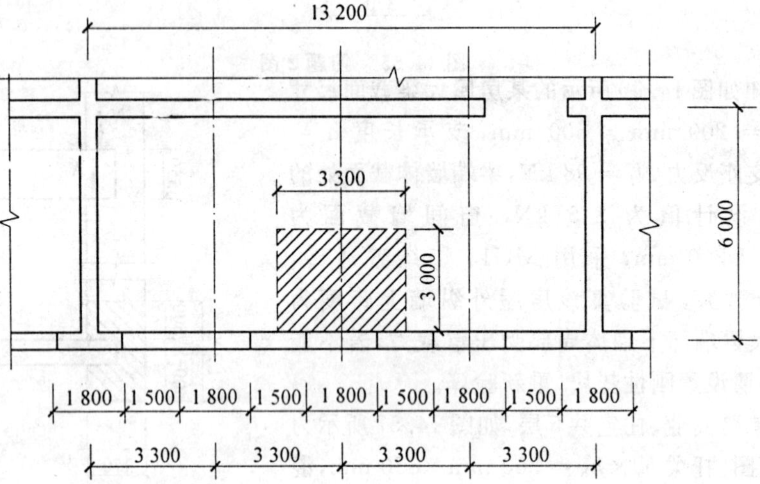


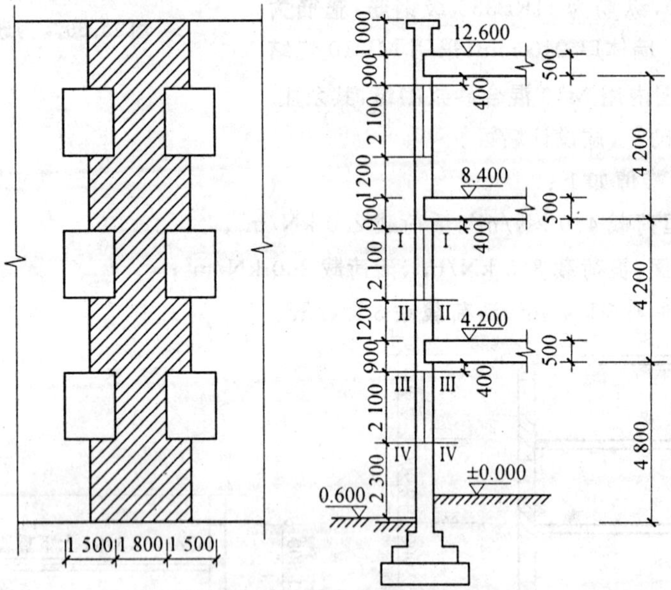


图 14.58　习题 5 图

6. 已知某砖砌平拱过梁净跨 $l_n = 1.4$ m，墙厚 240 mm，在距洞口顶面 1.2 m 作用梁板荷载 3.5 kN/m，采用 MU10 烧结普通砖，M2.5 混合砂浆，试验算该过梁承载力。

7. 如图 14.59 所示，某承托阳台的钢筋混凝土挑梁，埋置于丁字形截面的墙体中，挑梁混凝土强度等级为 C20，主筋采用 HRB335 级钢筋，箍筋采用 HPB235 级钢筋。挑梁截面尺寸为 $b \times h_b = 240$ mm × 240 mm，挑出长度 $l = 1.3$ m，埋入长度 $l_1 = 1.8$ m。挑梁上墙体净高 2.86 m，上、下墙厚均为 240 mm，采用 MU10 烧结普通砖和 M5 水泥混合砂浆砌筑。墙体及楼屋盖传给挑梁的荷载为：活荷载 $p_1 = 9.50$ kN/m，$p_2 = 4.95$ kN/m，$p_3 = 1.75$ kN/m；恒荷载 $g_1 = 10.80$ kN/m，$g_2 = 9.90$ kN/m，$g_3 = 11.20$ kN/m，挑梁自重 1.2 kN/m，埋入部分 1.44 kN/m；集中力 $F = 6.0$ kN。试设计该挑梁。

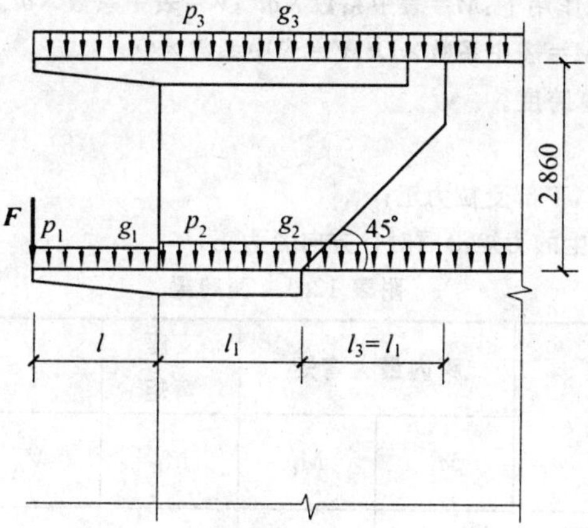


图 14.59　习题 7 图

# 附　录

## 附表 12　等截面等跨连续梁在常用荷载作用下的内力系数表

1. 在均布及三角形荷载作用下：$M$=表中系数×$ql^2$；$V$=表中系数×$ql$。

2. 在集中荷载作用下：$M$=表中系数×$Ql$；$V$=表中系数×$Q$。

注：上式中 $l$ 为梁的计算跨度。

3. 内力符号的规定

$M$——使截面上部受压，下部受拉为正；

$V$——对邻近截面所产生的力矩沿顺时针方向者为正。

附表 12.1　两跨梁

| 序号 | 荷载图 | 跨内最大弯矩 | | 支座弯矩 | 剪力 | | |
|---|---|---|---|---|---|---|---|
| | | $M_1$ | $M_2$ | $M_B$ | $V_A$ | $V_B^l$<br>$V_B^r$ | $V_C$ |
| 1 | 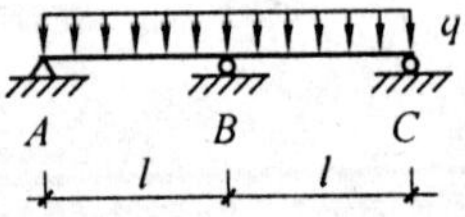 | 0.070 | 0.070 | −0.125 | 0.375 | −0.652<br>0.625 | −0.375 |
| 2 | 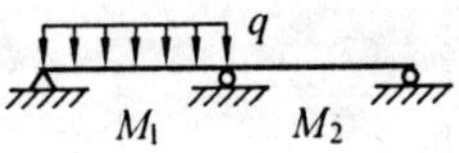 | 0.096 | — | −0.063 | 0.437 | −0.563<br>0.063 | 0.063 |
| 3 | 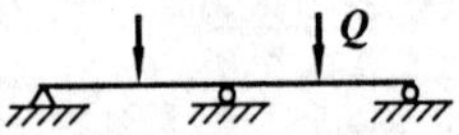 | 0.156 | 0.156 | −0.188 | 0.312 | −0.688<br>0.688 | −0.312 |
| 4 | 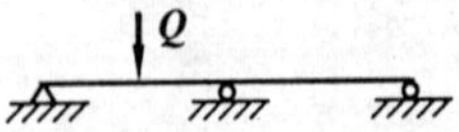 | 0.203 | — | −0.094 | 0.406 | −0.594<br>0.094 | 0.094 |
| 5 | 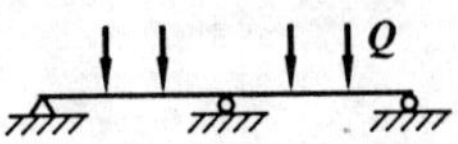 | 0.222 | 0.222 | −0.333 | 0.667 | −1.333<br>1.333 | −0.667 |
| 6 | 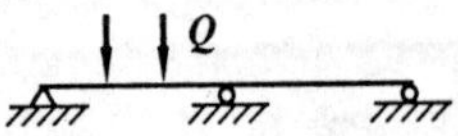 | 0.278 | — | — | 0.833 | −1.167<br>0.167 | 0.167 |

注：$V_B^l$、$V_B^r$ 分别表示支座 $B$ 左边及右边的剪力，以下各表中各个支座的剪力记号均与此相同。

附表 12.2　三跨梁

| 序号 | 荷载图 | 跨内最大弯矩 |  | 支座弯矩 |  | 剪力 |  |  |  |
|---|---|---|---|---|---|---|---|---|---|
|  |  | $M_1$ | $M_2$ | $M_B$ | $M_C$ | $V_A$ | $V_B^l$<br>$V_B^r$ | $V_C^l$<br>$V_C^r$ | $V_D$ |
| 1 | 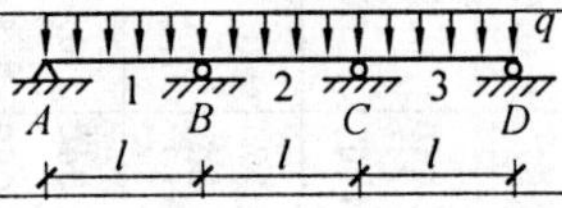 | 0.080 | 0.025 | −0.100 | −0.100 | 0.400 | −0.600<br>0.500 | −0.500<br>0.600 | −0.400 |
| 2 | 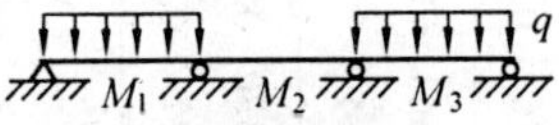 | 0.101 | — | −0.050 | −0.050 | 0.450 | −0.550<br>0 | 0<br>0.550 | −0.450 |
| 3 | 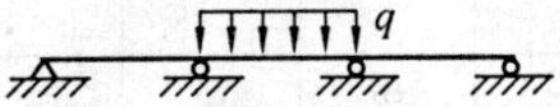 | — | 0.075 | −0.050 | −0.050 | 0.050 | −0.050<br>0.500 | −0.500<br>0.050 | 0.050 |
| 4 | 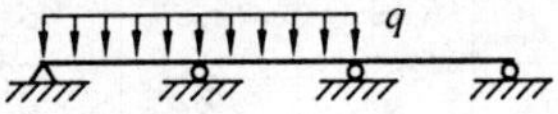 | 0.073 | 0.054 | −0.117 | −0.033 | 0.383 | −0.617<br>0.583 | −0.417<br>0.033 | 0.033 |
| 5 | 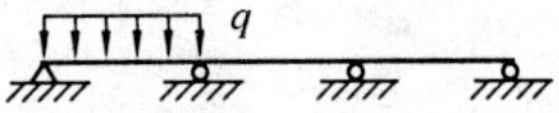 | 0.094 | — | −0.067 | 0.017 | 0.433 | −0.567<br>0.083 | −0.083<br>−0.017 | −0.017 |
| 6 | 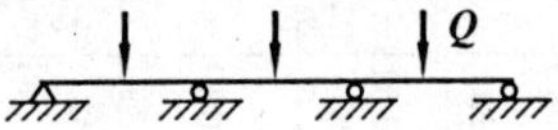 | 0.175 | 0.100 | −0.150 | −0.150 | 0.350 | −0.650<br>0.500 | −0.500<br>0.650 | −0.350 |
| 7 | 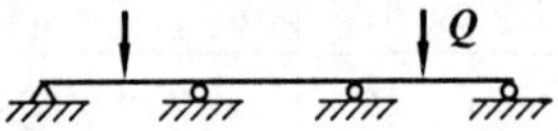 | 0.213 | — | −0.075 | −0.075 | 0.425 | −0.575<br>0 | 0<br>0.575 | −0.425 |
| 8 | 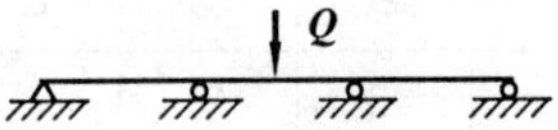 | 0.175 | −0.075 | −0.075 | −0.075 | −0.075 | −0.075<br>0.500 | −0.500<br>0.075 | 0.075 |
| 9 | 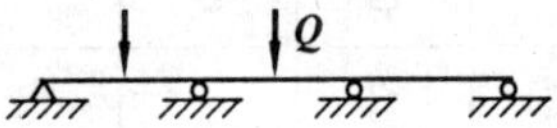 | 0.162 | 0.137 | −0.175 | −0.050 | 0.325 | −0.675<br>0.625 | −0.375<br>0.050 | 0.050 |
| 10 | 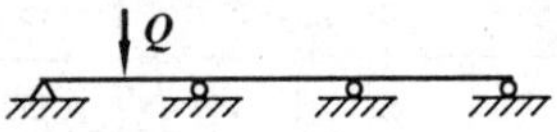 | 0.200 | — | −0.100 | 0.025 | 0.400 | −0.600<br>0.125 | 0.125<br>−0.125 | −0.025 |
| 11 |  | 0.244 | 0.067 | −0.267 | −0.267 | 0.733 | −1.267<br>1.000 | −1.000<br>1.267 | −0.733 |
| 12 | 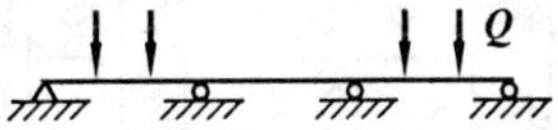 | 0.289 | — | −0.133 | −0.133 | 0.866 | −1.134<br>0 | 0<br>1.134 | −0.866 |
| 13 | 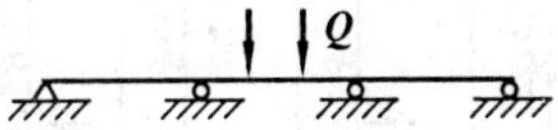 | — | 0.200 | −0.133 | −0.133 | −0.133 | −0.133<br>1.000 | −1.000<br>0.133 | 0.133 |
| 14 | 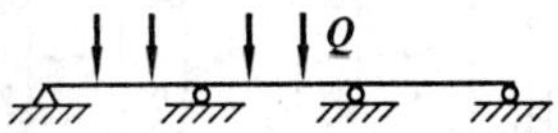 | 0.229 | 0.170 | −0.311 | −0.089 | 0.689 | −1.311<br>1.222 | −0.778<br>0.089 | 0.089 |
| 15 | 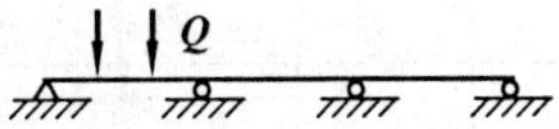 | 0.274 | — | −0.178 | 0.044 | 0.822 | −1.178<br>0.222 | 0.222<br>−0.044 | −0.044 |

注：$V_B^l$、$V_B^r$分别表示支座 B 左边及右边的剪力，以下各表中各个支座的剪力记号均与此相同。

附表 12.3　四跨梁

| 序号 | 荷载图 | 跨内最大弯矩 | | | | 支座弯矩 | | | 剪力 | | | | |
|---|---|---|---|---|---|---|---|---|---|---|---|---|---|
| | | $M_1$ | $M_2$ | $M_3$ | $M_4$ | $M_B$ | $M_C$ | $M_D$ | $V_A$ | $V_B^l$<br>$V_B^r$ | $V_C^l$<br>$V_C^r$ | $V_D^l$<br>$V_D^r$ | $V_E$ |
| 1 | 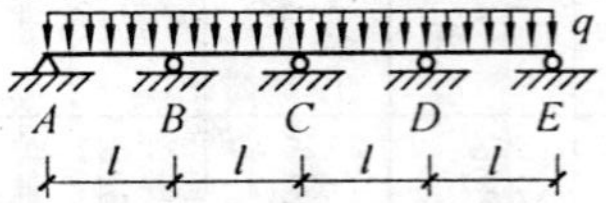 | 0.077 | 0.036 | 0.036 | 0.077 | −0.107 | −0.071 | −0.107 | −0.393 | −0.607<br>0.536 | −0.464<br>0.464 | −0.536<br>0.607 | −0.393 |
| 2 | 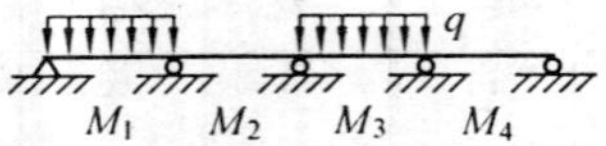 | 0.100 | — | 0.081 | — | −0.054 | −0.036 | −0.054 | 0.446 | −0.554<br>0.018 | 0.018<br>0.482 | −0.518<br>0.054 | 0.054 |
| 3 | 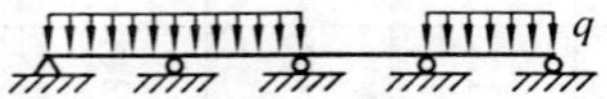 | 0.072 | 0.061 | — | 0.098 | −0.121 | −0.018 | −0.058 | 0.380 | −0.620<br>0.603 | −0.397<br>0.040 | −0.040<br>0.558 | −0.442 |
| 4 | 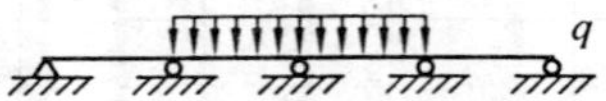 | — | 0.056 | 0.056 | — | −0.036 | 0.107 | −0.036 | −0.036 | −0.036<br>0.429 | −0.571<br>0.571 | −0.429<br>0.036 | 0.036 |
| 5 | 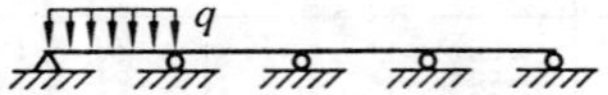 | 0.094 | — | — | — | −0.067 | 0.018 | −0.004 | 0.433 | −0.567<br>0.085 | 0.085<br>−0.022 | −0.022<br>0.004 | 0.004 |
| 6 | 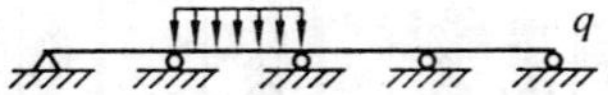 | — | 0.074 | — | — | −0.049 | −0.054 | 0.013 | −0.049 | −0.049<br>0.496 | −0.504<br>0.067 | 0.067<br>−0.013 | −0.013 |
| 7 | 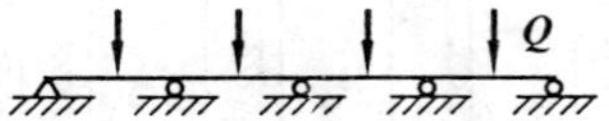 | 0.169 | 0.116 | 0.116 | 0.169 | −0.161 | −0.107 | −0.161 | 0.339 | −0.661<br>0.554 | −0.446<br>0.446 | −0.554<br>0.661 | −0.339 |
| 8 | 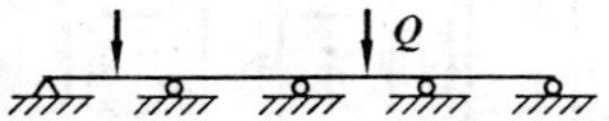 | 0.210 | — | 0.180 | — | −0.089 | −0.054 | −0.080 | 0.420 | −0.580<br>0.027 | 0.027<br>0.473 | −0.527<br>0.080 | 0.080 |
| 9 | 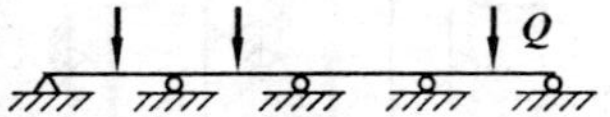 | 0.159 | 0.146 | — | 0.206 | −0.181 | −0.027 | −0.087 | 0.319 | −0.681<br>0.654 | −0.346<br>−0.060 | −0.060<br>0.587 | −0.413 |

续表 12.3

| 序号 | 荷载图 | 跨内最大弯矩 | | | | 支座弯矩 | | | 剪力 | | | | |
|---|---|---|---|---|---|---|---|---|---|---|---|---|---|
| | | $M_1$ | $M_2$ | $M_3$ | $M_4$ | $M_B$ | $M_C$ | $M_D$ | $V_A$ | $V_B^l$<br>$V_B^r$ | $V_C^l$<br>$V_C^r$ | $V_D^l$<br>$V_D^r$ | $V_E$ |
| 10 | 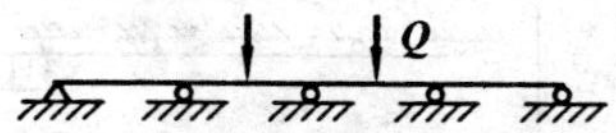 | — | 0.142 | 0.142 | — | −0.054 | −0.161 | −0.054 | 0.054 | −0.054<br>0.393 | −0.607<br>−0.607 | −0.393<br>0.054 | 0.054 |
| 11 | 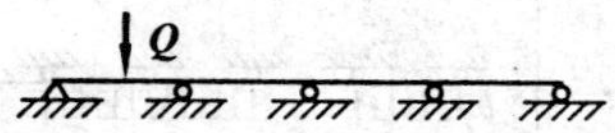 | 0.200 | — | — | — | −0.100 | 0.027 | −0.007 | 0.400 | −0.600<br>0.127 | 0.127<br>−0.033 | −0.033<br>0.007 | 0.007 |
| 12 | 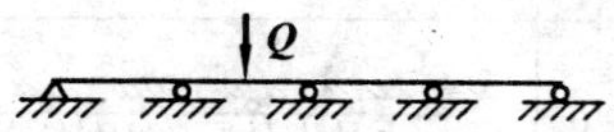 | — | 0.173 | — | — | −0.074 | −0.080 | 0.020 | −0.074 | −0.074<br>0.493 | −0.507<br>0.100 | 0.100<br>−0.020 | −0.020 |
| 13 | 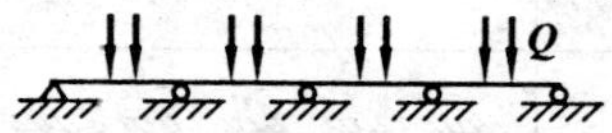 | 0.238 | 0.111 | 0.111 | 0.238 | −0.286 | −0.191 | −0.286 | 0.714 | −1.286<br>1.095 | −0.905<br>0.905 | −1.095<br>1.286 | −0.714 |
| 14 | 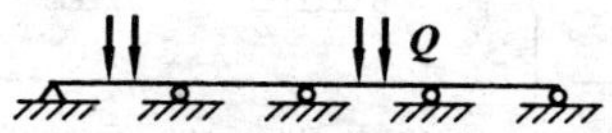 | 0.286 | — | 0.222 | — | −0.143 | −0.095 | −0.143 | 0.857 | −1.143<br>0.048 | 0.048<br>0.952 | −1.048<br>0.143 | 0.143 |
| 15 | 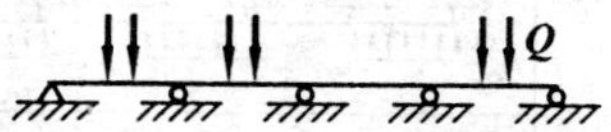 | 0.226 | 0.194 | — | 0.282 | −0.321 | −0.048 | −0.155 | 0.679 | −1.321<br>1.274 | −0.726<br>−0.107 | −0.107<br>1.155 | −0.845 |
| 16 | 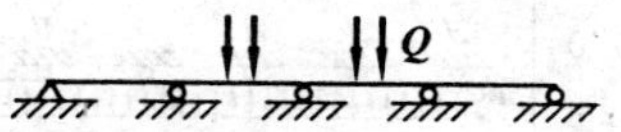 | — | 0.175 | 0.175 | — | −0.095 | −0.286 | −0.095 | −0.095 | −0.095<br>0.810 | −1.190<br>1.190 | −0.810<br>0.095 | 0.095 |
| 17 | 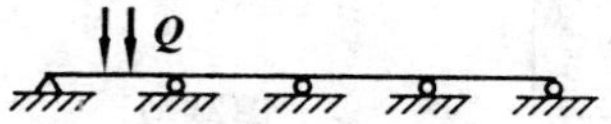 | 0.274 | — | — | — | −0.178 | 0.048 | −0.012 | 0.822 | −1.178<br>0.226 | 0.226<br>−0.060 | −0.060<br>0.012 | 0.012 |
| 18 | 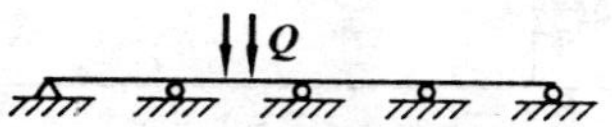 | — | 0.198 | — | — | −0.131 | −0.143 | 0.036 | −0.131 | −0.131<br>0.988 | −1.012<br>0.178 | 0.178<br>−0.036 | −0.036 |

附表 12.4　五跨梁

| 序号 | 荷载图 | 跨内最大弯矩 | | | 支座弯矩 | | | | 剪力 | | | | | |
|---|---|---|---|---|---|---|---|---|---|---|---|---|---|---|
| | | $M_1$ | $M_2$ | $M_3$ | $M_B$ | $M_C$ | $M_D$ | $M_E$ | $V_A$ | $V_B^l$<br>$V_B^r$ | $V_C^l$<br>$V_C^r$ | $V_D^l$<br>$V_D^r$ | $V_E^l$<br>$V_E^r$ | $V_F$ |
| 1 | 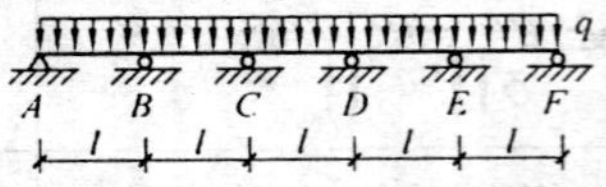 | 0.078 | 0.033 | 0.046 | −0.105 | −0.079 | −0.079 | −0.105 | 0.394 | −0.606<br>0.526 | −0.474<br>0.500 | −0.500<br>0.474 | −0.526<br>−0.606 | −0.394 |
| 2 | 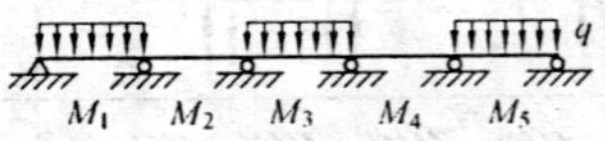 | 0.100 | — | 0.085 | −0.053 | −0.040 | −0.040 | −0.053 | 0.447 | −0.553<br>0.013 | 0.013<br>0.500 | −0.500<br>−0.013 | −0.013<br>0.553 | −0.447 |
| 3 | 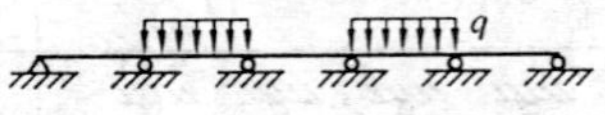 | — | 0.079 | — | −0.053 | −0.040 | −0.040 | −0.053 | −0.053 | −0.053<br>0.513 | −0.487<br>0 | 0<br>0.487 | −0.513<br>0.053 | 0.053 |
| 4 | 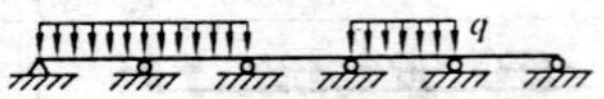 | 0.073 | ②0.059<br>0.078 | — | −0.119 | −0.022 | −0.044 | −0.051 | 0.380 | −0.620<br>0.598 | −0.402<br>−0.023 | −0.023<br>0.493 | −0.507<br>0.052 | 0.052 |
| 5 | 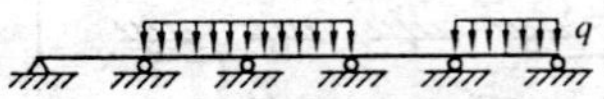 | ①<br>0.098 | 0.055 | 0.064 | −0.035 | −0.111 | −0.020 | −0.057 | −0.035 | −0.035<br>0.424 | −0.576<br>0.591 | −0.409<br>−0.037 | −0.037<br>0.557 | −0.443 |
| 6 | 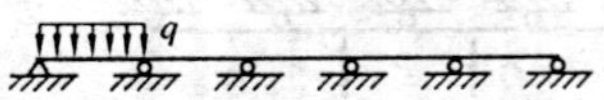 | 0.094 | — | — | −0.067 | 0.018 | −0.005 | 0.001 | 0.443 | −0.567<br>0.085 | 0.085<br>−0.023 | −0.023<br>0.006 | 0.006<br>−0.001 | −0.001 |
| 7 | 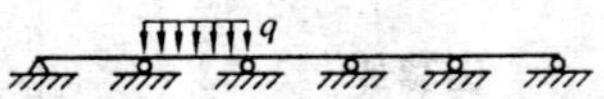 | — | 0.074 | — | −0.049 | −0.054 | 0.014 | −0.004 | −0.049 | −0.049<br>0.495 | −0.505<br>0.068 | 0.068<br>−0.018 | −0.018<br>0.004 | 0.004 |
| 8 | 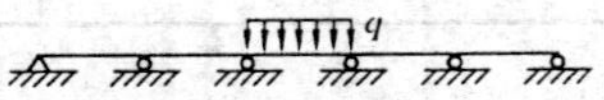 | — | — | 0.072 | 0.013 | −0.053 | −0.053 | 0.013 | 0.013 | 0.013<br>−0.066 | −0.066<br>0.500 | −0.500<br>0.066 | 0.066<br>−0.013 | −0.013 |

续表 12.4

| 序号 | 荷载图 | 跨内最大弯矩 | | | 支座弯矩 | | | | 剪力 | | | | | |
|---|---|---|---|---|---|---|---|---|---|---|---|---|---|---|
| | | $M_1$ | $M_2$ | $M_3$ | $M_B$ | $M_C$ | $M_D$ | $M_E$ | $V_A$ | $V_B^l$<br>$V_B^r$ | $V_C^l$<br>$V_C^r$ | $V_D^l$<br>$V_D^r$ | $V_E^l$<br>$V_E^r$ | $V_F$ |
| 9 | 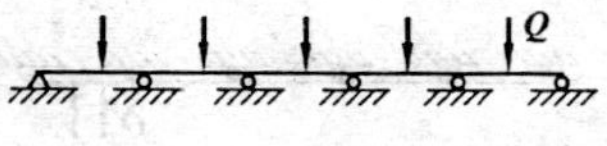 | 0.171 | 0.112 | 0.132 | −0.158 | −0.118 | −0.118 | −0.158 | 0.342 | −0.658<br>0.540 | −0.460<br>0.500 | −0.500<br>0.460 | −0.540<br>0.658 | −0.342 |
| 10 | 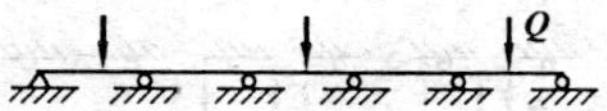 | 0.211 | — | 0.191 | −0.079 | −0.059 | −0.059 | −0.079 | 0.421 | −0.579<br>0.020 | 0.020<br>0.500 | −0.500<br>−0.020 | −0.020<br>0.579 | −0.421 |
| 11 | 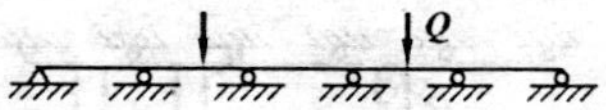 | — | 0.181 | — | −0.079 | −0.059 | −0.059 | −0.079 | −0.079 | −0.079<br>0.520 | −0.480<br>0 | 0<br>0.480 | −0.520<br>0.079 | 0.079 |
| 12 | 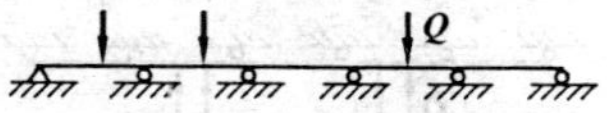 | 0.160 | ②0.144<br>0.178 | — | −0.179 | −0.032 | −0.066 | −0.077 | 0.321 | −0.679<br>0.647 | −0.353<br>−0.034 | −0.034<br>0.489 | −0.511<br>0.077 | 0.077 |
| 13 | 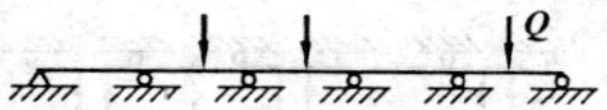 | ①<br>0.207 | 0.140 | 0.151 | −0.052 | −0.167 | −0.031 | −0.086 | −0.052 | −0.052<br>0.385 | −0.615<br>0.637 | −0.363<br>−0.056 | −0.056<br>0.586 | −0.414 |
| 14 | 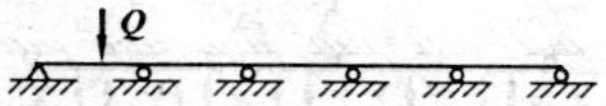 | 0.200 | — | — | −0.100 | 0.027 | −0.007 | 0.002 | 0.400 | −0.600<br>0.127 | 0.127<br>−0.031 | −0.031<br>0.009 | 0.009<br>−0.002 | −0.002 |
| 15 | 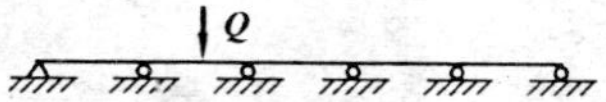 | — | 0.173 | — | −0.073 | −0.081 | 0.022 | −0.005 | −0.073 | −0.073<br>0.493 | −0.507<br>0.102 | 0.102<br>0.027 | −0.027<br>0.005 | 0.005 |
| 16 | 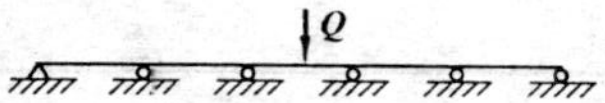 | — | — | 0.171 | 0.020 | −0.079 | −0.079 | 0.020 | 0.020 | 0.020<br>−0.099 | −0.099<br>0.500 | −0.500<br>0.099 | 0.099<br>−0.020 | −0.020 |

续表 12.4

| 序号 | 荷载图 | 跨内最大弯矩 | | | 支座弯矩 | | | | 剪力 | | | | | |
|---|---|---|---|---|---|---|---|---|---|---|---|---|---|---|
| | | $M_1$ | $M_2$ | $M_3$ | $M_B$ | $M_C$ | $M_D$ | $M_E$ | $V_A$ | $V_B^l$<br>$V_B^r$ | $V_C^l$<br>$V_C^r$ | $V_D^l$<br>$V_D^r$ | $V_E^l$<br>$V_E^r$ | $V_F$ |
| 17 | 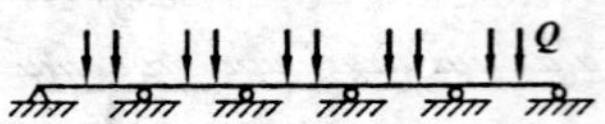 | 0.240 | 0.100 | 0.122 | −0.281 | −0.211 | −0.211 | −0.281 | 0.719 | −1.281<br>1.070 | −0.930<br>1.000 | −1.000<br>0.930 | −1.070<br>1.281 | −0.719 |
| 18 | 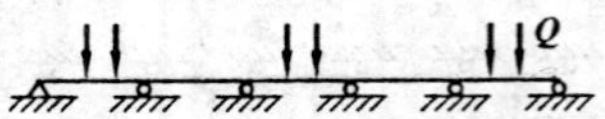 | 0.287 | — | 0.228 | −0.140 | −0.105 | −0.105 | −0.140 | 0.860 | −1.140<br>0.035 | 0.035<br>1.000 | −1.000<br>−0.035 | −0.035<br>1.140 | −0.860 |
| 19 | 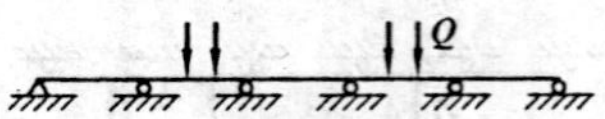 | — | 0.216 | — | −0.140 | −0.105 | −0.105 | −0.140 | −0.140 | −0.140<br>1.035 | −0.965<br>0 | 0.000<br>0.965 | −1.035<br>0.140 | 0.140 |
| 20 | 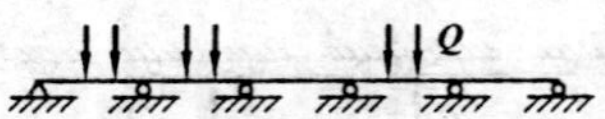 | 0.227 | ②0.189/0.209 | — | −0.319 | −0.057 | −0.118 | −0.137 | 0.681 | −1.319<br>1.262 | −0.738<br>−0.061 | −0.061<br>0.981 | −1.019<br>0.137 | 0.137 |
| 21 | 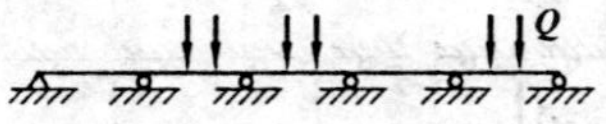 | ①/0.282 | 0.172 | 0.198 | −0.093 | −0.297 | −0.054 | −0.153 | −0.093 | −0.093<br>0.796 | −1.204<br>1.243 | −0.757<br>−0.099 | −0.099<br>1.153 | −0.847 |
| 22 | 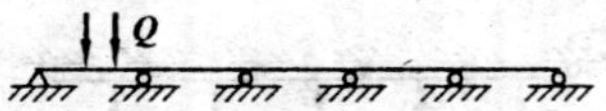 | 0.274 | — | — | −0.179 | 0.048 | −0.013 | 0.003 | 0.821 | −1.179<br>0.227 | 0.227<br>−0.061 | −0.061<br>0.016 | 0.016<br>−0.003 | −0.003 |
| 23 | 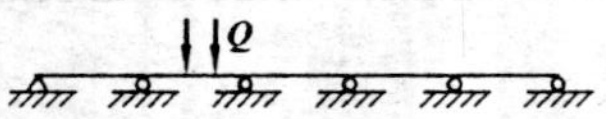 | — | 0.198 | — | −0.131 | −0.144 | 0.038 | −0.010 | −0.131 | −0.131<br>0.987 | −1.013<br>0.182 | 0.182<br>−0.048 | −0.048<br>0.010 | 0.010 |
| 24 | 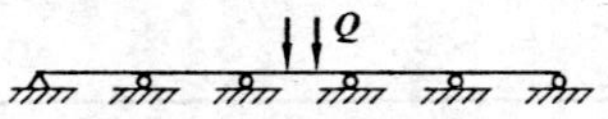 | — | — | 0.193 | 0.035 | −0.140 | −0.140 | 0.035 | 0.035 | 0.035<br>−0.175 | −0.175<br>1.000 | −1.000<br>0.175 | 0.175<br>−0.015 | −0.035 |

注表中:①分子及分母分别为 $M_1$ 及 $M_5$ 的弯矩系数;②分子及分母分别为 $M_2$ 及 $M_4$ 的弯矩系数。

# 附表 13 双向板在均布荷载作用下的计算系数

符号说明：

$B_c$——板的抗弯刚度，$B_c=\dfrac{Eh^3}{12(1-\nu^2)}$；

$E$——混凝土弹性模量；

$h$——板厚；

$\nu$——混凝土泊松比；

$f, f_{max}$——分别为板中心点的挠度和最大挠度；

$m_x, m_{xmax}$——分别为平行于 $l_x$ 方向板中心点单位板宽内的弯矩和板跨内最大弯矩；

$m_y, m_{ymax}$——分别为平行于 $l_y$ 方向板中心点单位板宽内的弯矩和板跨内最大弯矩；

$m'_x, m'_y$——分别为固定边中点沿 $l_x$ 单位板宽内的弯矩、固定边中点沿 $l_y$ 单位板宽内的弯矩；

- - - - - - - - 代表简支边；┴┴┴┴┴┴ 代表固定边；

正负号的规定：

弯矩——使板的受荷面受压者为正；

挠度——变形与荷载方向相同者为正。

第一种情况：

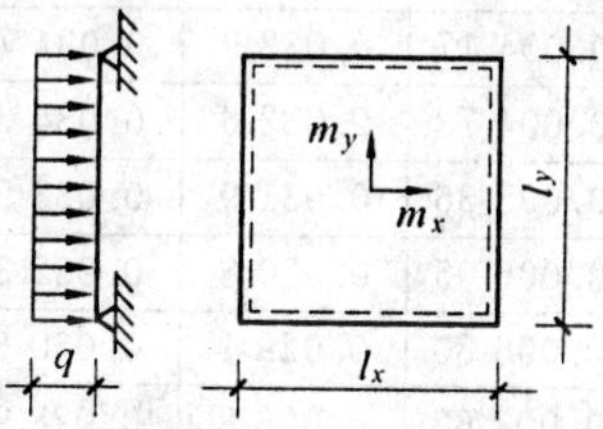


挠度＝表中系数×$\dfrac{q^4}{B_c}$；$\nu=0$；弯矩＝表中系数×$ql^2$

式中：$l$ 取用 $l_x$ 和 $l_y$ 中的较小者。

附表 13.1

| $l_x/l_y$ | $f$ | $m_x$ | $m_y$ | $l_x/l_y$ | $f$ | $m_x$ | $m_y$ |
|---|---|---|---|---|---|---|---|
| 0.50 | 0.010 13 | 0.096 5 | 0.017 4 | 0.80 | 0.006 03 | 0.056 1 | 0.033 4 |
| 0.55 | 0.009 40 | 0.089 2 | 0.021 0 | 0.85 | 0.005 47 | 0.050 6 | 0.034 8 |
| 0.60 | 0.008 67 | 0.082 0 | 0.024 2 | 0.90 | 0.004 96 | 0.045 6 | 0.035 8 |
| 0.65 | 0.007 96 | 0.075 0 | 0.027 1 | 0.95 | 0.004 49 | 0.041 0 | 0.036 4 |
| 0.70 | 0.007 27 | 0.068 3 | 0.029 6 | 1.00 | 0.004 06 | 0.036 8 | 0.036 8 |
| 0.75 | 0.006 63 | 0.062 0 | 0.031 7 | | | | |

第二种情况：

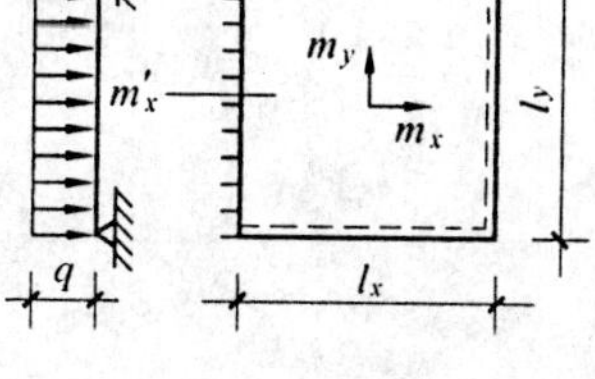

挠度＝表中系数×$\frac{q^4}{B_c}$；$\nu=0$；弯矩＝表中系数×$ql^2$

式中：$l$ 取用 $l_x$ 和 $l_y$ 中的较小者。

附表 13.2

| $l_x/l_y$ | $l_y/l_x$ | $f$ | $f_{max}$ | $m_x$ | $m_{xmax}$ | $m_y$ | $m_{ymax}$ | $m'_x$ |
|---|---|---|---|---|---|---|---|---|
| 0.50 | | 0.004 88 | 0.005 04 | 0.058 3 | 0.064 6 | 0.006 0 | 0.006 3 | −0.121 2 |
| 0.55 | | 0.004 71 | 0.004 92 | 0.056 3 | 0.061 8 | 0.008 1 | 0.008 7 | −0.118 7 |
| 0.60 | | 0.004 53 | 0.004 72 | 0.053 9 | 0.058 9 | 0.010 4 | 0.011 1 | −0.115 8 |
| 0.65 | | 0.004 32 | 0.004 48 | 0.051 3 | 0.055 9 | 0.012 6 | 0.013 3 | −0.112 4 |
| 0.70 | | 0.004 10 | 0.004 22 | 0.048 5 | 0.052 9 | 0.014 8 | 0.015 4 | −0.108 7 |
| 0.75 | | 0.003 88 | 0.003 99 | 0.045 7 | 0.049 6 | 0.016 8 | 0.017 4 | −0.104 8 |
| 0.80 | | 0.003 65 | 0.003 76 | 0.042 8 | 0.046 3 | 0.018 7 | 0.019 3 | −0.100 7 |
| 0.85 | | 0.003 43 | 0.003 52 | 0.040 0 | 0.043 1 | 0.020 4 | 0.021 1 | −0.096 5 |
| 0.90 | | 0.003 21 | 0.003 29 | 0.037 2 | 0.040 0 | 0.021 9 | 0.022 6 | −0.092 2 |
| 0.95 | | 0.002 99 | 0.003 06 | 0.034 5 | 0.036 9 | 0.023 2 | 0.023 9 | −0.088 0 |
| 1.00 | 1.00 | 0.002 79 | 0.002 85 | 0.031 9 | 0.034 0 | 0.024 3 | 0.024 9 | −0.083 9 |
| | 0.95 | 0.003 16 | 0.003 24 | 0.032 4 | 0.034 5 | 0.028 0 | 0.028 7 | −0.088 2 |
| | 0.90 | 0.003 60 | 0.003 68 | 0.032 8 | 0.034 7 | 0.032 2 | 0.033 0 | −0.092 6 |
| | 0.85 | 0.004 09 | 0.004 17 | 0.032 9 | 0.034 7 | 0.037 0 | 0.037 8 | −0.097 0 |
| | 0.80 | 0.004 64 | 0.004 73 | 0.032 6 | 0.034 3 | 0.042 4 | 0.043 3 | −0.101 4 |
| | 0.75 | 0.005 26 | 0.005 36 | 0.031 9 | 0.033 5 | 0.048 5 | 0.049 4 | −0.105 6 |
| | 0.70 | 0.005 95 | 0.006 05 | 0.030 8 | 0.032 3 | 0.055 3 | 0.056 2 | −0.109 6 |
| | 0.65 | 0.006 70 | 0.006 80 | 0.029 1 | 0.030 6 | 0.062 7 | 0.063 7 | −0.113 3 |
| | 0.60 | 0.007 52 | 0.007 62 | 0.026 8 | 0.028 9 | 0.070 7 | 0.071 7 | −0.116 6 |
| | 0.55 | 0.008 38 | 0.008 48 | 0.023 9 | 0.027 1 | 0.079 2 | 0.080 1 | −0.119 3 |
| | 0.50 | 0.009 27 | 0.009 35 | 0.020 5 | 0.024 9 | 0.088 0 | 0.088 8 | −0.121 5 |

第三种情况：

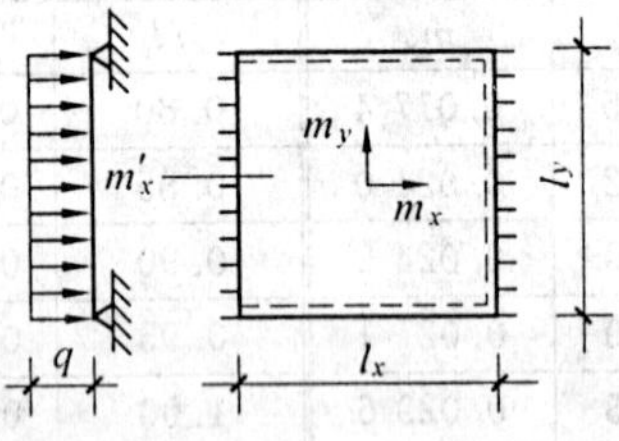


挠度＝表中系数×$\frac{q^4}{B_c}$；$\nu=0$；弯矩＝表中系数×$ql^2$

式中：$l$ 取用 $l_x$ 和 $l_y$ 中的较小者。

附表 13.3

| $l_x/l_y$ | $l_y/l_x$ | $f$ | $m_x$ | $m_y$ | $m'_x$ |
|---|---|---|---|---|---|
| 0.50 | | 0.002 61 | 0.041 6 | 0.001 7 | −0.084 3 |
| 0.55 | | 0.002 59 | 0.041 0 | 0.002 8 | −0.084 0 |
| 0.60 | | 0.002 55 | 0.040 2 | 0.004 2 | −0.083 4 |
| 0.65 | | 0.002 50 | 0.039 2 | 0.005 7 | −0.082 6 |
| 0.70 | | 0.002 43 | 0.037 9 | 0.007 2 | −0.081 4 |
| 0.75 | | 0.002 36 | 0.036 6 | 0.008 8 | −0.079 9 |
| 0.80 | | 0.002 28 | 0.035 1 | 0.010 3 | −0.078 2 |
| 0.85 | | 0.002 20 | 0.033 5 | 0.011 8 | −0.076 3 |
| 0.90 | | 0.002 11 | 0.031 9 | 0.013 3 | −0.074 3 |
| 0.95 | | 0.002 01 | 0.030 2 | 0.014 6 | −0.072 1 |
| 1.00 | 1.00 | 0.001 92 | 0.028 5 | 0.015 8 | −0.069 8 |
| | 0.95 | 0.002 23 | 0.029 6 | 0.018 9 | −0.074 6 |
| | 0.90 | 0.002 60 | 0.030 6 | 0.022 4 | −0.079 7 |
| | 0.85 | 0.003 03 | 0.031 4 | 0.026 6 | −0.085 0 |
| | 0.80 | 0.003 54 | 0.031 9 | 0.031 6 | −0.090 4 |
| | 0.75 | 0.004 13 | 0.032 1 | 0.037 4 | −0.095 9 |
| | 0.70 | 0.004 82 | 0.031 8 | 0.044 1 | −0.101 3 |
| | 0.65 | 0.005 60 | 0.030 8 | 0.051 8 | −0.106 6 |
| | 0.60 | 0.006 47 | 0.029 2 | 0.060 4 | −0.111 4 |
| | 0.55 | 0.007 43 | 0.026 7 | 0.069 8 | −0.115 6 |
| | 0.50 | 0.008 44 | 0.023 4 | 0.079 8 | −0.119 1 |

第四种情况：

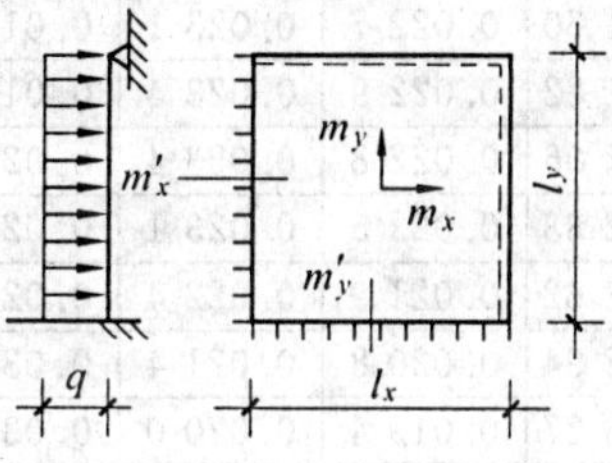


挠度＝表中系数×$\frac{ql^4}{B_c}$；$\nu=0$；弯矩＝表中系数×$ql^2$

式中：$l$ 取用 $l_x$ 和 $l_y$ 中的较小者。

附表 13.4

| $l_x/l_y$ | $f$ | $f_{max}$ | $m_x$ | $m_{xmax}$ | $m_y$ | $m_{ymax}$ | $m'_x$ | $m'_y$ |
|---|---|---|---|---|---|---|---|---|
| 0.50 | 0.004 68 | 0.004 71 | 0.055 9 | 0.056 2 | 0.007 9 | 0.013 5 | −0.117 9 | −0.078 6 |
| 0.55 | 0.004 45 | 0.004 54 | 0.052 9 | 0.053 0 | 0.010 4 | 0.015 3 | −0.114 0 | −0.078 5 |
| 0.60 | 0.004 19 | 0.004 29 | 0.049 6 | 0.049 8 | 0.012 9 | 0.016 9 | −0.109 5 | −0.078 2 |
| 0.65 | 0.003 91 | 0.003 99 | 0.046 1 | 0.046 5 | 0.015 1 | 0.018 3 | −0.104 5 | −0.077 7 |
| 0.70 | 0.003 63 | 0.003 68 | 0.042 6 | 0.043 2 | 0.017 2 | 0.019 5 | −0.099 2 | −0.077 0 |
| 0.75 | 0.003 35 | 0.003 40 | 0.039 0 | 0.039 6 | 0.018 9 | 0.020 6 | −0.093 8 | −0.076 0 |
| 0.80 | 0.003 08 | 0.003 13 | 0.035 6 | 0.036 1 | 0.020 4 | 0.021 8 | −0.088 3 | −0.074 8 |
| 0.85 | 0.002 81 | 0.002 86 | 0.032 2 | 0.032 8 | 0.021 5 | 0.022 9 | −0.082 9 | −0.073 3 |
| 0.90 | 0.002 56 | 0.002 61 | 0.029 1 | 0.029 7 | 0.022 4 | 0.023 8 | −0.077 6 | −0.071 6 |
| 0.95 | 0.002 32 | 0.002 37 | 0.026 1 | 0.026 7 | 0.023 0 | 0.024 4 | −0.072 6 | −0.069 8 |
| 1.00 | 0.002 10 | 0.002 15 | 0.023 4 | 0.024 0 | 0.023 4 | 0.024 9 | −0.067 7 | −0.067 7 |

第五种情况:

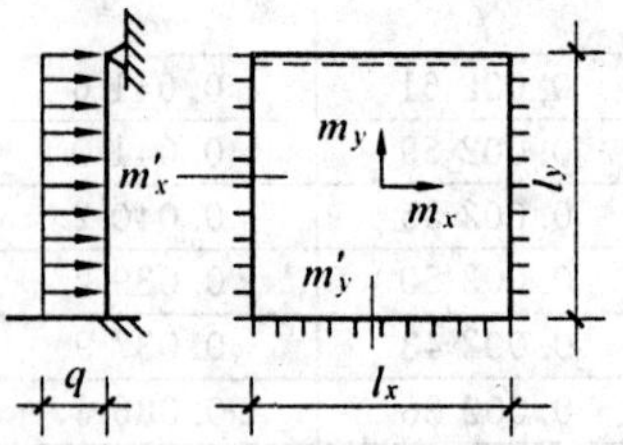


挠度=表中系数×$\frac{q^4}{B_c}$;$\nu=0$;弯矩=表中系数×$ql^2$

式中:$l$ 取用 $l_x$ 和 $l_y$ 中的较小者。

附表 13.5

| $l_x/l_y$ | $l_y/l_x$ | $f$ | $f_{max}$ | $m_x$ | $m_{x\,max}$ | $m_y$ | $m_{y\,max}$ | $m'_x$ | $m'_y$ |
|---|---|---|---|---|---|---|---|---|---|
| 0.50 | | 0.002 57 | 0.002 58 | 0.040 8 | 0.040 9 | 0.002 8 | 0.008 9 | −0.083 6 | −0.056 9 |
| 0.55 | | 0.002 52 | 0.002 55 | 0.039 8 | 0.039 9 | 0.004 2 | 0.009 3 | −0.082 7 | −0.057 0 |
| 0.60 | | 0.002 45 | 0.002 49 | 0.038 4 | 0.038 6 | 0.005 9 | 0.010 5 | −0.081 4 | −0.057 1 |
| 0.65 | | 0.002 37 | 0.002 40 | 0.036 8 | 0.037 1 | 0.007 6 | 0.011 6 | −0.079 6 | −0.057 2 |
| 0.70 | | 0.002 27 | 0.002 29 | 0.035 0 | 0.035 4 | 0.009 3 | 0.012 7 | −0.077 4 | −0.057 2 |
| 0.75 | | 0.002 16 | 0.002 19 | 0.033 1 | 0.033 5 | 0.010 9 | 0.013 7 | −0.075 0 | −0.057 2 |
| 0.80 | | 0.002 05 | 0.002 08 | 0.031 0 | 0.031 4 | 0.012 4 | 0.014 7 | −0.072 2 | −0.057 0 |
| 0.85 | | 0.001 93 | 0.001 96 | 0.028 9 | 0.029 3 | 0.013 8 | 0.015 5 | −0.069 3 | −0.056 7 |
| 0.90 | | 0.001 81 | 0.001 84 | 0.026 8 | 0.027 3 | 0.015 9 | 0.016 3 | −0.066 3 | −0.056 3 |
| 0.95 | | 0.001 69 | 0.001 72 | 0.024 7 | 0.025 2 | 0.016 0 | 0.017 2 | −0.063 1 | 0.055 8 |
| 1.00 | 1.00 | 0.001 57 | 0.001 60 | 0.022 7 | 0.023 1 | 0.016 8 | 0.018 0 | −0.060 0 | −0.055 0 |
| | 0.95 | 0.001 78 | 0.001 82 | 0.022 9 | 0.023 4 | 0.019 4 | 0.020 7 | −0.062 9 | −0.059 9 |
| | 0.90 | 0.002 01 | 0.002 06 | 0.022 8 | 0.023 4 | 0.022 3 | 0.023 8 | −0.065 6 | −0.065 3 |
| | 0.85 | 0.002 27 | 0.002 33 | 0.022 5 | 0.023 1 | 0.025 5 | 0.027 3 | −0.068 3 | −0.071 1 |
| | 0.80 | 0.002 56 | 0.002 62 | 0.021 9 | 0.022 4 | 0.029 0 | 0.031 1 | −0.070 7 | −0.077 2 |
| | 0.75 | 0.002 86 | 0.002 94 | 0.020 8 | 0.021 4 | 0.032 9 | 0.035 4 | −0.072 9 | −0.083 7 |
| | 0.70 | 0.003 19 | 0.003 27 | 0.019 4 | 0.020 0 | 0.037 0 | 0.040 0 | −0.074 8 | −0.090 3 |
| | 0.65 | 0.003 52 | 0.003 65 | 0.017 5 | 0.018 2 | 0.041 2 | 0.044 6 | −0.076 2 | −0.097 0 |
| | 0.60 | 0.003 86 | 0.004 03 | 0.015 3 | 0.016 0 | 0.045 4 | 0.049 3 | −0.077 3 | −0.103 3 |
| | 0.55 | 0.004 19 | 0.004 37 | 0.012 7 | 0.013 3 | 0.049 6 | 0.054 1 | −0.078 0 | −0.109 3 |
| | 0.50 | 0.004 49 | 0.004 63 | 0.009 9 | 0.010 3 | 0.053 4 | 0.058 8 | −0.078 4 | −0.114 6 |

第六种情况:

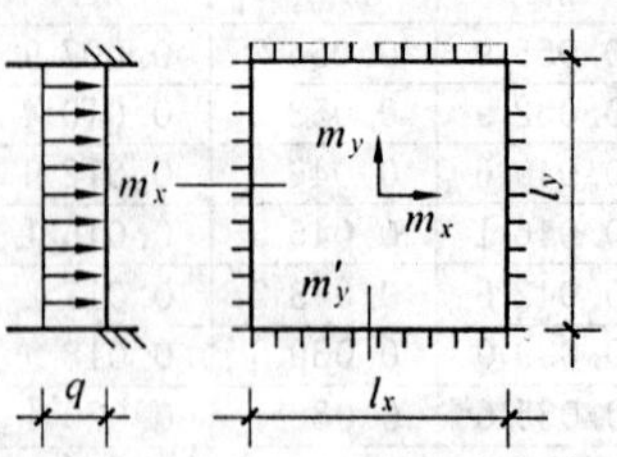


挠度=表中系数×$\frac{q^4}{B_c}$;$\nu=0$;弯矩=表中系数×$ql^2$

式中:$l$ 取用 $l_x$ 和 $l_y$ 中的较小者。

附表 13.6

| $l_x/l_y$ | $f$ | $m_x$ | $m_y$ | $m_x'$ | $m_y'$ |
|---|---|---|---|---|---|
| 0.50 | 0.002 53 | 0.040 0 | 0.003 8 | −0.082 9 | −0.057 0 |
| 0.55 | 0.002 46 | 0.038 5 | 0.005 6 | −0.081 4 | −0.057 1 |
| 0.60 | 0.002 36 | 0.036 7 | 0.007 6 | −0.079 3 | −0.057 1 |
| 0.65 | 0.002 24 | 0.034 5 | 0.009 5 | −0.076 6 | −0.057 1 |
| 0.70 | 0.002 11 | 0.032 1 | 0.011 3 | −0.073 5 | −0.056 9 |
| 0.75 | 0.001 97 | 0.029 6 | 0.013 0 | −0.070 1 | −0.056 5 |
| 0.80 | 0.001 82 | 0.027 1 | 0.014 4 | −0.066 4 | −0.055 9 |
| 0.85 | 0.001 68 | 0.024 6 | 0.015 6 | −0.062 6 | −0.055 1 |
| 0.90 | 0.001 53 | 0.022 1 | 0.016 5 | −0.058 8 | −0.054 1 |
| 0.95 | 0.001 40 | 0.019 8 | 0.017 2 | −0.055 0 | −0.052 8 |
| 1.00 | 0.001 27 | 0.017 6 | 0.017 6 | −0.051 3 | −0.051 3 |

# 附表 14 单层厂房排架柱柱顶反力与位移

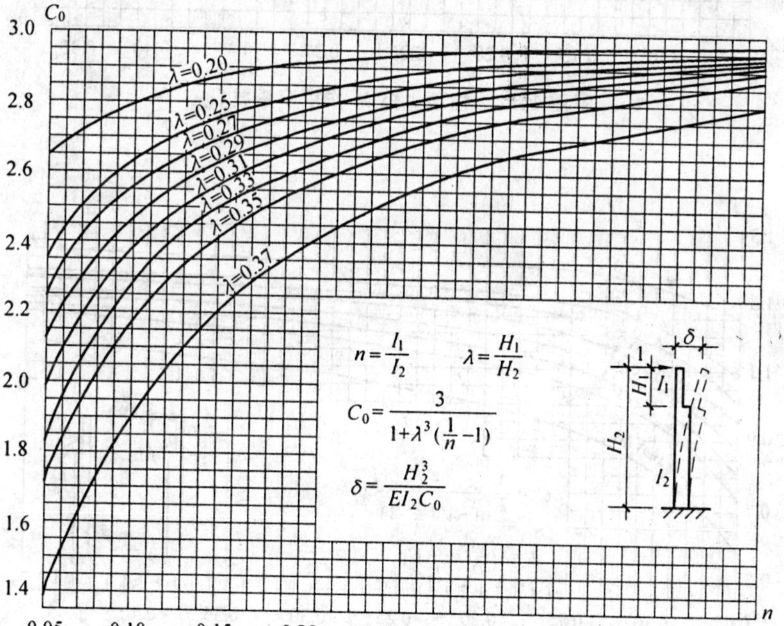


附图 14.1 柱顶单位集中荷载作用下系数 $C_0$

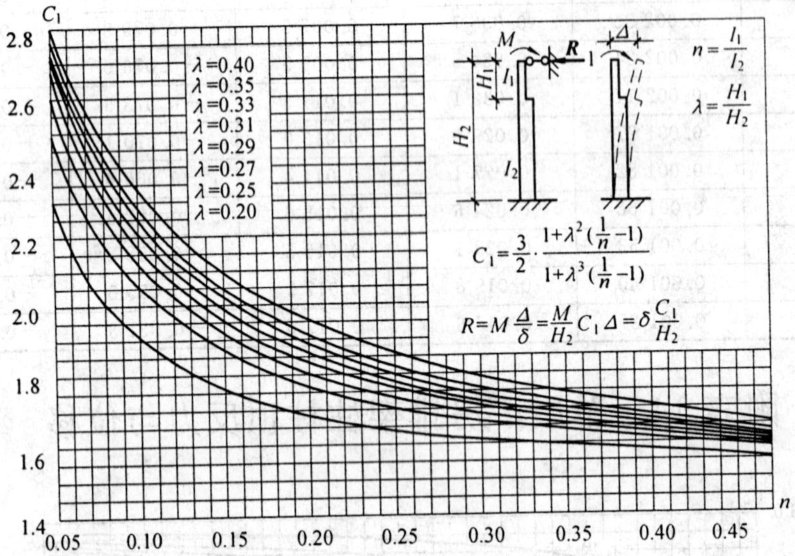


附图 14.2　柱顶力矩 $M$ 作用下系数 $C_1$

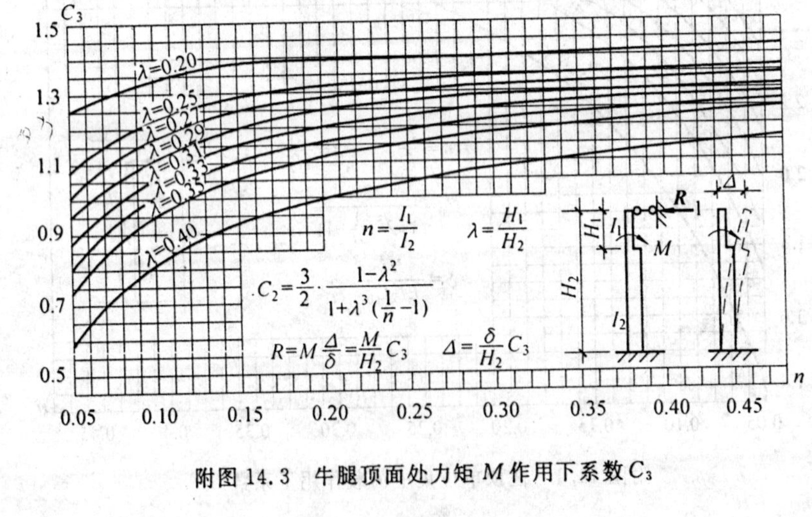


附图 14.3　牛腿顶面处力矩 $M$ 作用下系数 $C_3$

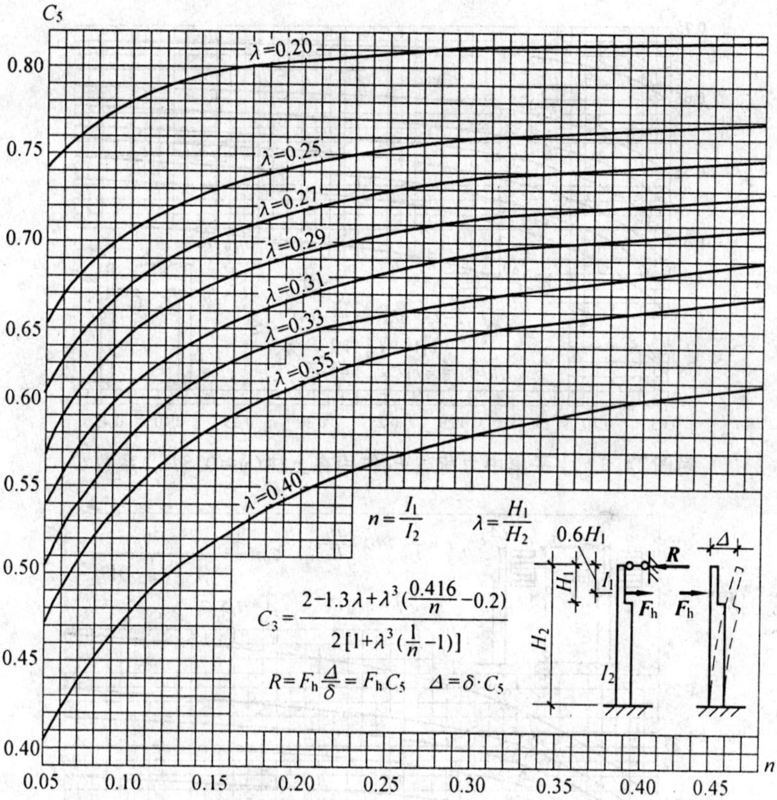


附图 14.4 水平集中力荷载 $F_h$ 作用在上柱($y=0.6H_1$)系数 $C_5$

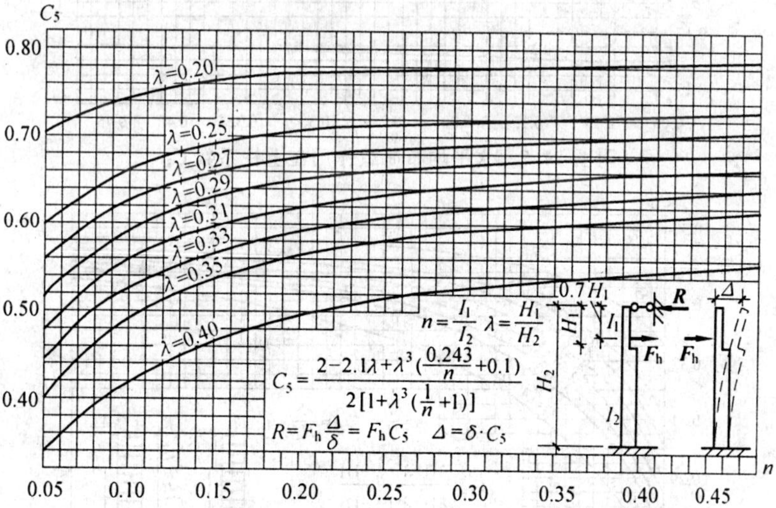


附图 14.5 水平集中力荷载 $F_h$ 作用在上柱($y=0.7H_1$)系数 $C_5$

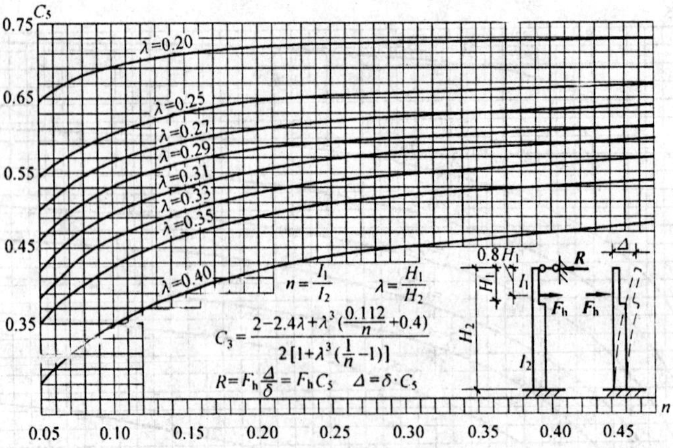


附图 14.6　水平集中力荷载 $F_h$ 作用在上柱($y=0.8H_1$)系数 $C_5$

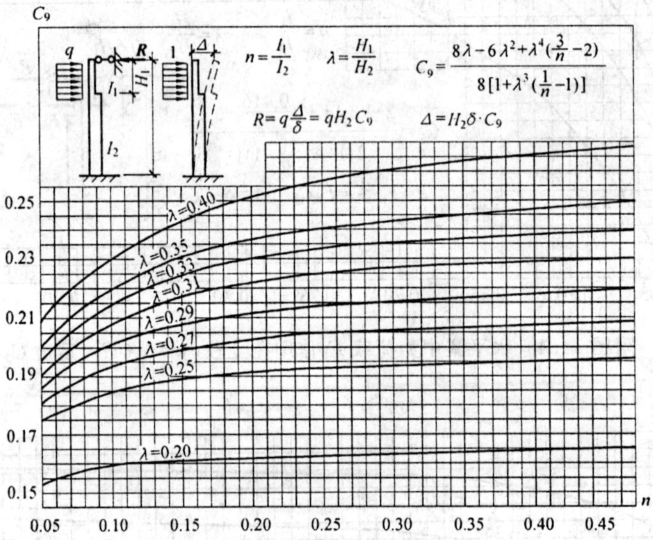


附图 14.7　水平均布荷载作用在上柱系数 $C_9$

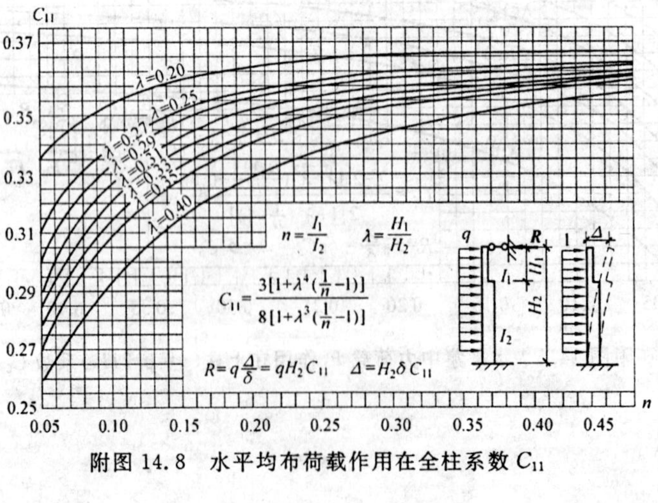


附图 14.8　水平均布荷载作用在全柱系数 $C_{11}$

# 附表 15 电动桥式吊车(大连起重机械厂)数据表

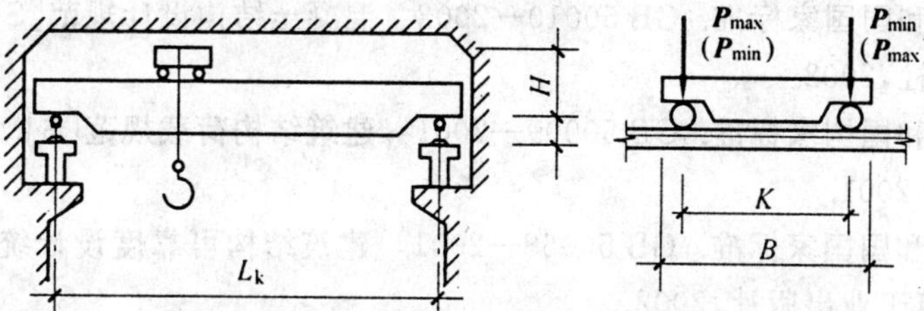


**附表 15.1 电动单钩桥式吊车数据表**

| 起重量 $Q$ | 跨度 $L_k$ | 起升高度 | 中级工作制 $P_{max}$ | $P_{min}$ | 小车重 $g$ | 吊车总重 | 主要尺寸/mm 吊车最大宽度 $B$ | 大车轮距 $K$ | 大车底至轨道顶面距离 $F$ | 轨道顶面至吊车顶面距离 $H$ | 轨道中心至吊车外边缘 $B_1$ | 推荐用大车轨道 |
|---|---|---|---|---|---|---|---|---|---|---|---|---|
| t(kN) | m | m | kN | kN | kN | kN | mm | mm | mm | mm | mm | kN/m |
| 5 (50) | 10.5 | 12 | 64 | 19 | 19.9 | 116 | 4 500 | 3 400 | −24 | 1 754 | 230 | 0.38 |
| | 13.5 | | 70 | 22 | | 134 | | | 126 | | | |
| | 16.5 | | 76 | 27.5 | | 157 | | | 226 | | | |
| | 22.5 | | 90 | 41 | | 212 | 4 600 | 3 550 | 526 | | | |
| 10 (100) | 10.5 | 12 | 103 | 18.9 | 39.9 | 143 | 5 150 | 4 050 | −24 | 1 677 | 230 | 0.43 |
| | 13.5 | | 109 | 22 | | 162 | | | 126 | | | |
| | 16.5 | | 117 | 26 | | 186 | | | 226 | | | |
| | 22.5 | | 133 | 37 | | 240 | 5 290 | 4 050 | 528 | | | |

**附表 15.2 电动双钩桥式吊车数据表**

| 起重量 $Q$ | 跨度 $L_k$ | 起升高度 | 中级工作制 $P_{max}$ | $P_{min}$ | 小车重 $g$ | 吊车总重 | 主要尺寸/mm 吊车最大宽度 $B$ | 大车轮距 $K$ | 大车底至轨道顶面距离 $F$ | 轨道顶面至吊车顶面距离 $H$ | 轨道中心至吊车外边缘 $B_1$ | 推荐用大车轨道 |
|---|---|---|---|---|---|---|---|---|---|---|---|---|
| t(kN) | m | m | kN | kN | kN | kN | mm | mm | mm | mm | mm | kN/m |
| 15/3 (150/30) | 10.5 | 12/14 | 64 | | 73.2 | 203 | 5 600 | 4 400 | 80 | 2 047 | 230 | 0.43 |
| | 13.5 | | 70 | | | 220 | | | 80 | | | |
| | 16.5 | | 76 | | | 244 | | | 180 | | | |
| | 22.5 | | 90 | | | 312 | | | 390 | 2137 | | |
| 20/5 (200/50) | 10.5 | | 103 | | 77.2 | 209 | 5 600 | 4 400 | 80 | 2 046 | 230 | 0.43 |
| | 13.5 | | 109 | | | 228 | | | 84 | | | |
| | 16.5 | | 117 | | | 253 | | | 184 | | | |
| | 22.5 | | 133 | 37 | | 324 | | | 392 | 2 136 | 260 | |

# 参考文献

[1]中华人民共和国国家标准. GB 50010—2002 混凝土结构设计规范[S]. 北京:中国建筑工业出版社,2002.

[2]中华人民共和国国家标准. GB 50009—2001 建筑结构荷载规范[S]. 北京:中国建筑工业出版社,2001.

[3]中华人民共和国国家标准. GB 50068—2001 建筑结构可靠度设计统一标准[S]. 北京:中国建筑工业出版社,2002.

[4]东南大学,同济大学,天津大学. 混凝土结构(中册)[M]. 北京:中国建筑工业出版社,2008.

[5]哈尔滨工业大学,大连理工大学. 混凝土及砌体结构(下册)[M]. 北京:中国建筑工业出版社,2002.

[6]藤智明,朱金铨. 混凝土结构及砌体结构(下册)[M]. 3 版. 北京:中国建筑出版社,2004.

[7]叶列平. 混凝土结构(下册)[M]. 2 版. 北京:清华大学出版社,2005.

[8]朱彦鹏. 混凝土结构设计原理[M]. 2 版. 重庆:重庆大学出版社,2004.

[9]侯治国. 混凝土结构[M]. 3 版. 武汉:武汉理工大学出版社,2006.

[10]沈蒲生. 混凝土结构设计原理[M]. 3 版. 北京:高等教育出版社,2007.

[11]梁兴文. 混凝土结构设计原理[M]. 2 版. 北京:科学出版社,2007.

[12]吴培明. 混凝土结构[M]. 武汉:武汉理工大学出版社,2002.

[13]同济大学混凝土结构研究室. 混凝土结构基本原理[M]. 北京:中国建筑工业出版社,2000.

[14]杨鼎久. 建筑结构[M]. 北京:机械工业出版社,2008.

[15]程文瀼,康谷贻,颜德姮. 混凝土结构[M]. 北京:中国建筑工业出版社,2001.

[16]中国机械工业教育协会. 钢筋混凝土及砌体结构[M]. 北京:机械工业出版社,2001.

[17]徐有邻,周氐. 混凝土结构设计规范理解与应用[M]. 北京:中国建筑工业出版社,2002.

[18]宗兰,宋群. 建筑结构(下册)[M]. 北京:机械工业出版社,2003.

[19]叶见曙. 结构设计原理[M]. 北京:人民交通出版社,1998.

[20]沈蒲生,罗国强. 混凝土结构疑难释义 [M]. 2 版. 北京:中国建筑工业出版社,1998.

[21]李国平. 预应力混凝土结构设计原理[M]. 北京:人民交通出版社,2000.

[22]王铁成. 混凝土结构基本构件设计原理[M]. 北京:中国建材工业出版社,2002.

[23]沈蒲生,罗国强,熊丹安. 混凝土结构(下册)[M]. 3 版. 北京:中国建筑工业出版社,1997.

[24]童岳生. 钢筋混凝土基本构件[M]. 西安:陕西科学技术出版社,1989.

[25]童岳生,梁兴文. 钢筋混凝土构件设计[M]. 北京:科学技术文献出版社,1995.

# 读者反馈表

**尊敬的读者：**

您好！感谢您多年来对哈尔滨工业大学出版社的支持与厚爱！为了更好地满足您的需要，提供更好的服务，希望您对本书提出宝贵意见，将下表填好后，寄回我社或登录我社网站（http://hitpress.hit.edu.cn）进行填写。谢谢！您可享有的权益：

☆ 免费获得我社的最新图书书目　　☆ 可参加不定期的促销活动

☆ 解答阅读中遇到的问题　　☆ 购买此系列图书可优惠

**读者信息**

姓名＿＿＿＿＿＿　□先生　□女士　　年龄＿＿＿＿　学历＿＿＿＿

工作单位＿＿＿＿＿＿＿＿＿＿＿＿＿＿＿＿　职务＿＿＿＿＿＿

E-mail＿＿＿＿＿＿＿＿＿＿＿＿＿＿＿＿＿＿　邮编＿＿＿＿＿＿

通讯地址＿＿＿＿＿＿＿＿＿＿＿＿＿＿＿＿＿＿＿＿

购书名称＿＿＿＿＿＿＿＿＿＿＿＿＿＿＿　购书地点＿＿＿＿＿＿＿＿＿＿＿＿＿＿＿

1. 您对本书的评价

内容质量　□很好　□较好　□一般　□较差

封面设计　□很好　□一般　□较差

编排　□利于阅读　□一般　□较差

本书定价　□偏高　□合适　□偏低

2. 在您获取专业知识和专业信息的主要渠道中，排在前三位的是：

①＿＿＿＿＿＿　②＿＿＿＿＿＿　③＿＿＿＿＿＿

A. 网络 B. 期刊 C. 图书 D. 报纸 E. 电视 F. 会议 G. 内部交流 H. 其他：＿＿＿＿

3. 您认为编写最好的专业图书（国内外）

| 书名 | 著作者 | 出版社 | 出版日期 | 定价 |
|---|---|---|---|---|
| | | | | |
| | | | | |
| | | | | |
| | | | | |

4. 您是否愿意与我们合作，参与编写、编译、翻译图书？

＿＿＿＿＿＿＿＿＿＿＿＿＿＿＿＿＿＿＿＿＿＿＿＿＿＿＿＿＿＿

5. 您还需要阅读哪些图书？

＿＿＿＿＿＿＿＿＿＿＿＿＿＿＿＿＿＿＿＿＿＿＿＿＿＿＿＿＿＿

网址：http://hitpress.hit.edu.cn

技术支持与课件下载：网站课件下载区

服务邮箱 wenbinzh@hit.edu.cn　duyanwell@163.com

邮购电话 0451－86281013　0451－86418760

组稿编辑及联系方式　赵文斌（0451－86281226）　杜燕（0451－86281408）

回寄地址：黑龙江省哈尔滨市南岗区复华四道街10号　哈尔滨工业大学出版社

邮编：150006　传真 0451－86414049